Heinz Unbehauen

Regelungstechnik I

Aus dem Programm
Regelungstechnik

Regelungstechnik I
Klassische Verfahren zur Analyse und Synthese
linearer kontinuierlicher Regelsysteme
von H. Unbehauen

Regelungstechnik Aufgaben I
von H. Unbehauen

Regelungstechnik II
Zustandsregelungen, digitale und nichtlineare Regelsysteme
von H. Unbehauen

Regelungstechnik III
Identifikation, Adaption, Optimierung
von H. Unbehauen

Einführung in die Regelungstechnik
von W. Leonhard

Aufgabensammlung zur Regelungstechnik
von W. Leonhard und E. Schnieder

Regelungstechnik für Ingenieure
von M. Reuter

Regelungstechnik für Maschinenbauer
von W. Schneider

Sequentielle Systeme
von D. Franke

Vieweg

Heinz Unbehauen

Regelungstechnik I

Klassische Verfahren
zur Analyse und Synthese
linearer kontinuierlicher Regelsysteme

9., durchgesehene Auflage

Mit 192 Bildern und 28 Tabellen

1. Auflage 1982
2., durchgesehene Auflage 1984
3., durchgesehene Auflage 1985
4., durchgesehene Auflage 1986
5., durchgesehene Auflage 1987
6., durchgesehene Auflage 1989
7., überarbeitete und erweiterte Auflage 1992
8., überarbeitete Auflage 1994
9., durchgesehene Auflage 1997

Alle Rechte vorbehalten
© Friedr. Vieweg & Sohn Verlagsgesellschaft mbH, Braunschweig/Wiesbaden, 1997

Der Verlag Vieweg ist ein Unternehmen der Bertelsmann Fachinformation GmbH.

Das Werk einschließlich aller seiner Teile ist urheberrechtlich geschützt. Jede Verwertung außerhalb der engen Grenzen des Urheberrechtsgesetzes ist ohne Zustimmung des Verlages unzulässig und strafbar. Das gilt insbesondere für Vervielfältigungen, Übersetzungen, Mikroverfilmungen und die Einspeicherung und Verarbeitung in elektronischen Systemen.

Umschlaggestaltung: Klaus Birk, Wiesbaden
Druck und buchbinderische Verarbeitung: Wilhelm & Adam, Heusenstamm
Gedruckt auf säurefreiem Papier
Printed in Germany

ISBN 3-528-83332-7

VORWORT

In den letzten vierzehn Jahren seit dem Erscheinen der ersten Auflage der "Regelungstechnik I" hat sich dieses Buch als begleitender Text zu vielen einführenden Vorlesungen in dieses Fachgebiet an zahlreichen Hochschulen gut eingeführt und bewährt, was nicht zuletzt die bisher erschienenen acht Auflagen beweisen. Viele Fachkollegen haben sich anerkennend über die zweckmäßige Stoffauswahl geäußert, so daß ich darin bestärkt wurde, daß der Inhalt der hier vorliegenden 9. Auflage weder wesentliche Ergänzungen noch Kürzungen erfahren sollte. So präsentiert sich die neue "Regelungstechnik I" als eine gründlich überarbeitete und korrigierte Fassung des bewährten Stoffes, der im Rahmen der 7. Auflage mit Hilfe eines Textverarbeitungssystems neu gestaltet wurde. Natürlich blieben gewisse Wünsche bei einem Textverarbeitungssystem offen gegenüber dem herkömmlichen Satz. Auch bestand die Gefahr, daß sich durch die Neugestaltung des Satzes neue Schreibfehler einschleichen. Doch hoffe ich, daß dem Leser mit dieser 9. Auflage eine ansprechende und weitgehend fehlerfreie Darstellung zur Verfügung gestellt wird.

Obwohl die "Regelungstechnik I" bereits zahlreiche Rechenbeispiele enthält, bestand die ursprüngliche Absicht, bei der Herausgabe einer neuen Auflage dieselbe in einem Anhang durch eine umfangreiche Aufgabensammlung mit detaillierten Lösungen zu erweitern. Ich habe mich aber vom Verlag überzeugen lassen, daß bei dem Volumen dieser Aufgabensammlung ein getrennter kleinerer Zusatzband "Aufgaben zur Regelungstechnik I" zweckmäßiger ist, der dann erstmals 1992 erschien.

Die Regelungstechnik stellt heute ein Grundlagenfach für die meisten Ingenieurwissenschaften dar. Während früher das Prinzip der Regelung in den einzelnen ingenieurwissenschaftlichen Fächern anhand spezieller Anwendungsbeispiele oder gerätetechnischer Funktionen abgeleitet und erläutert wurde, hat sich heute weitgehend die Behandlung der Regelungstechnik als methodische Wissenschaft durchgesetzt, die unabhängig vom Anwendungsgebiet ist. Die Methodik besteht i. a. darin, Regelsysteme aus unterschiedlichen Anwendungsbereichen in einheitlicher Weise darzustellen, zu analysieren und zu entwerfen, wobei aber auf die jeweilige physikalisch-technische Interpretation nicht verzichtet werden kann.

Im vorliegenden Buch, dem ersten Band eines dreiteiligen Werkes, werden die wichtigsten Methoden der bewährten klassischen Regelungstechnik systematisch dargestellt. Die Behandlung beschränkt sich in dieser einführenden Darstellung auf lineare kontinuierliche Regelsysteme, entsprechend einer einführenden Vorlesung in die Regelungstechnik. Dabei wendet sich das Buch an Studenten der Ingenieurwissenschaften und Ingenieure der industriellen Praxis, die sich für regelungstechnische Methoden zur Lösung praktischer Probleme interessieren. Es ist zum Gebrauch neben Vorlesungen und zum Selbststudium vorgesehen. Für die Darstellung weiterführender Methoden, z. B. zur Behandlung von nichtlinearen Regelsystemen, von Abtastregelsystemen und für die Darstellung und die Synthese von Regelsystemen im Zustandsraum, muß auf den Band "Regelungstechnik II" verwiesen werden. Im Band "Regelungstechnik III" werden statistische Verfahren zur Analyse von Regelsystemen sowie der Entwurf adaptiver und optimaler Regelsysteme behandelt.

Es gibt zwar inzwischen zahlreiche einführende Bücher über Methoden der Regelungstechnik, dennoch versucht das vorliegende Buch, eine Lücke zu schließen. Während in vielen einführenden regelungstechnischen Werken ein großes Gewicht auf die klassischen Verfahren zur Stabilitätsanalyse gelegt wird, kommen meist die Syntheseverfahren zum Entwurf von Regelsystemen zu kurz. Daher war es mein Ziel, Syntheseverfahren mit mindestens dem gleichen Gewicht darzustellen wie Analyseverfahren. Dabei entstand ein umfassendes Kapitel über die wichtigsten bewährten Syntheseverfahren zum klassischen Entwurf linearer kontinuierlicher Regelsysteme. Außerdem enthält das Buch ein ausführliches Kapitel über deterministische Verfahren zur experimentellen Analyse von Regelkreisgliedern, die besonders für die praktische Anwendung von Bedeutung sein dürften.

Nach einer Einführung in die Problemstellung der Regelungstechnik, die im Kapitel 1 anschaulich anhand verschiedener Beispiele durchgeführt wird, werden im Kapitel 2 die wesentlichen Eigenschaften von Regelsystemen vom systemtheoretischen Standpunkt aus dargestellt. Im Kapitel 3 werden die wichtigsten Beschreibungsformen für lineare kontinuierliche Systeme im Zeitbereich eingeführt. Die allgemeine Beschreibung linearer kontinuierlicher Systeme im Frequenzbereich schließt sich im Kapitel 4 an. Nachdem damit die notwendigen Grundlagen zur Behandlung von linearen kontinuierlichen Regelsystemen geschaffen sind, können nun im Kapitel 5 das dynamische und stationäre Verhalten von Regelkreisen sowie die gebräuchlichen linearen Reglertypen besprochen werden. Eine der bedeutendsten Problemstellungen für den Regelungstechniker stellt die im Kapitel 6 behandelte Stabilitätsanalyse dar. Die wichtigsten Stabilitätsbegriffe werden definiert und algebraische sowie graphische Stabilitätskriterien eingeführt. Als Übergang zu den Syntheseverfahren, aber gleichermaßen für die Stabilitätsanalyse von Bedeutung, wird im Kapitel 7 das Wurzelortskurvenverfahren dargestellt. Im sehr umfangreichen Kapitel 8 wird eingehend die Problemstellung beim Entwurf linearer kontinuierlicher Regelsysteme mit klassischen Verfahren behandelt. Dabei werden neben den Gütemaßen die wichtigsten Syntheseverfahren im Zeit- und Frequenzbereich vorgestellt. Weiter wird auch auf den Reglerentwurf für Führungs- und Störverhalten eingegangen und schließlich wird gezeigt, wie durch Verwendung vermaschter Regelsysteme eine Verbesserung des Regelverhaltens erzielt werden kann. Das abschließende Kapitel 9 enthält eine Reihe bewährter deterministischer Verfahren zur experimentellen Identifikation von Regelsystemen. Hier wird auch auf die Methoden zur Transformation der Identifikationsergebnisse zwischen Zeit- und Frequenzbereich eingegangen.

Bei der Darstellung des Stoffes wurde weitgehend versucht, sämtliche wesentliche Zwischenschritte deutlich zu machen und alle Ergebnisse sorgfältig zu begründen, so daß der Leser stets die einzelnen Gedanken selbständig nachvollziehen kann. Für das Verständnis des Stoffes genügen die Kenntnisse über Analysis, Differentialgleichungen, lineare Algebra sowie einige Grundkenntnisse der Funktionentheorie, wie sie gewöhnlich die mathematischen Grundvorlesungen für Ingenieure vermitteln. Zum weiteren Verständnis des Stoffes wurden zahlreiche Rechenbeispiele in den Text eingeschlossen. Bei den verwendeten Symbolen und Benennungen konnte nicht vollständig die Norm DIN 19226 verwendet werden, da diese nicht mit der international üblichen Darstellungsweise übereinstimmt.

Dieses Buch entstand aus einer einführenden Vorlesung in die Grundlagen der Regelungstechnik, die ich seit 1976 für Studenten der Elektrotechnik an der Ruhr-Universität Bochum halte. Meine ehemaligen Studenten und Mitarbeiter sowie viele kritische Leser haben mir während der letzten Jahre zahlreiche Anregungen für die Überarbeitung der früheren Auflagen unterbreitet. Ihnen allen möchte ich danken. Mein besonderer Dank gilt aber auch den derzeitigen Mitarbeitern meines Lehrstuhls, die mit konstruktiven Hinweisen und Verbesserungsvorschlägen sowie mit der aufmerksamen Durchsicht des neu geschriebenen Textes zur Fertigstellung der völlig überarbeiteten 7. Auflage dieses Buches beigetragen haben. Stellvertretend und ganz besonders möchte ich Frau E. Schmitt für die große Geduld und Sorgfalt danken, die bei der äußeren Gestaltung mittels eines Textverarbeitungssystems erforderlich war. Dem Vieweg-Verlag sei für die gute Zusammenarbeit und das bereitwillige Eingehen auf meine Wünsche gedankt. Abschließend danke ich vor allem auch meiner Frau, nicht nur für das gründliche Korrekturlesen des neu geschriebenen Textes, sondern vor allem für das Verständnis, das sie mir bei der Arbeit an diesem Buch entgegenbrachte.

Hinweise und konstruktive Kritik zur weiteren Verbesserung des Buches werde ich auch von den künftigen Lesern gerne entgegennehmen.

Bochum, Oktober 1996 *H. Unbehauen*

INHALT

INHALTSÜBERSICHT ZU BAND II UND III — XVI

1 Einführung in die Problemstellung der Regelungstechnik — 1

- 1.1 Einordnung der Regelungstechnik — 1
- 1.2 Systembeschreibung mittels Blockschaltbild — 3
- 1.3 Steuerung und Regelung — 5
- 1.4 Prinzipielle Funktionsweise einer Regelung — 8
- 1.5 Die Grundstruktur von Regelkreisen — 12
- 1.6 Einige typische Beispiele für Regelungen — 15
  - 1.6.1 Spannungsregelung — 16
  - 1.6.2 Kursregelung — 16
  - 1.6.3 Füllstandregelung — 17
  - 1.6.4 Regelung eines Wärmetauschers — 18
- 1.7 Historischer Hintergrund — 20

2 Einige wichtige Eigenschaften von Regelsystemen — 24

- 2.1 Mathematische Modelle — 24
- 2.2 Dynamisches und statisches Verhalten von Systemen — 26
- 2.3 Systemeigenschaften — 27
  - 2.3.1 Lineare und nichtlineare Systeme — 27
  - 2.3.2 Systeme mit konzentrierten oder verteilten Parametern — 33
  - 2.3.3 Zeitvariante und zeitinvariante Systeme — 34
  - 2.3.4 Systeme mit kontinuierlicher oder diskreter Arbeitsweise — 34
  - 2.3.5 Systeme mit deterministischen oder stochastischen Systemvariablen — 36
  - 2.3.6 Kausale und nichtkausale Systeme — 36
  - 2.3.7 Stabile und instabile Systeme — 37
  - 2.3.8 Eingrößen- und Mehrgrößensysteme — 37

3 Beschreibung linearer kontinuierlicher Systeme im Zeitbereich 38

3.1 Beschreibung mittels Differentialgleichungen 38
   3.1.1 Elektrische Systeme 38
   3.1.2 Mechanische Systeme 41
   3.1.3 Thermische Systeme 44

3.2 Systembeschreibung mittels spezieller Ausgangssignale . . . 48
   3.2.1 Die Übergangsfunktion (Sprungantwort) 48
   3.2.2 Die Gewichtsfunktion (Impulsantwort) 49
   3.2.3 Das Faltungsintegral (Duhamelsches Integral) 51

3.3 Zustandsraumdarstellung 53
   3.3.1 Zustandsraumdarstellung für Eingrößensysteme . . . 53
   3.3.2 Zustandsraumdarstellung für Mehrgrößensysteme . . 56

4 Beschreibung linearer kontinuierlicher Systeme im Frequenzbereich 59

4.1 Die Laplace-Transformation 59
   4.1.1 Definition und Konvergenzbereich 59
   4.1.2 Die Korrespondenztafel für die Laplace-Transformation 61
   4.1.3 Haupteigenschaften der Laplace-Transformation . . . 64
   4.1.4 Die inverse Laplace-Transformation 69
   4.1.5 Die Lösung von linearen Differentialgleichungen mit Hilfe der Laplace-Transformation 75
   4.1.6 Laplace-Transformation der Impulsfunktion $\delta(t)$ . . . 81

4.2 Die Übertragungsfunktion 83
   4.2.1 Definition und Herleitung 83
   4.2.2 Pole und Nullstellen der Übertragungsfunktion . . . 85
   4.2.3 Das Rechnen mit Übertragungsfunktionen 86
   4.2.4 Herleitung von $G(s)$ aus der Zustandsraumdarstellung 89
   4.2.5 Die Übertragungsfunktion bei Systemen mit verteilten Parametern 92
   4.2.6 Die Übertragungsmatrix 94
   4.2.7 Die komplexe G-Ebene 95

4.3 Die Frequenzgangdarstellung ... 98
   4.3.1 Definition ... 98
   4.3.2 Ortskurvendarstellung des Frequenzganges ... 100
   4.3.3 Darstellung des Frequenzganges durch Frequenzkennlinien (Bode-Diagramm) ... 102
   4.3.4 Die Zusammenstellung der wichtigsten Übertragungsglieder ... 105
      4.3.4.1 Das proportional wirkende Übertragungsglied (P-Glied) ... 105
      4.3.4.2 Das integrierende Übertragungsglied (I-Glied) ... 105
      4.3.4.3 Das differenzierende Übertragungsglied (D-Glied) ... 107
      4.3.4.4 Das Verzögerungsglied 1. Ordnung (PT_1-Glied) ... 108
      4.3.4.5 Das proportional-differenzierend wirkende Übertragungsglied (PD-Glied) ... 112
      4.3.4.6 Das Vorhalteglied (DT_1-Glied) ... 113
      4.3.4.7 Das Verzögerungsglied 2. Ordnung (PT_2-Glied und PT_2S-Glied) ... 114
      4.3.4.8 Weitere Übertragungsglieder ... 125
      4.3.4.9 Bandbreite eines Übertragungsgliedes ... 125
      4.3.4.10 Beispiel für die Konstruktion des Bode-Diagramms eines Übertragungsgliedes mit gebrochen rationaler Übertragungsfunktion ... 129
   4.3.5 Systeme mit minimalem und nichtminimalem Phasenverhalten ... 132

5 Das Verhalten linearer kontinuierlicher Regelsysteme   137

5.1 Dynamisches Verhalten des Regelkreises ... 137
5.2 Stationäres Verhalten des Regelkreises ... 140
   5.2.1 Übertragungsfunktion $G_0(s)$ mit P-Verhalten ... 142
   5.2.2 Übertragungsfunktion $G_0(s)$ mit I-Verhalten ... 143
   5.2.3 Übertragungsfunktion $G_0(s)$ mit I_2-Verhalten ... 143
5.3 Der PID-Regler und die aus ihm ableitbaren Reglertypen ... 145
   5.3.1 Das Übertragungsverhalten ... 145
   5.3.2 Vor- und Nachteile der verschiedenen Reglertypen ... 149
   5.3.3 Technische Realisierung von linearen kont. Reglern ... 152
      5.3.3.1 Das Prinzip der Rückkopplung ... 153
      5.3.3.2 Elektrische Regler ... 154
      5.3.3.3 Pneumatische Regler ... 158

6 Stabilität linearer kontinuierlicher Regelsysteme 163

6.1 Definition der Stabilität und Stabilitätsbedingungen 163
6.2 Algebraische Stabilitätskriterien 166
    6.2.1 Beiwertebedingungen 166
    6.2.2 Das Hurwitz-Kriterium 170
    6.2.3 Das Routh-Kriterium 173
6.3 Das Kriterium von Cremer-Leonhard-Michailow 176
6.4 Das Nyquist-Kriterium 180
    6.4.1 Das Nyquist-Kriterium in der Ortskurvendarstellung 181
        6.4.1.1 Anwendungsbeispiele zum Nyquist-Kriterium .. 185
        6.4.1.2 Anwendung auf Systeme mit Totzeit 187
        6.4.1.3 Vereinfachte Form des Nyquist-Kriteriums ... 192
    6.4.2 Das Nyquist-Kriterium in der Frequenzkennliniendarstellung 192

7 Das Wurzelortskurven-Verfahren 200

7.1 Der Grundgedanke des Verfahrens 200
7.2 Allgemeine Regeln zur Konstruktion von Wurzelortskurven 204
7.3 Anwendung der Regeln zur Konstruktion der Wurzelortskurven an einem Beispiel 215

8 Klassische Verfahren zum Entwurf linearer kontinuierlicher Regelsysteme 220

8.1 Problemstellung 220
8.2 Entwurf im Zeitbereich 223
    8.2.1 Gütemaße im Zeitbereich 223
        8.2.1.1 Der dynamische Übergangsfehler 223
        8.2.1.2 Integralkriterien 225
        8.2.1.3 Berechnung der quadratischen Regelfläche ... 228
    8.2.2 Ermittlung optimaler Einstellwerte eines Reglers nach dem Kriterium der minimalen quadratischen Regelfläche 230

8.2.2.1 Beispiel einer Optimierungsaufgabe nach dem quadratischen Gütekriterium 231
8.2.2.2 Parameteroptimierung von Standardreglertypen für PT_n-Regelstrecken 235
8.2.3 Empirisches Vorgehen 245
8.2.3.1 Empirische Einstellregeln nach Ziegler und Nichols 245
8.2.3.2 Empirischer Entwurf durch Simulation 248

8.3 Entwurf im Frequenzbereich 250
   8.3.1 Kenndaten im Frequenzbereich 250
      8.3.1.1 Kenndaten des geschlossenen Regelkreises im Frequenzbereich und deren Zusammenhang mit den Gütemaßen im Zeitbereich 250
      8.3.1.2 Die Kenndaten des offenen Regelkreises und ihr Zusammenhang mit den Gütemaßen des geschlossenen Regelkreises im Zeitbereich 257
   8.3.2 Reglersynthese nach dem Frequenzkennlinien-Verfahren 263
      8.3.2.1 Der Grundgedanke 263
      8.3.2.2 Phasenkorrekturglieder 265
      8.3.2.3 Anwendung des Frequenzkennlinien-Verfahrens . 272
   8.3.3 Das Nichols-Diagramm 278
      8.3.3.1 Das Hall-Diagramm 279
      8.3.3.2 Das Amplituden-Phasendiagramm (Nichols-Diagramm) 281
      8.3.3.3 Anwendung des Nichols-Diagramms 282
   8.3.4 Reglerentwurf mit dem Wurzelortskurvenverfahren. . 286
      8.3.4.1 Der Grundgedanke 286
      8.3.4.2 Beispiele für den Reglerentwurf mit Hilfe des Wurzelortskurvenverfahrens 287

8.4 Analytische Entwurfsverfahren 293
   8.4.1 Vorgabe des Verhaltens des geschlossenen Regelkreises 294
   8.4.2 Das Verfahren nach Truxal-Guillemin 299
   8.4.3 Ein algebraisches Entwurfsverfahren 307
      8.4.3.1 Der Grundgedanke 307
      8.4.3.2 Berücksichtigung der Nullstellen des geschlossenen Regelkreises 309
      8.4.3.3 Lösung der Synthesegleichungen 312
      8.4.3.4 Anwendung des Verfahrens........... 314

8.5 Reglerentwurf für Führungs- und Störungsverhalten 321
    8.5.1 Struktur des Regelkreises 321
    8.5.2 Der Reglerentwurf 322
        8.5.2.1 Reglerentwurf für Störungen am Eingang der Regelstrecke 323
        8.5.2.2 Reglerentwurf für Störungen am Ausgang der Regelstrecke 326
    8.5.3 Entwurf des Vorfilters 330
        8.5.3.1 Entwurf des Vorfilters für Störungen am Eingang der Regelstrecke 330
        8.5.3.2 Entwurf des Vorfilters für Störungen am Ausgang der Regelstrecke 332
    8.5.4 Anwendung des Verfahrens 335
        8.5.4.1 Störung am Eingang der Regelstrecke 335
        8.5.4.2 Störung am Ausgang der Regelstrecke 337

8.6 Verbesserung des Regelverhaltens durch Entwurf vermaschter Regelsysteme 341
    8.6.1 Problemstellung 341
    8.6.2 Störgrößenaufschaltung 341
        8.6.2.1 Störgrößenaufschaltung auf den Regler 342
        8.6.2.2 Störgrößenaufschaltung auf die Stellgröße 344
    8.6.3 Regelsystem mit Hilfsregelgröße 346
    8.6.4 Kaskadenregelung 348
    8.6.5 Regelsystem mit Hilfsstellgröße 351

9 Identifikation von Regelkreisgliedern mittels deterministischer Signale   353

9.1 Theoretische und experimentelle Identifikation 353
9.2 Formulierung der Aufgabe der experimentellen Identifikation 354
9.3 Identifikation im Zeitbereich 359
    9.3.1 Bestimmung der Übergangsfunktion aus Meßwerten 359
        9.3.1.1 Rechteckimpuls als Eingangssignal 359
        9.3.1.2 Rampenfunktion als Eingangssignal 360
        9.3.1.3 Beliebiges deterministisches Eingangssignal . . . 361
    9.3.2 Verfahren zur Identifikation anhand der Übergangsfunktion oder Gewichtsfunktion 363

	9.3.2.1 Wendetangenten- und Zeitprozentkennwerte-Verfahren	363
	9.3.2.2 Weitere Verfahren	376
9.4	Identifikation im Frequenzbereich	378
	9.4.1 Identifikation mit dem Frequenzkennlinien-Verfahren	378
	9.4.2 Identifikation durch Approximation eines vorgegebenen Frequenzganges	380
9.5	Numerische Transformationsmethoden zwischen Zeit- und Frequenzbereich	385
	9.5.1 Grundlegende theoretische Zusammenhänge	385
	9.5.2 Berechnung des Frequenzganges aus der Sprungantwort	389
	9.5.3 Erweiterung des Verfahrens zur Berechnung des Frequenzganges für nichtsprungförmige Testsignale	393
	9.5.4 Berechnung der Übergangsfunktion aus dem Frequenzgang	396

Literatur 399

Sachverzeichnis 408

Inhaltsübersicht zu
H. Unbehauen, Regelungstechnik II

1 BEHANDLUNG LINEARER KONTINUIERLICHER SYSTEME IM ZUSTANDSRAUM

2 LINEARE ZEITDISKRETE SYSTEME (DIGITALE REGELUNG)

3 NICHTLINEARE REGELSYSTEME

H. Unbehauen, Regelungstechnik III

1 GRUNDLAGEN DER STATISTISCHEN BEHANDLUNG VON REGELSYSTEMEN

2 STATISTISCHE BESTIMMUNG DYNAMISCHER EIGENSCHAFTEN LINEARER SYSTEME

3 SYSTEMIDENTIFIKATION MITTELS KORRELATIONSANALYSE

4 SYSTEMIDENTIFIKATION MITTELS PARAMETERSCHÄTZVERFAHREN

5 ADAPTIVE REGELSYSTEME

6 ENTWURF OPTIMALER ZUSTANDSREGLER

7 SONDERFORMEN DES OPTIMALEN LINEAREN ZUSTANDSREGLERS FÜR ZEITINVARIANTE MEHRGRÖSSENSYSTEME

1 EINFÜHRUNG IN DIE PROBLEMSTELLUNG DER REGELUNGSTECHNIK

1.1 Einordnung der Regelungstechnik

Häufig wird unsere Zeit das *Zeitalter der Automatisierung* genannt. Es ist gekennzeichnet durch selbsttätig arbeitende Maschinen und Geräte, die oftmals zu sehr komplexen, industriellen Prozessen und Systemen zusammengefaßt sind. Die Grundlagen dieser automatisierten Prozesse oder der modernen Automatisierungstechnik bilden zu einem großen Teil die Regelungs- und Steuerungstechnik sowie die Prozeßdatenverarbeitung. Die in derartigen technischen Prozessen gewöhnlich auf verschiedenen Ebenen ablaufenden Automatisierungsvorgänge (Regeln, Steuern, Überwachen, Protokollieren usw.) der verschiedenen Teilprozesse werden heute durch die übergeordnete Funktion der Leittechnik koordiniert. Obwohl Regelungs- und Steuerungstechnik in fast allen Bereichen der Technik auftreten, stellen sie aufgrund ihrer Denkweise eigenständige Fachgebiete dar, die - wie später gezeigt wird - auch untereinander trotz vieler Gemeinsamkeiten eine klare Unterscheidung aufweisen.

Die Regelungstechnik ist ein sehr stark methodisch orientiertes Fachgebiet. Daher ist der Einsatz regelungstechnischer Methoden weitgehend unabhängig vom jeweiligen Anwendungsfall. Die dabei zu lösenden Probleme sind stets sehr ähnlich; sie treten nicht nur bei technischen, sondern auch bei nichttechnischen dynamischen Systemen, z. B. biologischen, ökonomischen und soziologischen Systemen auf. Der Begriff des *dynamischen Systems* soll hierbei zunächst sehr global betrachtet werden, wobei die folgende Definition gewählt wird:

> Ein dynamisches System stellt eine Funktionseinheit dar zur Verarbeitung und Übertragung von Signalen (z. B. in Form von Energie, Material, Information, Kapital und anderen Größen), wobei die Systemeingangsgrößen als Ursache und die Systemausgangsgrößen als deren *zeitliche* Auswirkung zueinander in Relation gebracht werden.

Die Struktur dieses Systems reicht dabei vom einfachen Eingrößensystem mit nur einer Ein- und Ausgangsgröße (z. B. Meßfühler, Verstärker usw.) über das komplexe Mehrgrößensystem mit mehreren Ein- und Ausgangsgrößen (z. B. Destillationskolonne, Hochofen usw.) bis hin zum

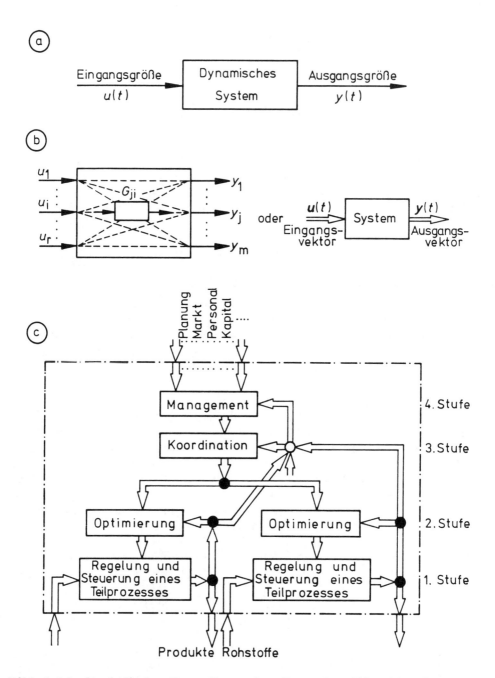

Bild 1.1.1. Symbolische Darstellung des Systembegriffs: (a) Eingrößensystem, (b) Mehrgrößensystem, (c) Mehrstufensystem

hierarchisch gegliederten Mehrstufensystem (z. B. Wirtschaftsprozeß), was durch die Blockstrukturen in Bild 1.1.1 symbolisch beschrieben wird.

Das gemeinsame Merkmal der zuvor genannten Systeme ist, daß sich in ihnen eine zielgerichtete Beeinflussung und Informationsverarbeitung bzw. Regelungs- und Steuerungsvorgänge abspielen, die N. Wiener veranlaßten, hierfür den übergeordneten Begriff der *Kybernetik* [1.1] einzuführen. Die Kybernetik versucht, die Gesetzmäßigkeiten von Regelungs- und Steuerungsvorgängen sowie von Informationsprozessen in Natur, Technik und Gesellschaft zu erkennen (Analyse), um diese dann gezielt zur Synthese technischer, bzw. zur Verbesserung natürlicher Systeme zu verwenden. Aus dieser Sicht ist die Regelungstechnik, die im weiteren eingehend behandelt werden soll, weniger den *Geräte*- als vielmehr den *Systemwissenschaften* zuzuordnen. Daher werden bei den weiteren Ausführungen mehr die systemtheoretischen und nicht so sehr die gerätetechnischen Grundlagen der Regelungstechnik herausgearbeitet.

1.2 Systembeschreibung mittels Blockschaltbild

Gemäß der zuvor gewählten Definition erfolgt in einem dynamischen System eine Verarbeitung und Übertragung von Signalen. Derartige Systeme werden daher auch als *Übertragungsglieder* oder *Übertragungssysteme* bezeichnet. Übertragungsglieder besitzen eine eindeutige Wirkungsrichtung, die durch die Pfeilrichtung der Ein- und Ausgangssignale angegeben wird. Jedem Übertragungsglied wird mindestens ein Eingangssignal oder eine *Eingangsgröße* $x_e(t)$ zugeführt und mindestens ein Ausgangssignal oder eine *Ausgangsgröße* $x_a(t)$ geht von einem Übertragungsglied aus. Das Zusammenwirken der einzelnen Übertragungsglieder wird gewöhnlich durch ein Blockschaltbild beschrieben. Die Übertragungsglieder werden dabei durch Kästchen dargestellt, die über Signale miteinander verbunden sind. Ein Beispiel dafür zeigt Bild 1.2.1.

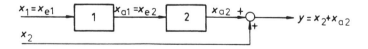

Bild 1.2.1. Beispiel für die Darstellung eines aus mehreren Übertragungsgliedern bestehenden Übertragungssystems im Blockschaltbild

Bei dieser Darstellungsform gelten die in Tabelle 1.2.1 aufgeführten Symbole für die Signalverknüpfung. Es wird weiterhin angenommen, daß die Ausgangsgröße eines Übertragungsgliedes nur von der zugehörigen Eingangsgröße, nicht aber von der Belastung durch die nachfolgende Schaltung abhängt. Übertragungsglieder sind also rückwirkungsfrei. Es gibt nun mehrere Möglichkeiten, das Übertragungsverhalten eines Übertragungsgliedes im Blockschaltbild darzustellen.

Tabelle 1.2.1. Symbole für Signalverknüpfungen (Anmerkung: Das positive Vorzeichen am Summenpunkt kann auch weggelassen werden)

Benennung	Symbol	Mathemat. Operation
Verzweigungspunkt	$x_1 \quad\quad x_2$ $\quad\quad x_3$	$x_1 = x_2 = x_3$
Summenpunkt	$x_1 \quad\bigcirc\quad x_3$ $\quad\;+\!(-)$ $\quad\; x_2$	$x_3 = x_1 \overset{+}{_{(-)}} x_2$
Multiplikationsstelle	$x_1 \longrightarrow$ $ \boxed{M} \longrightarrow x_3$ $x_2 \longrightarrow$	$x_3 = x_1 \cdot x_2$

Bei *linearen* Systemen kann man
- die zugehörige Differentialgleichung zwischen Eingangs- und Ausgangsgröße,
- den graphischen Verlauf der Übergangsfunktion (Antwort des Systems auf eine sprungförmige Eingangsgröße) oder
- die Übertragungsfunktion oder den Frequenzgang (Kap. 4.2 und 4.3)

in das zugehörige Kästchen gemäß Bild 1.2.2 eintragen.

Bei *nichtlinearen* statischen Übertragungsgliedern wird in einem leicht modifizierten Blocksymbol, einem fünfeckigen Kästchen, meist entweder der Verlauf der statischen Kennlinie oder die spezielle nichtlineare Funktion in direkter oder symbolischer Form (z. B. M für die Multiplikation) dargestellt. Es sei ausdrücklich darauf hingewiesen, daß die hier benutzten Begriffe in den nachfolgenden Abschnitten noch ausführlich definiert werden.

Neben der Darstellung im Blockschaltbild gibt es noch die Darstellung im *Signalflußdiagramm*. Im Signalflußdiagramm entsprechen Knoten den Signalen und Zweige dem Übertragungsverhalten zwischen zwei Knoten.

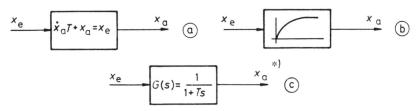

Bild 1.2.2. Einige Beschreibungsmöglichkeiten eines linearen Übertragungsgliedes: (a) Differentialgleichung, (b) Übergangsfunktion, (c) Übertragungsfunktion

Im Bild 1.2.3 sind für verschiedene Beispiele Signalflußdiagramm und Blockschaltbild gegenübergestellt.

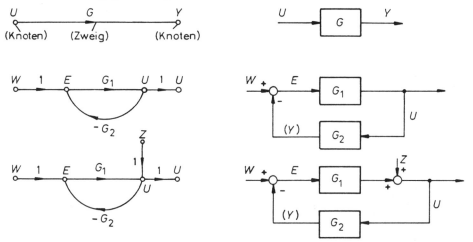

Bild 1.2.3. Korrespondierende Signalflußdiagramme und Blockschaltbilder

1.3 Steuerung und Regelung

Die Begriffe Steuerung und Regelung werden oftmals nicht genügend streng auseinander gehalten. Daher soll der Unterschied zwischen einer Steuerung und einer Regelung nachfolgend am Beispiel einer Raumheizung gezeigt werden. Bei einer *Steuerung* der Raumtemperatur ϑ_R

---

*) Größen, die das System im Frequenzbereich beschreiben, werden im folgenden durch große Buchstaben gekennzeichnet (vgl. Kap. 4.1).

gemäß Bild 1.3.1 wird die Außentemperatur ϑ_A über einen Temperaturfühler gemessen und einem Steuergerät zugeführt. Das Steuergerät verstellt bei einer Änderung der Außentemperatur ϑ_A ($\triangleq$ Störgröße z_2') über den Motor M und das Ventil V den Wärmefluß Q gemäß seiner im Bild 1.3.2 dargestellten Steuerkennlinie $Q = f(\vartheta_A)$. Die Steigung dieser Kennline kann am Steuergerät eingestellt werden. Wird die

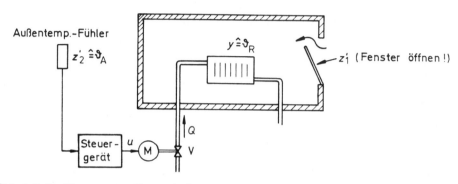

Bild 1.3.1. Gesteuerte Raumheizungsanlage

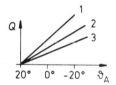

Bild 1.3.2. Kennlinienfeld eines Heizungssteuergerätes für drei verschiedene Einstellungen (1,2,3)

Raumtemperatur ϑ_R z. B. durch Öffnen eines Fensters (Störgröße z_1') verändert, so hat das keine Auswirkung auf die Ventilstellung, da nur die Außentemperatur den Wärmefluß beeinflußt. Bei dieser Steuerung werden somit nicht die Auswirkungen aller Störgrößen beseitigt.

Im Falle der im Bild 1.3.3 dargestellten *Regelung* der Raumtemperatur wird die Raumtemperatur ϑ_R gemessen und mit dem eingestellten Sollwert w (z. B. $w = 20°C$) verglichen. Weicht die Raumtemperatur vom Sollwert ab, so wird über einen Regler (R), der die Abweichung verarbeitet, der Wärmefluß Q verändert. Sämtliche Änderungen der Raumtemperatur ϑ_R, z. B. durch Öffnen der Fenster oder durch Sonneneinstrahlung, werden vom Regler erfaßt und möglichst beseitigt.

Zeichnet man die Blockschaltbilder der Raumtemperatursteuerung bzw. -regelung entsprechend den Bildern 1.3.4 und 1.3.5, so geht daraus der

Unterschied zwischen einer Steuerung und einer Regelung unmittelbar hervor.

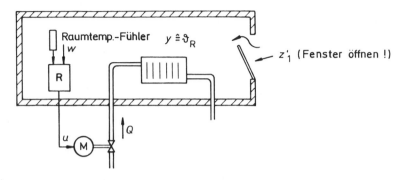

Bild 1.3.3. Geregelte Raumheizungsanlage

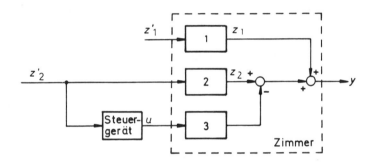

Bild 1.3.4. Blockschaltbild der Heizungssteuerung

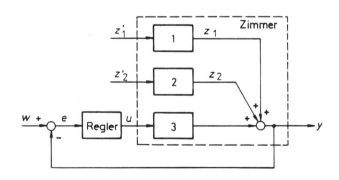

Bild 1.3.5. Blockschaltbild der Heizungsregelung

Der Ablauf der Regelung wird dabei durch folgende Schritte charakterisiert:
- Messung der Regelgröße y (Istwert),
- Bildung der Regelabweichung $e = w - y$ (Vergleich der Regelgröße y mit dem Sollwert w),
- Verarbeitung der Regelabweichung derart, daß durch Verändern der Stellgröße u die Regelabweichung vermindert oder beseitigt wird.

Vergleicht man nun eine Steuerung und eine Regelung, so lassen sich folgende Unterschiede leicht feststellen:

Die Regelung
- stellt einen geschlossenen Wirkungsablauf (Regelkreis) dar;
- kann wegen des geschlossenen Wirkungsprinzips Störungen entgegenwirken (negative Rückkopplung);
- kann instabil werden, d. h. die Regelgröße klingt dann nicht mehr ab, sondern wächst (theoretisch) über alle Grenzen an.

Die Steuerung
- stellt einen offenen Wirkungsablauf (Steuerkette) dar;
- kann nur den Störgrößen entgegenwirken, auf die sie ausgelegt wurde; andere Störeinflüsse sind nicht zu beseitigen;
- kann - sofern das zu steuernde Objekt selbst stabil ist - nicht instabil werden.

1.4 Prinzipielle Funktionsweise einer Regelung

Beim Einsatz einer Regelung sollte man gewöhnlich zwei verschiedene Fälle unterscheiden:
- Einerseits hat eine Regelung die Aufgabe, in einem Prozeß Störeinflüsse zu beseitigen. Bestimmte Größen eines Prozesses, die Regelgrößen, sollen vorgegebene feste Sollwerte einhalten, ohne daß Störungen, die auf den Prozeß einwirken, von nennenswertem Einfluß sind. Eine derartige Regelung wird als *Festwertregelung* oder *Störgrößenregelung* bezeichnet.
- Andererseits müssen oftmals die Regelgrößen eines Prozesses den sich ändernden Sollwerten möglichst gut nachgeführt werden. Diese Regelungsart wird *Folgeregelung* oder *Nachlaufregelung* genannt. Der sich ändernde Sollwert wird auch als *Führungsgröße* bezeichnet.

In beiden Fällen muß die Regelgröße fortlaufend gemessen und mit ihrem Sollwert verglichen werden. Tritt zwischen Istwert und Sollwert der Regelgröße eine Abweichung (Regelabweichung e) auf, so muß ein geeigneter Eingriff in der Weise erfolgen, daß diese Regelabweichung möglichst wieder verschwindet. Dieser Eingriff wird gewöhnlich über das sogenannte Stellglied vorgenommen. Die Betätigung des Stellgliedes kann von Hand oder auch über ein automatisch arbeitendes Gerät, den Regler, erfolgen. Im ersten Fall spricht man von einer *Handregelung*, im zweiten von einer *selbsttätigen Regelung*. Als typisches Beispiel einer Handregelung sei das Lenken eines Kraftfahrzeuges, also die "Kursregelung" entlang einer Straße, genannt. Im weiteren sollen aber ausschließlich Probleme der selbsttätigen Regelung behandelt werden.

Anhand von zwei Beispielen werden die Begriffe Festwert- und Folgeregelung näher erläutert. Bild 1.4.1 zeigt als Beispiel einer Festwertregelung die Drehzahlregelung einer Dampfturbine. Die über ein Zahn-

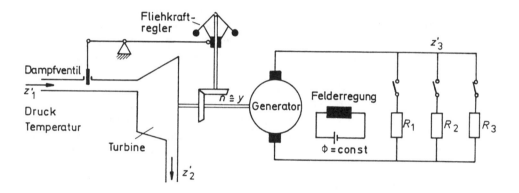

Bild 1.4.1. Drehzahlregelung einer Dampfturbine

rad gemessene Drehzahl, die hier die Regelgröße y darstellt, wirkt auf ein Fliehkraftpendel, das über eine Muffe mit einem mechanischen Hebelarm verbunden ist, der am gegenüberliegenden Ende direkt das Dampfventil betätigt. Fliehkraftpendel und Hebelarm stellen den eigentlichen Regler dar, der in dieser Form gewöhnlich als Fliehkraftregler bezeichnet wird. Um die Drehzahl des Turbogeneratorsatzes konstant zu halten, muß ein konstanter Dampfstrom der Turbine zugeführt werden. Treten nun aber Störungen auf, z. B. in Form von Änderungen des Dampfzustandes (z'_1), des Gegendruckes (z'_2) oder Änderungen der Generatorbelastung durch unterschiedlichen Stromverbrauch (z'_3), so wird die Drehzahl von dem gewünschten Wert, dem Sollwert, abweichen. Ist die Drehzahl n beispielsweise zu hoch, dann wird aufgrund der größeren Fliehkraft die Muffe des Fliehkraftreglers nach oben gezogen, wodurch auf der Gegenseite des Hebelarmes das Ventil den Dampfstrom stärker drosselt. Dadurch sinkt die Drehzahl; sie stellt sich nach kurzer Zeit wieder auf den Sollwert ein.

Es ist leicht einzusehen, daß sich z. B. die Verschiebung des Auflagepunktes des Hebels im Fliehkraftregler wesentlich auf den Regelvorgang auswirkt. Wird dieses Hebellager sehr weit nach links gerückt, dann wirkt sich eine Verschiebung der Muffe des Fliehkraftreglers nur schwach auf die Verstellung des Dampfventils aus, so daß bei auftretenden Störungen die Einhaltung der Solldrehzahl nicht gewährleistet werden kann. Wird andererseits das Hebellager weit nach rechts gerückt, dann wirken sich bereits kleine Änderungen der Drehzahl über den Fliehkraftregler sehr stark auf die Verstellung des Dampfventils aus. Zwar bewirkt eine genügend große Verstellung des Dampfstromes eine rasche Annäherung des Drehzahlistwertes an den Drehzahlsollwert, jedoch kann bei einem zu kräftigen Eingriff des Dampfventils der Istwert auch über das Ziel, also den Sollwert, hinausschießen. Diese Sollwertüberschreitung wird mit einer gewissen durch die Massenträgheit des Turbogeneratorsatzes bedingten Verzögerung über die ständige Messung der Drehzahl und durch Verstellung des Dampfventils wieder rückgängig gemacht (*Rückkopplungsprinzip*), jedoch kann es dabei passieren, daß der Sollwert nun in entgegengesetzter Richtung unterschritten wird. Der Wert der Drehzahl als Regelgröße (Istwert) führt somit Schwingungen um den gewünschten Sollwert aus. Je nach Wahl der Lage des Hebellagers klingen diese bei den oben erwähnten Störungen auftretenden Schwingungen des Drehzahlistwertes mehr oder weniger schnell ab. Bei ungünstiger Wahl der Lage dieses Hebellagers können sich allerdings die Schwingungen auch derart aufschaukeln, daß eine Gefährdung der gesamten Anlage auftritt. Dieser Fall wird als *Instabilität* der Regelung bezeichnet.

Anhand dieses hier sehr vereinfacht betrachteten Beispiels läßt sich bereits eine der wichtigsten Problemstellungen der Regelungstechnik erkennen. Diese besteht darin, den Regler so zu entwerfen bzw. einzustellen, daß das Verhalten des gesamten Regelkreises (hier Turbogeneratorsatz einschließlich Fliehkraftregler) mindestens stabil ist. Daneben sollte das Regelverhalten jedoch noch zusätzliche Forderungen erfüllen, z. B. die, daß bei der Ausregelung einer Störung die maximal auftretende Abweichung des Istwertes vom Sollwert der zu regelnden Größe (Regelgröße) möglichst klein wird und/oder daß die Zeit für die Beseitigung einer Störung der Regelgröße minimal zu halten ist. Diese zusätzlichen Forderungen werden gewöhnlich in Form von *Gütekriterien* formuliert. Sofern ein Regelkreis diese Forderungen erfüllt, bezeichnet man ihn als optimal im Sinne des jeweils gewählten Gütekriteriums. Somit gehören die *Stabilitätsanalyse* sowie der *optimale Reglerentwurf* zu den wichtigsten Problemstellungen der Regelungstechnik, die später eingehend behandelt werden.

Als Beispiel für eine Folgeregelung zeigt Bild 1.4.2 ein Winkelübertragungssystem. Hierbei besteht die Regelungsaufgabe darin, ein durch einen Gleichstrommotor angetriebenes Potentiometer (hier das Folgepo-

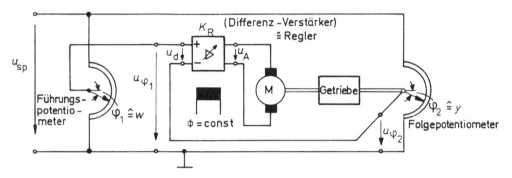

Bild 1.4.2. Folgeregelung mittels Gleichstrommotor

tentiometer) der Winkelstellung eines Führungspotentiometers nachzuführen. Ist der Stellwinkel φ_1 z. B. von Hand am Führungspotentiometer als Sollwert vorgegeben, so soll der Winkel φ_2 des Folgepotentiometers vom Motor solange "nachgeführt" werden, bis die Abweichung zwischen φ_1 und φ_2 hinreichend klein ist. Beide Potentiometer sind in einer Brückenschaltung angeordnet. Dabei stellt u_{Sp} die konstante Speisespannung der Brücke dar, während die beiden Potentiometer jeweils mit ihren beiden Teilwiderständen die vier ohmschen Widerstände der Brückenschaltung bilden. Die Brückendiagonale wird durch die Differenzspannung $u_d = u_{\varphi 1} - u_{\varphi 2}$ der beiden Potentiometerabgriffe gebildet. Ist $u_d = 0$, dann stimmen die beiden Winkelstellungen φ_1 und φ_2 überein, und die Brücke ist abgeglichen. Es ist leicht einzusehen, daß bei jeder Änderung von φ_1 die zuvor abgeglichene Brückenschaltung verstimmt wird. Eine selbsttätige Anpassung der Brückenschaltung läßt sich nun damit durchführen, daß die Differenzspannung u_d über einen Differenzverstärker zur Ansteuerung der Ankerspannung u_A eines Gleichstrommotors verwendet wird. Dieser Motor verstellt über ein Getriebe die Winkelstellung φ_2 solange, bis die Differenzspannung u_d zu Null wird. Damit ist das Folgepotentiometer dem Führungspotentiometer bezüglich der Winkelstellung nachgeführt. Besitzt der Differenzverstärker eine einstellbare Verstärkung K_R, dann ist die Ankerspannung des Gleichstrommotors durch die Beziehung

$$u_A = K_R \, u_d$$

gegeben. Ändert sich beispielsweise die Führungsgröße $w = \varphi_1(t)$ sprungartig, so wird die Regelgröße $y(t) = \varphi_2(t)$ den im Bild 1.4.3 dargestellten Verlauf aufweisen. Der zeitliche Verlauf der Regelgröße $y(t)$ hängt also stark von dem am Differenzverstärker eingestellten Wert des Verstärkungsfaktors K_R ab (bei zweckmäßig gewähltem u_{Sp} = const). Der Differenzverstärker selbst wirkt als Regler.

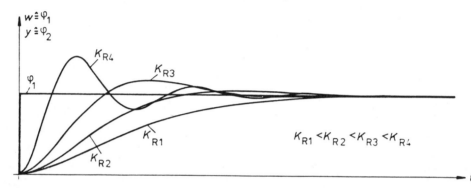

Bild 1.4.3. Verlauf der Regelgröße y nach einer sprungförmigen Veränderung der Führungsgröße w für vier unterschiedliche Werte des Verstärkungsfaktors K_R

Das prinzipielle Verhalten der Regelgröße y ist hierbei der im zuvor behandelten Beispiel dargestellten Drehzahlregelung eines Turbogeneratorsatzes sehr ähnlich. Der Reglerverstärkung K_R entspricht dort offensichtlich das Verhältnis der Hebelarme, das durch den Auflagepunkt jeweils gegeben ist. In beiden Fällen läßt sich zwar der Sollwert durch eine große Verstärkung schnell erreichen, jedoch neigt der Schwingungsverlauf bei zu groß gewählter Verstärkung des Reglers zum Anwachsen der Schwingungsamplituden und somit zur Instabilität des Regelvorgangs.

1.5 Die Grundstruktur von Regelkreisen

Nachdem nun einige Beispiele einen ersten Einblick in die Funktionsweise von Regelungen gegeben haben, soll die Struktur, die all diesen Regelkreisen zugrunde liegt, näher untersucht werden. Ein Regelkreis besteht gemäß Bild 1.5.1 aus folgenden 4 *Hauptbestandteilen*:

Regelstrecke, Meßglied, Regler und Stellglied.

Die Signale in einem Regelkreis werden hier in Anlehnung an die internationalen Bezeichnungen durch Buchstaben gekennzeichnet, die von der etwas veralteten DIN-Norm 19 226 abweichen. Es bedeutet:

y   die Regelgröße (Istwert),   u   die Stellgröße und
w   die Führungsgröße (Sollwert),   z   die Störgröße.
e   die Regelabweichung,

Anhand dieses Blockschaltbildes ist zu erkennen, daß die Aufgabe der Regelung einer Anlage oder eines Prozesses (*Regelstrecke*) darin besteht, die vom *Meßglied* erfaßte *Regelgröße* $y(t)$ unabhängig von äußeren

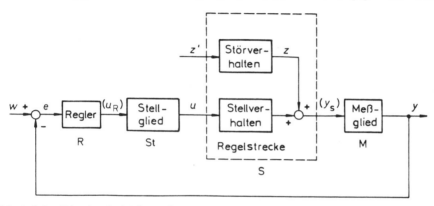

Bild 1.5.1. Blockschaltbild eines Regelkreises

Störungen $z(t)$ entweder auf einem konstanten *Sollwert* $w(t)$ = const zu halten (Festwertregelung) oder $y(t)$ einem veränderlichen Sollwert $w(t) \neq$ const (*Führungsgröße*) nachzuführen (Folgeregelung). Diese Aufgabe wird durch ein Rechengerät, den *Regler* R, ausgeführt. Der Regler verarbeitet *) die *Regelabweichung* $e(t) = w(t) - y(t)$, also die Differenz zwischen Sollwert $w(t)$ und Istwert $y(t)$ der Regelgröße, entsprechend seiner Funktionsweise (z. B. proportional, integrierend oder differenzierend) und erzeugt ein Signal $u_R(t)$, das über das *Stellglied* als *Stellgröße* $u(t)$ auf die Regelstrecke einwirkt und z. B. im Falle der Störgrößenregelung dem Störsignal $z(t)$ entgegen wirkt. Durch diesen geschlossenen Signalverlauf wird der Regelkreis gekennzeichnet, wobei die Reglerfunktion darin besteht, eine eingetretene Regelabweichung $e(t)$ möglichst schnell zu beseitigen oder zumindest sehr klein zu halten.

---

*) Die gerätetechnische Realisierung des Reglers umfaßt gewöhnlich auch die Bildung der Regelabweichung.

Auf diese hier dargestellte Grundstruktur lassen sich auch die im vorhergehenden Abschnitt behandelten beiden Beispiele zurückführen. Allerdings muß darauf hingewiesen werden, daß aus Gründen der gerätetechnischen Realisierung eine strenge Trennung der einzelnen vier regelungstechnischen Funktionen in entsprechende Geräteeinheiten nicht immer möglich ist. So ist beispielsweise bei der Drehzahlregelung des Turbogeneratorsatzes eine gerätetechnische Trennung zwischen Meßglied und Regler nicht zweckmäßig. Das Fliehkraftpendel übernimmt zwar die Aufgabe der Drehzahlmessung, und der damit verbundene Hebelarm kann als Regler interpretiert werden, der direkt auf das Dampfventil als Stellglied wirkt, jedoch stellt der damit beschriebene Fliehkraftregler insgesamt eine Geräteeinheit dar. Aus Bild 1.5.2 geht die Zuordnung

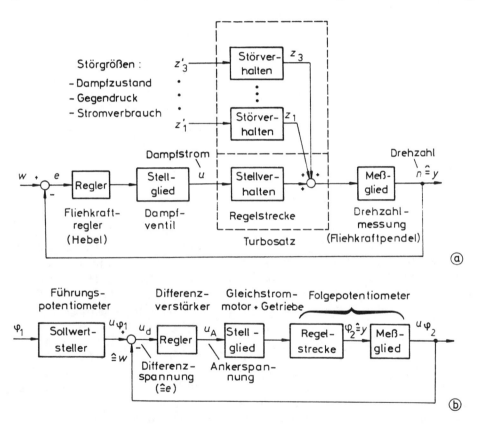

Bild 1.5.2. Zuordnung der gerätetechnischen Funktion zur Grundstruktur des Regelkreises für die Beispiele (a) der Drehzahlregelung einer Dampfturbine gemäß Bild 1.4.1 und (b) des Winkelübertragungssystems gemäß Bild 1.4.2

zwischen den Geräteeinheiten und den regelungstechnischen Grundfunktionen für beide behandelten Beispiele deutlich hervor.

Aufgrund der Schwierigkeiten, oft keine klare Trennung von Gerätefunktion und regelungstechnischer Grundfunktion vornehmen zu können, ist es häufig zweckmäßig, einen Regelkreis nur in zwei Blöcken zu strukturieren. Dabei wird neben der Regelstrecke, die meist auch das Meßglied enthält, als weiterer Block nur noch die *Regeleinrichtung* unterschieden, wie es im Bild 1.5.3 dargestellt ist. Die Regeleinrichtung enthält somit den eigentlichen Regler und gewöhnlich auch das Stellglied.

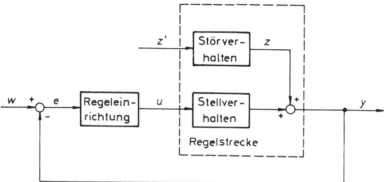

Bild 1.5.3. Vereinfachtes Blockschaltbild eines Regelkreises

Aus den Bildern 1.5.1 und 1.5.3 ist ersichtlich, daß der Vergleich von Sollwert w und Istwert y der Regelgröße zur Bildung der Regelabweichung e gerade durch die *negative Rückkopplung* der Größe y möglich wird. Nur aufgrund des negativen Vorzeichens an der Vergleichsstelle der beiden Signale kann somit die Regelabweichung e gebildet werden, die im Regler entsprechend seiner jeweiligen speziellen mathematischen Funktionsweise (z. B. proportional, integrierend oder differenzierend) zur Bildung der Stellgröße u verarbeitet wird. Das Prinzip der negativen Rückkopplung, kurz auch *Rückkopplungsprinzip* genannt, ist charakteristisch für jeden Regelkreis.

1.6 Einige typische Beispiele für Regelungen

Nachfolgend sollen einige typische Beispiele für Regelungen im Hinblick auf die im Kapitel 1.5 eingeführte Regelkreisstruktur untersucht werden.

1.6.1 Spannungsregelung

Bild 1.6.1 zeigt das prinzipielle Verhalten der Spannungsregelung eines Gleichstromgenerators. Der Gleichstromgenerator G, der die Regelstrecke darstellt, wird hier von einem nicht gezeichneten Motor mit konstanter Drehzahl angetrieben. Als Regelgröße y ist die Generatorspannung u_G konstant zu halten. Die Regelabweichung e gegenüber der festen Spannung w (Sollwert) wird in einem Spannungsverstärker verar-

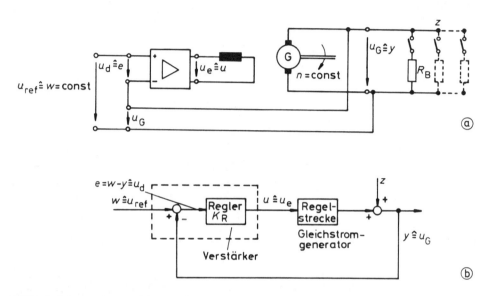

Bild 1.6.1. Anlagenskizze der Spannungsregelung (a) und dazugehöriges Blockschaltbild (b)

beitet, der als Ausgangsgröße die Erregerspannung u_e liefert. Dieser proportional arbeitende Spannungsverstärker wirkt als Regler. Als Störgröße z ist die Zu- oder Abschaltung von Verbrauchern anzusehen, die hier durch ohmsche Widerstände R_B gekennzeichnet sind. Wird der Generator z. B. belastet, so sinkt die Generatorspannung u_G. Daraufhin wird aufgrund der negativen Rückkopplung derselben vom Regler die Erregerspannung u_e erhöht, wodurch wiederum die Generatorspannung steigt. Es handelt sich hierbei also um eine typische Festwertregelung.

1.6.2 Kursregelung

Bezogen auf ein festes Koordinatensystem (z. B. Himmelsrichtungen) wird bei der Kursregelung von Schiffen (oder Flugzeugen) der einzuhaltende Kurs als Sollwert w immer wieder neu festgelegt, (vgl. Bild 1.6.2). Abweichungen (e) des Schiffes (Regelstrecke) von dem vorgegebenen Kurswinkel (w) werden von einem Kreiselkompaß gemessen und in dem Regler (R) verarbeitet. Der Regler bewirkt durch Veränderung des Ruderwinkels (Stellgröße u), daß der tatsächliche Kurswinkel, also die Regelgröße y, ständig auf den Sollkurs nachgestellt wird.

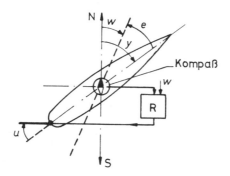

Bild 1.6.2. Kursregelung eines Schiffes

Die Kursregelung kann sowohl als Festwertregelung als auch als Folgeregelung aufgefaßt werden. Bei einer festen Vorgabe des Kurssollwertes können Störungen durch Windeinflüsse oder Meeresströmungen auftreten. Diese Störungen des Kurswinkels müssen ausgeregelt werden. Andererseits muß beim Manövrieren der tatsächliche Kurswinkel einem eventuell sich ständig ändernden Sollwert nachgeführt werden. Selbstverständlich ist die Arbeitsweise des Kursregelkreises in beiden Fällen dieselbe.

1.6.3 Füllstandregelung

Bei der im Bild 1.6.3 dargestellten Füllstandregelung soll die Niveauhöhe (Regelgröße) unabhängig von Störungen (z') im Zu- oder Abfluß konstant gehalten werden (Festwertregelung). Dabei stellt der Behälter die Regelstrecke dar. Als Meßglied dient ein Schwimmer, dessen Stellung auf einen Hebelmechanismus einwirkt. Dieser gelagerte Hebel arbeitet als Regler, dessen Verstärkung durch das Verhältnis der beiden Hebelarme gegeben ist. Der Reglerausgang, also der linke Hebelarm, wirkt über das Ventil (Stellglied) auf den Zufluß (Stellgröße). Bei zu hohem Füllstand wird der Zufluß gedrosselt. In dem Blockschaltbild sind bei den einzelnen Übertragungsgliedern bereits die Übergangsfunktionen als Symbole für das dynamische Verhalten eingetragen. Auf eine detaillierte Erklärung dieser Symbole wird erst später eingegangen.

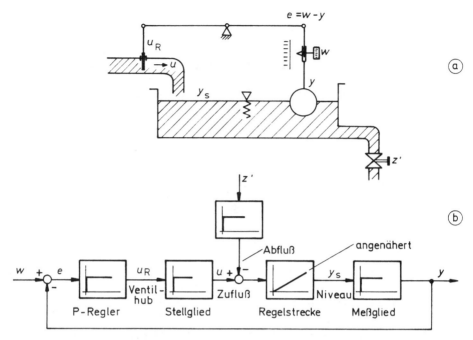

Bild 1.6.3. Anlagenskizze einer Füllstandregelung (a) und zugehöriges Blockschaltbild (b)

1.6.4 Regelung eines Wärmetauschers

In dem im Bild 1.6.4 dargestellten Wärmetauscher wird Sekundärdampf durch Primärdampf aufgeheizt. Dabei sollen unabhängig von Störungen (z'_1 und z'_2) im Primär- und Sekundärdampfstrom die Temperatur ϑ und der Dampfstrom $\dot{m}$ sekundärseitig auf fest vorgegebenen Werten gehalten werden. Diese beiden Größen stellen somit die Regelgrößen ($y_1 \triangleq \vartheta$ und $y_2 \triangleq \dot{m}$) dar. Die beiden Regelgrößen werden von den Reglern R_1 und R_2 getrennt geregelt. Nun besteht allerdings in der Regelstrecke eine Kopplung zwischen der Dampftemperatur ϑ und dem Dampfstrom $\dot{m}$. Wird beispielsweise eine Störung (z'_2), die auf den Sekundärdampfstrom $\dot{m}$ einwirkt, über den Regler R_2 durch Veränderung der Verdichterdrehzahl ausgeregelt, dann wird - bei zunächst konstanter Beheizung durch den Primärdampfstrom - die Dampftemperatur ϑ sich ebenfalls ändern. Dies stellt somit eine Störung für den Regelkreis 1 dar, die der Regler R_1 durch Veränderung der Primärdampfmenge zu beseitigen versucht. Die Änderung der Dampftemperatur ϑ wirkt sich schwach über die Beheizungsänderung auch wieder auf den Dampfstrom $\dot{m}$ aus.

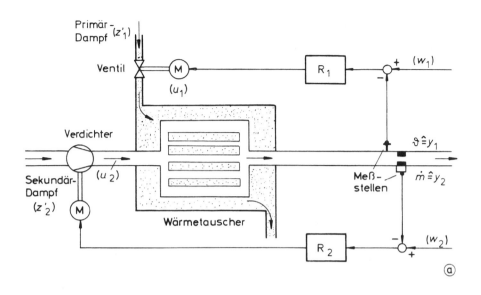

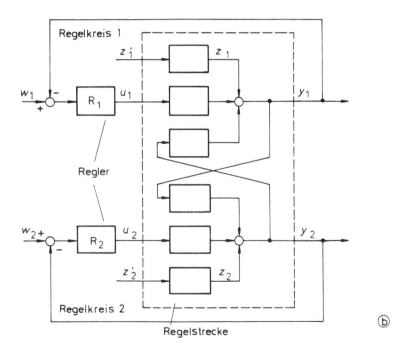

Bild 1.6.4. Mehrgrößenregelsystem eines Wärmetauschers (a) und zugehöriges Blockschaltbild (b)

Die Kopplung oder Vermaschung beider Regelkreise geht anschaulich aus dem Blockschaltbild hervor. Der Wärmetauscher besitzt also zwei Regelgrößen y_1 und y_2 sowie zwei Stellgrößen u_1 und u_2. Ein derartiges System, das mehrere Regelgrößen besitzt, wird gewöhnlich auch als *Mehrgrößensystem* bezeichnet (seltener: Multivariables System). Im Gegensatz dazu weisen die in den vorangegangenen Abschnitten behandelten Beispiele nur *eine* Regelgröße auf, weshalb man sie auch *Eingrößensysteme* nennt.

Die zuvor diskutierten Beispiele besitzen nur exemplarischen Charakter. Zahllose Beispiele aus nahezu allen Bereichen der Technik könnten hier genannt werden. Neben mechanischen und elektrischen Ausführungen von Regelungen werden sehr häufig auch pneumatisch oder hydraulisch arbeitende Geräte oder auch Kombinationen davon, z. B. elektrohydraulische Einrichtungen, in der industriellen Praxis verwendet.

1.7 Historischer Hintergrund [1.2; 1.3]

Obwohl die erste nennenswerte technische Entwicklung im Bereich der Regelungstechnik die Erfindung des Drehzahlreglers durch J. Watt im Jahre 1788 darstellt, sollte jedoch vorweg festgestellt werden, daß das Regelungsprinzip grundsätzlich keine technische Erfindung, sondern eigentlich ein Naturphänomen ist. Das Regelungsprinzip, nämlich einen Zustand auch bei Einwirkung äußerer Störungen selbsttätig aufrechtzuerhalten, ist in nahezu allen Lebewesen wiederzufinden. Diese besitzen fühlende und regulierende Organe, die jeder Störung der Lebensbedingungen entgegenwirken. So ermöglicht das Regelungsprinzip z. B. dem Menschen seine aufrechte Haltung; es hält seine Körpertemperatur konstant, ohne daß Hitze oder Kälte sie beeinflussen können. Dieses Regelungsprinzip ist aber auch bei zahlreichen anderen Vorgängen wiederzufinden, so z. B. beim Ablauf von ökonomischen und soziologischen Vorgängen.

Die Entwicklung der Regelungstechnik läßt sich gemäß Tabelle 1.7.1 in vier größere Perioden einteilen. Die erste Periode (I) beginnt mit der bereits erwähnten Erfindung des Fliehkraftreglers zur Drehzahlregelung von Dampfmaschinen durch J. Watt um 1788. Am Anfang dieser Zeitperiode stellte allerdings die Regelungstechnik noch eine Art Kunst dar. Die ersten analytischen Untersuchungen über das Zusammenwirken von Regler und Regelstrecke wurden erst 1868 von J. Maxwell in einer grundlegenden Arbeit [1.4] durchgeführt, der dadurch auch als

Begründer einer allgemeinen Regelungstheorie gilt.

Die zweite Periode (II), die etwa kurz vor 1900 einsetzt, ist gekennzeichnet durch eine strenge mathematische Behandlung regelungstechnischer Vorgänge in verschiedenen Anwendungsbereichen. Hier sind ins-

Tabelle 1.7.1. Zeitliche Entwicklung der Regelungstechnik

Periode	Jahr	Name	Fortschritte der Regelungstechnik
I	1788	J. Watt	Entwicklung des Drehzahlreglers, Anwendung in der Energieerzeugung, z. B. Dampfmaschinen, Windmühlen; theoretische Analyse des Fliehkraftreglers.
	1868	J. Maxwell	
II	1877	J. Routh	Anwendung von Differentialgleichungen zur Beschreibung von Regelvorgängen; Stabilitätsuntersuchungen; Regelung von Turbinen und Kolbenmaschinen; Stabilitätsanalyse; Rückkopplungsprinzip; Frequenzgangmethoden; Anwendungen: Energietechnik, Nachrichtentechnik, Waffentechnik, Luftfahrttechnik.
	1893	A. Stodola	
	1895	A. Hurwitz	
	1905	M. Tolle	
	1928	K. Küpfmüller	
	1932	A. Nyquist	
III	1940	A. Leonhard W. Oppelt	Entwicklung der Regelungstechnik zu einer selbständigen Disziplin der Ingenieurwissenschaften; systematische mathemat. Darstellung; Einführung neuer Methoden im Frequenzbereich; Laplace-Transformation; statistische Methoden der Regelungstechnik; Abtastregelsysteme; nichtlineare Regelvorgänge; Entwicklung elektronischer und pneumatischer Einheitsregler; breite industrielle Anwendungen; Gründung der IFAC (International Federation of Automatic Control).
	1944	R. Oldenbourg und H. Sartorius	
	1945	H. Bode	
	1950	N. Wiener	
	1955	J. Truxal	
	1956		
IV	1956	L. Pontrjagin	Entwicklung des Maximumprinzips und der dynamischen Programmierung zur Behandlung optimaler Regelvorgänge; Einführung der Zustandsraum-Darstellung und der Stabilitätsbetrachtungen nach Ljapunow (bereits 1892 entwickelt); Einsatz elektronischer Rechenanlagen zur Analyse und Synthese von Mehrgrößenregelsystemen; Einsatz von Prozeßrechnern zur direkten digitalen Regelung (DDC-Konzept zur Prozeßführung); Software-Entwicklung für Regelungsaufgaben; Anwendungen in nahezu allen Teilgebieten der Technik sowie auch bei nichttechnischen Problemen (z. B. Weltmodell nach Forrester); Einsatz von Mikrorechnern für Regelungszwecke; Vordringen der digitalen Gerätetechnik, Leitsysteme.
	1957	R. Bellman	
	1960	DDC	
	1970	Mikrorechner	
	1975	Leittechnik	
	1980	Digitale Gerätetechnik	

besondere die Arbeiten von A. Stodola [1.5] und M. Tolle [1.6] zu erwähnen, die die Regelung von Turbinen und Kolbenkraftmaschinen behandeln. Das von Tolle 1905 veröffentliche Buch über "Regelung von Kraftmaschinen" darf als erstes systematisches regelungstechnisches Lehrbuch angesehen werden. In dieselbe Zeit fällt die Entwicklung der Stabilitätskriterien von E. Routh [1.7] und A. Hurwitz [1.8]. Etwa um das Jahr 1930 wurde die Regelungstechnik stark durch die elektrische Nachrichtentechnik befruchtet. Hier waren es vor allem K. Küpfmüller [1.9] (1928) mit der Behandlung von Stabilitätsproblemen rückgekoppelter Verstärker und H. Nyquist [1.10] (1932) mit der Einführung neuartiger Stabilitätsbetrachtungen anhand der Frequenzgangortskurve, die der Regelungstechnik nachhaltige Impulse gaben.

Etwa um 1940 darf der Anfang der dritten Periode (III) gerechnet werden. Während dieser Zeit entstanden die grundlegenden Arbeiten von A. Leonhard [1.11] und W. Oppelt [1.12], die den Verdienst haben, daß die Regelungstechnik damals zu einer einheitlichen, systematisch geordneten und selbständigen Ingenieurwissenschaft wurde. In diese Periode der "klassischen" Regelungstechnik fällt auch die erste geschlossene mathematische Behandlung der Dynamik selbsttätiger Regelungen [1.13; 1.14].

Die weitere Entwicklung der Regelungstechnik erfolgte in den Nachkriegsjahren hauptsächlich auf den Gebieten der statistischen Regelverfahren [1.15], Abtastregelsysteme [1.16] sowie der Behandlung nichtlinearer Regelvorgänge [1.17] vorwiegend in den USA und der Sowjetunion. Die Technik der Regelgeräte wurde weitgehend vereinheitlicht. Es entstanden die pneumatischen und elektronischen Gerätekonzeptionen der PID-Einheitsregler [1.18].

Etwa um 1960 kann der Beginn der vierten Periode (IV), oft auch als "moderne" Regelungstechnik bezeichnet, datiert werden. Sie ist gekennzeichnet durch den Einsatz elektronischer Rechenmaschinen in komplexen regelungstechnischen Prozessen, wie sie bei technischen Großanlagen (Mehrgrößenregelsystemen) zur Prozeßführung erforderlich sind [1.19]. Diese sogenannten Prozeßrechner ermöglichen die Verarbeitung der zahlreichen anfallenden Meßwerte und übernehmen dann die optimale Führung des gesamten Prozesses. Im Zusammenhang mit der Verfügbarkeit derartiger leistungsfähiger Rechenmaschinen ist auch die Einführung optimaler Regel- und Steuerverfahren zu sehen, die etwa um 1956 in der Sowjetunion mit der Entwicklung des "Maximumprinzips" durch L. Pontrjagin [1.20] und etwa zur selben Zeit in den USA mit der "dynamischen Programmierung" durch R. Bellman [1.21] einsetzte. Das Prinzip dieser modernen optimalen Regelverfahren erforderte als neue Beschreibungsform für Regelsysteme die Verwendung der Zustandsraumdarstellung [1.22]. Es sei jedoch darauf hingewiesen, daß diese Beschreibungsform etwa achtzig Jahre zuvor in der theoretischen Mechanik bereits eingeführt wurde. Diese modernen regelungstechnischen Verfahren, die insbesondere für die Behandlung von Mehrgrößenregelsystemen geeignet sind, benötigen allerdings einen vergleichsweise hohen mathematischen und numerischen Aufwand. Viele technische Fortschritte speziell im Bereich der Raum- und Luftfahrttechnik waren erst durch Einführung dieser Verfahren möglich.

Etwa um 1960 fand der Digitalrechner als Prozeßrechner Einsatz bei der direkten digitalen Regelung (Direct Digital Control DDC). Dieser Rechnereinsatz beim Realzeitbetrieb geregelter technischer Prozesse erfuhr anfänglich manchen Rückschlag, doch Anfang der siebziger Jahre gehörte bei vielen komplexen Regelanlagen der Prozeßrechner als Instrument zur Überwachung, Protokollierung, Regelung und Steuerung technischer Prozesse bereits zur Standardausrüstung. Obwohl schon zu dieser Zeit der Prozeßrechner übergeordnete Funktionen zur Koordination der zuvor erwähnten Teilaufgaben, auch als Leittechnik bezeichnet, übernahm, war die Zentralisierung der Rechenleistung und Informationsverarbeitung in *einem* Gerät trotz verschiedener Sicherheitsschaltungen, wie z. B. "Back-up"-Schaltung analoger Geräte oder parallel arbeitende Mehrfachrechnersysteme, unbefriedigend und stets mit Risiko behaftet. Die Enwicklung relativ preiswerter Mikroprozessoren etwa ab 1975 führte schließlich in den achtziger Jahren zur digitalen Gerätetechnik und damit zu leistungsfähigen Prozeßleitsystemen mit dezentraler Rechnerkapazität. Diese dezentralen Prozeßleitsysteme ersetzten ab 1985 weitgehend den zentralen Prozeßrechner bei der Automatisierung technischer Prozesse. Leider sind die heute verfügbaren Prozeßleitsysteme von ihrem Software-Aufbau weitgehend geschlossene Systeme, die dem Anwender kaum die Gelegenheit bieten, andere als nur die normalerweise enthaltenen klassischen PID-Regler, programmtechnisch zu verwirklichen. Hier sind für die Zukunft dringende Erweiterungen erforderlich.

Leider sind die Begriffe der "klassischen" und "modernen" Regelungstechnik etwas irreführend. Die klassischen Methoden der Regelungstechnik umfassen weitgehend die Analyse- und Syntheseverfahren im Frequenzbereich, die heute im wesentlichen uneingeschränkt ihre volle Bedeutung beibehalten haben. Die modernen Methoden gestatten hingegen die Behandlung von Regelungssystemen im Zeitbereich. Je nach dem speziellen Anwendungsfall werden sowohl die einen als auch die anderen Verfahren mit gleicher Priorität eingesetzt. Die wichtigsten dieser Verfahren sollen in den nachfolgenden Kapiteln behandelt werden.

2 EINIGE WICHTIGE EIGENSCHAFTEN VON REGELSYSTEMEN

2.1 Mathematische Modelle

Da die folgenden Überlegungen nicht nur für Regelsysteme, sondern allgemein auch für andere dynamische Systeme gültig sind, soll zunächst nur von Systemen gesprochen werden. Läßt sich das Verhalten eines Systems aufgrund physikalischer oder anderer Gesetzmäßigkeiten analytisch erfassen oder anhand von Messungen bestimmen und in eine mathematische Beschreibungsform bringen, so stellen die entsprechenden Gleichungen das *mathematische Modell* desselben dar. Mathematische Modelle werden z. B. gebildet durch Differentialgleichungen, algebraische oder logische Gleichungen. Die spezielle Form des mathematischen Modells hängt dabei im wesentlichen von den tatsächlichen Systemeigenschaften ab, deren wichtigste - im Bild 2.1.1 dargestellt [2.1] - im Abschnitt 2.2 kurz beschrieben werden.

Die Frage, wozu eigentlich solche mathematischen Modelle von einzelnen Regelkreisgliedern oder komplexeren Regelsystemen gebraucht werden, ist hier durchaus berechtigt. Im allgemeinen stellen derartige mathematische Systemmodelle die Ausgangsbasis für die Analyse oder Synthese eines Regelsystems sowie auch für Simulationsstudien mit Hilfe analoger, digitaler oder hybrider Rechenanlagen dar. Generell ermöglicht die *Simulation* eines Systems [2.2] das Durchspielen verschiedenartiger Betriebsfälle und Situationen, die am realen Prozeß nicht oder nur unter erheblichem Aufwand überprüft werden können, was gerade im Entwurfsstadium von großer Bedeutung sein kann.

Um das tatsächliche Verhalten eines realen Systems in abstrahierter Form durch ein mathematisches Modell eventuell vereinfacht, aber doch genügend genau zu beschreiben, müssen sowohl die Parameter als auch die Struktur des Modells ermittelt (identifiziert) werden. Diese Aufgabe der Systemidentifikation kann theoretisch oder experimentell gelöst werden.

Bei der *theoretischen Identifikation* eines Systems wird anhand der physikalischen und technischen Daten der Anlage oder des Prozesses das mathematische Modell gewonnen. Dabei geht man im wesentlichen von den Elementarvorgängen aus, durch die der technische Prozeß beschrieben wird (vgl. Abschnitt 3.1). Anhand physikalischer Gesetzmäßigkeiten (z. B. Erhaltungssätze) werden dann diese Grundvorgänge in Form von Bilanzgleichungen mathematisch formuliert. Sind die inneren und äußeren Bedingungen bekannt, dann kann das System rechnerisch identifiziert werden.

In vielen Fällen können mit Hilfe einer *experimentellen Identifikation* sehr schnell wichtige Unterlagen über das Verhalten eines Systems gewonnen werden, ohne dasselbe detaillierter zu kennen. Die experi-

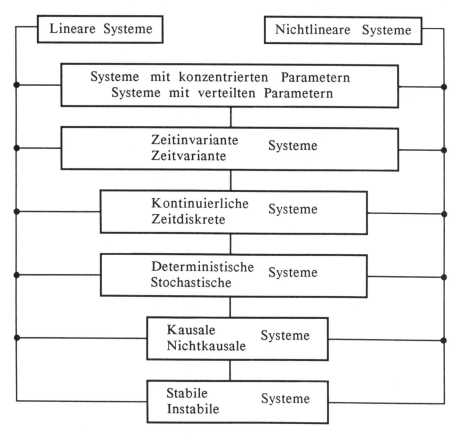

Bild 2.1.1. Gesichtspunkte zur Beschreibung der Eigenschaften von Regelungssystemen

mentelle Systemidentifikation umfaßt in einem ersten Teilvorgang die Messung der Systemeingangs- und Systemausgangsgrößen. Im zweiten Teilvorgang wird anhand der Auswertung der zeitlichen Verläufe von Ein- und Ausgangsgrößen und unter Verwendung eventuell vorhandener a priori-Kenntnisse das mathematische Modell aufgestellt. Dies geschieht unter Einsatz teilweise komplizierter numerischer Verfahren.

2.2 Dynamisches und statisches Verhalten von Systemen

Man unterscheidet bei Systemen gewöhnlich zwischen dem dynamischen und statischen Verhalten. Das *dynamische Verhalten* oder Zeitverhalten beschreibt den zeitlichen Verlauf der Systemausgangsgröße $x_a(t)$ bei vorgegebener Systemeingangsgröße $x_e(t)$. Diese Verknüpfung zwischen der Ein- und Ausgangsgröße läßt sich allgemein durch einen Operator T ausdrücken; d. h. zu jedem reellen $x_e(t)$ gehört ein reelles $x_a(t)$, so daß

$$x_a(t) = T[x_e(t)] \qquad (2.2.1)$$

gilt. Als Beispiel dafür sei im Bild 2.2.1 die Antwort $x_a(t)$ eines Systems auf eine sprungförmige Veränderung der Eingangsgröße $x_e(t)$ betrachtet. In diesem Beispiel beschreibt $x_a(t)$ den zeitlichen Übergang von einem stationären Anfangszustand zur Zeit $t \leq 0$ in einen stationären Endzustand (theoretisch für $t \to \infty$) $x_a(\infty)$.

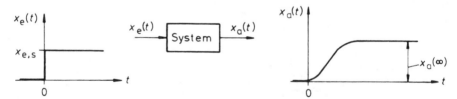

Bild 2.2.1. Beispiel für das dynamische Verhalten eines Systems

Variiert man nun - wie im Bild 2.2.2 dargestellt - die Sprunghöhe $x_{e,s}$ = const und trägt die sich einstellenden stationären Werte der Ausgangsgröße $x_{a,s} = x_a(\infty)$ über $x_{e,s}$ auf, so erhält man die statische Kennlinie

$$x_{a,s} = f(x_{e,s}) , \qquad (2.2.2)$$

die das *statische Verhalten* oder Beharrungsverhalten des Systems in einem gewissen Arbeitsbereich beschreibt. Gl. (2.2.2) gibt also den Zusammenhang der Signalwerte im Ruhezustand an. Bei der weiteren Verwendung der Gl. (2.2.2) soll allerdings der einfacheren Darstellung wegen auf die Schreibweise $x_{a,s} = x_a$ und $x_{e,s} = x_e$ übergegangen werden, wobei x_a und x_e jeweils stationäre Werte von $x_a(t)$ und $x_e(t)$ darstellen.

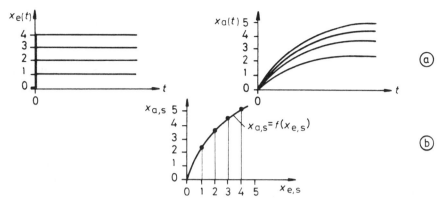

Bild 2.2.2. Beispiel für das dynamische (a) und statische (b) Verhalten eines Systems

2.3 Systemeigenschaften

2.3.1 Lineare und nichtlineare Systeme

Definition der Linearität: Ein System heißt genau dann linear, wenn unter Verwendung des in Gl. (2.2.1) eingeführten Operators das Superpositionsprinzip

$$\sum_{i=1}^{n} k_i\, x_{a_i}(t) = T\left[\sum_{i=1}^{n} k_i\, x_{e_i}(t)\right] \qquad (2.3.1)$$

für eine beliebige Linearkombination von Eingangsgrößen $x_{e_i}(t)$, für $i = 1,2,...,n$, gilt; k_i sind reelle Konstanten. Anschaulich beschreibt Gl. (2.3.1) folgenden Sachverhalt: Läßt man nacheinander auf den Eingang eines Systems n beliebige Eingangsgrößen $x_{e_i}(t)$ einwirken und bestimmt die Systemantworten $x_{a_i}(t)$, so ergibt sich die Systemantwort auf die Summe der n Eingangsgrößen als Summe der n Systemantworten $x_{a_i}(t)$. Gilt das Superpositionsprinzip nicht, so ist das System nichtlinear.

Lineare kontinuierliche Systeme [*)] können immer durch lineare Differentialgleichungen beschrieben werden. Als Beispiel sei eine gewöhnliche lineare Differentialgleichung n-ter Ordnung betrachtet:

$$\sum_{i=0}^{n} a_i(t)\, \frac{d^i}{dt^i}\, x_a(t) = \sum_{j=0}^{n} b_j(t)\, \frac{d^j}{dt^j}\, x_e(t)\,. \qquad (2.3.2)$$

[*)] Definition kontinuierlicher Systeme s. Abschnitt 2.3.4.

Wie man leicht sieht, gilt auch hier das Superpositionsprinzip entsprechend Gl. (2.3.1).

Da heute für die Behandlung linearer Systeme eine weitgehend abgeschlossene Theorie [2.3; 2.4] zur Verfügung steht, ist man beim Auftreten von Nichtlinearitäten i. a. bemüht, eine Linearisierung durchzuführen. Zwar sind die meisten in der Technik vorkommenden Probleme von nichtlinearer Natur, doch gelingt es in sehr vielen Fällen, durch einen linearisierten Ansatz das Systemverhalten hinreichend genau zu beschreiben. Die Durchführung der *Linearisierung* hängt vom jeweiligen nichtlinearen Charakter des Systems ab. Daher wird im weiteren zwischen der Linearisierung einer statischen Kennlinie und der Linearisierung einer nichtlinearen Differentialgleichung unterschieden.

(a) Linearisierung einer statischen Kennlinie

Wird die nichtlineare Kennlinie für das statische Verhalten eines Systems durch

$$x_a = f(x_e) \tag{2.3.3}$$

beschrieben, so kann diese nichtlineare Gleichung im jeweils betrachteten Arbeitspunkt $(\bar{x}_e, \bar{x}_a)$ in die Taylor-Reihe

$$x_a = f(\bar{x}_e) + \frac{df}{dx_e}\bigg|_{x_e=\bar{x}_e} (x_e - \bar{x}_e) + \frac{1}{2!} \frac{d^2 f}{dx_e^2}\bigg|_{x_e=\bar{x}_e} (x_e - \bar{x}_e)^2 + \ldots \tag{2.3.4}$$

entwickelt werden. Sind die Abweichungen $(x_e - \bar{x}_e)$ um den Arbeitspunkt klein, so können die Terme mit den höheren Ableitungen vernachlässigt werden, und aus Gl. (2.3.4) folgt

$$x_a \approx \bar{x}_a + K(x_e - \bar{x}_e)$$

mit

$$\bar{x}_a = f(\bar{x}_e) \text{ und } K = \frac{df}{dx_e}\bigg|_{x_e=\bar{x}_e} ,$$

oder umgeformt

$$x_a - \bar{x}_a \approx K(x_e - \bar{x}_e) . \tag{2.3.5}$$

Dieselbe Vorgehensweise ist auch für eine Funktion mit zwei oder mehreren unabhängigen Variablen möglich. So gilt z. B. für

$$x_a = f(x_{e_1}, x_{e_2}) \tag{2.3.6}$$

die Taylor-Reihenentwicklung im Arbeitspunkt $(\bar{x}_a, \bar{x}_{e_1}, \bar{x}_{e_2})$

$$x_a = f(\bar{x}_{e_1}, \bar{x}_{e_2}) + \underbrace{\left.\frac{\partial f}{\partial x_{e_1}}\right|_{\substack{x_{e_1}=\bar{x}_{e_1} \\ x_{e_2}=\bar{x}_{e_2}}}}_{K_1} (x_{e_1} - \bar{x}_{e_1}) + \underbrace{\left.\frac{\partial f}{\partial x_{e_2}}\right|_{\substack{x_{e_2}=\bar{x}_{e_2} \\ x_{e_1}=\bar{x}_{e_1}}}}_{K_2} (x_{e_2} - \bar{x}_{e_2}) + ..$$

Bricht man die Reihenentwicklung nach den ersten Ableitungen ab und formt um, so erhält man näherungsweise den linearen Zusammenhang

$$x_a - \bar{x}_a \approx K_1 (x_{e_1} - \bar{x}_{e_1}) + K_2 (x_{e_2} - \bar{x}_{e_2}) \; . \tag{2.3.7}$$

(b) Linearisierung einer nichtlinearen Differentialgleichung

Ein nichtlineares dynamisches System mit der Eingangsgröße $x_e(t) = u(t)$ und der Ausgangsgröße $x_a(t) = x(t)$ werde beschrieben durch die nichtlineare Differentialgleichung 1. Ordnung

$$\dot{x}(t) = f[x(t), u(t)] \; , \tag{2.3.8}$$

die in der Umgebung einer *Ruhelage* $(\bar{x}, \bar{u})$ linearisiert werden soll. Eine Ruhelage $\bar{x}$ zu einer konstanten Eingangsgröße $\bar{u}$ ist dadurch gekennzeichnet, daß $x(t)$ zeitlich konstant ist, d. h. es gilt $\dot{x}(t) = 0$. Man erhält zu einer gegebenen Eingangsgröße $\bar{u}$ die Ruhelagen des Systems durch Lösen der Gleichung

$$0 = f(\bar{x}, \bar{u}) \; . \tag{2.3.9}$$

Bezeichnet man mit $x^*(t)$ die Abweichung der Variablen $x(t)$ von der Ruhelage $\bar{x}$, dann gilt

$$x(t) = \bar{x} + x^*(t) \; , \tag{2.3.10a}$$

und daraus folgt

$$\dot{x}(t) = \dot{x}^*(t) \; . \tag{2.3.10b}$$

Ganz entsprechend ergibt sich für die zweite Variable

$$u(t) = \bar{u} + u^*(t) \tag{2.3.11a}$$

und deren Ableitung

$$\dot{u}(t) = \dot{u}^*(t) .\qquad(2.3.11b)$$

Die Taylor-Reihenentwicklung von Gl. (2.3.8) um die Ruhelage $(\bar{x},\bar{u})$ liefert nun

$$\dot{x}(t) = f[\bar{x},\bar{u}] + \left.\frac{\partial f}{\partial x}\right|_{\substack{x=\bar{x}\\u=\bar{u}}} (x-\bar{x}) + \left.\frac{\partial f}{\partial u}\right|_{\substack{u=\bar{u}\\x=\bar{x}}} (u-\bar{u}) + \ldots ,$$

und bei Vernachlässigung der Terme mit den höheren Ableitungen und Berücksichtigung der Gln. (2.3.9) bis (2.3.11) erhält man näherungsweise die lineare Differentialgleichung

mit
$$\dot{x}^*(t) \approx Ax^*(t) + Bu^*(t) \qquad(2.3.12)$$

$$A = \left.\frac{\partial f(x,u)}{\partial x}\right|_{\substack{x=\bar{x}\\u=\bar{u}}} \quad\text{und}\quad B = \left.\frac{\partial f(x,u)}{\partial u}\right|_{\substack{u=\bar{u}\\x=\bar{x}}} .$$

Ganz entsprechend kann auch bei nichtlinearen Vektordifferentialgleichungen

$$\dot{x}(t) = f[x(t), u(t)] \text{ mit } x(t) = [x_1(t) \ldots x_n(t)]^T \qquad(2.3.13)$$

$$u(t) = [u_1(t) \ldots u_r(t)]^T$$

vorgegangen werden. Dabei stellen $f(x,u)$, $x(t)$ und $u(t)$ Spaltenvektoren dar. Die Linearisierung liefert die lineare Vektordifferentialgleichung

$$\dot{x}^*(t) \approx Ax^*(t) + Bu^*(t) ,\qquad(2.3.14)$$

wobei A und B als Jacobi-Matrizen die partiellen Ableitungen enthalten:

$$A = \begin{bmatrix} \dfrac{\partial f_1(x,u)}{\partial x_1} & \cdots & \dfrac{\partial f_1(x,u)}{\partial x_n} \\ \vdots & & \vdots \\ \dfrac{\partial f_n(x,u)}{\partial x_1} & \cdots & \dfrac{\partial f_n(x,u)}{\partial x_n} \end{bmatrix}_{\substack{x=\bar{x}\\u=\bar{u}}} \qquad(2.3.15)$$

$$B = \begin{bmatrix} \dfrac{\partial f_1(x,u)}{\partial u_1} & \cdots & \dfrac{\partial f_1(x,u)}{\partial u_r} \\ \vdots & & \vdots \\ \dfrac{\partial f_n(x,u)}{\partial u_1} & \cdots & \dfrac{\partial f_n(x,u)}{\partial u_r} \end{bmatrix}_{\substack{x=\bar{x} \\ u=\bar{u}}} \quad (2.3.16)$$

Beispiel 2.3.1:

Gegeben sei die nichtlineare Differentialgleichung

$$\dot{x} = x(x-1) + u = f(x,u) \; .$$

Es läßt sich leicht anhand der Beziehung $\dot{x} = 0$ bzw. $f(\bar{x},\bar{u}) = 0$ feststellen, daß nur für $u = \bar{u} \leq 1/4$ Ruhelagen existieren, und daß die gegebene nichtlineare Differentialgleichung zu jedem derartigen $\bar{u}$ zwei Ruhelagen besitzt. Beispielsweise ergeben sich für $\bar{u} = 0$ als Lösung der Gleichung

$$\dot{x} = 0 = x(x-1)$$

die beiden Werte

$$\bar{x} = 0 \quad \text{und} \quad \bar{x} = 1 \; .$$

Zu $\bar{u} = -2$ gibt es ebenfalls zwei Ruhelagen, die sich aus

$$\dot{x} = 0 = x^2 - x - 2 \,\big|_{\bar{x},\bar{u}}$$

ergeben:

$$\bar{x} = -1 \quad \text{und} \quad \bar{x} = 2 \; .$$

Für diese Ruhelagen gilt mit $x = \bar{x}$ und $u = \bar{u}$, wie sich leicht nachprüfen läßt,

$$f(x,u) = x(x-1) + u = 0 \,\big|_{\bar{x},\bar{u}} \; .$$

Die Linearisierung liefert nach Gl. (2.3.12)

$$\dot{x}^*(t) \approx A x^*(t) + B u^*(t)$$

mit

$$A = \dfrac{\partial f}{\partial x}\bigg|_{\bar{x},\bar{u}} = 2\bar{x} - 1 \quad \text{und} \quad B = \dfrac{\partial f}{\partial u}\bigg|_{\bar{x},\bar{u}} = 1 \; .$$

In der Tabelle 2.3.1 sind für verschiedene Ruhelagen die zugehörigen linearisierten Differentialgleichungen angegeben.

Tabelle 2.3.1. Linearisierte Differentialgleichungen für Beispiel 2.3.1

Ruhelage $\bar{x}$	$\bar{u}$	linearisierte Differentialgleichung
0	0	$\dot{x}^*(t) \approx -x^*(t) + u^*(t)$
1	0	$\dot{x}^*(t) \approx x^*(t) + u^*(t)$
-1	-2	$\dot{x}^*(t) \approx -3x^*(t) + u^*(t)$
2	-2	$\dot{x}^*(t) \approx 3x^*(t) + u^*(t)$

∎

Beispiel 2.3.2:

Die homogene Differentialgleichung eines nichtlinearen Systems sei gegeben durch

$$\ddot{y} + a\dot{y} + K \sin y = 0 \ .$$

Setzt man

$$x_1 = y \quad \text{und} \quad x_2 = \dot{x}_1 = \dot{y} \ ,$$

so erhält man das System von zwei Differentialgleichungen 1. Ordnung:

$$\begin{aligned}\dot{x}_1 &= x_2 &= f_1(x) \\ \dot{x}_2 &= -K \sin x_1 - ax_2 &= f_2(x) \ .\end{aligned}$$

Die möglichen Ruhelagen des Systems ergeben sich durch Lösen des Gleichungssystems:

$$\begin{aligned}0 &= \bar{x}_2 \\ 0 &= -K \sin \bar{x}_1 - a\bar{x}_2 \ .\end{aligned}$$

Man erhält als Lösung:

$$\bar{x}_2 = 0$$

$$\bar{x}_1 = n \pi \ , \quad n = 0, \pm 1, \pm 2, \ldots$$

Mit den Gln. (2.3.14) und (2.3.15) folgt für die linearisierte Bewegung

$$\dot{x}^* \approx \begin{bmatrix} \dfrac{\partial f_1}{\partial x_1} & \dfrac{\partial f_1}{\partial x_2} \\ \dfrac{\partial f_2}{\partial x_1} & \dfrac{\partial f_2}{\partial x_2} \end{bmatrix}_{x_1=\bar{x}_1;\ x_2=\bar{x}_2} x^*$$

Es interessiere nur die Ruhelage $\bar{x}_1 = 0$; $\bar{x}_2 = 0$. Als linearisiertes homogenes Differentialgleichungssystem um diese Ruhelage erhält man:

$$\dot{x}^* \approx \begin{bmatrix} 0 & 1 \\ -K \cos x_1 & -a \end{bmatrix}_{\bar{x}_1=0;\ \bar{x}_2=0} x^* = \begin{bmatrix} 0 & 1 \\ -K & -a \end{bmatrix} x^* \ . \qquad \blacksquare$$

2.3.2 Systeme mit konzentrierten oder verteilten Parametern

Man kann sich ein Übertragungssystem zusammengesetzt denken aus endlich vielen idealisierten einzelnen Elementen, z. B. ohmschen Widerständen, Kapazitäten, Induktivitäten, Dämpfern, Federn, Massen usw. Derartige Systeme werden als Systeme mit konzentrierten Parametern bezeichnet. Diese werden durch gewöhnliche Differentialgleichungen beschrieben. Besitzt ein System unendlich viele, unendlich kleine Einzelelemente der oben angeführten Art, dann stellt es ein System mit verteilten Parametern dar, das durch partielle Differentialgleichungen beschrieben wird. Ein typisches Beispiel hierfür ist eine elektrische Leitung. Der Spannungsverlauf auf einer Leitung ist eine Funktion von Ort *und* Zeit und damit nur durch eine partielle Differentialgleichung beschreibbar. Ein anderes Beispiel für ein System mit verteilten Parametern ist das Schwingungsverhalten einer massebehafteten Feder (Bild 2.3.1).

Bild 2.3.1. Beispiele für ein Schwingungssystem mit konzentrierten (a) und verteilten (b) Parametern

2.3.3 Zeitvariante und zeitinvariante Systeme

Sind die Systemparameter nicht konstant, sondern ändern sie sich in Abhängigkeit von der Zeit, dann ist das System zeitvariant (oft auch als zeitvariabel oder nichtstationär bezeichnet). Ist das nicht der Fall, dann wird das System als zeitinvariant bezeichnet. Als Beispiel für zeitvariante Systeme können u. a. folgende Systeme genannt werden:
- Rakete (Massenänderungen),
- Kernreaktor (Abbrand),
- temperaturabhängiger Widerstand (bei zeitlicher Änderung der Temperatur).

Häufiger und wichtiger sind zeitinvariante Systeme, deren Parameter alle konstant sind. Die Zeitinvarianz läßt sich formal durch die Operatorschreibweise

$$x_a(t-t_0) = T[x_e(t-t_0)] \qquad (2.3.17)$$

kennzeichnen, welche aussagt, daß eine zeitliche Verschiebung des Eingangssignals $x_e(t)$ um t_0 eine gleiche Verschiebung des Ausgangssignals $x_a(t)$ zur Folge hat, ohne daß $x_a(t)$ verfälscht wird. Einfachheitshalber wird meist $t_0 = 0$ gewählt. Ein typisches Beispiel für ein zeitvariantes und zeitinvariantes System zeigt Bild 2.3.2.

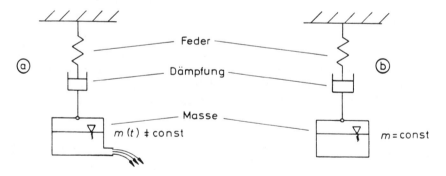

Bild 2.3.2. Beispiel für ein Schwingungssystem mit zeitvariantem (a) und zeitinvariantem (b) Verhalten

2.3.4 Systeme mit kontinuierlicher oder diskreter Arbeitsweise

Ist eine Systemvariable (Signal) y, zum Beispiel die Eingangs- oder Ausgangsgröße eines Systems, zu jedem beliebigen Zeitpunkt gegeben, und ist sie innerhalb gewisser Grenzen stetig veränderbar, dann spricht man von einem *kontinuierlichen* Signalverlauf (Bild 2.3.3a). Kann das Signal nur gewisse diskrete Amplitudenwerte annehmen, dann liegt ein *quantisiertes* Signal vor (Bild 2.3.3b). Ist hingegen der Wert des Signals nur zu bestimmten diskreten Zeitpunkten bekannt, so handelt es sich um ein *zeitdiskretes* (oder kurz: diskretes) Signal (Bild 2.3.3c). Sind die Signalwerte zu äquidistanten Zeitpunkten mit dem Intervall T gegeben, so liegt ein Abtastsignal mit der Abtastperiode T vor. Systeme, in denen derartige Signale verarbeitet werden, bezeichnet man auch als *Abtastsysteme* [2.5; 2.6]. In sämtlichen Regelsystemen, in denen ein Digitalrechner z. B. die Funktion eines Reglers übernimmt, können von diesem nur zeitdiskrete quantisierte Signale verarbeitet werden (Bild 2.3.3d).

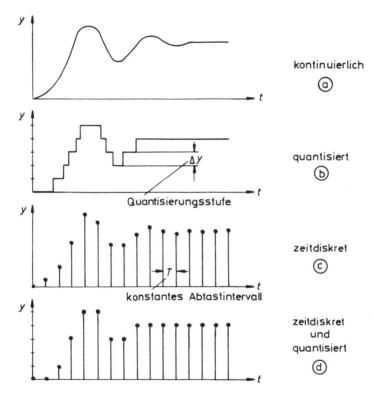

Bild 2.3.3. Unterscheidungsmerkmale für kontinuierliche und diskrete Signale

2.3.5 Systeme mit deterministischen oder stochastischen Variablen

Eine Systemvariable kann entweder deterministischen oder stochastischen Charakter aufweisen. Die deterministischen oder stochastischen Eigenschaften beziehen sich sowohl auf die in einem System auftretenden Signale als auch auf die Parameter des mathematischen Systemmodells. Im deterministischen Fall sind die Signale und das mathematische Modell eines Systems eindeutig bestimmt. Das zeitliche Verhalten (Bild 2.3.4a) des Systems läßt sich somit auch reproduzieren. Im stochastischen Fall hingegen besitzen die auf das System einwirkenden Signale und/oder das Systemmodell, z. B. ein Koeffizient der Systemgleichung (also in diesem Fall eine stochastische Variable), stochastischen, d. h. entsprechend Bild 2.3.4b völlig regellosen Charakter. Der Wert dieser in den Signalen oder im System auftretenden Variablen kann daher zu jedem Zeitpunkt nur durch stochastische Gesetzmäßigkeiten [2.7; 2.8] beschrieben werden und ist somit nicht mehr reproduzierbar.

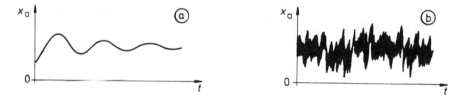

Bild 2.3.4. Deterministischer (a) und stochastischer (b) Signalverlauf $x_a(t)$

Da häufig der etwas unpräzise Begriff des "stochastischen Systems" benutzt wird, sollte bei der Verwendung dieses Begriffes stets eindeutig geklärt werden, ob die stochastischen Variablen tatsächlich in den Koeffizienten der Systemgleichungen oder nur in den zugehörigen Signalen auftreten.

2.3.6 Kausale und nichtkausale Systeme

Ein kausales System ist ein System, bei dem die Ausgangsgröße $x_a(t_1)$ zu einem beliebigen Zeitpunkt t_1 nur vom Verlauf der Eingangsgröße $x_e(t)$ bis zu diesem Zeitpunkt t_1 abhängt. Bei einem kausalen System muß erst eine Ursache auftreten, bevor sich eine Wirkung zeigt. Ist diese Eigenschaft nicht vorhanden, dann ist das System nichtkausal. Alle realen Systeme sind daher kausal.

2.3.7 Stabile und instabile Systeme

Die Stabilität stellt bei Regelsystemen eine wichtige Systemeigenschaft dar, die später noch ausführlich besprochen wird. Hier soll zunächst nur festgestellt werden, daß ein System genau dann eingangs-/ausgangsstabil ist, wenn jedes beschränkte zulässige Eingangssignal $x_e(t)$ ein ebenfalls beschränktes Ausgangssignal $x_a(t)$ zur Folge hat. Ist dies nicht der Fall, dann ist das System instabil (Bild 2.3.5).

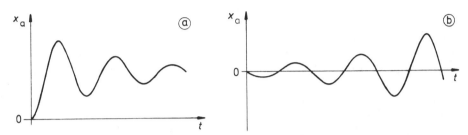

Bild 2.3.5. Stabiles (a) und instabiles (b) Systemverhalten $x_a(t)$ bei beschränkter Eingangsgröße $x_e(t)$

2.3.8. Eingrößen- und Mehrgrößensysteme

Ein System, welches genau eine Eingangs- und Ausgangsgröße besitzt, heißt Eingrößensystem. Ein System mit mehreren Eingangsgrößen und einer oder mehreren Ausgangsgrößen heißt Mehrgrößensystem oder multivariables System, wenn mindestens eine Ausgangsgröße von mehreren Eingangsgrößen abhängig ist. Ein Mehrgrößensystem liegt auch vor, wenn das System nur eine Eingangsgröße, aber mehrere Ausgangsgrößen aufweist.

Neben den hier diskutierten Systemeigenschaften werden später noch einige weitere eingeführt. So sind beispielsweise die *Steuerbarkeit* und *Beobachtbarkeit* eines Systems wesentliche Eigenschaften, die das innere Systemverhalten beschreiben. Da aber die für die Definition erforderlichen Grundlagen erst im Band "Regelungstechnik II" behandelt werden, kann an dieser Stelle auf diese Systemeigenschaft noch nicht eingegangen werden.

Es sei noch erwähnt, daß ein System gewöhnlich mehrere der hier aufgeführten Eigenschaften besitzt, die dann auch zu seiner Charakterisierung verwendet werden. So werden z. B. in den nachfolgenden Abschnitten zunächst lineare zeitinvariante kontinuierliche Systeme behandelt.

3 BESCHREIBUNG LINEARER KONTINUIERLICHER SYSTEME IM ZEITBEREICH

3.1 Beschreibung mittels Differentialgleichungen

Wie bereits in den beiden vorhergehenden Kapiteln gezeigt wurde, kann das Übertragungsverhalten linearer kontinuierlicher Systeme durch lineare Differentialgleichungen beschrieben werden. Im Falle von Systemen mit konzentrierten Parametern führt dies auf gewöhnliche lineare Differentialgleichungen gemäß Gl. (2.3.2), während bei Systemen mit verteilten Parametern sich partielle lineare Differentialgleichungen als mathematische Modelle zur Systembeschreibung ergeben. Im Abschnitt 2.1 wurde bereits angedeutet, daß bei der Aufstellung des mathematischen Systemmodells - abgesehen von der experimentellen Systemidentifikation - stets von den *physikalischen Grundgesetzen* ausgegangen wird. Bei *elektrischen Systemen* sind dies die Kirchhoffschen Gesetze, das Ohmsche Gesetz, das Induktionsgesetz usw. (bei Netzwerken, also Systemen mit konzentrierten Parametern), sowie die Maxwellschen Gleichungen (diese kommen bei Feldern, also Systemen mit örtlich verteilten Parametern hinzu). Bei *mechanischen Systemen* gelten das Newtonsche Gesetz, die Kräfte- und Momentengleichgewichte, sowie die Erhaltungssätze von Impulsen und Energien, während bei *thermodynamischen Systemen* die Erhaltungssätze der inneren Energie oder Enthalpie sowie die Wärmeleitungs- und Wärmeübertragungsgesetze anzuwenden sind, oft in Verbindung mit Gesetzen der Hydro- oder Gasdynamik. Selbstverständlich kann im Rahmen des vorliegenden Abschnitts nicht in breiter Form auf die Erstellung mathematischer Modelle für derartige unterschiedliche technische Systeme eingegangen werden. Da aber der Regelungstechniker in der Lage sein muß, in sehr verschiedenen Anwendungsbereichen die entsprechenden Systemmodelle zu erstellen, wird nachfolgend aus allen drei genannten Bereichen ein repräsentatives Beispiel ausgewählt.

3.1.1 Elektrische Systeme

Für die Behandlung elektrischer Netzwerke [3.1 bis 3.3] benötigt man u. a. die Kirchhoffschen Gesetze:

1. Die Summe der einem Knotenpunkt zufließenden Ströme ist gleich Null:

$\sum i_i = 0$ in einem Knotenpunkt.

2. Die Summe der Spannungen bei einem Umlauf in einer Masche ist gleich Null:

$\sum u_i = 0$ bei einem Umlauf in einer Masche.

Das Aufstellen der Differentialgleichungen eines Netzwerkes wird an dem *Beispiel* des Reihenschwingkreises nach Bild 3.1.1 gezeigt. Hierbei wird durch R ein ohmscher Widerstand, C eine Kapazität und L eine Induktivität gekennzeichnet. Als Eingangs- und Ausgangsgrößen $x_e(t)$ und $x_a(t)$ werden die Spannungen an den beiden Klemmenpaaren des Netzwerkes angesehen. Eine eventuell vorhandene Anfangsspannung an der Kapazität wird durch $u_C(0)$ berücksichtigt.

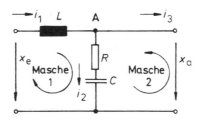

Bild 3.1.1. Reihenschwingkreis

Mit den Kirchhoffschen Gesetzen gilt:

- Für Masche 1:

$$x_e(t) = L\frac{di_1}{dt} + Ri_2 + \frac{1}{C}\int_0^t i_2(\tau)d\tau + u_C(0) \ . \tag{3.1.1}$$

- Für Masche 2:

$$x_a(t) = Ri_2 + \frac{1}{C}\int_0^t i_2(\tau)d\tau + u_C(0) \ . \tag{3.1.2}$$

- Für Knoten A:

$$i_1 - i_2 - i_3 = 0 \ . \tag{3.1.3}$$

Es wird vorausgesetzt, daß der Ausgang des Netzwerkes nicht belastet ist. Für den Strom i_3 folgt daraus $i_3 = 0$, und somit ergibt sich

$$i_1 = i_2 = i \ . \tag{3.1.4}$$

Aus den Gln. (3.1.1) und (3.1.2) erhält man

$$x_e(t) = L \frac{di_1}{dt} + x_a(t) \tag{3.1.5}$$

und daraus folgt

$$i_1(t) = \frac{1}{L} \int_0^t [x_e(\tau) - x_a(\tau)] d\tau . \tag{3.1.6}$$

Unter Beachtung von Gl. (3.1.4) wird i_1 in Gl. (3.1.2) eingesetzt. Dies liefert

$$x_a(t) = R \frac{1}{L} \int_0^t [x_e(\tau) - x_a(\tau)] d\tau + \frac{1}{CL} \int_0^t \int_0^{\tau_1} [x_e(\tau_2) -$$

$$- x_a(\tau_2)] d\tau_2 d\tau_1 + u_C(0) . \tag{3.1.7}$$

Wird nun Gl. (3.1.7) zweimal differenziert, dann erhält man

$$\frac{d^2 x_a}{dt^2} = \frac{R}{L} \left[\frac{dx_e}{dt} - \frac{dx_a}{dt} \right] + \frac{1}{CL} (x_e - x_a) , \tag{3.1.8}$$

und die Umformung liefert schließlich

$$CL \frac{d^2 x_a}{dt^2} + CR \frac{dx_a}{dt} + x_a = CR \frac{dx_e}{dt} + x_e . \tag{3.1.9}$$

Mit den Abkürzungen

$$T_1 = RC \quad \text{und} \quad T_2 = \sqrt{LC}$$

ergibt sich somit als mathematisches Modell des betrachteten Reihenschwingkreises die lineare Differentialgleichung 2. Ordnung mit konstanten Koeffizienten

$$T_2^2 \frac{d^2 x_a}{dt^2} + T_1 \frac{dx_a}{dt} + x_a = x_e + T_1 \frac{dx_e}{dt} . \tag{3.1.10}$$

Zur eindeutigen Bestimmung von $x_a(t)$ müssen zwei Anfangsbedingungen $x_a(0)$ und $\dot{x}_a(0)$ gegeben sein. Die Ordnung eines solchen physikalischen Systems erkennt man an der Anzahl der voneinander unabhängigen Energiespeicher (hier L und C).

3.1.2 Mechanische Systeme

Zum Aufstellen der Differentialgleichungen von mechanischen Systemen [3.4; 3.5] benötigt man die folgenden Gesetze:
- Newtonsches Gesetz,
- Kräfte- und Momentengleichgewichte,
- Erhaltungssätze von Impuls, Drehimpuls und Energie.

Als *Beispiel* für ein mechanisches System soll die Differentialgleichung eines gedämpften Schwingers nach Bild 3.1.2 ermittelt werden. Dabei charakterisieren c die Federkonstante, d die Dämpfungskonstante und m die Masse desselben. Die Größen $v_1(=x_a)$, v_2 und x_e beschreiben jeweils die Geschwindigkeiten in den gekennzeichneten Punkten.

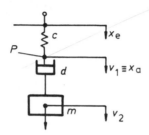

Bild 3.1.2. Gedämpfter mechanischer Schwinger

Das Newtonsche Gesetz

$$m \frac{dv}{dt} = \sum F_i \quad (F_i \text{ äußere Kräfte})$$

liefert im vorliegenden Fall

$$m \frac{dv_2}{dt} = d(v_1 - v_2) \ . \tag{3.1.11}$$

Als Kräftegleichgewicht im Punkt P (Dämpfungskraft = Federkraft) gilt, sofern die Feder zum Zeitpunkt $t = 0$ keine Anfangsauslenkung besitzt,

$$d(v_1 - v_2) = c \int_0^t [x_e(\tau) - v_1(\tau)] d\tau \ . \tag{3.1.12}$$

Aus den Gln. (3.1.11) und (3.1.12) folgt

$$\frac{dv_2}{dt} = \frac{c}{m} \left[\int_0^t x_e(\tau) d\tau - \int_0^t v_1(\tau) d\tau \right] \ . \tag{3.1.13}$$

Da man v_1 als Ausgangsgröße x_a des Systems betrachtet und deshalb an dem Zusammenhang zwischen v_1 und x_e interessiert ist, wird v_2 eliminiert. Dazu wird Gl. (3.1.12) differenziert:

$$d\frac{dv_1}{dt} - d\frac{dv_2}{dt} = c\,[x_e - v_1]\,. \tag{3.1.14}$$

Setzt man Gl. (3.1.13) in Gl. (3.1.14) ein und differenziert diese Gleichung anschließend noch einmal, so liefert dies:

$$d\frac{d^2v_1}{dt^2} - \frac{dc}{m}x_e + \frac{dc}{m}v_1 = c\frac{dx_e}{dt} - c\frac{dv_1}{dt}\,. \tag{3.1.15}$$

Man sieht zunächst, daß auch Gl. (3.1.15) eine lineare Differentialgleichung 2. Ordnung mit konstanten Koeffizienten ist. Mit den Abkürzungen

$$T_1 = \frac{m}{d} \quad \text{und} \quad T_2 = \sqrt{\frac{m}{c}}$$

und mit $x_a = v_1$ ergibt sich

$$T_2^2\frac{d^2x_a}{dt^2} + T_1\frac{dx_a}{dt} + x_a = x_e + T_1\frac{dx_e}{dt}\,. \tag{3.1.16}$$

Diese Gleichung besitzt dieselbe mathematische Struktur wie die des elektrischen Netzwerkes gemäß Gl. (3.1.10). Beide Systeme sind daher analog zueinander.

Die Analogie zwischen mechanischen Systemen, bestehend aus den drei Grundelementen Masse (m), Feder (c) und Dämpfer (d) und elektrischen Systemen mit ohmschen Widerständen (R), Kapazitäten (C) und Induktivitäten (L) läßt sich leicht verallgemeinern, wie Bild 3.1.3 zeigt. Dabei ist zu beachten, daß die im linken oberen Teil von Bild 3.1.3 dargestellte Masse nur eine "Verbindungsstange" nach außen besitzt, an der eine Kraft F angreift. Das System "Masse + Verbindungsstange" stellt also ein mechanisches Eintor dar. Das analoge elektrische Element muß damit ebenfalls ein Eintor (Zweipol) sein. Die Feder und der Dämpfer hingegen sind mechanische Zweitore. Deshalb müssen die analogen elektrischen Elemente auch Zweitore (Vierpole) sein. Es gibt nun zwei Zuordnungsmöglichkeiten für mechanische und elektrische Größen. In der Analogie 1. Art entsprechen sich:
- Kraft und Spannung: $F \stackrel{\wedge}{=} u$;
- Geschwindigkeit und Strom: $v \stackrel{\wedge}{=} i$.

In der Analogie 2. Art ist es genau umgekehrt; es entsprechen sich:

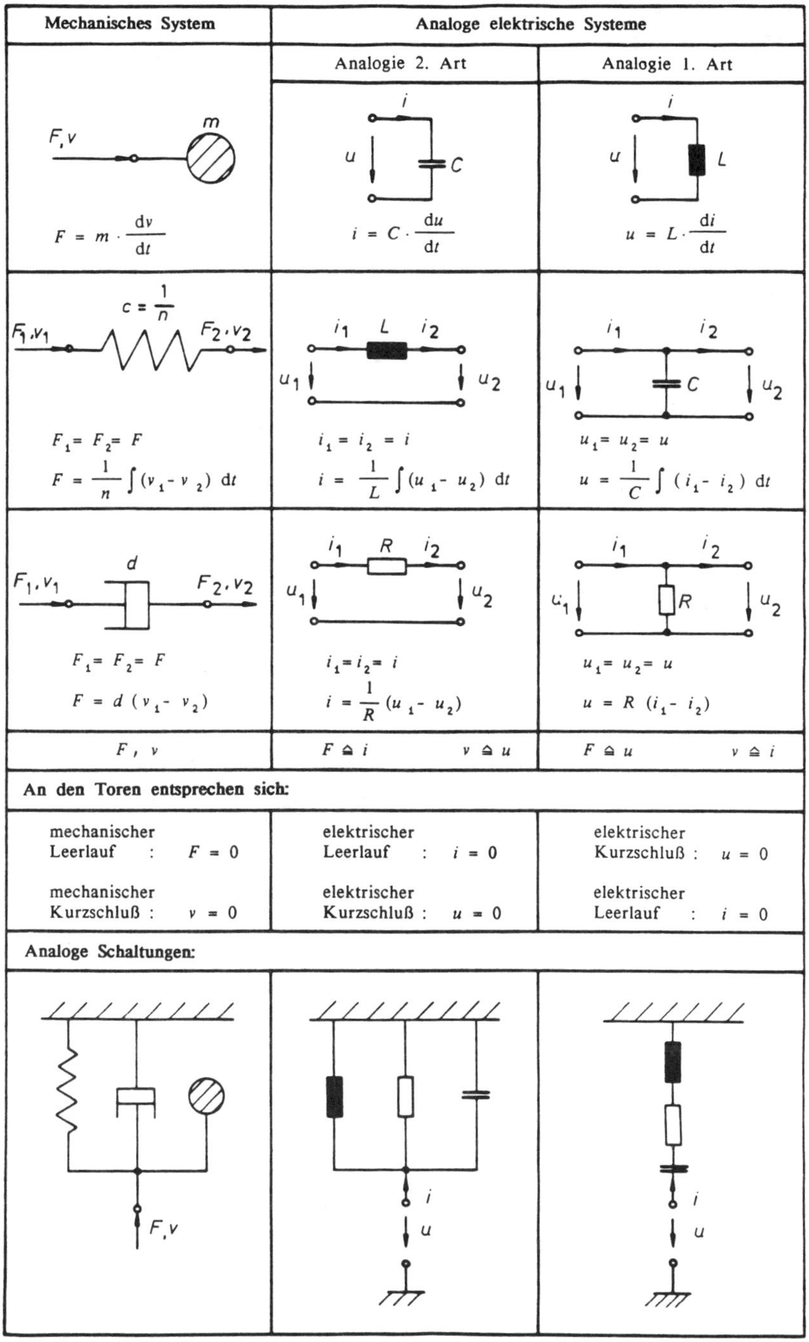

Mechanisches System	Analoge elektrische Systeme	
	Analogie 2. Art	Analogie 1. Art
$F, v \; \multimap\!\!\!-\!\!\!-\!\!\!-\!\!\!-\!\!\!-\; m$ $F = m \cdot \dfrac{dv}{dt}$	$u \downarrow \;\; \stackrel{i}{\rightarrow}\;\; C$ $i = C \cdot \dfrac{du}{dt}$	$u \downarrow \;\; \stackrel{i}{\rightarrow}\;\; L$ $u = L \cdot \dfrac{di}{dt}$
$c = \dfrac{1}{n}$ $F_1, v_1 \;\sim\!\!\!\wedge\!\!\!\wedge\!\!\!\sim\; F_2, v_2$ $F_1 = F_2 = F$ $F = \dfrac{1}{n} \int (v_1 - v_2)\, dt$	$i_1 \; L \; i_2$, u_1, u_2 $i_1 = i_2 = i$ $i = \dfrac{1}{L} \int (u_1 - u_2)\, dt$	$i_1 \; i_2$, u_1, C, u_2 $u_1 = u_2 = u$ $u = \dfrac{1}{C} \int (i_1 - i_2)\, dt$
$F_1, v_1 \;\; d \;\; F_2, v_2$ $F_1 = F_2 = F$ $F = d(v_1 - v_2)$	$i_1 \; R \; i_2$, u_1, u_2 $i_1 = i_2 = i$ $i = \dfrac{1}{R}(u_1 - u_2)$	$i_1 \; i_2$, u_1, R, u_2 $u_1 = u_2 = u$ $u = R(i_1 - i_2)$
F, v	$F \triangleq i \qquad v \triangleq u$	$F \triangleq u \qquad v \triangleq i$

An den Toren entsprechen sich:

mechanischer Leerlauf : $F = 0$	elektrischer Leerlauf : $i = 0$	elektrischer Kurzschluß : $u = 0$
mechanischer Kurzschluß : $v = 0$	elektrischer Kurzschluß : $u = 0$	elektrischer Leerlauf : $i = 0$

Analoge Schaltungen:

Bild 3.1.3. Elektrische und mechanische Analogien

- Kraft und Strom: $F \triangleq i$;
- Geschwindigkeit und Spannung: $v \triangleq u$.

Die beiden Analogien sind also zueinander elektrisch dual. Da nun, wie Bild 3.1.3 zeigt, die Differentialgleichung des mechanischen Elements mathematisch identisch ist mit der des analogen elektrischen Elements, ist man oft bestrebt, mechanische "Netzwerke" in analoge elektrische umzuwandeln. Dazu wird häufiger die Analogie 2. Art benutzt. Betrachtet man einen "mechanischen Knoten", so gilt stets $\sum F_i = 0$. In der Analogie 1. Art lautet die analoge Beziehung $\sum u_i = 0$. Dieses ist aber eine Maschengleichung. In der Analogie 2. Art hingegen lautet die analoge elektrische Gleichung $\sum i_i = 0$; sie stellt ebenfalls eine Knotengleichung dar. Ein zu einem mechanischen Netzwerk analoges elektrisches Netzwerk gibt also nur in der Analogie 2. Art die Struktur des mechanischen Netzwerkes wieder. Die Analogie 2. Art wird daher "schaltungstreu" genannt, während die Analogie 1. Art als "schaltungsdual" bezeichnet wird. Ein mechanischer "Parallelschwingkreis" entspricht in der Analogie 2. Art einem elektrischen Parallelschwingkreis, in der Analogie 1. Art hingegen einem Reihenschwingkreis (Bild 3.1.3).

3.1.3 Thermische Systeme

Wie bereits eingangs erwähnt, benötigt man zur Bestimmung der Differentialgleichungen thermischer Systeme [3.6; 3.7; 3.8; 3.9]
- die Erhaltungssätze der inneren Energie oder Enthalpie sowie
- die Wärmeleitungs- und Wärmeübertragungsgesetze.

Als *Beispiel* hierfür soll nun nachfolgend das mathematische Modell des Stoff- und Wärmetransports in einem dickwandigen, von einem Fluid durchströmten Rohr gemäß Bild 3.1.4 betrachtet werden [3.7]. Zunächst

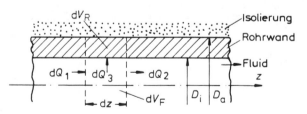

Bild 3.1.4. Ausschnitt aus dem untersuchten Rohr

werden die folgenden vereinfachenden *Annahmen* getroffen:
- Die Temperatur, sowohl im Fluid, als auch in der Rohrwand, ist nur von der Koordinate z abhängig.

- Der gesamte Wärmetransport in Richtung der Rohrachse wird nur durch den Massetransport, nicht aber durch Wärmeleitung innerhalb des Fluids oder der Rohrwand hervorgerufen.
- Die Strömungsgeschwindigkeit des Fluids ist im ganzen Rohr konstant und hat nur eine Komponente in z-Richtung.
- Die Stoffwerte von Fluid und Rohr sind über die Rohrlänge konstant.
- Nach außen hin ist das Rohr ideal isoliert.

Mit folgenden *Bezeichnungen*

$\vartheta(z,t)$	Fluidtemperatur
$\theta(z,t)$	Rohrtemperatur
$\dot{m}$	Fluidstrom
L	Rohrlänge
w_F	Fluidgeschwindigkeit
ρ_F, ρ_R	spezifische Masse (Fluid, Rohr)
c_F, c_R	spezifische Wärme (Fluid, Rohr)
α	Wärmeübergangszahl Fluid/Rohr
D_i, D_a	innerer und äußerer Rohrdurchmesser

sollen nun die Differentialgleichungen des mathematischen Modells hergeleitet werden. Betrachtet wird ein Rohrelement der Länge dz. Das zugehörige Rohrwandvolumen sei dV_R, das entsprechende Fluidvolumen sei dV_F. Die Herleitung des mathematischen Modells dieses thermischen Systems erfolgt nun in folgenden Stufen:

a) Während des Zeitintervalls dt fließt in das Volumen dV_F die Wärmemenge

$$dQ_1 = c_F \vartheta \dot{m} \, dt \qquad (3.1.17)$$

hinein. Gleichzeitig fließt die Wärmemenge

$$dQ_2 = c_F (\vartheta + \frac{\partial \vartheta}{\partial z} dz) \dot{m} \, dt \qquad (3.1.18)$$

aus dem Volumenelement dV_F wieder heraus.

b) Wärme gelangt in das Rohrwandvolumen dV_R voraussetzungsgemäß nur durch Wärmeübergang zwischen dem Fluid und der Rohrwand. Die zwischen Rohrinnenwand und Fluid im Zeitintervall dt ausgetauschte Wärmemenge (Wärmeübergang) beträgt

$$dQ_3 = \alpha(\vartheta - \theta) \pi D_i \, dz \, dt \, . \qquad (3.1.19)$$

c) Während des Zeitintervalls dt ändert sich im Fluidelement dV_F die gespeicherte Wärmemenge um

$$dQ_F = \rho_F \, dV_F \, c_F \, \frac{\partial \vartheta}{\partial t} \, dt$$

$$= \rho_F \, \frac{\pi}{4} D_i^2 \, dz \, c_F \, \frac{\partial \vartheta}{\partial t} \, dt \, , \qquad (3.1.20)$$

wodurch sich die Temperatur ebenfalls ändert.

d) Nun läßt sich die Wärmebilanzgleichung für das Fluid im betrachteten Zeitintervall dt angeben:

$$dQ_F = dQ_1 - dQ_2 - dQ_3 \, . \qquad (3.1.21)$$

Setzt man hier die Gln. (3.1.17) bis (3.1.20) ein, so erhält man

$$\frac{\pi}{4} D_i^2 \, \rho_F c_F \, \frac{\partial \vartheta}{\partial t} \, dz dt = c_F \, \dot{m} \, \vartheta \, dt - c_F (\vartheta + \frac{\partial \vartheta}{\partial z} \, dz) \, \dot{m} \, dt -$$
$$- \alpha (\vartheta - \theta) \pi D_i \, dz \, dt \, . \qquad (3.1.22)$$

e) Für die Wärmespeicherung im Rohrwandelement dV_R folgt andererseits im selben Zeitintervall (ähnlich wie unter c)

$$dQ_R = \rho_R \, dV_R \, c_R \, \frac{\partial \theta}{\partial t} \, dt$$

$$= \rho_R \, \frac{\pi}{4} (D_a^2 - D_i^2) \, dz \, c_R \, \frac{\partial \theta}{\partial t} \, dt \, . \qquad (3.1.23)$$

f) Damit läßt sich nun die Wärmebilanzgleichung für das Rohrwandelement angeben. Es gilt

$$dQ_R = dQ_3 \, , \qquad (3.1.24)$$

da nach den getroffenen Voraussetzungen an der Rohraußenwand eine ideale Wärmeisolierung vorhanden ist. Nun setzt man die Gln. (3.1.19) und (3.1.23) in Gl. (3.1.24) ein und erhält

$$\frac{\pi}{4} (D_a^2 - D_i^2) \rho_R \, c_R \, \frac{\partial \theta}{\partial t} \, dz \, dt = \alpha (\vartheta - \theta) \pi D_i \, dz \, dt \, . \qquad (3.1.25)$$

Mit den Abkürzungen

$$w_F = \frac{\dot{m}}{\frac{\pi}{4} D_i^2 \rho_F}$$

$$K_1 = \frac{\alpha \pi D_i}{\frac{\pi}{4} D_i^2 \rho_F c_F}$$

$$K_2 = \frac{\alpha \pi D_i}{\frac{\pi}{4}(D_a^2 - D_i^2)\rho_R c_R}$$

gehen die Gln. (3.1.22) und (3.1.25) nach einigen einfachen Umformungen über in

$$\frac{\partial \vartheta}{\partial t} + w_F \frac{\partial \vartheta}{\partial z} = K_1(\theta - \vartheta) \qquad (3.1.26)$$

und

$$\frac{\partial \theta}{\partial t} = K_2(\vartheta - \theta) \, . \qquad (3.1.27)$$

Diese beiden *partiellen Differentialgleichungen* stellen die mathematische Beschreibung des hier betrachteten technischen Systems dar (System mit *örtlich* verteilten Parametern). Zur vollständigen Lösung wird außer den beiden (zeitlichen) Anfangsbedingungen

$$\vartheta(z,0) \quad \text{und} \quad \theta(z,0)$$

auch noch eine (örtliche) Randbedingung

$$\vartheta(0,t)$$

benötigt.

Als *Spezialfall* soll nun das dünnwandige Rohr behandelt werden, bei dem $dQ_3 = 0$ wird, da die Speichereigenschaft der Rohrwand vernachlässigbar klein ist. Für diesen Fall geht Gl. (3.1.26) über in

$$\frac{\partial \vartheta}{\partial t} + w_F \frac{\partial \vartheta}{\partial z} = 0 \, . \qquad (3.1.28)$$

Bei Systemen mit örtlich verteilten Parametern muß die Eingangsgröße $x_e(t)$ nicht unbedingt in den Differentialgleichungen auftreten, sie kann vielmehr auch in die Randbedingungen eingehen. Im vorliegenden Fall wird als Eingangsgröße die Fluid-Temperatur am Rohreingang betrachtet:

$$\vartheta(0,t) = x_e(t) \quad t > 0 \, . \qquad (3.1.29)$$

Entsprechend wird als Ausgangsgröße die Fluid-Temperatur am Ende des Rohres der Länge L definiert:

$$\vartheta(L,t) = x_a(t) \ . \tag{3.1.30}$$

Mit dem Lösungsansatz

$$\vartheta(z,t) = f(t - \frac{z}{w_F}) = f(\tau) \tag{3.1.31a}$$

erhält man die partiellen Ableitungen

$$\frac{\partial \vartheta}{\partial t} = \frac{\partial f}{\partial \tau} \quad \text{und} \quad \frac{\partial \vartheta}{\partial z} = \frac{\partial f}{\partial \tau}(-\frac{1}{w_F}) \ ,$$

die die Gl. (3.1.28) erfüllen, wie man leicht durch Einsetzen dieser Beziehungen erkennt. Außerdem liefert dieser Lösungsansatz unmittelbar

$$\vartheta(0,t) = f(t) = x_e(t)$$
und
$$\vartheta(L,t) = f(t - \frac{L}{w_F}) = x_a(t) \ . \tag{3.1.31b}$$

Man erhält somit als Lösung von Gl. (3.1.28)

$$x_a(t) = x_e(t - T_t) \quad \text{mit} \quad T_t = \frac{L}{w_F} \ . \tag{3.1.32}$$

Diese Gleichung beschreibt den reinen Transportvorgang im Rohr. Die Zeit T_t, um die die Ausgangsgröße $x_a(t)$ der Eingangsgröße $x_e(t)$ nacheilt, wird als Totzeit oder Transportzeit bezeichnet.

3.2 Systembeschreibung mittels spezieller Ausgangssignale

3.2.1 Die Übergangsfunktion (Sprungantwort)

Für die weiteren Überlegungen benötigt man den Begriff der *Sprungfunktion* (auch Einheitssprung)

$$\sigma(t) = \begin{cases} 1 & \text{für } t > 0 \\ 0 & \text{für } t < 0 \ . \end{cases} \tag{3.2.1}$$

Nun läßt sich gemäß Bild 3.2.1 die sogenannte Sprungantwort definieren als die Reaktion $x_a(t)$ des Systems auf eine sprungförmige

Veränderung der Eingangsgröße

$$x_e(t) = \hat{x}_e \sigma(t) \quad \text{mit} \quad \hat{x}_e = \text{const}.$$

Die *Übergangsfunktion* stellt dann die auf die Sprunghöhe $\hat{x}_e$ bezogene Sprungantwort

$$h(t) = \frac{1}{\hat{x}_e} x_a(t) \tag{3.2.2}$$

dar, die bei einem kausalen System die Eigenschaft $h(t) = 0$ für $t < 0$ besitzt.

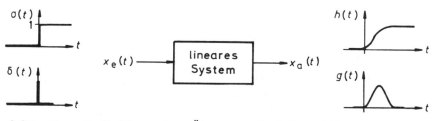

Bild 3.2.1. Zur Definition der Übergangsfunktion $h(t)$ und Gewichtsfunktion $g(t)$

3.2.2 Die Gewichtsfunktion (Impulsantwort)

Die Gewichtsfunktion $g(t)$ ist definiert als die Antwort des Systems auf die Impulsfunktion (Einheitsimpuls oder Dirac-"Stoß") $\delta(t)$. Dabei ist $\delta(t)$ keine Funktion im Sinne der klassischen Analysis, sondern muß als verallgemeinerte Funktion oder *Distribution* [3.10] aufgefaßt werden. Der Einfachheit halber wird $\delta(t)$ näherungsweise als Rechteckimpulsfunktion

$$r_\varepsilon = \begin{cases} 1/\varepsilon & \text{für } 0 \leq t \leq \varepsilon \\ 0 & \text{sonst} \end{cases} \tag{3.2.3}$$

mit kleinem positiven ε beschrieben (vgl. Bild 3.2.2a). Somit ist die Impulsfunktion definiert durch

$$\delta(t) = \lim_{\varepsilon \to 0} r_\varepsilon(t) \tag{3.2.4}$$

mit den Eigenschaften

$$\delta(t) = 0 \quad \text{für} \quad t \neq 0$$

und

$$\int_{-\infty}^{\infty} \delta(t)\,dt = 1\ .$$

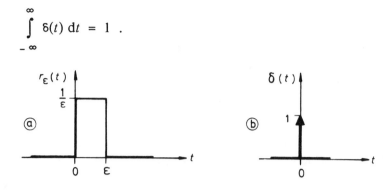

Bild 3.2.2. (a) Zur Annäherung der $\delta(t)$-Funktion; (b) symbolische Darstellung der δ-Funktion

Gewöhnlich wird die δ-Funktion gemäß Bild 3.2.2b für $t = 0$ symbolisch als Pfeil der Länge 1 dargestellt. Man bezeichnet die Länge 1 als die Impulsstärke (zu beachten ist, daß für die Höhe des Impulses dabei weiterhin $\delta(0) \to \infty$ gilt). Im Sinne der Distributionentheorie besteht zwischen der δ-Funktion und der Sprungfunktion $\sigma(t)$ der Zusammen-

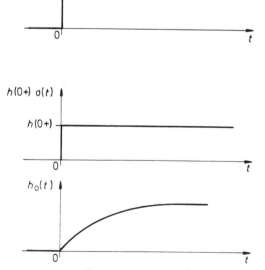

Bild 3.2.3. Aufspaltung der Übergangsfunktion $h(t)$ in eine Sprungfunktion $h(0+)\sigma(t)$ und einen sprungfreien Anteil $h_0(t)$

hang

$$\delta(t) = \frac{d}{dt}\sigma(t) \, . \tag{3.2.5}$$

Entsprechend gilt zwischen der Gewichtsfunktion $g(t)$ und der Übergangsfunktion $h(t)$ die Beziehung

$$g(t) = \frac{d}{dt}h(t) \, . \tag{3.2.6a}$$

Bezeichnet man den Wert von $h(t)$ für $t = 0+$ mit $h(0+)$, so läßt sich $h(t)$ gemäß der Aufspaltung nach Bild 3.2.3 in der Form

$$h(t) = h_0(t) + h(0+)\sigma(t)$$

darstellen, wobei angenommen wird, daß der sprungfreie Anteil $h_0(t)$ auf der gesamten t-Achse stetig und stückweise differenzierbar ist. Damit kann Gl. (3.2.6a) auch in der Form

$$g(t) = \dot{h}(t) = \dot{h}_0(t) + h(0+)\delta(t) \tag{3.2.6b}$$

geschrieben werden.

3.2.3 Das Faltungsintegral (Duhamelsches Integral)

Bei den nachfolgenden Überlegungen wird als das zu beschreibende dynamische System die Regelstrecke mit der Eingangsgröße $x_e(t) = u(t)$ und der Ausgangsgröße $x_a(t) = y(t)$ gewählt. Es sei jedoch darauf hingewiesen, daß diese Überlegungen ganz allgemein gültig sind. Das Übertragungsverhalten $y(t) = T[u(t)]$ eines linearen zeitinvarianten Systems ist durch Kenntnis eines Funktionspaares $[y_i(t); u_i(t)]$ eindeutig bestimmt. Kennt man insbesondere die Gewichtsfunktion ($g(t)=T[\delta(t)]$), so kann für ein beliebiges Eingangssignal $u(t)$ das Ausgangssignal $y(t)$ mit Hilfe des Faltungsintegrals

$$y(t) = \int_0^t g(t-\tau)\, u(\tau)\, d\tau \tag{3.2.7}$$

bestimmt werden. Umgekehrt läßt sich bei bekanntem Verlauf von $u(t)$ und $y(t)$ durch eine Umkehrung der Faltung die Gewichtsfunktion $g(t)$ berechnen. Sowohl die Gewichtsfunktion $g(t)$ als auch die Übergangsfunktion $h(t)$ sind für die Beschreibung linearer Systeme von großer Bedeutung, da sie die gesamte Information über deren dynamisches Verhalten enthalten.

Der im Abschnitt 2.2 eingeführte und oben bereits benutzte Operator T, der den Zusammenhang zwischen Eingangsgröße $u(t)$ und Ausgangsgröße $y(t)$ in der Form $y(t) = T[u(t)]$ angibt, beschreibt bei linearen zeitinvarianten Systemen somit die "Faltung" von $u(t)$ mit der Gewichtsfunktion $g(t)$.

Zum *Beweis* der Gl. (3.2.7) wird von Bild 3.2.4 ausgegangen. Bezeichnet man mit $\tilde{u}(t)$ die Stufenfunktion, die $u(t)$ approximiert, dann gilt mit den Bezeichnungen entsprechend Bild 3.2.4

$$\tilde{u}(t) = u(0+)\sigma(t) + [u(\tau_1) - u(\tau_0)]\sigma(t-\tau_1) + \ldots + [u(\tau_n) - u(\tau_{n-1})]\sigma(t-\tau_n)$$

oder

$$\tilde{u}(t) = u(0+)\sigma(t) + \sum_{\nu=1}^{n} [u(\tau_\nu) - u(\tau_{\nu-1})]\sigma(t-\tau_\nu) . \qquad (3.2.8)$$

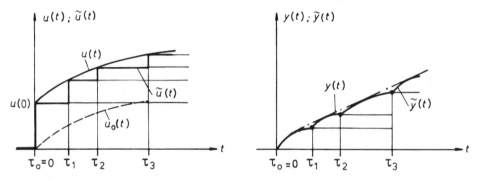

Bild 3.2.4. Zur Herleitung des Faltungsintegrals

Mit $\tau_\nu - \tau_{\nu-1} \to 0$ erhält man als Grenzübergang $\tilde{u}(t) \to u(t)$. Als Folge der Linearität ergibt sich bei Überlagerung der einzelnen Sprungantworten

$$\tilde{y}(t) = u(0+) h(t) + \sum_{\nu=1}^{n} [u(\tau_\nu) - u(\tau_{\nu-1})] h(t-\tau_\nu) \qquad (3.2.9)$$

oder durch Erweiterung mit $\Delta\tau_\nu = \tau_\nu - \tau_{\nu-1}$

$$\tilde{y}(t) = u(0+) h(t) + \sum_{\nu=1}^{n} \frac{[u(\tau_\nu) - u(\tau_{\nu-1})]}{\Delta\tau_\nu} h(t-\tau_\nu) \Delta\tau_\nu . \qquad (3.2.10)$$

Der Grenzübergang $\Delta\tau_\nu \to d\tau$ liefert schließlich für $\tilde{y}(t)$ die Funktion $y(t)$ und somit bei Berücksichtigung von $u(t) = u_0(t) + u(0+)\sigma(t)$ die Beziehung

$$y(t) = u(0+) h(t) + \int_0^t \dot{u}_0(\tau) h(t-\tau) d\tau . \qquad (3.2.11)$$

Hierbei ist $u(0+)$ der Wert von $u(t)$ für $t = 0+$ und $u_0(t)$ sein auf der gesamten t-Achse stetiger und stückweise differenzierbarer Anteil. Ersetzt man in Gl. (3.2.11) $\dot{u}_0(\tau)$ durch

$$\dot{u}_0(\tau) = \dot{u}(\tau) - u(0+)\,\delta(\tau)\;,$$

dann ergibt sich wegen der Ausblendeigenschaft der δ-Funktion

$$y(t) = \int_0^t \dot{u}(\tau)\,h(t-\tau)\,\mathrm{d}\tau\;. \qquad (3.2.12\mathrm{a})$$

Für $\tilde{y}(t)$ erhält man durch Umordnung der Summenterme in Gl. (3.2.9) und Berücksichtigung von $h(t-\tau_{n+1}) = 0$ auch die Darstellung

$$\tilde{y}(t) = \sum_{\nu=0}^{n} u(\tau_\nu)\,[h(t-\tau_\nu) - h(t-\tau_{\nu+1})]\;,$$

und durch Erweiterung mit $\Delta\tau_\nu = \tau_{\nu+1} - \tau_\nu$ folgt

$$\tilde{y}(t) = \sum_{\nu=0}^{n} u(\tau_\nu)\,\frac{[h(t-\tau_\nu) - h(t-\tau_{\nu+1})]}{\Delta\tau_\nu}\,\Delta\tau_\nu\;.$$

Der Grenzübergang $\Delta\tau_\nu \to \mathrm{d}\tau$ ergibt die zu Gl. (3.2.12a) symmetrische Beziehung

$$y(t) = \int_0^t u(\tau)\,\dot{h}(t-\tau)\,\mathrm{d}\tau\;. \qquad (3.2.12\mathrm{b})$$

Gl. (3.2.12b) liefert schließlich unter Berücksichtigung der Gl. (3.2.6a) das Faltungsintegral gemäß Gl. (3.2.7):

$$y(t) = \int_0^t g(t-\tau)\,u(\tau)\,\mathrm{d}\tau\;.$$

3.3 Zustandsraumdarstellung [3.11 bis 3.13]

3.3.1 Zustandsraumdarstellung für Eingrößensysteme

Am Beispiel des im Bild 3.3.1 dargestellten *RLC*-Netzwerkes soll nachfolgend die Systembeschreibung in Form der Zustandsraumdarstellung in einer kurzen Einführung behandelt werden.

Das dynamische Verhalten des Systems ist für alle Zeiten $t \geqslant t_0$ vollständig definiert, wenn

und
- die Anfangswerte $u_c(t_0)$, $i(t_0)$
- die Eingangsgröße $u_k(t)$ für $t \geq t_0$

bekannt sind. Durch diese Angaben lassen sich die Größen $i(t)$ und $u_c(t)$ für alle Werte $t \geq t_0$ bestimmen. Die Größen $i(t)$ und $u_c(t)$ charakterisieren den "Zustand" des Netzwerkes und werden aus diesem

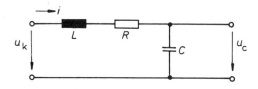

Bild 3.3.1. RLC-Netzwerk

Grund als *Zustandsgrößen* des Netzwerkes bezeichnet. Für dieses Netzwerk gelten folgende gekoppelte Differentialgleichungen:

$$L \frac{di(t)}{dt} + Ri(t) + u_c(t) = u_k(t) \qquad (3.3.1)$$

$$C \frac{du_c(t)}{dt} = i(t) \ . \qquad (3.3.2)$$

Durch Einsetzen der Gl. (3.3.2) in (3.3.1) erhält man

$$CL \frac{d^2 u_c(t)}{dt^2} + RC \frac{du_c(t)}{dt} + u_c(t) = u_k(t) \ . \qquad (3.3.3)$$

Diese lineare Differentialgleichung 2. Ordnung beschreibt das System bezüglich des Eingangs-/Ausgangs-Verhaltens vollständig. Man kann aber zur Systembeschreibung auch die beiden ursprünglichen linearen Differentialgleichungen 1. Ordnung, also die Gln. (3.3.1) und (3.3.2) benutzen. Dazu faßt man die Gln. (3.3.1) und (3.3.2) zweckmäßigerweise mit Hilfe der Vektorschreibweise zu einer linearen Vektordifferentialgleichung 1. Ordnung

$$\begin{bmatrix} \dfrac{di(t)}{dt} \\ \dfrac{du_c(t)}{dt} \end{bmatrix} = \begin{bmatrix} -\dfrac{R}{L} & -\dfrac{1}{L} \\ \dfrac{1}{C} & 0 \end{bmatrix} \begin{bmatrix} i(t) \\ u_c(t) \end{bmatrix} + \begin{bmatrix} \dfrac{1}{L} \\ 0 \end{bmatrix} u_k(t) \qquad (3.3.4)$$

mit dem Anfangswert

$$\begin{bmatrix} i(t_0) \\ u_c(t_0) \end{bmatrix}$$

zusammen. Diese lineare Vektordifferentialgleichung 1. Ordnung beschreibt den Zusammenhang zwischen der Eingangsgröße und den Zustandsgrößen. Man benötigt nun aber noch eine Gleichung, die die Abhängigkeit der Ausgangsgröße von den Zustandsgrößen und der Eingangsgröße angibt. In diesem Beispiel gilt, wie man direkt sieht, für die Ausgangsgröße

$$y(t) = u_c(t) \;.$$

Führt man nun in Gl. (3.3.4) den Zustandsvektor

$$x(t) = \begin{bmatrix} x_1(t) \\ x_2(t) \end{bmatrix} = \begin{bmatrix} i(t) \\ u_c(t) \end{bmatrix} \quad \text{bzw.} \quad x_0 = x(t_0) = \begin{bmatrix} i(t_0) \\ u_c(t_0) \end{bmatrix},$$

die Vektoren

$$b = \begin{bmatrix} \frac{1}{L} \\ 0 \end{bmatrix} \quad \text{und} \quad c^T = [0 \quad 1] \;,$$

die Matrix

$$A = \begin{bmatrix} -\frac{R}{L} & -\frac{1}{L} \\ \frac{1}{C} & 0 \end{bmatrix}$$

sowie die skalaren Größen

$$u(t) = u_k(t) \quad \text{und} \quad d = 0$$

ein, so erhält man die allgemeine Zustandsraumdarstellung für ein lineares zeitinvariantes Eingrößensystem

$$\dot{x}(t) = A\,x(t) + b\,u(t) \qquad x(t_0) \text{ Anfangszustand} \qquad (3.3.5)$$

$$y(t) = c^T x(t) + d\,u(t) \;, \qquad (3.3.6)$$

wobei Gl. (3.3.5) als Zustandsgleichung und Gl. (3.3.6) als Ausgangsgleichung bezeichnet werden. Im allgemeinen Fall mit n Zustandsgrößen stellt Gl. (3.3.5) ein lineares Differentialgleichungssystem 1. Ordnung für x_1, x_2, ..., x_n dar, die zum Zustandsvektor $x = [x_1\ x_2\ ...\ x_n]^T$ zusammengefaßt werden, wobei die skalare Eingangsgröße u multipliziert mit dem Vektor b als erregender Term auftritt. Gl. (3.3.6) ist dagegen eine rein algebraische Gleichung, die die lineare Abhängigkeit der Ausgangsgröße von den Zustandsgrößen und - falls erforderlich - von der Eingangsgröße angibt. Von der mathematischen Seite aus betrachtet, beruht die Zustandsraumdarstellung auf dem Satz, daß man jede lineare Differentialgleichung n-ter Ordnung in ein System von n Differentialgleichungen 1. Ordnung umwandeln kann.

3.3.2 Zustandsraumdarstellung für Mehrgrößensysteme

Die Gln. (3.3.5) und (3.3.6) geben die Zustandsraumdarstellung für lineare zeitinvariante Eingrößensysteme an. Für lineare zeitinvariante Mehrgrößensysteme der Ordnung n mit r Eingangsgrößen und m Ausgangsgrößen gehen diese Gleichungen in die allgemeine Form

$$\dot{x}(t) = A\ x(t) + B\ u(t) \text{ mit der Anfangsbedingung } x(t_0) \quad (3.3.7)$$

$$y(t) = C\ x(t) + D\ u(t) \quad (3.3.8)$$

über, wobei folgende Bezeichnungen gelten:

Zustandsvektor	$x(t) = \begin{bmatrix} x_1(t) \\ \vdots \\ x_n(t) \end{bmatrix}$		(n x 1) Vektor
Eingangsvektor (Steuervektor)	$u(t) = \begin{bmatrix} u_1(t) \\ \vdots \\ u_r(t) \end{bmatrix}$		(r x 1) Vektor
Ausgangsvektor (Beobachtungsvektor)	$y(t) = \begin{bmatrix} y_1(t) \\ \vdots \\ y_m(t) \end{bmatrix}$		(m x 1) Vektor
Systemmatrix	A		(n x n) Matrix
Eingangs- oder Steuermatrix	B		(n x r) Matrix
Ausgangs- oder Beobachtungsmatrix	C		(m x n) Matrix
Durchgangsmatrix	D		(m x r) Matrix .

Selbstverständlich schließt die allgemeine Darstellung der Gln. (3.3.7) und (3.3.8) auch die Zustandsraumdarstellung des Eingrößensystems mit ein. Zu beachten ist, daß die Matrizen *A*, *B*, *C* und *D* konstante Elemente aufweisen. Sollten jedoch diese Elemente auch zeitabhängig sein, so läßt sich in analoger Form ebenfalls durch die Gln. (3.3.7) und (3.3.8) das entsprechende zeitvariante System beschreiben, indem *A* durch *A*(*t*) usw. ersetzt wird.

Die Verwendung der Zustandsraumdarstellung hat verschiedene Vorteile, von denen hier einige genannt seien:

1. Ein- und Mehrgrößensysteme können formal gleich behandelt werden.

2. Diese Darstellung ist sowohl für die theoretische Behandlung (analytische Lösungen, Optimierung) als auch für die numerische Berechnung (insbesondere mittels elektronischer Rechenanlagen) gut geeignet.

3. Die Berechnung des Verhaltens des homogenen Systems unter Verwendung der Anfangsbedingung $x(t_0)$ ist sehr einfach.

4. Schließlich gibt diese Darstellung einen besseren Einblick in das innere Systemverhalten. So lassen sich allgemeine Systemeigenschaften wie die Steuerbarkeit oder Beobachtbarkeit des Systems mit dieser Darstellungsform definieren. Diese Begriffe werden im Band "Regelungstechnik II" ausführlich behandelt.

Durch die Gln. (3.3.7) und (3.3.8) werden *lineare* Systeme mit konzentrierten Parametern beschrieben. Die Zustandsraumdarstellung läßt sich jedoch auch auf *nichtlineare* Systeme mit konzentrierten Parametern erweitern:

$$\dot{x}(t) = f_1[x(t), u(t), t] \quad \text{(Vektordifferentialgleichung)} \qquad (3.3.9)$$

$$y(t) = f_2[x(t), u(t), t] \quad \text{(Vektorgleichung)} , \qquad (3.3.10)$$

wobei die Vektorfunktionen f_1 und f_2 nichtlineare Zusammenhänge in x und u sowie t beschreiben.

Der Zustandsvektor $x(t)$ stellt allgemein, wie die geometrische Darstellung im Bild 3.3.2 zeigt, für den Zeitpunkt *t* einen Punkt in einem *n*-dimensionalen Euklidischen Raum (Zustandsraum) dar. Mit wachsender Zeit *t* ändert dieser *Zustandspunkt des Systems* seine räumliche Position und beschreibt dabei eine Kurve, die als *Zustandskurve* oder

Trajektorie des Systems bezeichnet wird.

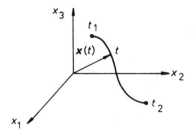

Bild 3.3.2. Eine Trajektorie eines Systems 3. Ordnung im Zustandsraum

4 BESCHREIBUNG LINEARER KONTINUIERLICHER SYSTEME IM FREQUENZBEREICH

4.1 Die Laplace-Transformation [4.1; 4.2]

4.1.1 Definition und Konvergenzbereich

Die Laplace-Transformation kann als wichtigstes Hilfsmittel zur Lösung linearer Differentialgleichungen mit konstanten Koeffizienten angesehen werden. Gerade bei regelungstechnischen Aufgaben erfüllen die zu lösenden Differentialgleichungen meist die zum Einsatz der Laplace-Transformation notwendigen Voraussetzungen. Die Laplace-Transformation ist eine *Integraltransformation*, die einer großen Klasse von *Originalfunktionen* $f(t)$ umkehrbar eindeutig eine *Bildfunktion* $F(s)$ zuordnet. Diese Zuordnung erfolgt über das *Laplace-Integral* von $f(t)$, also durch

$$F(s) = \int_0^\infty f(t)\, e^{-st}\, dt \, , \qquad (4.1.1)$$

wobei im Argument dieser *Laplace-Transformierten* $F(s)$ die komplexe Variable $s = \sigma + j\omega$ auftritt. Für die Anwendung der Gl. (4.1.1) bei den hier betrachteten kausalen Systemen müssen folgende zwei Bedingungen erfüllt sein:

a) $f(t) = 0$ für $t < 0$;

b) das Integral in Gl. (4.1.1) muß konvergieren.

Hinsichtlich des *Konvergenzbereiches* des Laplace-Integrals gelten nun folgende Überlegungen:

Ist die zu transformierende Funktion $f(t)$ stückweise stetig und gibt es reelle Zahlen α und σ' so, daß für alle $t \geqslant 0$ gilt

$$|f(t)| < \alpha\, e^{\sigma' t},$$

dann konvergiert das Laplace-Integral für alle s mit Re $s > \sigma'$. Wählt man insbesondere für σ' den kleinstmöglichen Wert σ_0, so stellt die Bedingung Re $s > \sigma_0$ den größtmöglichen Konvergenzbereich dar. Das Laplace-Integral existiert somit nur in einem Teil der komplexen *s-Ebene*, der sogenannten Konvergenzhalbebene, wie Bild 4.1.1 zeigt. Die Größe σ_0 bezeichnet man auch als Konvergenzabszisse. Für Werte von s mit Re $s < \sigma_0$ hat Gl. (4.1.1) keinen Sinn. Demnach muß für $\sigma > \sigma_0$ der Grenzwert von $f(t)\, e^{-\sigma t}$ für $t \to \infty$ verschwinden, jedoch für jedes $\sigma < \sigma_0$ nicht.

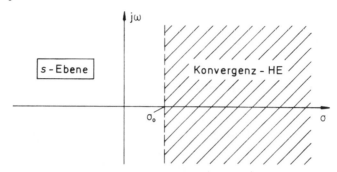

Bild 4.1.1. Konvergenzhalbebene des Laplace-Integrals

Beispiele 4.1.1 bis 4.1.4:

1. $f(t) = t^n$

   Das Laplace-Integral konvergiert für alle s mit $\sigma > 0$, da $e^{-\sigma t}$ für $t \to \infty$ rascher abnimmt als jede endliche Potenz von t anwächst.

2. $f(t) = \sum_{i=0}^{n} a_i t^i$

   Hier gilt dieselbe Aussage wie im vorherigen Beispiel.

3. $f(t) = e^{\alpha t}$

   Stellt α eine feste reelle oder komplexe Zahl dar, dann gilt:

   $$F(s) = \int_0^\infty e^{\alpha t}\, e^{-st}\, dt = \int_0^\infty e^{-(s-\alpha)t}\, dt$$

   $$= \left[-\frac{1}{s-\alpha}\, e^{-(s-\alpha)t} \right]_{t=0}^{t \to \infty}.$$

   Ist Re $s >$ Re α, dann ist $\lim_{t \to \infty} e^{-(s-\alpha)t} = 0$, und man erhält damit für das Laplace-Integral den Wert

   $$F(s) = \frac{1}{s-\alpha}.$$

   Für Re $s <$ Re α existiert jedoch das Laplace-Integral nicht.

4. $f(t) = e^{t^2}$

Das Laplace-Integral existiert für dieses Beispiel nicht, da e^{t^2} für $t \to \infty$ rascher anwächst als $e^{-\sigma t}$ abnimmt. ■

Um die Zuordnung zwischen Bildfunktion und Originalfunktion zu kennzeichnen, wird zweckmäßigerweise die Operatorschreibweise

$$F(s) = \mathcal{L}\{f(t)\}$$

eingeführt. Eine andere Möglichkeit der Zuordnung bietet die Verwendung des Korrespondenzzeichens ●—○ in folgender Weise:

$$F(s) \bullet\!\!-\!\!\circ f(t) \; .$$

Bei der Behandlung von Regelsystemen stellt die Originalfunktion $f(t)$ gewöhnlich eine Zeitfunktion dar. Da die komplexe Variable s die Frequenz ω enthält, wird die Bildfunktion $F(s)$ oft auch als Frequenzfunktion bezeichnet. Damit ermöglicht die Laplace-Transformation gemäß Gl. (4.1.1) den Übergang vom "Zeitbereich" (Originalbereich) in den "Frequenzbereich" (Bildbereich).

4.1.2 Die Korrespondenztafel für die Laplace-Transformation

Die sogenannte Rücktransformation oder inverse Laplace-Transformation, also die Gewinnung der Originalfunktion aus der Bildfunktion, wird durch das *Umkehrintegral*

$$f(t) = \frac{1}{2\pi j} \int_{c-j\infty}^{c+j\infty} F(s)\, e^{st}\, ds \qquad t > 0 \qquad (4.1.2)$$

ermöglicht, wobei $f(t) = 0$ für $t < 0$ gilt. Die Größe c muß so gewählt werden, daß der Integrationsweg in der Konvergenzhalbebene längs einer Parallelen zur imaginären Achse im Abstand c verläuft, wobei c größer als die Realteile sämtlicher singulärer Punkte von $F(s)$ sein muß. Für diese inverse Laplace-Transformation wird ebenfalls eine Operatorschreibweise in der Form

$$f(t) = \mathcal{L}^{-1}\{F(s)\}$$

benutzt. Es ist zu beachten, daß Gl. (4.1.2) an einer Sprungstelle $t = t_s$ den arithmetischen Mittelwert der links- und rechtsseitigen Grenzwerte

$[f(t_s+) + f(t_s-)]/2$, speziell im Nullpunkt $t = 0$, den Wert $[f(0+) + f(0-)]/2 = f(0+)/2$ liefert.

Die Laplace-Transformation ist eine *umkehrbar eindeutige* Zuordnung von Originalfunktion und Bildfunktion. Daher braucht in vielen Fällen das Umkehrintegral gar nicht berechnet werden; es können vielmehr *Korrespondenztafeln* verwendet werden, in denen für viele Funktionen die oben genannte Zuordnung enthalten ist [4.1]. Eine derartige Korrespondenztafel stellt Tabelle 4.1.1 dar. Bei der inversen Laplace-Transformation wird einfach von der rechten Spalte auf die linke Spalte dieser Tabelle Bezug genommen, wobei eventuell auch noch einige der nachfolgend angegebenen Rechenregeln der Laplace-Transformation angewandt werden müssen.

Tabelle 4.1.1. Korrespondenzen zur Laplace-Transformation

Nr.	Zeitfunktion $f(t)$, $f(t)=0$ für $t<0$	L-Transformierte $F(s)$
1	δ-Impuls $\delta(t)$	1
2	Einheitssprung $\sigma(t)$	$\dfrac{1}{s}$
3	t	$\dfrac{1}{s^2}$
4	t^2	$\dfrac{2}{s^3}$
5	$\dfrac{t^n}{n!}$	$\dfrac{1}{s^{n+1}}$
6	e^{-at}	$\dfrac{1}{s+a}$
7	$t\,e^{-at}$	$\dfrac{1}{(s+a)^2}$
8	$t^2 e^{-at}$	$\dfrac{2}{(s+a)^3}$
9	$t^n e^{-at}$	$\dfrac{n!}{(s+a)^{n+1}}$

(Fortsetzung von Tabelle 4.1.1)

10	$1 - e^{-at}$	$\dfrac{a}{s(s+a)}$
11	$\dfrac{1}{a^2}(e^{-at} - 1 + at)$	$\dfrac{1}{s^2(s+a)}$
12	$(1-at)e^{-at}$	$\dfrac{s}{(s+a)^2}$
13	$\sin \omega_0 t$	$\dfrac{\omega_0}{s^2 + \omega_0^2}$
14	$\cos \omega_0 t$	$\dfrac{s}{s^2 + \omega_0^2}$
15	$e^{-at} \sin \omega_0 t$	$\dfrac{\omega_0}{(s+a)^2 + \omega_0^2}$
16	$e^{-at} \cos \omega_0 t$	$\dfrac{s+a}{(s+a)^2 + \omega_0^2}$
17	$\dfrac{1}{a} f\left(\dfrac{t}{a}\right)$	$F(as)\ (a>0)$
18	$e^{at} f(t)$	$F(s-a)$
19	$f(t-a)$ für $t > a \geq 0$ 0 für $t < a$	$e^{-as} F(s)$
20	$-t\, f(t)$	$\dfrac{dF(s)}{ds}$
21	$(-t)^n f(t)$	$\dfrac{d^n F(s)}{ds^n}$
22	$f_1(t)\, f_2(t)$	$\dfrac{1}{2\pi j} \displaystyle\int_{c-j\infty}^{c+j\infty} F_1(p) F_2(s-p)\, dp$

4.1.3 Haupteigenschaften der Laplace-Transformation

a) *Überlagerungssatz:*

Für beliebige Konstanten a_1, a_2 gilt:

$$\mathcal{L}\{a_1 f_1(t) + a_2 f_2(t)\} = a_1 F_1(s) + a_2 F_2(s) \ . \tag{4.1.3}$$

Die Laplace-Transformation ist also eine lineare Integraltransformation.

b) *Ähnlichkeitssatz:*

Für eine beliebige Konstante $a > 0$ gilt

$$\mathcal{L}\{f(at)\} = \frac{1}{a} F\left(\frac{s}{a}\right) \ . \tag{4.1.4}$$

Dieser Zusammenhang folgt aus Gl. (4.1.1) mit der Substitution $\tau = at$.

c) *Verschiebesatz:*

Für eine beliebige Konstante $a > 0$ gilt

$$\mathcal{L}\{f(t-a)\} = e^{-as} F(s) \ . \tag{4.1.5}$$

Dieser Zusammenhang folgt mit der Substitution $\tau = t-a$ unmittelbar aus Gl. (4.1.1).

d) *Differentiation:*

Da bei einer kausalen Zeitfunktion $f(t)$, deren Differentialquotient für $t > 0$ existiert, auch mit Sprungstellen für $t = 0$ gerechnet werden muß, wird als untere Integrationsgrenze für Gl. (4.1.1) der Wert 0+ gewählt, um damit den Punkt $t = 0$ aus dem Integrationsintervall herauszunehmen. Dies ändert den Wert des Integrals nicht, sofern man sich auf klassische Funktionen (also keine Distributionen) beschränkt. Damit erhält man durch partielle Integration

$$\mathcal{L}\{\frac{df(t)}{dt}\} = \int_{0+}^{\infty} e^{-st} \frac{df(t)}{dt} dt = [e^{-st} f(t)]\Big|_{0+}^{\infty} + s \int_{0+}^{\infty} e^{-st} f(t) dt$$

oder

$$\mathcal{L}\{\frac{df(t)}{dt}\} = sF(s) - f(0+) \ . \tag{4.1.6}$$

Bei mehrfacher Differentiation folgt entsprechend

$$\mathfrak{L}\{\frac{d^n f(t)}{dt^n}\} = s^n F(s) - \sum_{i=1}^{n} s^{n-i} \frac{d^{(i-1)} f(t)}{dt^{(i-1)}}\bigg|_{t=0+} . \qquad (4.1.7)$$

e) *Integration:*

Aus

$$\mathfrak{L}\{\int_0^t f(\tau) d\tau\} = \int_0^\infty \int_0^t f(\tau) d\tau \ e^{-st} dt$$

erhält man durch partielle Integration

$$\mathfrak{L}\{\int_0^t f(\tau) d\tau\} = -\frac{1}{s}\left[\int_0^t f(\tau) d\tau \ e^{-st}\right]_0^\infty + \frac{1}{s}\int_0^\infty f(t) \ e^{-st} dt$$

$$= \frac{1}{s}\int_0^\infty f(t) \ e^{-st} dt$$

$$\mathfrak{L}\{\int_0^t f(\tau) d\tau\} = \frac{1}{s} F(s) . \qquad (4.1.8)$$

f) *Faltungssatz im Zeitbereich:*

Die Faltung zweier Zeitfunktionen $f_1(t)$ und $f_2(t)$, dargestellt durch die symbolische Schreibweise $f_1(t)*f_2(t)$, ist definiert als

$$f_1(t) * f_2(t) = \int_0^t f_1(\tau) f_2(t-\tau) d\tau . \qquad (4.1.9)$$

Wie man leicht durch Vertauschen der Variablen nachweisen kann, stellt die Faltung eine symmetrische Operation dar, denn es gilt

$$f_1(t) * f_2(t) = f_2(t) * f_1(t)$$

oder

$$\int_0^t f_1(\tau) f_2(t-\tau) d\tau = \int_0^t f_2(\tau) f_1(t-\tau) d\tau .$$

Nachfolgend soll nun gezeigt werden, daß der Faltung zweier Originalfunktionen die Multiplikation der zugehörigen Bildfunktionen entspricht, also

$$\mathfrak{L}\{f_1(t) * f_2(t)\} = F_1(s) F_2(s) . \qquad (4.1.10)$$

Die Laplace-Transformierte von Gl. (4.1.9) ist gegeben durch

$$\mathcal{L}\{f_1(t) * f_2(t)\} = \mathcal{L}\left\{\int_0^t f_1(\tau) f_2(t-\tau)\,d\tau\right\}$$

$$= \int_{t=0}^{\infty} \int_{\tau=0}^{t} e^{-st} f_1(\tau) f_2(t-\tau)\,d\tau\,dt \ .$$

Die Substitution $\sigma = t-\tau$ bzw. $d\sigma = dt$ liefert dann mit der hier erlaubten Ausdehnung der oberen Integrationsgrenze nach $\tau \to \infty$

$$\mathcal{L}\{f_1(t) * f_2(t)\} = \int_{\sigma=-\tau}^{\infty} \int_{\tau=0}^{\infty} e^{-s(\tau+\sigma)} f_1(\tau) f_2(\sigma)\,d\tau\,d\sigma \ .$$

Da aber beide Funktionen $f_1(t)$ und $f_2(t)$ für $t < 0$ die Werte Null besitzen, gilt unter Berücksichtigung der unteren Integrationsgrenze

$$\mathcal{L}\{f_1(t) * f_2(t)\} = \int_0^{\infty} e^{-s\tau} f_1(\tau)\,d\tau \int_0^{\infty} e^{-s\sigma} f_2(\sigma)\,d\sigma \ .$$

Die rechte Seite dieser Gleichung stellt gerade das Produkt $F_1(s)\,F_2(s)$ dar, womit der Faltungssatz gemäß Gl. (4.1.10) bewiesen ist.

Wendet man diesen Satz auf das im Abschnitt 3.2.2 abgeleitete Faltungsintegral an, Gl. (3.2.7), dann folgt

$$Y(s) = G(s)\,U(s) \ , \tag{4.1.11}$$

wobei offensichtlich der Laplace-Transformierten von $g(t)$ die Funktion $G(s)$ entspricht. Diese Funktion bezeichnet man gewöhnlich als *Übertragungsfunktion* des entsprechenden Systems. Die Übertragungsfunktion

$$G(s) = \frac{Y(s)}{U(s)} \quad \text{oder} \quad G(s) = \mathcal{L}\{g(t)\} \tag{4.1.12}$$

ergibt sich also entweder aus dem Verhältnis der Laplace-Transformierten des Ausgangssignals $y(t)$ und des Eingangssignals $u(t)$ des betrachteten Systems oder direkt als Laplace-Transformierte der zugehörigen Gewichtsfunktion $g(t)$. Ist $G(s)$ gegeben, dann läßt sich damit für jede gegebene Eingangsgröße $U(s)$ die entsprechende Ausgangsgröße $Y(s)$ direkt berechnen.

g) *Faltungssatz im Frequenzbereich:*

Während die bisherigen Überlegungen sich auf die Faltung zweier Zeitfunktionen beschränkten, soll nachfolgend auch noch die Faltung im Frequenzbereich

$$\mathcal{L}\{f_1(t)\,f_2(t)\} = \frac{1}{2\pi j} \int_{c-j\infty}^{c+j\infty} F_1(p)\,F_2(s-p)\,dp \qquad (4.1.13)$$

behandelt werden. Dabei gilt $F_1(s)\,\bullet\!\!-\!\!\circ\,f_1(t)$ und $F_2(s)\,\bullet\!\!-\!\!\circ\,f_2(t)$. Weiterhin stellt p eine komplexe Integrationsvariable dar. Gemäß diesem Satz ist die Laplace-Transformierte des Produktes zweier Zeitfunktionen gleich der Faltung von $F_1(s)$ und $F_2(s)$ im Bildbereich.

Für das Produkt zweier kausaler Zeitfunktionen

$$f(t) = f_1(t)\,f_2(t) \qquad (4.1.14)$$

mit den Laplace-Transformierten $F_1(s)$ und $F_2(s)$ und den Konvergenzbereichen Re $s > \sigma_1$ bzw. Re $s > \sigma_2$ folgt durch Laplace-Transformation von $f(t)$

$$\mathcal{L}\{f(t)\} = F(s) = \int_0^\infty f_1(t)\,f_2(t)\,e^{-st}\,dt\,. \qquad (4.1.15)$$

Mit dem Umkehrintegral gemäß Gl. (4.1.2)

$$f_1(t) = \frac{1}{2\pi j} \int_{c-j\infty}^{c+j\infty} F_1(p)\,e^{pt}\,dp \quad c > \sigma_1 \qquad (4.1.16)$$

ergibt sich durch Einsetzen dieser Beziehung in Gl. (4.1.15)

$$F(s) = \int_0^\infty f_2(t)\,e^{-st} \left[\frac{1}{2\pi j} \int_{c-j\infty}^{c+j\infty} F_1(p)\,e^{pt}\,dp \right] dt\,. \qquad (4.1.17)$$

Durch das hier erlaubte Vertauschen der Reihenfolge der Integration (sofern die Integrale die Konvergenzbedingungen erfüllen) erhält man dann

$$F(s) = \frac{1}{2\pi j} \int_{c-j\infty}^{c+j\infty} F_1(p)\,dp \int_0^\infty f_2(t)\,e^{-(s-p)t}\,dt\,, \qquad (4.1.18)$$

wobei das zweite Integral durch

$$F_2(s-p) = \int_0^\infty f_2(t)\,e^{-(s-p)t}\,dt \qquad (4.1.19)$$

ersetzt werden darf. Dieses Integral konvergiert für Re$(s-p) > \sigma_2$. Durch Einsetzen der Gl. (4.1.19) in Gl. (4.1.18) ist somit Gl. (4.1.13) bewiesen. In Gl. (4.1.19) muß demnach der Realteil von p so groß gewählt werden, daß sich die Konvergenzbereiche von $F_1(p)$ und $F_2(s-p)$ teilweise überdecken, d. h. die Abszisse c der Integrationsgeraden muß im gemeinsamen Konvergenzbereich von $F_1(p)$ und $F_2(s-p)$ liegen und somit gilt

$$\sigma_1 < c < \text{Re } s - \sigma_2 \ .$$

h) *Die Grenzwertsätze:*

Der *Satz vom Anfangswert* ermöglicht die direkte Berechnung des Funktionswertes $f(0+)$ einer kausalen Zeitfunktion $f(t)$ aus der Laplace-Transformierten $F(s)$. Wenn $f(t)$ und $\dot{f}(t)$ Laplace-Transformierte besitzen, dann gilt

$$f(0+) = \lim_{t \to 0+} f(t) = \lim_{s \to \infty} sF(s) \ , \qquad (4.1.20)$$

sofern $\lim_{t \to 0} f(t)$ existiert. Zum Beweis [4.2] bildet man von

$$\mathfrak{L}\{\dot{f}(t)\} = \int_{0+}^{\infty} \dot{f}(t)\, e^{-st}\, dt = sF(s) - f(0+)$$

den Grenzwert für $s \to \infty$:

$$\lim_{s \to \infty} \int_{0+}^{\infty} \dot{f}(t)\, e^{-st}\, dt = \lim_{s \to \infty} [sF(s) - f(0+)] \ .$$

Da hierbei die Integration unabhängig von s ist, dürfen Grenzwertbildung und Integration unter der Voraussetzung, daß das Integral gleichmäßig konvergiert, vertauscht werden. Da vorausgesetzt wurde, daß $\mathfrak{L}\{f(t)\}$ existiert, gilt somit

$$\lim_{s \to \infty} \dot{f}(t)\, e^{-st} = 0 \ .$$

Damit erhält man schließlich

$$\lim_{s \to \infty} sF(s) = f(0+) \ .$$

Mit Hilfe des *Satzes vom Endwert* läßt sich das Verhalten von $f(t)$ für $t \to \infty$ aus $F(s)$ bestimmen, sofern wiederum $f(t)$ und $\dot{f}(t)$ eine Laplace-Transformierte besitzen und der Grenzwert $\lim_{t \to \infty} f(t)$ auch tatsächlich existiert. Dann gilt:

$$f(\infty) = \lim_{t \to \infty} f(t) = \lim_{s \to 0} sF(s) \ . \qquad (4.1.21)$$

Zum Beweis [4.2] bildet man den Grenzwert

$$\lim_{s \to 0} \int_{0+}^{\infty} \dot{f}(t)\, e^{-st}\, dt = \lim_{s \to 0} [sF(s) - f(0+)] \ .$$

Auch hier darf unter der Voraussetzung der Konvergenz des Integrals die Reihenfolge von Grenzwertbildung und Integration vertauscht werden. Dies liefert

$$\int_{0+}^{\infty} \dot{f}(t)\,dt = \lim_{s \to 0} [sF(s) - f(0+)],$$

und nach Ausführen der Integration folgt

$$f(\infty) - f(0+) = \lim_{s \to 0} [sF(s) - f(0+)]$$

$$f(\infty) = \lim_{s \to 0} sF(s).$$

Man beachte, daß sich

$$\lim_{t \to \infty} f(t) \quad \text{oder} \quad \lim_{t \to 0} f(t)$$

aus der zugehörigen Laplace-Transformierten $\mathcal{L}\{f(t)\}$ durch Anwendung der Grenzwertsätze nur berechnen läßt, wenn a priori die Existenz des entsprechenden Grenzwertes im Zeitbereich gesichert ist. Zwei Beispiele sollen dies verdeutlichen:

Beispiel 4.1.5:

$$f(t) = e^{\alpha t} \; (\alpha > 0) \circ\!\!-\!\!\bullet \; F(s) = \frac{1}{s - \alpha}$$

Der Endwert $\lim_{t \to \infty} e^{\alpha t}$ existiert hier offensichtlich nicht. Daher darf der Endwertsatz nicht angewandt werden. ∎

Beispiel 4.1.6:

$$f(t) = \cos \omega_0 t \circ\!\!-\!\!\bullet \; F(s) = \frac{s}{s^2 + \omega_0^2}$$

Der Endwert $\lim_{t \to \infty} \cos \omega_0 t$ existiert hier ebenfalls nicht, und daher darf dieser Grenzwertsatz wiederum nicht angewandt werden. ∎

Anhand dieser beiden Beispiele ist leicht ersichtlich, daß folgende allgemeine Aussage gemacht werden kann: Besitzt die Laplace-Tranformierte $F(s)$, abgesehen von einem einfachen Pol im Nullpunkt $s = 0$, auf der imaginären Achse oder in der rechten s-Halbebene Pole, dann kann der Satz vom Endwert nicht angewandt werden.

4.1.4 Die inverse Laplace-Transformation

Die inverse Laplace-Transformation wird durch Gl. (4.1.2) beschrieben. Wie bereits im Abschnitt 4.1.2 erwähnt wurde, ist in vielen Fällen eine direkte Auswertung des komplexen Umkehrintegrals nicht erforderlich, da für die wichtigsten elementaren Funktionen Korrespondenztabellen entsprechend Tabelle 4.1.1 zur Verfügung stehen. Ist jedoch für eine kompliziertere Funktion $F(s)$ die entsprechende Korrespondenz nicht in einer solchen Tabelle zu finden, dann muß diese Funktion in eine Summe einfacher Funktionen von s

$$F(s) = F_1(s) + F_2(s) + \ldots + F_n(s) \qquad (4.1.22)$$

zerlegt werden, deren inverse Laplace-Tranformierten bereits bekannt sind:

$$\mathcal{L}^{-1}\{F(s)\} = \mathcal{L}^{-1}\{F_1(s)\} + \mathcal{L}^{-1}\{F_2(s)\} + \ldots + \mathcal{L}^{-1}\{F_n(s)\}$$

$$= f_1(t) + f_2(t) + \ldots + f_n(t) = f(t) \,. \qquad (4.1.23)$$

Bei regelungstechnischen Problemen tritt sehr häufig $F(s)$ in Form einer *gebrochen rationalen Funktion*

$$F(s) = \frac{d_0 + d_1 s + \ldots + d_m s^m}{e_0 + e_1 s + \ldots + s^n} = \frac{Z(s)}{N(s)} \qquad (4.1.24)$$

auf, wobei $Z(s)$ und $N(s)$ das Zähler- bzw. Nennerpolynom darstellen.

Ist $m > n$, dann wird zweckmäßigerweise $Z(s)$ durch $N(s)$ geteilt, wodurch ein Polynom in s sowie als Rest eine gebrochen rationale Funktion entsteht, deren Zählerpolynom $Z_1(s)$ eine niedrigere Ordnung als n besitzt. Ist z. B. $m = n+2$, dann wird

$$\frac{Z(s)}{N(s)} = k_2 s^2 + k_1 s + k_0 + \frac{Z_1(s)}{N(s)} \,, \qquad (4.1.25)$$

wobei Grad$\{Z_1(s)\} < n$ ist und k_0, k_1 und k_2 konstante Größen darstellen.

Nun läßt sich eine gebrochen rationale Funktion $F(s)$ gemäß Gl. (4.1.24) durch Anwendung der *Partialbruchzerlegung* in einfachere Funktionen, wie in Gl. (4.1.22) angedeutet, zerlegen. Dazu muß bekanntlich das Nennerpolynom $N(s)$ faktorisiert werden, so daß man die Form

$$F(s) = \frac{Z(s)}{(s-s_1)(s-s_2)\ldots(s-s_n)} \qquad (4.1.26)$$

bekommt. Für ein Nennerpolynom n-ter Ordnung erhält man dann n Wurzeln oder Nullstellen $s = s_1, s_2, \ldots, s_n$. Diese Nullstellen von $N(s)$

sind somit auch die *Pole* von $F(s)$. Für verschiedene Arten von Polen soll nun nachfolgend das Vorgehen bei der Partialbruchzerlegung gezeigt werden.

Fall 1: $F(s)$ besitzt nur *einfache Pole*.

Hierbei läßt sich $F(s)$ in eine Partialbruchzerlegung der Form

$$F(s) = \sum_{k=1}^{n} \frac{c_k}{s-s_k} \qquad (4.1.27)$$

entwickeln, wobei die *Residuen* c_k reelle oder auch komplexe Konstanten sind. Mit Hilfe der Korrespondenztabelle erhält man dann unmittelbar die zugehörige Zeitfunktion

$$f(t) = \sum_{k=1}^{n} c_k e^{s_k t} \quad \text{für } t > 0 \; . \qquad (4.1.28)$$

Dabei lassen sich die Werte c_k entweder durch Koeffizientenvergleich oder mit dem Residuensatz der Funktionentheorie gemäß

$$c_k = \frac{Z(s_k)}{N'(s_k)} = (s-s_k) \left. \frac{Z(s)}{N(s)} \right|_{s=s_k} \qquad (4.1.29)$$

für $k = 1,2,...,n$ bestimmen, wobei $N'(s_k) = \left. dN/ds \right|_{s=s_k}$ kennzeichnet.

Fall 2: $F(s)$ besitzt auch *mehrfache Pole*.

Treten die mehrfachen Pole von $F(s)$ jeweils mit der Vielfachheit r_k ($k = 1,2,...,l$) auf, dann lautet die entsprechende Partialbruchzerlegung

$$F(s) = \sum_{k=1}^{l} \sum_{\nu=1}^{r_k} \frac{c_{k\nu}}{(s-s_k)^\nu} \quad \text{mit } n = \sum_{k=1}^{l} r_k \; . \qquad (4.1.30)$$

Die Rücktransformation der Gl. (4.1.30) in den Zeitbereich liefert

$$f(t) = \sum_{k=1}^{l} e^{s_k t} \sum_{\nu=1}^{r_k} \frac{c_{k\nu} t^{\nu-1}}{(\nu-1)!} \quad \text{für } t > 0 \; . \qquad (4.1.31)$$

Dabei berechnen sich die entsprechenden reellen oder komplexen Koeffizienten $c_{k\nu}$ für $\nu = 1,2,..., r_k$ gemäß dem Residuensatz zu

$$c_{k\nu} = \frac{1}{(r_k-\nu)!} \left\{ \frac{d^{(r_k-\nu)}}{ds^{(r_k-\nu)}} \left[F(s)(s-s_k)^{r_k} \right] \right\}_{s=s_k} . \qquad (4.1.32)$$

Diese allgemeine Beziehung enthält natürlich auch den Fall der einfachen Pole von $F(s)$. Die Pole dürfen reell oder komplex sein. Man beachte außerdem, daß hierbei definitionsgemäß $0! = 1$ wird.

Fall 3: $F(s)$ besitzt auch *konjugiert komplexe Pole*.

Da sowohl das Zählerpolynom $Z(s)$ als auch das Nennerpolynom $N(s)$ der Funktion $F(s)$ rationale algebraische Funktionen darstellen, treten eventuell vorhandene komplexe Faktoren, also Nullstellen oder Pole, stets als konjugiert komplexe Paare auf. Besitzt $F(s)$ gerade ein konjugiert komplexes Polpaar $s_{1,2} = \sigma_1 \pm j\omega_1$, dann läßt sich für die zugehörende Teilfunktion $F_{1,2}(s)$ bei der Partialbruchzerlegung von

$$F(s) = \frac{Z(s)}{N(s)} = F_{1,2}(s) + F_3(s) + \ldots + F_n(s)$$

selbstverständlich Gl. (4.1.27) anwenden:

$$F_{1,2}(s) = \frac{c_1}{s-(\sigma_1+j\omega_1)} + \frac{c_2}{s-(\sigma_1-j\omega_1)} , \qquad (4.1.33)$$

wobei jedoch die Residuen entsprechend der Beziehung

$$c_{1,2} = \delta_1 \pm j\varepsilon_1$$

ebenfalls konjugiert komplex werden. Deshalb werden beide Brüche von $F_{1,2}(s)$ zusammengefaßt, und man erhält somit

$$F_{1,2}(s) = \frac{\beta_0 + \beta_1 s}{\alpha_0 + \alpha_1 s + s^2} \qquad (4.1.34)$$

mit den reellen Koeffizienten

$$\left.\begin{array}{l} \alpha_0 = \sigma_1^2 + \omega_1^2 \quad ; \quad \alpha_1 = -2\sigma_1 \\ \beta_0 = -2(\sigma_1\delta_1 + \omega_1\varepsilon_1) \; ; \; \beta_1 = 2\delta_1 \end{array}\right\} . \qquad (4.1.35)$$

Die Ermittlung der Koeffizienten β_0 und β_1 erfolgt wiederum mit dem Residuensatz durch

$$(\beta_0 + \beta_1 s)\Big|_{s=s_1} = (s-s_1)(s-s_2)\frac{Z(s)}{N(s)}\Big|_{s=s_1} . \qquad (4.1.36)$$

Da s_1 eine komplexe Größe ist, werden beide Seiten dieser Beziehung komplex. Durch Vergleich jeweils der Real- und Imaginärteile beider Seiten erhält man zwei Gleichungen zur Bestimmung von β_0 und β_1. Dieses Vorgehen soll am folgenden Beispiel gezeigt werden.

Beispiel 4.1.7:

Mit Hilfe der inversen Laplace-Tranformation ist $f(t)$ aus

$$F(s) = \frac{1}{(s^2+2s+2)(s+2)}$$

zu bestimmen. Die Partialbruchzerlegung von $F(s)$ liefert

$$F(s) = F_{1,2}(s) + F_3(s) = \frac{\beta_0 + \beta_1 s}{s^2 + 2s + 2} + \frac{c_3}{s+2},$$

wobei die Teilfunktion $F_{1,2}(s)$ das konjugiert komplexe Polpaar

$$s_{1,2} = -1 \pm j$$

enthält. Außerdem wird der dritte Pol von $F(s)$

$$s_3 = -2.$$

Für die Koeffizienten β_0 und β_1 folgt mit Gl. (4.1.36)

$$(\beta_0 + \beta_1 s)\Big|_{s=s_1} = \frac{1}{s+2}\Big|_{s=s_1}$$

$$(\beta_0 - \beta_1) + j\beta_1 = \frac{1}{-1+j+2} = \frac{1}{2} - j\frac{1}{2}.$$

Durch Gleichsetzen der Real- und Imaginärteile auf beiden Seiten ergibt sich

$$\beta_0 - \beta_1 = \frac{1}{2} \quad \text{und} \quad \beta_1 = -\frac{1}{2}$$

und daraus schließlich $\beta_0 = 0$.

Mit Gl. (4.1.29) läßt sich das Residuum

$$c_3 = (s+2)\frac{1}{(s^2+2s+2)(s+2)}\Big|_{s=s_3} = \frac{1}{2}$$

bestimmen. Damit lautet nun die Partialbruchentwicklung von $F(s)$

$$F(s) = -\frac{1}{2}\left[\frac{s}{s^2+2s+2}\right] + \frac{1}{2}\frac{1}{s+2},$$

die zweckmäßigerweise noch in die Form

$$F(s) = -\frac{1}{2}\left[\frac{s+1}{(s+1)^2+1} - \frac{1}{(s+1)^2+1} - \frac{1}{s+2}\right]$$

gebracht wird, damit für die inverse Laplace-Transformation direkt die Tabelle 4.1.1 verwendet werden kann. Unter Berücksichtigung der Korrespondenzen 16, 15 und 6 und bei Beachtung, daß t aufgrund der Multiplikation mit den entsprechenden Frequenzwerten dimensionslos wird, folgt

$$f(t) = -\frac{1}{2}[e^{-t}\cos t - e^{-t}\sin t - e^{-2t}] \quad \text{für } t > 0$$

oder umgeformt

$$f(t) = \frac{1}{2}e^{-t}[e^{-t} + \sin t - \cos t] \quad \text{für } t > 0.$$

Der graphische Verlauf von $f(t)$ ist im Bild 4.1.2a dargestellt. Daneben enthält das Bild 4.1.2b auch die Lage der zugehörigen Polstellen dieses Beispiels in der komplexen s-Ebene. ∎

Wie man leicht anhand dieses Beispiels erkennt, ist die Lage der Pole s_1, s_2 und s_3 für den Verlauf von $f(t)$ ausschlaggebend. Da hier sämtliche Pole von $F(s)$ negativen Realteil besitzen, ist der Verlauf von $f(t)$ gedämpft, d. h. er klingt für $t\to\infty$ auf Null ab. Wäre jedoch der Real-

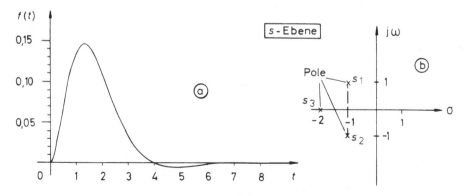

Bild 4.1.2. (a) Verlauf der Originalfunktion $f(t)$ (Zeitfunktion) und (b) Lage der Polstellen in der s-Ebene

teil eines Poles positiv, dann würde für $t\to\infty$ auch $f(t)$ unendlich groß werden. Da bei regelungstechnischen Problemen die Originalfunktion $f(t)$ stets den zeitlichen Verlauf einer im Regelkreis auftretenden Systemgröße darstellt, läßt sich das Schwingungsverhalten dieser Systemgröße $f(t)$ durch die Untersuchung der Lage der Polstellen der zugehörigen Bildfunktion $F(s)$ direkt beurteilen. Auf diese so entscheidende Bedeutung der Lage der Polstellen einer Bildfunktion wird später noch ausführlich eingegangen.

4.1.5 Die Lösung von linearen Differentialgleichungen mit Hilfe der Laplace-Transformation

Die Laplace-Transformation, deren wichtigste Grundlagen in dem vorangegangenen Abschnitt behandelt wurden, stellt - wie im folgenden gezeigt wird - eine sehr elegante Möglichkeit zur schnellen und schematischen Lösung von linearen Differentialgleichungen mit konstanten Koeffizienten dar, wobei als wichtigstes Hilfsmittel meist eine Korrespondenztabelle ausreicht. Anstatt die im Originalbereich gegebene Differentialgleichung mit Anfangsbedingungen direkt zu lösen, wird der Umweg über den Bildbereich genommen, wo dann nur noch eine algebraische Gleichung zu lösen ist. Die Lösung von Differentialgleichungen erfolgt demnach allgemein gemäß Bild 4.1.3 in folgenden drei Schritten:

1. Transformation der Differentialgleichung in den Bildbereich,

2. Lösung der algebraischen Gleichung im Bildbereich,

3. Rücktransformation der Lösung in den Originalbereich.

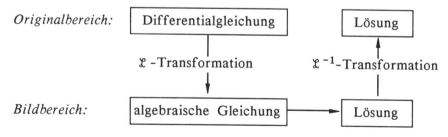

Bild 4.1.3. Schema zur Lösung von Differentialgleichungen mit der Laplace-Transformation

Während die beiden ersten Schritte trivial sind, erfordert der dritte Schritt gewöhnlich den meisten Aufwand. Das Vorgehen wird im folgenden anhand von zwei Beispielen gezeigt.

Beispiel 4.1.8:

Gegeben ist die Differentialgleichung (in dimensionsloser Darstellung)

$$\ddot{f}(t) + 3\dot{f}(t) + 2f(t) = e^{-t}$$

mit den Anfangsbedingungen $f(0+) = \dot{f}(0+) = 0$. Die Lösung erfolgt in den zuvor angegebenen Schritten:

1. Schritt:

$$s^2 F(s) + 3sF(s) + 2F(s) = \frac{1}{s+1}$$

2. Schritt:

$$F(s) = \frac{1}{s+1} \frac{1}{s^2+3s+2}$$

3. Schritt:

Vor der Rücktransformation wird $F(s)$ in Partialbrüche zerlegt, da die Korrespondenztafeln nur bestimmte Standardfunktionen enthalten:

$$F(s) = \frac{1}{s+2} - \frac{1}{s+1} + \frac{1}{(s+1)^2} \; .$$

Mittels der Korrespondenzen 6 und 7 aus Tabelle 4.1.1 folgt durch die inverse Laplace-Transformation als Lösung der gegebenen Differentialgleichung

$$f(t) = e^{-2t} - e^{-t} + te^{-t} \; .$$ ■

Beispiel 4.1.9:

Gegeben ist die Differentialgleichung

$$\ddot{x} + a_1 \dot{x} + a_0 x = 0 \; , \tag{4.1.37}$$

wobei a_0 und a_1 konstante Größen und die Anfangsbedingungen $\dot{x}(0+)$ und $x(0+)$ bekannt sind. Auch hier erfolgt die Lösung in der zuvor beschriebenen Form:

1. Schritt:

$$s^2 X(s) - sx(0+) - \dot{x}(0+) + a_1 [sX(s) - x(0+)] + a_0 X(s) = 0$$

2. Schritt:

$$X(s) = \frac{s+a_1}{s^2 + a_1 s + a_0} x(0+) + \frac{1}{s^2 + a_1 s + a_0} \dot{x}(0+) , \qquad (4.1.38)$$

also

$$X(s) = L_0(s) x(0+) + L(s) \dot{x}(0+)$$

mit den Abkürzungen

$$L_0(s) = \frac{Z_0(s)}{N(s)} = \frac{s+a_1}{s^2 + a_1 s + a_0} \quad \text{und} \quad L(s) = \frac{Z(s)}{N(s)} = \frac{1}{s^2 + a_1 s + a_0} .$$

3. Schritt:

Fall a): Zwei *einfache reelle Nullstellen des Nenners:*

Gegeben ist

$$N(s) = s^2 + a_1 s + a_0 = (s-\alpha_1)(s-\alpha_2) .$$

Für die beiden gebrochen rationalen Ausdrücke $L_0(s)$ und $L(s)$ folgt durch Partialbruchzerlegung

$$L_0(s) = \frac{A_1}{s-\alpha_1} + \frac{A_2}{s-\alpha_2} \quad \text{und} \quad L(s) = \frac{B_1}{s-\alpha_1} + \frac{B_2}{s-\alpha_2} .$$

Die Koeffizienten A_i und B_i lassen sich nun durch Koeffizientenvergleich oder durch Anwendung der Gl. (4.1.29) bestimmen:

$$A_i = \frac{Z_0(\alpha_i)}{N'(\alpha_i)} ; \quad B_i = \frac{Z(\alpha_i)}{N'(\alpha_i)} \quad \text{für} \quad i = 1,2 .$$

Damit folgt für Gl. (4.1.38)

$$X(s) = \left[\frac{A_1}{s-\alpha_1} + \frac{A_2}{s-\alpha_2} \right] x(0+) + \left[\frac{B_1}{s-\alpha_1} + \frac{B_2}{s-\alpha_2} \right] \dot{x}(0+) ,$$

und durch Anwendung der Korrespondenz 6 aus Tabelle 4.1.1 ergibt sich als Lösung der Differentialgleichung

$$x(t) = \left[A_1 e^{\alpha_1 t} + A_2 e^{\alpha_2 t} \right] x(0+) + \left[B_1 e^{\alpha_1 t} + B_2 e^{\alpha_2 t} \right] \dot{x}(0+)$$

$$= [A_1 x(0+) + B_1 \dot{x}(0+)] e^{\alpha_1 t} + [A_2 x(0+) + B_2 \dot{x}(0+)] e^{\alpha_2 t} .$$

$$(4.1.39)$$

Fall b): Eine *doppelte reelle Nullstelle des Nenners:*

Gegeben ist

$$N(s) = (s-\alpha)^2 \ .$$

Hier folgt für die beiden gebrochen rationalen Ausdrücke $L_0(s)$ und $L(s)$ von Gl. (4.1.38) als Partialbruchzerlegung

$$L_0(s) = \frac{A_1}{s-\alpha} + \frac{A_2}{(s-\alpha)^2} \quad \text{und} \quad L(s) = \frac{B_1}{s-\alpha} + \frac{B_2}{(s-\alpha)^2} \ .$$

Nun werden die Koeffizienten A_i und B_i durch Koeffizientenvergleich oder durch Anwendung der Gl. (4.1.32) bestimmt:

$$A_1 = \left\{ \frac{d}{ds} \left[\frac{Z_0(s)}{N(s)} (s-\alpha)^2 \right] \right\}_{s=\alpha} = 1, \ A_2 = \left[\frac{Z_0(s)}{N(s)} (s-\alpha)^2 \right]_{s=\alpha} = \alpha + a_1$$

und

$$B_1 = \left\{ \frac{d}{ds} \left[\frac{Z(s)}{N(s)} (s-\alpha)^2 \right] \right\}_{s=\alpha} = 0, \ B_2 = \left[\frac{Z(s)}{N(s)} (s-\alpha)^2 \right]_{s=\alpha} = 1 \ .$$

Damit erhält man schließlich für die Lösung im Bildbereich

$$X(s) = \frac{x(0+)}{s-\alpha} + \frac{(\alpha+a_1)x(0+) + \dot{x}(0+)}{(s-\alpha)^2} \ .$$

Durch Anwendung der inversen Laplace-Transformation folgt schließlich als gesuchte Lösung der Differentialgleichung

$$x(t) = x(0+) \, e^{\alpha t} + [(\alpha+a_1) x(0+) + \dot{x}(0+)]t \, e^{\alpha t} \ . \qquad (4.1.40)$$

Fall c): Zwei *konjugiert komplexe Nullstellen des Nenners:*

Gegeben ist

$$N(s) = (s-\alpha_1)(s-\alpha_2) \quad \text{mit} \quad \alpha_{1,2} = \sigma_1 \pm j\omega_1 \ .$$

Durch Einsetzen von α_1 und α_2 und Ausmultiplizieren dieses Ausdruckes ergibt sich

$$N(s) = (s-\sigma_1)^2 + \omega_1^2 \ .$$

Der Vergleich mit dem Nenner der ursprünglichen Beziehung, Gl. (4.1.38) liefert entsprechend Gl. (4.1.35)

$$a_0 = \sigma_1^2 + \omega_1^2 \quad \text{und} \quad a_1 = -2\sigma_1 \; .$$

Mit diesen Koeffizienten geht Gl. (4.1.38) über in die Form

$$X(s) = \frac{s-2\sigma_1}{(s-\sigma_1)^2 + \omega_1^2} \, x(0+) + \frac{1}{(s-\sigma_1)^2 + \omega_1^2} \, \dot{x}(0+)$$

$$= \left[\frac{s-\sigma_1}{(s-\sigma_1)^2 + \omega_1^2} - \frac{\sigma_1}{\omega_1} \frac{\omega_1}{(s-\sigma_1)^2 + \omega_1^2} \right] x(0+) +$$

$$+ \frac{1}{\omega_1} \frac{\omega_1}{(s-\sigma_1)^2 + \omega_1^2} \, \dot{x}(0+) \; ,$$

und daraus erhält man direkt unter Verwendung der Korrespondenzen 15 und 16 aus Tabelle 4.1.1 die zu $X(s)$ gehörende Originalfunktion (Zeitfunktion)

$$x(t) = e^{\sigma_1 t} [\cos\omega_1 t - \frac{\sigma_1}{\omega_1} \sin\omega_1 t] \, x(0+) + \frac{1}{\omega_1} e^{\sigma_1 t} \, \dot{x}(0+) \sin\omega_1 t$$

oder umgeformt

$$x(t) = e^{\sigma_1 t} \left\{ x(0+)\cos\omega_1 t + \left[\frac{1}{\omega_1} \dot{x}(0+) - \frac{\sigma_1}{\omega_1} x(0+) \right] \sin\omega_1 t \right\}$$
als Lösung der Differentialgleichung. (4.1.41) ∎

Auch anhand dieses Beispiels ist wiederum die Bedeutung der Lage der Nullstellen von $N(s)$ bzw. der Pole von $X(s)$ gemäß Gl. (4.1.38) ersichtlich. Für alle drei hier untersuchten Spezialfälle wird der Lösungsweg bzw. die Lösung der Differentialgleichung entsprechend den Gln. (4.1.39), (4.1.40) und (4.1.41) maßgeblich von der Lage der Polstellen von $X(s)$ bestimmt. Diese Polstellen von $X(s)$ sind - wie man sich leicht an beiden hier behandelten Beispielen überzeugen kann - allgemein nur abhängig von der linken Seite der zugehörigen Differentialgleichung, also deren homogenem Teil. Bekanntlich beschreibt die Lösung der homogenen Differentialgleichung die *Eigenbewegungen* des Systems, also das Verhalten, das nur von den Anfangsbedingungen abhängig ist. Betrachtet man daher für den allgemeinen Fall den homogenen Teil der gewöhnlichen linearen Differentialgleichung n-ter Ordnung gemäß Gl. (2.3.2) mit konstanten Koeffizienten

$$\sum_{i=0}^{n} a_i \frac{d^i x_a(t)}{dt^i} = 0 \qquad (4.1.42)$$

unter Berücksichtigung aller n Anfangsbedingungen $(d^i x_a(t)/dt^i)|_{t=0+}$ für $i = 0, 1, \ldots, n-1$, dann läßt sich diese Gleichung nach Anwendung der Laplace-Transformation

$$X_a(s)\left[\sum_{i=0}^{n} a_i s^i\right] - \left[\sum_{i=1}^{n} a_i \sum_{\nu=1}^{i} s^{i-\nu} \frac{d^{\nu-1}}{dt^{\nu-1}} x_a(t)\bigg|_{t=0+}\right] = 0$$

in eine der Gl. (4.1.38) entsprechende Form bringen

$$X_a(s) = \frac{\sum_{i=1}^{n} a_i \sum_{\nu=1}^{i} s^{i-\nu} \frac{d^{\nu-1}}{dt^{\nu-1}} x_a(t)\big|_{t=0+}}{\sum_{i=0}^{n} a_i s^i} = \frac{Z(s)}{N(s)}, \qquad (4.1.43)$$

wobei $Z(s)$ und $N(s)$ Polynome in s darstellen, und damit die Anfangsbedingungen nur im Zählerpolynom $Z(s)$ enthalten sind. Die das Eigenverhalten beschreibenden Pole $s_k (k=1,2,\ldots,n)$ von $X_a(s)$ ergeben sich somit unmittelbar aus der Lösung der Gleichung

$$\sum_{i=0}^{n} a_i s^i = 0 . \qquad (4.1.44)$$

Die Faktorisierung dieser Beziehung liefert dann

$$a_n(s-s_1)(s-s_2) \ldots (s-s_n) = 0 . \qquad (4.1.45)$$

Die hierin enthaltenen Pole s_k von $X_a(s)$ ermöglichen eine Partialbruchdarstellung von $X_a(s)$, beispielsweise für den Fall einfacher Pole entsprechend Gl. (4.1.27). Für diesen Fall erhält man gemäß Gl. (4.1.28) als Lösung der homogenen Differentialgleichung, Gl. (4.1.42), die Beziehung

$$x_a(t) = \sum_{k=1}^{n} c_k e^{s_k t} \quad \text{für} \quad t > 0 .$$

Daraus erkennt man, daß die Lage der Pole s_k von $X_a(s)$ in der s-Ebene vollständig das Eigenverhalten oder Schwingungsverhalten des durch die Gl. (4.1.42) beschriebenen Systems charakterisiert. Man erhält somit für Re $s_k < 0$ (linke s-Halbebene) einen abklingenden und für Re $s_k > 0$ (rechte s-Halbebene) einen aufklingenden Schwingungsverlauf von $x_a(t)$, während sich für Polpaare mit Re $s_k = 0$ Dauerschwingungen einstellen. Gl. (4.1.44) bzw. Gl. (4.1.45) wird daher auch als *charakteristische Gleichung* und die Pole s_k von $X_a(s)$ werden oft auch als *Eigenwerte* derselben bezeichnet. Die Untersuchung der charakteristischen Gleichung liefert somit die wichtigste Information über das Schwingungsverhalten eines Systems.

4.1.6 Laplace-Transformation der Impulsfunktion $\delta(t)$

Die Impulsfunktion $\delta(t)$ ist *keine Funktion* im Sinne der klassischen Analysis, sondern eine Distribution (Pseudofunktion). Aus diesem Grunde ist ohne Einführung der Distributionentheorie das Integral

$$\mathcal{L}\{\delta(t)\} = \int_0^\infty \delta(t)\, e^{-st}\, dt \qquad (4.1.46)$$

nicht definiert. Die Singularität fällt exakt mit der unteren Integrationsgrenze zusammen. Näherungsweise läßt sich aber die Impulsfunktion gemäß Gl. (3.2.4) durch den Grenzwert

$$\delta(t) = \lim_{\varepsilon \to 0} r_\varepsilon(t)$$

darstellen. Streng genommen ist diese Darstellung von $\delta(t)$ jedoch keine Distribution, da $r_\varepsilon(t)$ für $0 \leq t \leq \infty$ nicht beliebig oft differenzierbar ist. Wegen der einfachen Beschreibung gegenüber anderen Funktionen (z. B. Gaußfunktionen) soll ihr aber hier der Vorzug gegeben werden. Aus den Gln. (3.2.4) und (4.1.46) folgt damit:

$$\mathcal{L}\{\delta(t)\} = \int_0^\infty [\lim_{\varepsilon \to 0} r_\varepsilon(t)]\, e^{-st}\, dt \;. \qquad (4.1.47)$$

Da Gl. (3.2.3) auch in der Form

$$r_\varepsilon(t) = \frac{1}{\varepsilon} [\sigma(t) - \sigma(t-\varepsilon)] \qquad (4.1.48)$$

dargestellt werden kann, und da die Integration unabhängig von ε ist, dürfen Grenzwertbildung und Integration vertauscht werden. Somit folgt aus den Gln. (4.1.47) und (4.1.48)

$$\mathcal{L}\{\delta(t)\} = \lim_{\varepsilon \to 0} \{ \frac{1}{\varepsilon} \int_0^\infty [\sigma(t) - \sigma(t-\varepsilon)]\, e^{-st}\, dt \}$$

$$\mathcal{L}\{\delta(t)\} = \lim_{\varepsilon \to 0} \{\frac{1}{\varepsilon} \; \frac{1}{s} \; (1-e^{-\varepsilon s})\} \; .$$

Durch Anwendung der Regel von l'Hospital erhält man daraus schließlich

$$\mathcal{L}\{\delta(t)\} = \lim_{\varepsilon \to 0} \frac{s e^{-\varepsilon s}}{s} = 1 \; . \tag{4.1.49}$$

Beispiel 4.1.10:

Gegeben ist die Differentialgleichung

$$\frac{dx_a}{dt} = \delta(t) \; .$$

Gesucht ist die Lösung $x_a(t)$.

Anmerkung: Der Differentiationssatz gemäß Gl. (4.1.6) gilt - wie bereits erwähnt - nur für klassische Funktionen. Besitzt ein Signal jedoch eine δ-Funktion bei $t = 0$, dann muß die untere Integrationsgrenze von Gl. (4.1.1) zu $t = 0-$ und damit in Gl. (4.1.6) der linksseitige Anfangswert $x_a(0-)$ gewählt werden. Gemäß der Definition der Gl. (4.1.1) sind aber alle linksseitigen Anfangswerte stets Null.

Die Lösung erfolgt dann in folgenden drei Schritten:

1. Schritt:

Die Laplace-Transformation der gegebenen Differentialgleichung ergibt:

$$sX_a(s) - x_a(0-) = 1 \quad \text{mit} \quad x_a(0-) = 0 \; .$$

2. Schritt:

Die Lösung der algebraischen Gleichung liefert:

$$X_a(s) = \frac{1}{s} \; .$$

3. Schritt:

Aus der Rücktransformation dieser Beziehung folgt als Lösung der gegebenen Differentialgleichung

$$x_a(t) = \sigma(t) \; ,$$

wobei $\sigma(t)$ die Sprungfunktion darstellt. ∎

4.2 Die Übertragungsfunktion

4.2.1 Definition und Herleitung

Lineare, kontinuierliche, zeitinvariante Systeme mit konzentrierten Parametern werden - sofern eine Totzeit zunächst nicht berücksichtigt wird - durch die gewöhnliche Differentialgleichung

$$\sum_{i=0}^{n} a_i \frac{d^i x_a(t)}{dt^i} = \sum_{j=0}^{m} b_j \frac{d^j x_e(t)}{dt^j} \qquad (4.2.1)$$

beschrieben. Beispiele hierfür wurden im Abschnitt 3.1 behandelt. Setzt man alle *Anfangsbedingungen* gleich *Null* und wendet auf beiden Seiten der Gleichung die Laplace-Transformation an, so erhält man

$$X_a(s) \sum_{i=0}^{n} a_i s^i = X_e(s) \sum_{j=0}^{m} b_j s^j \quad,$$

oder umgeformt:

$$\frac{X_a(s)}{X_e(s)} = \frac{b_0 + b_1 s + \ldots + b_m s^m}{a_0 + a_1 s + \ldots + a_n s^n} = G(s) = \frac{Z(s)}{N(s)} \quad, \qquad (4.2.2)$$

wobei $Z(s)$ und $N(s)$ das Zähler- und Nennerpolynom dieser Beziehung beschreiben. Der Quotient der Laplace-Transformierten von Ausgangsgröße und Eingangsgröße des oben klassifizierten Systemtyps ist eine gebrochen rationale Funktion in s, deren Koeffizienten nur von der Struktur und den Parametern des Systems abhängen. Diese das Übertragungsverhalten des Systems vollständig beschreibende Funktion $G(s)$ wurde bereits in Gl. (4.1.11) definiert; sie wird *Übertragungsfunktion* des Systems genannt. Mit Hilfe der Übertragungsfunktion kann bei bekannter Eingangsgröße $x_e(t)$ bzw. $X_e(s)$ unmittelbar die Laplace-Transformierte der Ausgangsgröße

$$X_a(s) = G(s) X_e(s) \qquad (4.2.3)$$

ermittelt werden.

Es sei ausdrücklich darauf hingewiesen, daß ein Übertragungsglied, bei dem $m > n$ ist, physikalisch nicht realisierbar ist. Die Übertragungsfunktion eines idealen (nicht realisierbaren) differenzierenden Übertragungsgliedes (D-Glied) wird nach Gl. (4.1.6) durch $G(s) = s$ beschrieben. Jede Übertragungsfunktion mit $m > n$ läßt sich in folgende Form

$$G(s) = \frac{Z(s)}{N(s)} = \frac{Z_1(s)}{N(s)} + k_0 + k_1 s + \ldots + k_{m-n} s^{m-n}$$

zerlegen, wobei Grad $\{Z_1(s)\} = n-1$ gilt und stets Terme in s mit positiven Exponenten und damit ideal differenzierende Glieder auftreten. Derartige D-Glieder würden aber für ein Eingangssignal beliebig hoher Frequenz ein Ausgangssignal beliebig großer Amplitude liefern, was physikalisch nicht zu realisieren ist. Als *Realisierbarkeitsbedingung* für die Übertragungsfunktion gemäß Gl. (4.2.2) gilt daher

$$\text{Grad } \{Z(s)\} \leq \text{Grad } \{N(s)\} \quad \text{oder} \quad m \leq n \,. \qquad (4.2.4)$$

Die Übertragungsfunktion muß nun keineswegs immer die oben angegebene Form haben. Berücksichtigt man beispielsweise noch eine *Totzeit* T_t, dann erhält man anstelle von Gl. (4.2.1) die Differentialgleichung

$$\sum_{i=0}^{n} a_i \frac{d^i x_a(t)}{dt^i} = \sum_{j=0}^{m} b_j \frac{d^j x_e(t-T_t)}{dt^j} \,. \qquad (4.2.5)$$

Die Laplace-Transformation liefert in diesem Fall die *transzendente* Übertragungsfunktion

$$G(s) = \frac{Z(s)}{N(s)} e^{-sT_t} \,. \qquad (4.2.6)$$

Im Abschnitt 3.2.3 wurde bereits gezeigt, daß man bei linearen Systemen die Systemausgangsgröße $x_a(t)$ durch Faltung der Eingangsgröße $x_e(t)$ mit der Gewichtsfunktion (Impulsantwort) $g(t)$ aus

$$x_a(t) = \int_0^t g(t-\tau) \, x_e(\tau) \, d\tau$$

erhält. Die Anwendung der Laplace-Transformation liefert analog zu Gl. (4.1.11)

$$X_a(s) = \mathcal{L}\{g(t)\} \, X_e(s) \,. \qquad (4.2.7)$$

Der Vergleich mit Gl. (4.2.3) zeigt, daß die Übertragungsfunktion $G(s)$ gerade die Laplace-Transformierte der Gewichtsfunktion $g(t)$ ist:

$$G(s) = \mathcal{L}\{g(t)\} \,. \qquad (4.2.8)$$

4.2.2 Pole und Nullstellen der Übertragungsfunktion

Für eine Reihe von Untersuchungen (z. B. Stabilitätsbetrachtungen) ist es zweckmäßig, die gebrochen rationale Übertragungsfunktion $G(s)$ gemäß Gl. (4.2.2) faktorisiert in der Form

$$G(s) = \frac{Z(s)}{N(s)} = k_0 \frac{(s-s_{N1})(s-s_{N2})\ldots(s-s_{Nm})}{(s-s_{P1})(s-s_{P2})\ldots(s-s_{Pn})} \qquad (4.2.9)$$

darzustellen. Da aus physikalischen Gründen nur reelle Koeffizienten a_i, b_i vorkommen, können die *Polstellen* s_{Pi} bzw. die *Nullstellen* s_{Nj} von $G(s)$ reell oder *konjugiert komplex* sein. Pole und Nullstellen lassen sich anschaulich in der komplexen s-Ebene entsprechend Bild 4.2.1 darstellen. Ein lineares zeitinvariantes System *ohne* Totzeit wird somit durch die Angabe der Pol- und Nullstellenverteilung sowie des Faktors k_0 vollständig beschrieben.

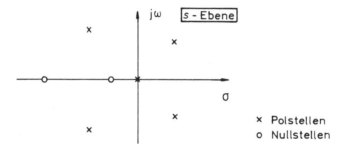

Bild 4.2.1. Beispiel für die Pol- und Nullstellenverteilung einer gebrochen rationalen Übertragungsfunktion in der komplexen s-Ebene

Darüber hinaus haben die Pole der Übertragungsfunktion eine weitere Bedeutung. Betrachtet man das ungestörte System ($x_e(t) \equiv 0$) nach Gl. (4.2.1) und will man den Zeitverlauf der Ausgangsgröße $x_a(t)$ nach Vorgabe von n Anfangsbedingungen ermitteln, so hat man die zugehörige homogene Differentialgleichung

$$\sum_{i=0}^{n} a_i \frac{d^i x_a(t)}{dt^i} = 0 \qquad (4.2.10)$$

zu lösen, die genau der Gl. (4.1.42) entspricht. Wird für Gl. (4.2.10) der Lösungsansatz $x_a(t) = e^{st}$ gemacht, so erhält man als Bestimmungsgleichung für s die bereits in Gl. (4.1.44) definierte *charakteristische Gleichung*

$$\sum_{i=0}^{n} a_i s^i = 0 \ . \qquad (4.2.11)$$

Diese Beziehung geht also unmittelbar durch Nullsetzen des Nenners ($N(s) = 0$) aus $G(s)$ hervor, sofern $N(s)$ und $Z(s)$ teilerfremd sind. Die Nullstellen s_k der charakteristischen Gleichung stellen somit Pole s_{Pi} der Übertragungsfunktion dar. Da - wie im Abschnitt 4.1.5 bereits behandelt - das Eigenverhalten (also der Fall, daß $x_e(t) \equiv 0$ gesetzt wird) allein durch die charakteristische Gleichung beschrieben wird, beinhalten somit die Pole s_{Pi} der Übertragungsfunktion voll diese Information.

Will man nun den Zeitverlauf $x_a(t)$ beim Einwirken einer beliebigen Eingangsgröße $x_e(t)$ für das durch die Übertragungsfunktion $G(s)$ in Form der Gln. (4.2.2) oder (4.2.9) beschriebene System berechnen, dann muß zunächst die zu $x_e(t)$ gehörende Laplace-Transformierte $X_e(s)$ gebildet werden. Damit läßt sich nun $X_a(s)$ gemäß Gl. (4.2.3) berechnen:

$$X_a(s) = \frac{Z(s)}{N(s)} X_e(s) \ . \qquad (4.2.12)$$

Stellt $X_a(s)$ in dieser Beziehung eine gebrochen rationale Funktion dar, dann kann diese durch Faktorisierung auf die Form der Gl. (4.1.26) gebracht werden, auf die sich dann nach Durchführung einer Partialbruchzerlegung die inverse Laplace-Transformation anwenden läßt. In die Lösung von $x_a(t)$ gehen somit neben den Polstellen s_{Pi} auch die Nullstellen s_{Nj} der Übertragungsfunktion $G(s)$ ein. Sämtliche Anfangsbedingungen von $x_a(t)$ sind dabei definitionsgemäß gleich Null.

4.2.3 Das Rechnen mit Übertragungsfunktionen

Für das Zusammenschalten von Übertragungsgliedern lassen sich nun einfache Rechenregeln zur Bestimmung der Übertragungsfunktion herleiten.

a) *Hintereinanderschaltung*

Aus der Schaltung entsprechend Bild 4.2.2 folgt

$$Y(s) = G_2(s) X_{e2}(s)$$
$$X_{e2}(s) = X_{a1}(s) = G_1(s) U(s)$$
$$Y(s) = G_2(s) G_1(s) U(s) \ .$$

Damit ergibt sich als Gesamtübertragungsfunktion der Hintereinanderschaltung

$$G(s) = \frac{Y(s)}{U(s)} = G_1(s)\,G_2(s)\,. \qquad (4.2.13)$$

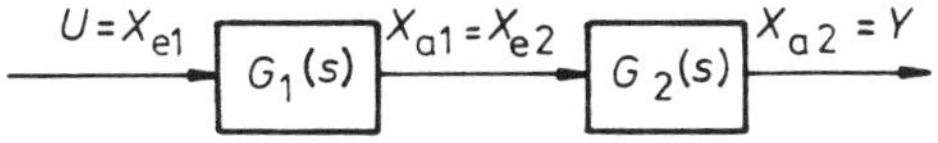

```
U=X_e1 ──►┌──────┐ X_a1=X_e2 ┌──────┐ X_a2=Y
          │G_1(s)│──────────►│G_2(s)│──────►
          └──────┘           └──────┘
```

Bild 4.2.2. Hintereinanderschaltung zweier Übertragungsglieder

b) *Parallelschaltung*

Für die Ausgangsgröße der beiden Regelkreisglieder folgt gemäß Bild 4.2.3

$$X_{a1}(s) = G_1(s)\,U(s)$$

$$X_{a2}(s) = G_2(s)\,U(s)\,.$$

Als Ausgangsgröße des Gesamtsystems erhält man

$$Y(s) = X_a(s) = X_{a1}(s) + X_{a2}(s) = [G_1(s) + G_2(s)]\,U(s)\,,$$

und daraus ergibt sich als Gesamtübertragungsfunktion der Parallelschaltung

$$G(s) = \frac{Y(s)}{U(s)} = G_1(s) + G_2(s)\,. \qquad (4.2.14)$$

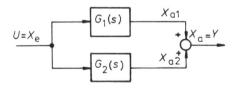

Bild 4.2.3. Parallelschaltung zweier Übertragungsglieder

c) *Kreisschaltung*

Aus Bild 4.2.4 folgt unmittelbar für die Ausgangsgröße

$$Y(s) = X_a(s) = [U(s) \underset{(+)}{-} X_{a2}(s)]\,G_1(s)\,.$$

Mit

$$X_{a2}(s) = G_2(s)\,Y(s)$$

erhält man

$$Y(s) = [U(s) \underset{(+)}{-} G_2(s) Y(s)] G_1(s),$$

und daraus ergibt sich

$$Y(s) = \frac{G_1(s)}{1 \underset{(-)}{+} G_1(s) G_2(s)} U(s).$$

Somit lautet die Gesamtübertragungsfunktion der Kreisschaltung

$$G(s) = \frac{Y(s)}{U(s)} = \frac{G_1(s)}{1 \underset{(-)}{+} G_1(s) G_2(s)}. \qquad (4.2.15)$$

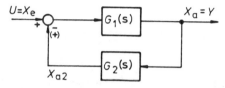

Bild 4.2.4. Kreisschaltung zweier Übertragungsglieder

Da die Ausgangsgröße von $G_1(s)$ über $G_2(s)$ wieder an den Eingang zurückgeführt wird, spricht man auch von einer Rückkopplung. Dabei unterscheidet man zwischen positiver Rückkopplung (Mitkopplung) bei positiver Aufschaltung von $X_{a2}(s)$ und negativer Rückkopplung (Gegenkopplung) bei negativer Aufschaltung von $X_{a2}(s)$.

Beispiel 4.2.1:

Für den speziellen Fall, daß $G_1(s)$ als reiner Verstärker mit sehr großem Verstärkungsfaktor $K \to \infty$ wirkt, erhält man bei negativer Rückkopplung

$$G(s) = \frac{K}{1 + K G_2(s)} = \frac{1}{\frac{1}{K} + G_2(s)} \approx \frac{1}{G_2(s)}.$$

Das gesamte Übertragungsverhalten wird demnach hier nur von dem Rückkopplungsglied bestimmt.

Auf diesem Sachverhalt beruht bekanntlich die gesamte Operationsverstärkertechnik. Dort verwendet man in einer Kreisschaltung für $G_1(s)$ jeweils einen Verstärker mit $K \to \infty$ und kann dann mit Hilfe eines geeigneten Gegenkopplungsnetzwerkes $G_2(s)$ für das Gesamtsystem in gewissen Grenzen jedes beliebige Übertragungsverhalten erzeugen. ∎

4.2.4 Herleitung von $G(s)$ aus der Zustandsraumdarstellung

Wie bereits im Abschnitt 3.3.2 gezeigt wurde, kann eine lineare gewöhnliche Differentialgleichung n-ter Ordnung entsprechend Gl. (4.2.1) in ein System von n Differentialgleichungen 1. Ordnung umgeformt werden. Wendet man nun auf ein solches System von n Differentialgleichungen 1. Ordnung, also auf die Zustandsraumdarstellung

$$\dot{x}(t) = A\,x(t) + b\,u(t) \quad \text{mit} \quad x(0) = 0\,, \tag{4.2.16a}$$

die hier ein Eingrößensystem mit der Eingangsgröße $u(t)$ und der Ausgangsgröße

$$y(t) = c^T x(t) + d\,u(t) \tag{4.2.16b}$$

beschreibt, die Laplace-Transformation an, so erhält man aus Gl. (4.2.16a)

$$sX(s) = A\,X(s) + b\,U(s)\,.$$

Mit der Einheitsmatrix I folgt

$$(sI - A)\,X(s) = b\,U(s)$$

$$X(s) = (sI - A)^{-1} b\,U(s)\,. \tag{4.2.17a}$$

Weiterhin ergibt sich aus Gl. (4.2.16b)

$$Y(s) = c^T X(s) + d\,U(s)$$

$$Y(s) = [c^T (sI - A)^{-1} b + d]\,U(s)\,. \tag{4.2.17b}$$

Wird auch hier die Übertragungsfunktion $G(s) = Y(s)/U(s)$ eingeführt, dann kann $G(s)$ gemäß Gl. (4.2.17b) durch die Größen A, b, c und d ausgedrückt werden:

$$G(s) = c^T (sI - A)^{-1} b + d\,. \tag{4.2.18}$$

Gl. (4.2.18) ist natürlich identisch mit Gl. (4.2.2), sofern beide mathematischen Modelle dasselbe System beschreiben. Das soll nachfolgend anhand eines Beispiels verdeutlicht werden.

Beispiel 4.2.2:

Von einem System mit dem mathematischen Modell in der sogenannten Frobenius-Standardform oder Regelungsnormalform (für $m < n$)

$$\frac{d}{dt}\begin{bmatrix} x_1 \\ x_2 \\ \vdots \\ x_{n-1} \\ x_n \end{bmatrix} = \begin{bmatrix} 0 & 1 & 0 & \cdots & \cdots & 0 \\ 0 & 0 & 1 & 0 & \cdots & 0 \\ \vdots & & & & & \vdots \\ 0 & 0 & 0 & 0 & \cdots & 1 \\ -a_0 & -a_1 & -a_2 & \cdots & & -a_{n-1} \end{bmatrix} \begin{bmatrix} x_1 \\ x_2 \\ \vdots \\ x_{n-1} \\ x_n \end{bmatrix} + \begin{bmatrix} 0 \\ \vdots \\ \vdots \\ 0 \\ 1 \end{bmatrix} u$$

(4.2.19a)

$$y = [b_0 \; b_1 \; b_2 \; \ldots \; b_{m-1} \; b_m \mid 0 \; 0 \; \ldots \; 0] \begin{bmatrix} x_1 \\ x_2 \\ \vdots \\ x_n \end{bmatrix}$$

(4.2.19b)

ist die Übertragungsfunktion $G(s)$ und die zugehörige Differentialgleichung n-ter Ordnung gesucht. Das Blockschaltbild für dieses Übertragungssystem zeigt Bild 4.2.5. Es besteht aus n Blöcken mit integrieren-

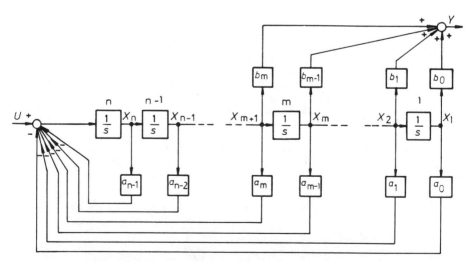

Bild 4.2.5. Blockschaltbild zur Frobeniusform

dem Verhalten (Integratoren oder I-Glieder) und $n+m+1$ Blöcken mit rein proportionalem Übertragungsverhalten.

Die Übertragungsfunktion $G(s)$ soll nun allerdings nicht durch Anwendung von Gl. (4.2.18), sondern mit Hilfe des Blockschaltbildes ermittelt werden. Zuerst wird das Übertragungsverhalten von $U(s)$ nach $X_1(s)$ bestimmt. Aus dem Blockschaltbild, Bild 4.2.5, gewinnt man die Laplace-Transformierten der Zustandsgrößen

$$X_2(s) = sX_1(s)$$

$$X_3(s) = s^2 X_1(s)$$

$$\vdots$$

$$X_m(s) = s^{m-1} X_1(s)$$

$$\vdots$$

$$X_n(s) = s^{n-1} X_1(s) ,$$

und für die Eingangsgröße des n-ten Integrators gilt

$$sX_n(s) = -a_{n-1}X_n(s) - a_{n-2}X_{n-1}(s) - \ldots - a_0 X_1(s) + U(s) .$$

Werden in dieser Beziehung sämtliche Zustandsgrößen durch $X_1(s)$ ausgedrückt, dann erhält man

$$s^n X_1(s) = -a_{n-1}s^{n-1}X_1(s) - a_{n-2}s^{n-2}X_1(s) - \ldots - a_0 X_1(s) + U(s)$$

und umgeformt

$$\frac{X_1(s)}{U(s)} = \frac{1}{s^n + a_{n-1}s^{n-1} + a_{n-2}s^{n-2} + \ldots + a_0} .$$

Im zweiten Schritt bestimmt man die Abhängigkeit der Ausgangsgröße $Y(s)$ von der Zustandsgröße $X_1(s)$. Aus dem Blockschaltbild folgt unmittelbar

$$Y(s) = b_0 X_1(s) + b_1 X_2(s) + \ldots + b_m X_{m+1}(s) .$$

Drückt man alle Zustandsgrößen wiederum durch $X_1(s)$ aus, so erhält man

$$Y(s) = (b_0 + b_1 s + \ldots + b_m s^m) X_1(s) ,$$

oder

$$\frac{Y(s)}{X_1(s)} = b_0 + b_1 s + \ldots + b_m s^m \;.$$

Die Gesamtübertragungsfunktion $G(s)$ folgt schließlich aus

$$G(s) = \frac{Y(s)}{U(s)} = \frac{Y(s)}{X_1(s)} \frac{X_1(s)}{U(s)} = \frac{b_0 + b_1 s + \ldots + b_m s^m}{a_0 + a_1 s + \ldots + a_{n-1} s^{n-1} + s^n},$$

mit $a_n = 1$. Durch Anwendung der inversen Laplace-Transformation ergibt sich im Zeitbereich die zugehörige Differentialgleichung n-ter Ordnung

$$y^{(n)} + a_{n-1} y^{(n-1)} + \ldots + a_0 y = b_m u^{(m)} + b_{m-1} u^{(m-1)} + \ldots + b_0 u \;.$$

Man kann nun umgekehrt zu einer vorliegenden Differentialgleichung der obigen Form ($m<n$) unmittelbar die Frobenius-Form als eine mögliche Zustandsraumdarstellung angeben. ∎

4.2.5 Die Übertragungsfunktion bei Systemen mit verteilten Parametern

Die Übertragungsfunktion eines linearen kontinuierlichen Systems mit konzentrierten Parametern stellt eine gebrochen rationale Funktion entsprechend Gl. (4.2.2) dar. Für lineare Systeme mit verteilten Parametern ergeben sich für die Modellbeschreibung *transzendente* Übertragungsfunktionen. Dies soll nachfolgend an dem einfachen Beispiel eines Systems mit reiner Laufzeit (Totzeit) T_t gezeigt werden. Dazu wird der reine Laufzeitvorgang einer Temperaturänderung am Eingang eines fluiddurchströmten Rohres der Länge L (siehe Bild 4.2.6) betrachtet. $\vartheta(0,t)$ ist der Zeitverlauf der Temperatur am Anfang, $\vartheta(L,t)$ der Zeitverlauf der Temperatur am Ende des Rohres.

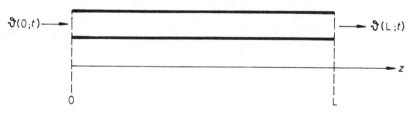

Bild 4.2.6. Wärmetransport in einem Rohr als Beispiel für ein System mit Laufzeit

Nach Abschnitt 3.1.3 und Gl. (3.1.28) gilt für diesen Transportvorgang die *partielle Differentialgleichung*

$$\frac{\partial \vartheta}{\partial t} = - w_F \frac{\partial \vartheta}{\partial z} \qquad (4.2.20)$$

mit der Anfangsbedingung $\vartheta(z,0) = 0$ und einer beliebig noch vorgebbaren Randbedingung $\vartheta(0,t)$. Auf diese Beziehung wird nun die Laplace-Transformation angewandt, wobei zunächst für die einzelnen Terme gilt:

$$\mathcal{L}\{\vartheta(z,t)\} = \theta(z,s) = \int_0^\infty \vartheta(z,t) e^{-st} \, dt$$

$$\mathcal{L}\{\frac{\partial \vartheta}{\partial t}\} = s\, \theta(z,s) - \vartheta(z,0)$$

$$\mathcal{L}\{\frac{\partial \vartheta}{\partial z}\} = \frac{d}{dz} \theta(z,s) \ .$$

Damit entsteht aus der partiellen Differentialgleichung im Zeitbereich nach Durchführung der Laplace-Transformation eine gewöhnliche Differentialgleichung für die Ortsvariable z:

$$s\theta(z,s) = -w_F \frac{d}{dz} \theta(z,s) \ . \qquad (4.2.21)$$

In dieser Differentialgleichung hat s lediglich die Funktion eines Parameters. Somit ergibt sich als allgemeine Lösung derselben

$$\theta(z,s) = C\, e^{-\frac{z}{w_F} s} \ . \qquad (4.2.22)$$

Für die Übertragungsfunktion erhält man damit

$$G(s) = \frac{\theta(L,s)}{\theta(0,s)} = \frac{C\, e^{-\frac{L}{w_F} s}}{C\, e^{-\frac{0}{w_F} s}}$$

oder

$$G(s) = e^{-\frac{L}{w_F} s} = e^{-T_t s} \ . \qquad (4.2.23)$$

Dabei wird $T_t = L/w_F$ als Lauf- oder Totzeit des Systems bezeichnet. Die Übertragungsfunktion nach Gl. (4.2.23) stellt eine transzendente Funktion dar. Durch Anwendung der inversen Laplace-Transformation folgt unter Beachtung der Gln. (3.1.29) und (3.1.30) aus Gl. (4.2.23) direkt wiederum die Gl. (3.1.31b).

Es sei hier noch erwähnt, daß eine andere Möglichkeit zur Beschreibung von Systemen mit verteilten Parametern darin besteht, daß die partiellen Differentialgleichungen des Systems einer Integraltransformation mit Hilfe der Greenschen Funktion unterzogen werden. Dabei kommt der *Greenschen Funktion* eine ganz analoge Bedeutung zu wie der Übertragungsfunktion bei Systemen mit konzentrierten Parametern. Da im weiteren auf diese Beschreibungsform aus Raumgründen nicht näher eingegangen werden kann, muß auf die Spezialliteratur [4.3] verwiesen werden.

4.2.6 Die Übertragungsmatrix

Im allgemeinen Fall besitzt ein zeitinvariantes, lineares System mehrere Ein- und Ausgangsgrößen u_1, u_2, ..., u_r bzw. y_1, y_2, ..., y_m. Man erhält dann für die Beschreibung dieses *Mehrgrößensystems* das Übertragungsverhalten in Form der Matrizengleichung

$$Y(s) = \underline{G}(s)\, U(s) \,.$$
(4.2.24)

In dieser Beziehung stellen $\underline{G}(s)$ die *Übertragungsmatrix*, $U(s)$ und $Y(s)$ die Laplace-Transformierten des Eingangs- oder Steuervektors $u(t)$ bzw. des Ausgangs- oder Beobachtungsvektors $y(t)$ dar. Die Übertragungsmatrix $\underline{G}(s)$ beschreibt das Übertragungsverhalten des Systems vollständig.

Beispiel 4.2.3:

Für das im Bild 4.2.7 dargestellte Mehrgrößensystem gelten die Bezie-

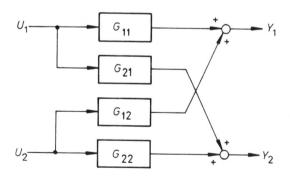

Bild 4.2.7. Übertragungsverhalten eines Mehrgrößensystems mit zwei Eingangsgrößen und zwei Ausgangsgrößen

hungen
$$Y_1(s) = G_{11}(s) U_1(s) + G_{12}(s) U_2(s)$$
$$Y_2(s) = G_{21}(s) U_1(s) + G_{22}(s) U_2(s) ,$$

die sich leicht in die Matrizenschreibweise

$$\begin{bmatrix} Y_1(s) \\ Y_2(s) \end{bmatrix} = \begin{bmatrix} G_{11}(s) & G_{12}(s) \\ G_{21}(s) & G_{22}(s) \end{bmatrix} \begin{bmatrix} U_1(s) \\ U_2(s) \end{bmatrix}$$

bzw. $Y(s) = \underline{G}(s) U(s)$ entsprechend Gl. (4.2.24) überführen lassen. ∎

4.2.7 Die komplexe G-Ebene

Die komplexe Übertragungsfunktion $G(s)$ beschreibt eine lokal konforme Abbildung der s-Ebene auf die G-Ebene. Wegen der bei dieser Abbildung gewährleisteten Winkeltreue wird das orthogonale Netz achsenparalleler Geraden σ = const und ω = const der s-Ebene in ein wiederum orthogonales, aber krummliniges Netz der G-Ebene - wie im Bild 4.2.8 dargestellt - abgebildet. Dabei bleibt "im unendlich Kleinen" auch die Maßstabstreue erhalten.

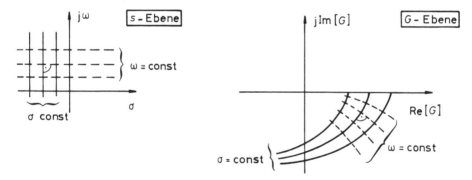

Bild 4.2.8. Lokal konforme Abbildung der Geraden σ = const und ω = const der s-Ebene in die G-Ebene (verallgemeinerte Ortskurve)

Diese Abbildungseigenschaft soll nachfolgend am *Beispiel* der Übertragungsfunktion 1. Ordnung

$$G(s) = \frac{K}{1 + sT} \qquad (4.2.25)$$

näher betrachtet werden. Für $s = \sigma+j\omega$ erhält man aus Gl. (4.2.25)

$$G(\sigma+j\omega) = \frac{K}{1+\sigma T + j\omega T} = K \frac{1 + \sigma T - j\omega T}{(1+\sigma T)^2 + \omega^2 T^2}.$$

Daraus folgt für den Real- und Imaginärteil von $G(s)$

$$\mathrm{Re}\{G(s)\} = K \frac{1+\sigma T}{(1+\sigma T)^2 + \omega^2 T^2}, \quad (4.2.26a)$$

$$\mathrm{Im}\{G(s)\} = -K \frac{\omega T}{(1+\sigma T)^2 + \omega^2 T^2}. \quad (4.2.26b)$$

Für die Abbildung werden nun folgende beide Fälle unterschieden:

a) *Abbildung der Geraden σ = const*

Die Elimination von ω aus den Gln. (4.2.26a,b) liefert

$$\omega T = -(1+\sigma T) \frac{\mathrm{Im}\{G(s)\}}{\mathrm{Re}\{G(s)\}}. \quad (4.2.27)$$

Gl. (4.2.27), in Gl. (4.2.26a) eingesetzt, ergibt nach einer einfachen Umformung

$$\left[\mathrm{Re}\{G(s)\} - \frac{K}{2(1+\sigma T)}\right]^2 + \mathrm{Im}^2\{G(s)\} = \left[\frac{K}{2(1+\sigma T)}\right]^2. \quad (4.2.28)$$

Diese Beziehung stellt für die Variablen $\mathrm{Re}\{G(s)\}$ und $\mathrm{Im}\{G(s)\}$ die Gleichung einer Kreisschar mit dem Parameter σ dar. Die Mittelpunkte dieser Kreise liegen auf der reellen Achse der G-Ebene bei $K/[2(1+\sigma T)]$, die Radien haben den Wert $K/[2(1+\sigma T)]$. Damit gehen diese Kreise durch den Ursprung. Für $\omega \geqslant 0$, $K > 0$ und $T > 0$ werden die Geraden σ = const, wie Bild 4.2.9 zeigt, als Halbkreise in der unteren G-Ebene abgebildet. Die Halbkreise für σ = const besitzen die ω-Werte als Parameter. Die Kreise beginnen mit $\omega = 0$ auf der reellen G-Achse und enden für $\omega \to \infty$ im Ursprung der G-Ebene.

Einen sehr wichtigen speziellen Fall stellt der Halbkreis mit dem Parameter $\sigma = 0$ dar. Er repräsentiert die konforme Abbildung der positiven Imaginärachse der s-Ebene und wird als *Ortskurve des Frequenzganges* $G(j\omega)$ des Systems bezeichnet. Dieser Halbkreis beginnt für $\omega = 0$ mit dem Wert K auf der positiven reellen Achse der G-Ebene; er besitzt für $|\mathrm{Re}\{G(j\omega)\}| = |\mathrm{Im}\{G(j\omega)\}|$ die Frequenz $\omega = \omega_E = 1/T$, die auch als Eckfrequenz bezeichnet wird.

Anhand von Gl. (4.2.28) ist leicht zu sehen, daß sich für $\sigma > 0$

die Radien der Halbkreise so lange verkleinern, bis sie schließlich für σ → ∞ den Wert Null annehmen und somit der entsprechende Halbkreis mit dem Nullpunkt der G-Ebene zusammenfällt. Für σ < 0 hingegen wachsen die Radien an, und zwar so lange, bis für σ = -1/T der Radius unendlich wird, und der so entartete Halb-

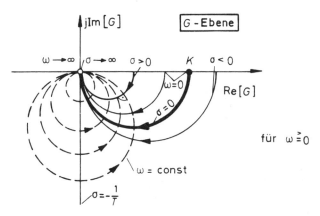

Bild 4.2.9. Konforme Abbildung der oberen s-Ebene ($\omega > 0$) auf die G-Ebene für das Beispiel $G(s) = K/1+sT$

kreis mit der negativen Imaginärachse der G-Ebene zusammenfällt. Bei einer noch weiteren Verkleinerung der σ-Werte würde man eine Verlagerung der Mittelpunkte der Halbkreise auf die negative reelle Achse der G-Ebene erhalten, wobei für σ → ∞ die Radien wieder den Wert Null annehmen.

b) *Abbildung der Geraden* $\omega = const$

Wird Gl. (4.2.27) nach

$$\sigma T = -\left[1 + \omega T \,\frac{\mathrm{Re}\{G(s)\}}{\mathrm{Im}\{G(s)\}}\right] \qquad (4.2.29)$$

aufgelöst und in Gl. (4.2.26b) eingesetzt, dann erhält man nach elementarer Umformung

$$\left[\mathrm{Im}\{G(s)\} + \frac{K}{2\omega T}\right]^2 + \mathrm{Re}^2\{G(s)\} = \left[\frac{K}{2\omega T}\right]^2. \qquad (4.2.30)$$

Diese Beziehung stellt wiederum eine Kreisschar allerdings für den Parameter ω dar, deren Mittelpunkte für $\omega \geqslant 0$ auf der negativen Imaginärachse bei $-K/(2\omega T)$ liegen und die, da die Radien den

Wert $K/(2\omega T)$ besitzen, ebenfalls durch den Nullpunkt der G-Ebene gehen. Für $\omega = 0$ wird der Radius unendlich groß, und der Kreis entartet zu einer Geraden, die mit der reellen Achse der G-Ebene zusammenfällt. Für $\omega \rightarrow \infty$ schrumpft der Radius auf Null zusammen und der entsprechende Kreis geht in den Nullpunkt der G-Ebene über. Es ist leicht zu sehen, daß sich beide Kreisscharen entsprechend den Gln. (4.2.28) und (4.2.30) rechtwinklig (orthogonal) schneiden.

Die Übertragungsfunktion $G(s) = K/(1+sT)$ gehört zu einer speziellen Klasse von lokal konformen Abbildungen, den linearen Abbildungen. Eine Abbildung, beschrieben durch die Gleichung $G(s) = (As+B)/(Cs+D)$, bildet Kreise in der s-Ebene immer auf Kreise in der G-Ebene ab. Dabei werden Geraden als spezielle Kreise aufgefaßt. Die Einführung der komplexen G-Ebene hat für $\sigma = 0$ als Spezialfall von $G(s)$ die Ortskurve des Frequenzganges $G(j\omega)$ geliefert. Die Systembeschreibung in Form des Frequenzganges $G(j\omega)$ in der G-Ebene ist für praktische Anwendungen außerordentlich bedeutsam, da der Frequenzgang eine direkt meßbare Beschreibungsform eines Übertragungssystems darstellt. Darauf wird in Abschnitt 4.3 noch ausführlich eingegangen.

4.3 Die Frequenzgangdarstellung

4.3.1 Definition

Wie bereits im Abschnitt 4.2.7 kurz erwähnt wurde, geht für $\sigma = 0$, also für den Spezialfall $s = j\omega$, die Übertragungsfunktion $G(s)$ über in den *Frequenzgang* $G(j\omega)$. Während die Übertragungsfunktion $G(s)$ mehr eine abstrakte, nicht meßbare Beschreibungsform zur mathematischen Behandlung linearer Systeme darstellt, kann der Frequenzgang $G(j\omega)$ unmittelbar physikalisch interpretiert und auch gemessen werden. Dazu wird zunächst der Frequenzgang als komplexe Größe

$$G(j\omega) = R(\omega) + jI(\omega) \qquad (4.3.1)$$

mit dem Realteil $R(\omega)$ und dem Imaginärteil $I(\omega)$ zweckmäßigerweise durch seinen *Amplitudengang* $A(\omega)$ und seinen *Phasengang* $\varphi(\omega)$ in der Form

$$G(j\omega) = A(\omega)\,e^{j\varphi(\omega)} \qquad (4.3.2)$$

dargestellt. Denkt man sich nun das System durch die Eingangsgröße $x_e(t)$ sinusförmig mit der Amplitude $\hat{x}_e$ und der Frequenz ω erregt, also durch

$$x_e(t) = \hat{x}_e \sin\omega t , \qquad (4.3.3)$$

dann wird bei einem linearen kontinuierlichen System die Ausgangsgröße mit derselben Frequenz ω, jedoch mit anderer Amplitude $\hat{x}_a$ und mit einer gewissen Phasenverschiebung $\varphi = \omega t_\varphi$ ebenfalls sinusförmige Schwingungen ausführen (Bild 4.3.1a). Zweckmäßigerweise stellt man

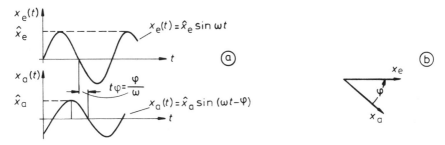

Bild 4.3.1. Sinusförmiges Eingangssignal $x_e(t)$ und zugehöriges Ausgangssignal $x_a(t)$ eines linearen Übertragungsgliedes (a) sowie Zeigerdarstellung beider Schwingungen (b)

beide Schwingungen $x_e(t)$ und $x_a(t)$ auch in Form zweier mit der Phasenverschiebung φ und derselben Winkelgeschwindigkeit ω rotierend gedachter Zeiger von der Länge der jeweiligen Amplitude $\hat{x}_e$ und $\hat{x}_a$ gemäß Bild 4.3.1b dar. Es gilt somit für die Systemausgangsgröße

$$x_a(t) = \hat{x}_a \sin(\omega t + \varphi) . \qquad (4.3.4)$$

Führt man dieses Experiment für verschiedene Frequenzen ω_ν ($\nu=0,1,2,..$) mit $\hat{x}_e$ = const durch, dann stellt man eine Frequenzabhängigkeit der Amplitude $\hat{x}_a$ des Ausgangssignals sowie der Phasenverschiebung φ fest, und somit gilt für die jeweilige Frequenz ω_ν

$$\hat{x}_{a,\nu} = \hat{x}_a(\omega_\nu) \quad \text{und} \quad \varphi_\nu = \varphi(\omega_\nu) .$$

Nun läßt sich aus dem Verhältnis der Amplituden $\hat{x}_e$ und $\hat{x}_a(\omega)$ der *Amplitudengang* des Frequenzganges

$$A(\omega) = \frac{\hat{x}_a(\omega)}{\hat{x}_e} = |G(j\omega)| = \sqrt{R^2(\omega) + I^2(\omega)} \qquad (4.3.5)$$

als frequenzabhängige Größe definieren. Weiterhin wird die frequenzabhängige Phasenverschiebung $\varphi(\omega)$ als *Phasengang* des Frequenzganges bezeichnet. Es gilt somit

$$\varphi(\omega) = \arg G(j\omega) = \arctan \frac{I(\omega)}{R(\omega)} , \qquad (4.3.6)$$

wobei stets die Mehrdeutigkeit dieser Funktion entsprechend den Vorzeichen von $R(\omega)$ und $I(\omega)$ zu beachten ist.

Aus diesen Überlegungen ist deutlich ersichtlich, daß durch Verwendung sinusförmiger Eingangssignale $x_e(t)$ unterschiedlicher Frequenz der Amplitudengang $A(\omega)$ und der Phasengang $\varphi(\omega)$ des Frequenzganges $G(j\omega)$ direkt gemessen werden können. Der gesamte Frequenzgang $G(j\omega)$ für alle Frequenzen von $\omega = 0$ bis $\omega \to \infty$ beschreibt ähnlich wie die Übertragungsfunktion $G(s)$ oder die Übergangsfunktion $h(t)$ das Übertragungsverhalten eines linearen kontinuierlichen Systems vollständig. Oft genügen - wie später noch gezeigt wird - auch nur Teilinformationen, z. B. nur die Kenntnis des Realteils $R(\omega)$ oder die Kenntnis des Betrages $A(\omega)$, um den vollständigen Frequenzgang zu bestimmen.

Zwischen der Darstellung eines linearen Systems im Zeit- und Frequenzbereich bestehen einige allgemeine einfache Zusammenhänge. So gelten z. B. aufgrund der Anfangs- und Endwertsätze der Laplace-Transformation die beiden wichtigen Beziehungen zwischen der Übertragungsfunktion $G(s)$ bzw. dem zugehörigen Frequenzgang $G(j\omega)$ und der Übergangsfunktion $h(t)$:

$$\lim_{t \to 0} h(t) = \lim_{s \to \infty} sH(s) = \lim_{s \to \infty} G(s) = \lim_{j\omega \to \infty} G(j\omega) \qquad (4.3.7a)$$

$$\lim_{t \to \infty} h(t) = \lim_{s \to 0} sH(s) = \lim_{s \to 0} G(s) = \lim_{j\omega \to 0} G(j\omega) \qquad (4.3.7b)$$

da $H(s) = \frac{1}{s} G(s)$ ist.

Voraussetzung für die Anwendung dieser Grenzwertsätze ist allerdings die Existenz der entsprechenden Grenzwerte im Zeitbereich (vgl. Abschnitt 4.1.3).

4.3.2 Ortskurvendarstellung des Frequenzganges

Trägt man bei dem oben behandelten Experiment für jeden Wert von ω_v mit Hilfe von $A(\omega_v)$ und $\varphi(\omega_v)$ den jeweiligen Wert von

$$G(j\omega_\nu) = A(\omega_\nu) e^{j\varphi(\omega_\nu)}$$

in die komplexe G-Ebene ein, so erhält man die in ω parametrierte Ortskurve des Frequenzganges, manchmal auch als Nyquist-Ortskurve bezeichnet. Bild 4.3.2 zeigt eine solche aus acht Meßwerten experimentell ermittelte Ortskurve.

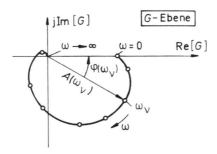

Bild 4.3.2. Beispiel für eine experimentell ermittelte Frequenzgangortskurve

Mit Hilfe der Gln. (4.3.7a,b) kann aus einer solchen experimentell ermittelten Ortskurve der Verlauf der Übergangsfunktion $h(t)$ grob abgeschätzt werden (Bild 4.3.3). Allerdings kann auch jederzeit bei Kenntnis der analytischen Form von $G(j\omega)$ über $G(s)$ mit Hilfe der Beziehung

$$h(t) = \mathcal{L}^{-1} \left\{ \frac{1}{s} G(s) \right\} \qquad (4.3.8)$$

die Übergangsfunktion mathematisch bestimmt werden.

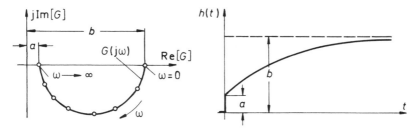

Bild 4.3.3. Zusammenhang zwischen den Anfangs- und Endwerten des Frequenzganges $G(j\omega)$ und der Übergangsfunktion $h(t)$ eines Übertragungsgliedes

Die Ortskurvendarstellung von Frequenzgängen hat u. a. den Vorteil, daß die Frequenzgänge sowohl von hintereinander als auch von parallel geschalteten Übertragungsgliedern sehr einfach graphisch konstruiert werden können. Dabei werden die zu gleichen ω-Werten gehörenden Zeiger der betreffenden Ortskurven herausgesucht. Bei der Parallelschaltung werden die Zeiger vektoriell addiert (Parallelogrammkonstruktion); bei der Hintereinanderschaltung werden die Zeiger vektoriell multipliziert, indem die Längen der Zeiger multipliziert und ihre Winkel addiert werden (Bild 4.3.4).

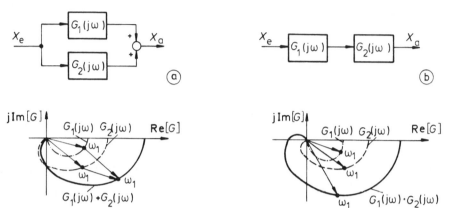

Bild 4.3.4. Addition (a) und Multiplikation (b) von Frequenzgangortskurven

4.3.3 Darstellung des Frequenzganges durch Frequenzkennlinien (Bode-Diagramm)

Trägt man den Betrag $A(\omega)$ und die Phase $\varphi(\omega)$ des Frequenzganges $G(j\omega) = A(\omega)e^{j\varphi(\omega)}$ getrennt über der Frequenz ω gemäß Bild 4.3.5 auf, so erhält man den Amplitudengang oder die *Betragskennlinie* sowie den Phasengang oder die *Phasenkennlinie* des Übertragungsgliedes. Beide zusammen ergeben die *Frequenzkennlinien-Darstellung*. $A(\omega)$ und ω werden dabei zweckmäßigerweise logarithmisch und $\varphi(\omega)$ linear aufgetragen. Diese Darstellung wird als *Bode-Diagramm* bezeichnet. Es ist üblich, $A(\omega)$ in Dezibel [dB] anzugeben. Laut Definition gilt

$$A(\omega)_{dB} = 20 \lg A(\omega) \quad [\text{dB}] \ . \tag{4.3.9}$$

Die Umrechnung von $A(\omega)$ in die logarithmische Form $A(\omega)_{dB}$ kann direkt aus Bild 4.3.6 entnommen werden. Das logarithmische Amplitudenmaß $A(\omega)_{dB}$ besitzt somit eine lineare Zahlenskala.

Die logarithmische Darstellung bietet besondere Vorteile bei der *Hinter-*

einanderschaltung von Übertragungsgliedern, zumal sich kompliziertere Frequenzgänge, wie sie beispielsweise aus

$$G(s) = K \frac{(s-s_{N1}) \ldots (s-s_{Nm})}{(s-s_{P1}) \ldots (s-s_{Pn})} \qquad (4.3.10)$$

mit $s = j\omega$ hervorgehen, als Hintereinanderschaltung der Frequenzgänge

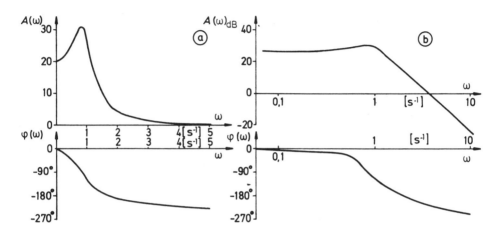

Bild 4.3.5. Darstellung eines Frequenzganges durch Frequenzkennlinien (a) lineare, (b) logarithmische Darstellung (Bode-Diagramm)

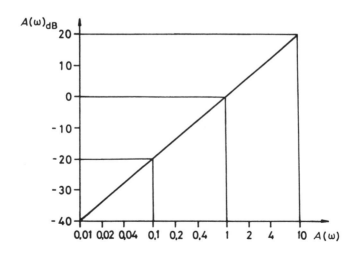

Bild 4.3.6. Umrechnung von $A(\omega)$ in $A(\omega)_{dB}$ [Dezibel]

einfacher Übertragungsglieder der Form

$$G_i(j\omega) = (j\omega - s_{N\mu}) \quad \text{für } i = 1,2,...,m \quad (4.3.11a)$$

und
$$\mu = 1,2,...,m$$

$$G_i(j\omega) = \frac{1}{j\omega - s_{P\nu}} \quad \text{für } i = m+1, m+2,...,m+n \quad (4.3.11b)$$
$$\nu = 1,2,...,n$$

darstellen lassen. Es gilt dann

$$G(j\omega) = G_1(j\omega) \ ... \ G_{m+n}(j\omega) , \quad (4.3.12)$$

wobei

$$G_i(j\omega) = A_i(\omega) \, e^{j\varphi_i(\omega)} \quad \text{für } i = 1,...,m+n$$

ist. Aus der Darstellung

$$G(j\omega) = A_1(\omega) A_2(\omega) \ ... \ A_{m+n}(\omega) \, e^{j[\varphi_1(\omega)+\varphi_2(\omega)+...+\varphi_{m+n}(\omega)]} \quad (4.3.13)$$

bzw.

$$A(\omega) = |G_1(j\omega)| \, |G_2(j\omega)| \, ... \, |G_{m+n}(j\omega)| = A_1(\omega) A_2(\omega) \ ... \ A_{m+n}(\omega)$$

erhält man den *logarithmischen Amplitudengang*

$$A(\omega)_{dB} = 20 \lg [A_1(\omega) A_2(\omega) \ ... \ A_{m+n}(\omega)] \quad (4.3.14)$$
$$= A_1(\omega)_{dB} + A_2(\omega)_{dB} +...+ A_{m+n}(\omega)_{dB}$$

und den *Phasengang*

$$\varphi(\omega) = \varphi_1(\omega) + \varphi_2(\omega) +...+ \varphi_{m+n}(\omega) . \quad (4.3.15)$$

Der Gesamtfrequenzgang einer Hintereinanderschaltung folgt somit durch Addition der einzelnen Frequenzkennlinien.

Die logarithmische Darstellung des Frequenzganges besitzt außer den hier bei der Hintereinanderschaltung gezeigten Vorteilen noch weitere. So läßt sich z. B. die *Inversion* eines Frequenzganges, also $1/G(j\omega) = G^{-1}(j\omega)$ in einfacher Weise darstellen. Da

$$20 \lg[|G(j\omega)|^{-1}] = -20 \lg |G(j\omega)| = -20 \lg A(\omega)$$

und
$$\arg [G^{-1}(j\omega)] = -\arg [G(j\omega)] \quad (4.3.16)$$

gilt, müssen nur die Kurvenverläufe von $A(\omega)$ und $\varphi(\omega)$ an den Achsen $20 \lg A = 0$ (0-dB-Linie) und $\varphi = 0$ gespiegelt werden.

Wegen der gewählten doppellogarithmischen bzw. einfachlogarithmischen Maßstäbe für $A(\omega)$ bzw. $\varphi(\omega)$ läßt sich näherungsweise der Verlauf von $A(\omega)$ durch Geradenabschnitte und $\varphi(\omega)$ in Form einer Treppenkurve darstellen. Diese "Näherungsgeraden" ermöglichen durch einfache geometrische Konstruktionen die Analyse und Synthese von Regelsystemen. Sie stellen ein sehr wichtiges Hilfsmittel für den Regelungstechniker dar.

4.3.4 Die Zusammenstellung der wichtigsten Übertragungsglieder

Nachfolgend werden für die wichtigsten Übertragungsglieder die Übertragungsfunktion $G(s)$, der Frequenzgang $G(j\omega)$, die Ortskurve des Frequenzganges und das Bode-Diagramm abgeleitet.

4.3.4.1 Das proportional wirkende Übertragungsglied (P-Glied)

Das P-Glied beschreibt einen rein proportionalen Zusammenhang zwischen der Ein- und Ausgangsgröße:

$$x_a(t) = K\, x_e(t) \,, \qquad (4.3.17)$$

wobei K eine beliebige positive oder negative Konstante darstellt. K wird auch als Übertragungsbeiwert oder *Verstärkungsfaktor* des P-Gliedes bezeichnet. Die Übertragungsfunktion lautet für dieses System

$$G(s) = K \,. \qquad (4.3.18a)$$

Die Ortskurve des Frequenzganges

$$G(j\omega) = K \qquad (4.3.18b)$$

stellt damit für sämtliche Frequenzen einen Punkt auf der reellen Achse mit dem Abstand K vom Nullpunkt dar, d. h. der Phasengang $\varphi(\omega)$ ist Null, während für den logarithmischen Amplitudengang

$$A(\omega)_{dB} = 20\, \lg K = K_{dB} = \text{const}$$

gilt.

4.3.4.2 Das integrierende Übertragungsglied (I-Glied)

Das dynamische Verhalten dieses Übertragungsgliedes wird im Zeitbereich durch die Beziehung

$$x_a(t) = \frac{1}{T_I} \int_0^t x_e(\tau) \, d\tau + x_a(0) \qquad (4.3.19)$$

beschrieben, wobei $x_e(t)$ und $x_a(t)$ die Ein- bzw. Ausgangsgröße und T_I eine Konstante der Dimension "Zeit" (*Zeitkonstante*) darstellen. Dieses Übertragungsglied führt eine Integration der Eingangsgröße durch. Deshalb heißt dieses System Integral-Glied oder kurz I-Glied. Setzt man $x_a(0) = 0$, so erhält man durch Laplace-Transformation von Gl. (4.3.19) die Übertragungsfunktion des I-Gliedes

$$G(s) = \frac{1}{sT_I}, \qquad (4.3.20)$$

und mit $s = j\omega$ ergibt sich der Frequenzgang

$$G(j\omega) = \frac{1}{j\omega T_I} = \frac{1}{\omega T_I} e^{-j\frac{\pi}{2}}, \qquad (4.3.21)$$

woraus als Amplituden- und Phasengang

$$A(\omega) = \frac{1}{\omega T_I} \quad \text{und} \quad \varphi(\omega) = -\frac{\pi}{2}$$

folgen. Für den logarithmischen Amplitudengang erhält man dann

$$A(\omega)_{dB} = +20 \lg \frac{1}{\omega T_I} = -20 \lg \omega T_I. \qquad (4.3.22)$$

Die graphische Darstellung der Gl. (4.3.22) liefert im Bode-Diagramm, Bild 4.3.7a, eine Gerade mit der Steigung -20 dB/Dekade. Der Phasen-

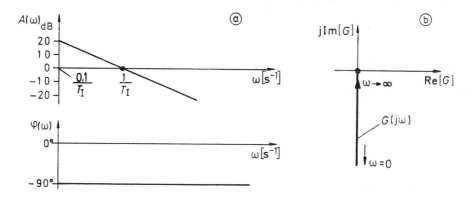

Bild 4.3.7. (a) Amplituden- und Phasengang sowie (b) Ortskurve des Frequenzganges für das I-Glied

gang ist frequenzunabhängig. Die Ortskurve des Frequenzganges

$$G(j\omega) = -j\frac{1}{\omega T_I}$$

fällt, wie man leicht aus Bild 4.3.7b sieht, mit der negativen Imaginärachse zusammen.

4.3.4.3 Das differenzierende Übertragungsglied (D-Glied)

Als Zusammenhang zwischen der Eingangsgröße $x_e(t)$ und der Ausgangsgröße $x_a(t)$ erhält man bei dem D-Glied

$$x_a(t) = T_D \frac{d}{dt} x_e(t) \ . \tag{4.3.23}$$

Dieses Übertragungsglied führt eine Differentiation der Eingangsgröße $x_e(t)$ durch und heißt deshalb differenzierendes Glied oder kurz D-Glied. Die zugehörige Übertragungsfunktion lautet offensichtlich

$$G(s) = sT_D \ , \tag{4.3.24}$$

und mit $s = j\omega$ folgt als Frequenzgang

$$G(j\omega) = j\omega T_D = \omega\, T_D e^{j\pi/2} \ , \tag{4.3.25}$$

woraus sich der logarithmische Amplitudengang

$$A(\omega)_{dB} = 20\, \lg \omega T \tag{4.3.26}$$

und der Phasengang

$$\varphi(\omega) = \frac{\pi}{2} \tag{4.3.27}$$

ergeben. Es ist leicht ersichtlich, daß I- und D-Glied durch Inversion ineinander übergehen. Daher können - entsprechend den einleitenden Bemerkungen - die Kurvenverläufe für den Amplituden- und Phasengang des D-Gliedes durch Spiegelung der entsprechenden Kurvenverläufe des I-Gliedes an der 0-dB-Linie bzw. an der Linie $\varphi = 0$ gewonnen werden, was natürlich auch direkt schon aus den Gln. (4.3.26) und (4.3.27) hervorgeht. Bild 4.3.8 zeigt den graphischen Verlauf von Amplituden- und Phasengang im Bode-Diagramm sowie die Ortskurve des Frequenzganges des D-Gliedes. Die Steigung der Geraden $A(\omega)$ beträgt +20 dB/Dekade. Der Phasengang ist wiederum frequenzunabhängig.

Das hier beschriebene D-Glied stellt - wie bereits im Abschnitt 4.2.1 erwähnt - ein ideales und damit physikalisch nicht realisierbares Über-

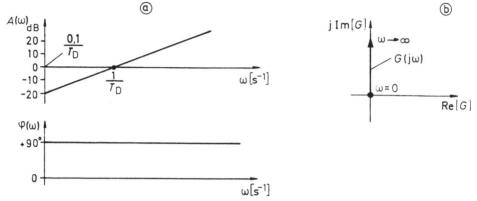

Bild 4.3.8. (a) Amplituden- und Phasengang sowie (b) Ortskurve des Frequenzganges für das D-Glied

tragungsglied dar. Für praktische Anwendungen wird das D-Glied durch das im Abschnitt 4.3.4.6 behandelte DT_1-Glied angenähert, sofern $Ts \ll 1$ gilt.

4.3.4.4 Das Verzögerungsglied 1. Ordnung (PT_1-Glied)

Als Verzögerungsglied 1. Ordnung oder kurz PT_1-Glied bezeichnet man Übertragungsglieder, deren Ausgangsgröße $x_a(t)$ nach einer sprungförmigen Änderung der Eingangsgröße $x_e(t)$ exponentiell mit einer bestimmten Anfangssteigung asymptotisch gegen einen Endwert strebt. Ein Beispiel für ein solches Glied ist der einfache RC-Tiefpaß gemäß Bild 4.3.9. Wird zur Zeit $t = 0$ am Eingang z. B. die Spannung u_e = 2V angelegt, dann wird die Spannung u_a am Ausgang exponentiell mit der Zeitkonstanten $T = RC$ asymptotisch gegen den Wert u_a = 2V streben.

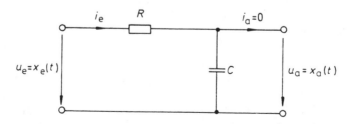

Bild 4.3.9. Einfacher RC-Tiefpaß als Beispiel für ein Verzögerungsglied 1. Ordnung

Dieses Verhalten, das als Verzögerung 1. Ordnung definiert wird, ist bedingt durch die Aufladung des Kondensators, der hier die Funktion eines Energiespeichers übernimmt.

Wie sich leicht nachvollziehen läßt, lautet die Differentialgleichung für diesen RC-Tiefpaß

$$x_a(t) + RC\,\dot{x}_a(t) = x_e(t)\,. \tag{4.3.28}$$

Verallgemeinert erhält man als Differentialgleichung eines PT_1-Gliedes

$$x_a(t) + T\,\dot{x}_a(t) = K\,x_e(t)\,. \tag{4.3.29}$$

Setzt man $x_a(0) = 0$, so folgt durch Laplace-Transformation als Übertragungsfunktion

$$G(s) = \frac{K}{1 + sT} \tag{4.3.30a}$$

und daraus mit $s = j\omega$ der Frequenzgang

$$G(j\omega) = K\,\frac{1}{1 + j\omega T}\,. \tag{4.3.30b}$$

Mit der sogenannten *Eckfrequenz* $\omega_e = \frac{1}{T}$ erhält man

$$G(j\omega) = K\,\frac{1}{1 + j\frac{\omega}{\omega_e}} = K\,\frac{1 - j\frac{\omega}{\omega_e}}{1 + (\frac{\omega}{\omega_e})^2}\,. \tag{4.3.31}$$

Als Amplitudengang ergibt sich

$$A(\omega) = |G(j\omega)| = K\,\frac{1}{\sqrt{1 + (\frac{\omega}{\omega_e})^2}} \tag{4.3.32}$$

und als Phasengang

$$\varphi(\omega) = \arctan\frac{I(\omega)}{R(\omega)} = -\arctan\frac{\omega}{\omega_e}\,. \tag{4.3.33}$$

Aus Gl. (4.3.32) läßt sich der logarithmische Amplitudengang

$$A(\omega)_{dB} = 20\,\lg K - 20\,\lg\sqrt{1 + (\frac{\omega}{\omega_e})^2} \tag{4.3.34}$$

herleiten. Gl. (4.3.34) kann asymptotisch durch Geraden approximiert werden, und zwar für:

a) $\dfrac{\omega}{\omega_e} \ll 1$ durch

$$A(\omega)_{dB} \approx 20 \lg K = K_{dB} \quad (Anfangsasymptote),$$

wobei

$$\varphi(\omega) \approx 0$$

wird;

b) $\dfrac{\omega}{\omega_e} \gg 1$ durch

$$A(\omega)_{dB} \approx 20 \lg K - 20 \lg \dfrac{\omega}{\omega_e} \quad (Endasymptote),$$

wobei

$$\varphi(\omega) \approx -\dfrac{\pi}{2} \quad \text{gilt}.$$

Im Bode-Diagramm kann $A(\omega)_{dB}$ somit durch zwei Geraden angenähert werden. Der Verlauf der Anfangsasymptote ist horizontal, während die Endasymptote eine Steigung von -20 dB/Dekade aufweist. Der Schnittpunkt beider Geraden ergibt sich aus der Beziehung

$$20 \lg K = 20 \lg K - 20 \lg \dfrac{\omega}{\omega_e}$$

und liefert die Frequenz

$$\omega = \omega_e \; .$$

Daher wird $\omega = \omega_e$ als Eck- oder Knickfrequenz bezeichnet. Wie leicht aus Bild 4.3.10a zu entnehmen ist, hat der exakte Verlauf von $A(\omega)_{dB}$ für die Eckfrequenz ω_e seine größte Abweichung von den Asymptoten. Als exakte Werte erhält man

$$A(\omega_e) = K \dfrac{1}{\sqrt{2}} \quad \text{und} \quad \varphi(\omega_e) = -\dfrac{\pi}{4} \; .$$

Somit beträgt die Abweichung des Amplitudenganges von den Asymptoten für $\omega = \omega_e$

$$\Delta A(\omega_e)_{dB} = -20 \lg \sqrt{2} \text{ dB} \approx -3 \text{ dB} \; .$$

Die Abweichungen für andere Frequenzen liegen im logarithmischen Maßstab symmetrisch zur Knickfrequenz, wie aus Tabelle 4.3.1 direkt

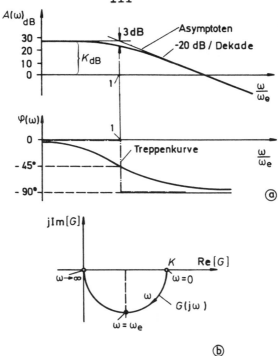

Bild 4.3.10. (a) Amplituden- und Phasengang sowie (b) Ortskurve des Frequenzganges des PT_1-Gliedes

zu ersehen ist. Damit ist eine sehr einfache Konstruktion des Amplitudenganges im Bode-Diagramm möglich. Eine ähnlich einfache Konstruktion des Phasenganges ist nicht möglich, allerdings läßt sich der Phasengang grob durch eine Treppenkurve annähern.

Tabelle 4.3.1. Amplituden- und Phasengang sowie Abweichung $\Delta A(\omega)$ des Amplitudenganges von den Asymptoten eines PT_1-Gliedes mit $K = 1$

$\dfrac{\omega}{\omega_e}$	$A(\omega)_{dB}$	$\varphi(\omega)$	$\Delta A(\omega)_{dB}$
0,03	0	$-2°$	0
0,1	$-0,04$	$-6°$	$-0,04$
0,25	$-0,26$	$-14°$	$-0,26$
1,0	-3	$-45°$	$-3,0$
4,0	-12	$-76°$	$-0,26$
10,0	-20	$-84°$	$-0,04$
30,0	-30	$-88°$	0

Wie bereits im Abschnitt 4.2.7 ausgeführt wurde, ergibt die Ortskurve des Frequenzganges des PT_1-Gliedes einen Halbkreis, der für $\omega = 0$ mit dem Wert K auf der positiven reellen Achse der G-Ebene beginnt und für $\omega \to \infty$ im Koordinatenursprung endet (vgl. Bild 4.3.10b).

Die konstante Größe $T = 1/\omega_e$ in der Übertragungsfunktion bzw. im Frequenzgang wird gewöhnlich als *Zeitkonstante* des PT_1-Gliedes bezeichnet; sie ergibt sich aus dem Schnittpunkt der Anfangssteigung der Übergangsfunktion $h(t)$ mit dem asymptotischen Endwert $h(\infty)$. Diese Zeitkonstante kann auch physikalisch interpretiert werden; sie stellt, wie Bild 4.3.11 zeigt, die Zeit dar, bis zu der die Übergangsfunktion ca. 63 % des Endwertes $h(\infty)$ erreicht hat. Die Größe K wird - ähnlich wie beim P-Glied - als *Verstärkungsfaktor* des PT_1-Gliedes bezeichnet. Er ist als Wert des Frequenzganges für $\omega = 0$ definiert.

Bild 4.3.11. Graphischer Verlauf der Übergangsfunktion $h(t)$ eines PT_1-Gliedes

4.3.4.5 Das proportional-differenzierend wirkende Übertragungsglied (PD-Glied)

Das PD-Glied weist sowohl proportionales als auch differenzierendes Übertragungsverhalten auf. Es wird durch die Übertragungsfunktion

$$G(s) = K(1+sT) \qquad (4.3.35a)$$

beschrieben. Abgesehen vom Verstärkungsfaktor K stellt dieses Glied das zum PT_1-Glied inverse Glied dar. Für $K = 1$ erhält man daher den Verlauf des logarithmischen Amplitudenganges sowie des Phasenganges durch entsprechende Spiegelung an der 0-dB-Achse bzw. an der Linie $\varphi(\omega) = 0$. Die Ortskurve

$$G(j\omega) = K(1+j\omega T) \qquad (4.3.35b)$$

stellt eine Halbgerade dar, die für $\omega = 0$ auf der reellen Achse bei K beginnt und dann für anwachsende ω-Werte parallel zur imaginären Achse verläuft.

4.3.4.6 Das Vorhalteglied (DT$_1$-Glied)

Als Vorhalteglied bezeichnet man Übertragungsglieder, deren Ausgangsgröße $x_a(t)$ bei einer sprungförmigen Eingangsgröße zunächst sprungartig ansteigt und dann exponentiell mit einer charakteristischen Zeitkonstante gegen Null läuft. Als Beispiel für ein solches Glied zeigt Bild 4.3.12 einen einfachen RC-Hochpaß.

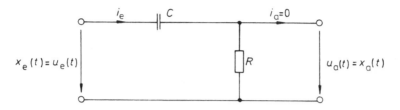

Bild 4.3.12. Einfacher RC-Hochpaß als Beispiel für ein DT$_1$-Glied

Die Differentialgleichung für diese Schaltung lautet

$$C \frac{d(u_e - u_a)}{dt} = \frac{u_a}{R}$$

bzw. umgeformt

$$u_a + RC \frac{du_a}{dt} = RC \frac{du_e}{dt} .$$

Durch Anwendung der Laplace-Transformation ergibt sich daraus die Übertragungsfunktion

$$G(s) = \frac{U_a(s)}{U_e(s)} = \frac{RCs}{1 + RCs} . \qquad (4.3.36)$$

Die Übertragungsfunktion eines allgemeinen DT$_1$-Gliedes ist durch

$$G(s) = K \frac{Ts}{1 + Ts} \qquad (4.3.37)$$

definiert. Zur Konstruktion des Bode-Diagramms geht man von dem Frequenzgang

$$G(j\omega) = K \frac{j\omega T}{1 + j\omega T} \qquad (4.3.38)$$

aus. Mit $\omega_e = \frac{1}{T}$ erhält man

$$G(j\omega) = K j \frac{\omega}{\omega_e} \frac{1}{1 + j \frac{\omega}{\omega_e}} = \frac{\omega}{\omega_e} K \frac{\frac{\omega}{\omega_e} + j}{1 + (\frac{\omega}{\omega_e})^2} . \qquad (4.3.39)$$

Aus dieser Beziehung folgt für den Amplitudengang

$$A(\omega) = |G(j\omega)| = \frac{\omega}{\omega_e} K \frac{1}{\sqrt{1 + (\frac{\omega}{\omega_e})^2}},$$

bzw. in logarithmischer Form

$$A(\omega)_{dB} = 20 \lg \frac{\omega}{\omega_e} + 20 \lg K - 20 \lg \sqrt{1 + (\frac{\omega}{\omega_e})^2}. \qquad (4.3.40)$$

Als Phasengang ergibt sich nach einfacher Zwischenrechnung

$$\varphi(\omega) = \frac{\pi}{2} - \arctan(\frac{\omega}{\omega_e}). \qquad (4.3.41)$$

Der Vergleich von Gl. (4.3.40) mit den Gln. (4.3.34) und (4.3.26) zeigt, daß sich der logarithmische Amplitudengang des DT_1-Gliedes aus der Addition der entsprechenden Kurven des PT_1-Gliedes und D-Gliedes ergibt. Dasselbe gilt für den Phasengang $\varphi(\omega)$. Damit läßt sich gemäß Bild 4.3.13 für das DT_1-Glied der Verlauf des Amplitudenganges, des Phasenganges sowie der Ortskurve einfach konstruieren.

Als Übergangsfunktion $h(t)$ ergibt sich der im Bild 4.3.14 dargestellte Verlauf. Der Verlauf von $h(t)$ läßt sich anhand der Gln. (4.3.7a,b) grob aus dem Verlauf der Frequenzgangortskurve abschätzen.

4.3.4.7 Das Verzögerungsglied 2. Ordnung (PT_2-Glied und PT_2S-Glied)

Das Verzögerungsglied 2. Ordnung ist gekennzeichnet durch zwei voneinander unabhängige Energiespeicher. Je nach den Dämpfungseigenschaften bzw. der Lage der Pole von $G(s)$ unterscheidet man beim Verzögerungsglied 2. Ordnung zwischen schwingendem und aperiodischem Verhalten. Besitzt ein Verzögerungsglied 2. Ordnung ein konjugiert komplexes Polpaar, dann weist es schwingendes Verhalten (PT_2S-Verhalten) auf. Liegen die beiden Pole auf der negativ reellen Achse, so besitzt das Übertragungsglied ein verzögerndes PT_2-Verhalten.

Als Beispiel eines Verzögerungsgliedes 2. Ordnung sei zunächst das im Bild 4.3.15 dargestellte RLC-Netzwerk betrachtet. Aus der Maschengleichung

$$i_e R + L \frac{di_e}{dt} + u_a = u_e \qquad (4.3.42)$$

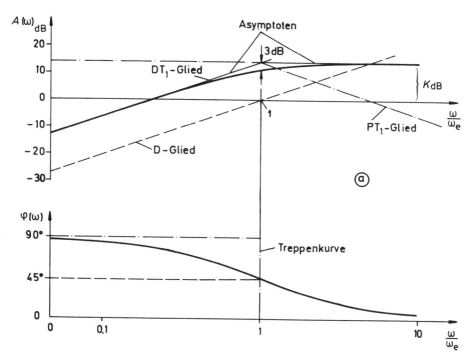
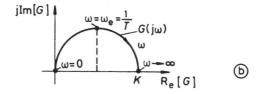

Bild 4.3.13. (a) Amplituden- und Phasengang sowie (b) Ortskurve des Frequenzganges des DT_1-Gliedes

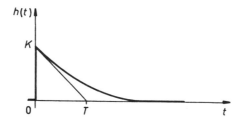

Bild 4.3.14. Graphischer Verlauf der Übergangsfunktion $h(t)$ eines DT_1-Gliedes

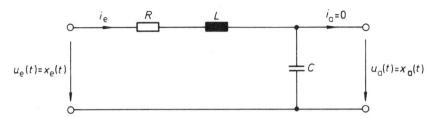

Bild 4.3.15. Einfaches *RLC*-Netzwerk als Beispiel für ein Verzögerungsglied 2. Ordnung

ergibt sich mit

$$i_e = C \frac{du_a}{dt}$$

die das Netzwerk beschreibende Differentialgleichung

$$LC \frac{d^2 u_a}{dt^2} + RC \frac{du_a}{dt} + u_a(t) = u_e(t) \ . \tag{4.3.43}$$

Die zugehörige Übertragungsfunktion lautet somit

$$G(s) = \frac{U_a(s)}{U_e(s)} = \frac{1}{1 + RC\,s + LC\,s^2} \ . \tag{4.3.44}$$

Für die allgemeine Beschreibung eines Verzögerungsgliedes 2. Ordnung wählt man als Übertragungsfunktion

$$G(s) = \frac{K}{1 + T_1 s + T_2^2 s^2} \ . \tag{4.3.45}$$

Führt man nun Begriffe ein, die das Zeitverhalten charakterisieren, und zwar den *Dämpfungsgrad*

$$D = \frac{1}{2} \frac{T_1}{T_2} \tag{4.3.46}$$

sowie die *Eigenfrequenz* (der nicht gedämpften Schwingung)

$$\omega_0 = \frac{1}{T_2} \ , \tag{4.3.47}$$

so erhält man aus Gl. (4.3.45)

$$G(s) = \frac{K}{1 + \frac{2D}{\omega_0} s + \frac{1}{\omega_0^2} s^2} \ . \tag{4.3.48}$$

Für $s = j\omega$ folgt daraus als Frequenzgang

$$G(j\omega) = \frac{K}{1 + j2D\frac{\omega}{\omega_0} - \frac{\omega^2}{\omega_0^2}} = K \frac{\left[1 - (\frac{\omega}{\omega_0})^2\right] - j2D\frac{\omega}{\omega_0}}{\left[1 - (\frac{\omega}{\omega_0})^2\right]^2 + \left[2D\frac{\omega}{\omega_0}\right]^2}. \quad (4.3.49)$$

Somit lautet der zugehörige Amplitudengang

$$A(\omega) = \frac{K}{\sqrt{\left[1 - (\frac{\omega}{\omega_0})^2\right]^2 + (2D\frac{\omega}{\omega_0})^2}} \quad (4.3.50)$$

und der Phasengang

$$\varphi(\omega) = -\arctan \frac{2D\frac{\omega}{\omega_0}}{1 - (\frac{\omega}{\omega_0})^2}, \quad (4.3.51)$$

wobei allerdings die Mehrdeutigkeit der arctan-Funktion zu beachten ist. Für den logarithmischen Amplitudengang ergibt sich aus Gl. (4.3.50)

$$A(\omega)_{dB} = 20 \lg K - 20 \lg \sqrt{\left[1 - (\frac{\omega}{\omega_0})^2\right]^2 + (2D\frac{\omega}{\omega_0})^2}. \quad (4.3.52)$$

Der Verlauf von $A(\omega)_{dB}$ läßt sich durch folgende Asymptoten approximieren:

a) Für $\frac{\omega}{\omega_0} \ll 1$ durch

$$A(\omega)_{dB} \approx 20 \lg K \quad (\textit{Anfangsasymptote}),$$

mit

$$\varphi(\omega) \approx 0.$$

b) Für $\frac{\omega}{\omega_0} \gg 1$ durch

$$A(\omega)_{dB} \approx 20 \lg K - 20 \lg (\frac{\omega}{\omega_0})^2$$

$$\approx 20 \lg K - 40 \lg (\frac{\omega}{\omega_0}) \quad (\textit{Endasymptote}),$$

mit
$$\varphi(\omega) \approx -\pi.$$

Die Endasymptote stellt im Bode-Diagramm eine Gerade mit der Steigung -40 dB/Dekade dar. Als Schnittpunkt beider Asymptoten folgt aus

$$20 \lg K = 20 \lg K - 40 \lg \frac{\omega}{\omega_0}$$

die auf ω_0 normierte Kreisfrequenz $\omega/\omega_0 = 1$.

Der tatsächliche Wert von $A(\omega)_{dB}$ kann bei $\omega = \omega_0$ beträchtlich vom Asymptotenschnittpunkt abweichen, denn er ist gemäß Gl. (4.3.50)

$$A(\omega_0)_{dB} = 20 \lg K - 20 \lg 2D.$$

Für $D < 0{,}5$ liegt der Wert oberhalb, für $D > 0{,}5$ unterhalb der Asymptoten.

Bild 4.3.16 zeigt für $0 < D \leq 2{,}5$ und $K = 1$ den Verlauf von $A(\omega)_{dB}$ und $\varphi(\omega)$ im Bode-Diagramm. Diese Darstellung enthält die später näher beschriebenen Fälle für das PT_2S- und das PT_2-Verhalten eines Verzögerungsgliedes 2. Ordnung. Aus Bild 4.3.16 ist ersichtlich, daß beim Amplitudengang ab einem bestimmten Dämpfungsgrad D für die einzelnen Kurvenverläufe jeweils ein Maximalwert existiert. Dieser Maximalwert tritt für die einzelnen D-Werte bei der sogenannten *Resonanzfrequenz* ω_r auf. Aus Gl. (4.3.50) läßt sich der Maximalwert des Amplitudenganges $A(\omega)_{max} = A(\omega_r)$ sowie die Resonanzfrequenz ω_r einfach ermitteln. $A(\omega)$ wird maximal, wenn der Radikand im Nenner der Gl. (4.3.50), also

$$a(\omega) = \left[1 - \left(\frac{\omega}{\omega_0}\right)^2\right]^2 + \left(2D\frac{\omega}{\omega_0}\right)^2,$$

ein Minimum wird. Nullsetzen der ersten Ableitung liefert für $\omega = \omega_r$

$$\left.\frac{da(\omega)}{d\omega}\right|_{\omega_r} = 0 = -1 + \left(\frac{\omega_r}{\omega_0}\right)^2 + 2D^2.$$

Daraus ergibt sich die Resonanzfrequenz

$$\omega_r = \omega_0 \sqrt{1 - 2D^2} \qquad \text{(für } D < \frac{1}{\sqrt{2}}\text{)}, \tag{4.3.53}$$

sowie der Maximalwert des Amplitudenganges für $K = 1$ zu

$$A(\omega)_{max} = A(\omega_r) = \frac{1}{2D\sqrt{1-D^2}}. \tag{4.3.54}$$

Aus Gl. (4.3.53) folgt, daß ein Maximum nur für $(1 - 2D^2) > 0$ bzw. $D < 1/\sqrt{2}$ existiert. Für $D = 1/\sqrt{2} = 0{,}707$ wird $\omega_r = 0$ und $A(\omega_r) = 1$ bzw. $A(\omega_r)_{dB} = 0$, und für $D = 0$ wird $\omega_r = \omega_0$ und $A(\omega_r) = \infty$.

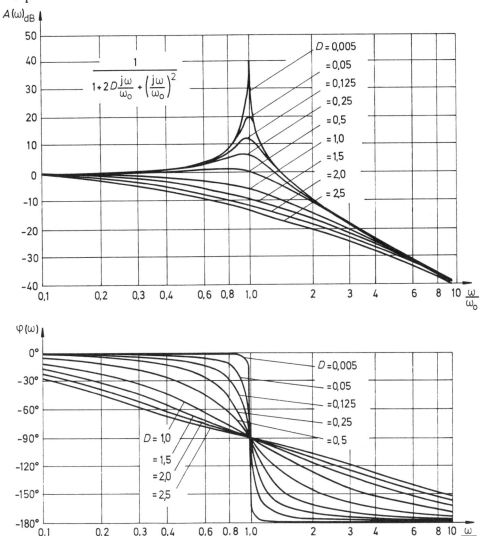

Bild 4.3.16. Bode-Diagramm eines Verzögerungsgliedes 2. Ordnung $(K = 1)$

Bild 4.3.17 zeigt noch die Frequenzgangortskurve eines Übertragungsgliedes 2. Ordnung. Aus Gl. (4.3.49) folgt, daß für $\omega = \omega_0$ der Realteil von $G(j\omega)$, also $R(\omega_0) = 0$ wird. Somit schneidet bei $\omega = \omega_0$ die Ortskurve die imaginäre Achse, wie aus Bild 4.3.17 ersichtlich ist.

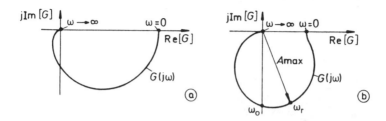

Bild 4.3.17. Ortskurve des Frequenzganges eines Verzögerungsgliedes 2. Ordnung, a) PT_2-Glied, b) PT_2S-Glied

Das dynamische Eigenverhalten eines Übertragungsgliedes wird nach Gl. (4.2.11) durch die Wurzeln der charakteristischen Gleichung bzw. durch die Pole der Übertragungsfunktion bestimmt. Aus der charakteristischen Gleichung des Verzögerungsgliedes 2. Ordnung

$$N(s) = 0 = 1 + \frac{2D}{\omega_0} s + \frac{1}{\omega_0^2} s^2 \qquad (4.3.55)$$

erhält man somit als Pole der Übertragungsfunktion, Gl. (4.3.48),

$$s_{1,2} = -\omega_0 D \pm \omega_0 \sqrt{D^2 - 1} \quad . \qquad (4.3.56)$$

In Abhängigkeit von der Lage der Pole in der s-Ebene läßt sich nun anschaulich das Schwingungsverhalten eines Verzögerungsgliedes 2. Ordnung beschreiben. Dazu wählt man zweckmäßigerweise den Verlauf der zugehörigen Übergangsfunktion $h(t)$. Tabelle 4.3.2 zeigt in Abhängigkeit von D die Lage der Pole der Übertragungsfunktion und die dazugehörigen Übergangsfunktionen des Systems. Die dabei auftretenden Fälle werden nun nachfolgend näher diskutiert.

a) *Fall 1: $0 < D < 1$ (schwingendes Verhalten: PT_2S-Glied)*

Gl. (4.3.56) liefert für diesen Fall ein konjugiert komplexes Polpaar

$$s_{1,2} = -\omega_0 D \pm j\omega_0 \sqrt{1 - D^2} \quad . \qquad (4.3.57)$$

Die zugehörige Übergangsfunktion erhält man aus

Tabelle 4.3.2. Lage der Pole in der s-Ebene und Übergangsfunktion für Übertragungsglieder mit der Übertragungsfunktion $G(s) = 1/[1+s2D/\omega_0+(s/\omega_0)^2]$

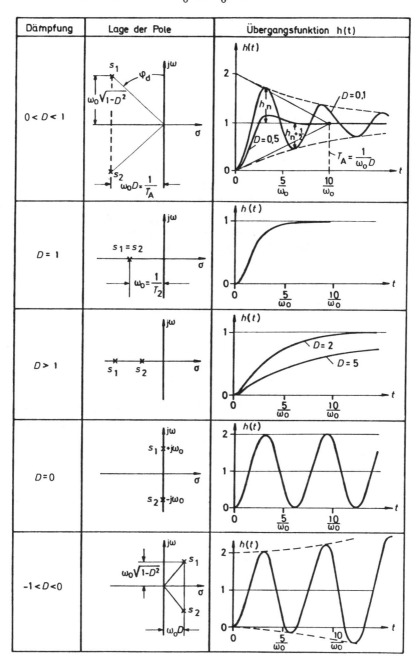

$$H(s) = \cfrac{K}{1 + 2\cfrac{D}{\omega_0} s + \cfrac{1}{\omega_0^2} s^2} \cdot \frac{1}{s} \qquad (4.3.58)$$

bzw.

$$H(s) = \frac{K \omega_0^2}{(s-s_1)(s-s_2) s} \qquad (4.3.59)$$

durch Partialbruchzerlegung und anschließende Laplace-Rücktransformation für $t \geq 0$ zu

$$h(t) = K\left\{1 - e^{-t\omega_0 D}\left[\cos(\omega_0 \sqrt{1-D^2}\, t) + \frac{D}{\sqrt{1-D^2}} \sin(\omega_0 \sqrt{1-D^2}\, t)\right]\right\} \sigma(t). \qquad (4.3.60)$$

Das Abklingen des Schwingungsverlaufes wird durch die Größe $T_A = 1/[\omega_0 D]$ beschrieben, daher wird T_A auch als *Abklingzeitkonstante* bezeichnet. Aus der Lage der Polstellen s_1 und s_2 von $G(s)$ läßt sich diese Größe direkt ablesen. Als *relative Dämpfung* der Schwingung bezeichnet man das Verhältnis

$$\rho = \left|\frac{\mathrm{Re}(s_i)}{\mathrm{Im}(s_i)}\right| \qquad \text{für } i = 1 \text{ oder } 2,$$

oder

$$\rho = \frac{D}{\sqrt{1-D^2}} = \tan \varphi_d . \qquad (4.3.61)$$

Wird also ein bestimmter D-Wert vorgeschrieben, dann werden durch die Größe ρ zwei unter dem Winkel φ_d gegen die imaginäre Achse geneigte Geraden in der s-Ebene festgelegt. Umgekehrt kann aus dem Verlauf der gedämpften Schwingung von $h(t)$, die die gedämpfte natürliche Kreisfrequenz

$$\omega_d = \omega_0 \sqrt{1-D^2} < \omega_0 \qquad (4.3.62)$$

besitzt, mit Gl. (4.3.60) das Amplitudenverhältnis zweier aufeinanderfolgender Halbwellen

$$\frac{h_{n+\frac{1}{2}}}{h_n} = e^{-\pi \frac{D}{\sqrt{1-D^2}}}$$

gebildet und daraus die Dämpfung

$$D = \frac{\ln \dfrac{h_n}{h_{n+\frac{1}{2}}}}{\sqrt{\pi^2 + \left[\ln \dfrac{h_n}{h_{n+\frac{1}{2}}}\right]^2}} \qquad (4.3.63)$$

ermittelt werden.

b) **Fall 2: $D = 1$** *(aperiodisches Grenzverhalten: PT_2-Glied)*

Aus Gl. (4.3.56) ergibt sich im vorliegenden Fall für die beiden Pole von $G(s)$

$$s_{1,2} = -\omega_0 \, .$$

Es liegt also eine doppelte Polstelle auf der negativen reellen Achse vor. Definiert man als Zeitkonstante

$$T = \frac{1}{\omega_0} \geq 0 \, ,$$

so erhält man als Übertragungsfunktion

$$G(s) = \frac{K}{(1+Ts)(1+Ts)} \, , \qquad (4.3.64)$$

die eine Hintereinanderschaltung zweier Verzögerungsglieder 1. Ordnung mit derselben Zeitkonstanten beschreibt. Als Übergangsfunktion folgt aus Gl. (4.3.60) mit $D = 1$ nach kurzer Zwischenrechnung

$$h(t) = K \left[1 - e^{-t\omega_0}(1 + \omega_0 t)\right] \sigma(t) \, , \quad t \geq 0 \, . \qquad (4.3.65)$$

c) **Fall 3: $D > 1$** *(aperiodisches Verhalten: PT_2-Glied)*

In diesem Fall ergeben sich aus Gl. (4.3.56) zwei negativ reelle Pole von $G(s)$

$$s_{1,2} = -\omega_0 D \pm \omega_0 \sqrt{D^2 - 1} \, .$$

Definiert man als Zeitkonstanten

$$T_1 = -\frac{1}{s_1} \quad \text{und} \quad T_2 = -\frac{1}{s_2},$$

so erhält man für die zugehörige Übertragungsfunktion:

$$G(s) = \frac{K}{(1+T_1 s)(1+T_2 s)}. \tag{4.3.66}$$

Hierbei handelt es sich ebenfalls um eine Hintereinanderschaltung zweier PT_1-Glieder, allerdings mit unterschiedlichen Zeitkonstanten. Auch dieses Übertragungsglied zeigt PT_2-Verhalten. Bei der Berechnung der Übergangsfunktion $h(t)$ nach Gl. (4.3.60) werden im vorliegenden Fall die Argumente der beiden Kreisfunktionen komplex. Über den Zusammenhang dieser Kreisfunktionen mit den Hyperbelfunktionen

$$\cos jx = \cosh x \quad \text{und} \quad \sin jx = j \sinh x$$

erhält man dann im vorliegenden Fall direkt anhand von Gl. (4.3.60) für $t \geq 0$ als Übergangsfunktion

$$h(t) = K\left\{1 - e^{-t\omega_0 D}\left[\cosh(\omega_0 \sqrt{D^2-1}\, t) + \frac{D}{\sqrt{D^2-1}} \sinh(\omega_0 \sqrt{D^2-1}\, t)\right]\right\} \sigma(t). \tag{4.3.67}$$

d) **Fall 4: $D = 0$ (ungedämpftes Verhalten: schwingendes Glied)**

Aus Gl. (4.3.56) folgt für diesen Fall ein rein imaginäres Polpaar von $G(s)$ bei

$$s_{1,2} = \pm j\omega_0.$$

Mit Gl. (4.3.48) und $D = 0$ erhält man die Übertragungsfunktion

$$G(s) = \frac{K}{1 + \frac{1}{\omega_0^2} s^2} = K \frac{\omega_0^2}{\omega_0^2 + s^2}. \tag{4.3.68}$$

Als Übergangsfunktion $h(t)$ ergibt sich aus Gl. (4.3.60) eine ungedämpfte Dauerschwingung

$$h(t) = K(1 - \cos \omega_0 t)\sigma(t) \tag{4.3.69}$$

mit der Frequenz ω_0.

Der Parameter ω_0 wird daher gewöhnlich als Frequenz der ungedämpften Eigenschwingung oder kurz als *Eigenfrequenz* bezeichnet.

e) **Fall 5:** $D < 0$ *(instabiles Glied)*

Im vorliegenden Fall liegen die beiden Pole von $G(s)$ in der rechten s-Halbebene. Sie können rein reell oder konjugiert komplex sein:

$$s_{1,2} = \omega_0 |D| \pm \omega_0 \sqrt{D^2 - 1} \qquad (4.3.70)$$

Gl. (4.3.60) gilt auch für diesen Fall, allerdings enthält nun der Exponentialterm das positive Vorzeichen, so daß der Schwingungsvorgang nicht mehr abklingt, sondern sich vielmehr aufschaukelt, d. h. die Amplitudenwerte der Halbschwingungen von $h(t)$ werden betragsmäßig exponentiell mit zunehmender Zeit anwachsen. Ein derartiger Vorgang, bei dem $h(t)$ für $t \to \infty$ über alle Grenzen anwächst, wird als *instabil* definiert.

4.3.4.8 Weitere Übertragungsglieder

Obwohl in den vorhergehenden Abschnitten die wichtigsten Standardübertragungsglieder bereits besprochen wurden, die zur Konstruktion auch komplizierterer Bode-Diagramme völlig ausreichen, sei nachfolgend noch auf weitere Standardübertragungsglieder der Regelungstechnik hingewiesen, die in Tabelle 4.3.3 zusammengestellt sind. Diese Aufstellung enthält auch Beispiele für die praktische Realisierung dieser Glieder.

4.3.4.9 Bandbreite eines Übertragungsgliedes

Einen wichtigen Begriff, der bisher noch nicht definiert wurde, stellt die *Bandbreite* eines Übertragungsgliedes dar. Verzögerungsglieder mit Proportionalverhalten, wie z. B. PT_1-, PT_2- und PT_2S-Glieder sowie PT_n-Glieder (Hintereinanderschaltung von n PT_1-Gliedern) besitzen eine sogenannte Tiefpaßeigenschaft, d. h. sie übertragen vorzugsweise tiefe Frequenzen, während hohe Frequenzen von Signalen entsprechend dem stark abfallenden Amplitudengang abgeschwächt übertragen werden. Zur Beschreibung dieses Übertragungsverhaltens führt man den Begriff der

Tabelle 4.3.3. Standardübertragungsglieder der Regelungstechnik

Lfd.Nr	Glied	Übergangsfkt. $h(t)$	Gl. der Übergangsfkt.	Übertragungsfkt.	Ortskurve	Bode-Diagramm $A(\omega)\,dB$ u. $\varphi(\omega)$	Pole x u. Nullstellen o in s-Ebene	Beispiel (elektrisch)	Beispiel (mechanisch)
1	P		$h(t) = K_R \sigma(t)$	$G(s) = K_R$			Keine Pol- und Nullstellen		
2	I		$h(t) = \dfrac{t}{T_I}\sigma(t)$	$G(s) = \dfrac{1}{sT_I}$					
3	PT_1		$h(t) = K_R(1 - e^{-\frac{t}{T}})\sigma(t)$, $t \geq 0$	$G(s) = \dfrac{K_R}{1+sT}$					
4	PT_2		$h(t)=K_R\left(1-\dfrac{T_1}{T_1-T_2}e^{-\frac{t}{T_1}}+\dfrac{T_2}{T_1-T_2}e^{-\frac{t}{T_2}}\right)\sigma(t)$	$G(s)=\dfrac{K_R}{(1+sT_1)(1+sT_2)}$					
5	PT_2S		$h(t)=K_R\left(1-e^{-D\omega_0 t}\dfrac{D}{\sqrt{1-D^2}}\sin(\sqrt{1-D^2}\omega_0 t)\right)\sigma(t)$ $(\cos(\sqrt{1-D^2}\omega_0 t)+\ldots)$	$G(s)=\dfrac{K_R}{1+2\dfrac{D}{\omega_0}s+\dfrac{1}{\omega_0^2}s^2}$, $D<1$					
6	IT_1		$h(t)=\dfrac{t}{T}+\dfrac{T}{T_I}(e^{-\frac{t}{T}}-1)\sigma(t)$	$G(s)=\dfrac{1}{T_I s(1+sT)}$					
7	PI		$h(t) = K_R\left(1 + \dfrac{t}{T_I}\right)\sigma(t)$	$G(s) = K_R\dfrac{1+sT_I}{sT_I}$					

(Fortsetzung von Tabelle 4.3.3)

Lfd.Nr	Glied	Übergangsfkt. $h(t)$	Gl. der Übergangsfkt.	Übertragungs-fkt.	Ortskurve	Bode-Diagramm $A(\omega)dB$ u. $\varphi(\omega)$	Pole(x)u.Null-stellen o in s-Ebene	Beispiel (elektrisch)	Beispiel (mechanisch)
8	D		$h(t) = T_D \delta(t)$	$G(s) = sT_D$				$T_D = CR$	Wirbelstrom-Tachometer $\varphi \equiv x_a$ $\alpha \equiv x_e$ $x_a = K_T \dot{x}_e$
9	DT_1		$h(t) = e^{-\frac{t}{T}} \sigma(t)$ $t \geq 0$	$G(s) = \dfrac{sT}{1+sT}$				$T = RC$	$T = \dfrac{d_1}{c_1}$
10	PD		$h(t) = K_R[\sigma(t) + T_D \delta(t)]$	$G(s) = K_R(1+sT)$				$T_D = CR_1$ $K_R = R_2/R_1$	—
11	PID		$h(t) = K_R[(1 + \dfrac{t}{T_I})\sigma(t) + T_D \delta(t)]$	$G(s) = K_R \dfrac{1 + sT_I + s^2 T_I T_D}{sT_I}$		für ω_1 u. ω_2 siehe lfd. Nr.12	$4T_D < T_I$	$K_R = \dfrac{C_3 R_2 + C_2 R_1}{C_2 R_1}$ $T_I = C_3 R_2 + C_1 R_1 + R_2 C_2$ $T_D = \dfrac{C_3 R_2}{C_3 R_2 + C_1 R_1 + R_2 C_2} C_1 R_1$	—
12	PID T_1 *		$h(t) = K_R[1 - \dfrac{T}{T_I} + (\dfrac{T_D}{T} + \dfrac{T}{T_I} - 1)e^{-\frac{t}{T}} + \dfrac{t}{T_I}]\sigma(t)$	$G(s) = K_R \dfrac{1 + sT_I + s^2 T_I T_D}{sT_I(1+sT)}$		$4T_D < T_I$ $\omega_1 = -A + \sqrt{A^2 - \dfrac{1}{T_I T_D}}$ $\omega_2 = -A - \sqrt{A^2 - \dfrac{1}{T_I T_D}}$ $A = \dfrac{1}{2T_D}$		$K_R = \dfrac{C_3 R_2 + R_2 C_2}{C_2 R_1}$ ...	

*PID-Glied mit in Reihe geschaltetem PT_1-Glied

(Fortsetzung von Tabelle 4.3.3)

Lfd.Nr	Glied	Übergangsfkt. $h(t)$	Gl. der Übergangsfkt.	Übertragungsfkt.	Ortskurve	Bode-Diagramm $A(\omega)_{dB}$ u. $\varphi(\omega)$	Pole (x) u. Nullstellen (o) in s-Ebene	Beispiel (elektrisch)	Beispiel (mechanisch)
13	PT_t		$h(t) = K_R \sigma(t-T_t)$ $h(t) = 0 \quad t < T_t$	$G(s) = K_R e^{-sT_t}$				Eimer-Ketten-Schaltung	
14	Allpass 1.Ordn.		$h(t) = [1 - 2e^{-\frac{t}{T}}]\sigma(t)$	$G(s) = \dfrac{1-sT}{1+sT}$					
15	Phasenanhebendes G (Lead)		$h(t) = [1+(\frac{\omega_N}{\omega_Z}-1)e^{-\omega_N t}]\sigma(t)$ $\omega_N > \omega_Z$	$G(s) = \dfrac{1+\frac{s}{\omega_Z}}{1+\frac{s}{\omega_N}}$					
16	Phasensenkendes G (Lag)		$h(t) = [1+(\frac{\omega_N}{\omega_Z}-1)e^{-\omega_N t}]\sigma(t)$ $\omega_N < \omega_Z$	$G(s) = \dfrac{1+\frac{s}{\omega_Z}}{1+\frac{s}{\omega_N}}$					

Bandbreite ein. Als Bandbreite bezeichnet man die Frequenz ω_b, bei der der logarithmische Amplitudengang gegenüber der horizontalen Anfangsasymptote um 3 dB abgefallen ist, siehe Bild 4.3.18.

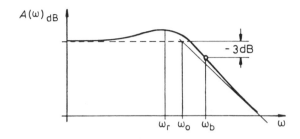

Bild 4.3.18. Zur Definition der Bandbreite ω_b bei Übertragungssystemen mit Tiefpaßverhalten (ω_r Resonanzfrequenz, ω_0 Eigenfrequenz der ungedämpften Schwingung)

4.3.4.10 Beispiel für die Konstruktion des Bode-Diagramms eines Übertragungsgliedes mit gebrochen rationaler Übertragungsfunktion

Im Abschnitt 4.3.3 wurde gezeigt, wie man das Bode-Diagramm eines Systems mit einer gebrochen rationalen Übertragungsfunktion durch Zerlegung in elementare Übertragungsglieder ermitteln kann. Nachdem die wichtigsten Standard-Übertragungsglieder besprochen wurden, soll nun dafür ein Beispiel folgen.

Es soll das Bode-Diagramm für ein Übertragungssystem, das nur reelle Pol- und Nullstellen besitzt, gezeichnet werden. Die vorgegebene Übertragungsfunktion

$$G(s) = K_1 \frac{(s+0{,}1)(s+2)}{s(s+5)(s+20)}, \quad \text{mit} \quad K_1 = 890$$

wird dazu zweckmäßigerweise in die Form

$$G(s) = K_2 \frac{(\frac{s}{0{,}1}+1)(\frac{s}{2}+1)}{s(\frac{s}{5}+1)(\frac{s}{20}+1)} \; ; \quad K_2 = K_1/500 = 1{,}78$$

gebracht. Dieses System läßt sich nun in ein I-, zwei PD- und zwei PT_1-Glieder zerlegen:

$$G(s) = \frac{K_2}{s} \; (\frac{s}{0,1} + 1)(\frac{s}{2} + 1) \; \frac{1}{\frac{s}{5}+1} \; \frac{1}{\frac{s}{20}+1}$$

$$= \underbrace{}_{G_1(s)} \; \underbrace{}_{G_2(s)} \; \underbrace{}_{G_3(s)} \; \underbrace{}_{G_4(s)} \; \underbrace{}_{G_5(s)} \; .$$

Das Bode-Diagramm kann jetzt durch Addition der Bode-Diagramme der Teilsysteme G_1 bis G_5 entsprechend Bild 4.3.19a gewonnen werden. In diesem Bild stellen die Größen ω_{e_i} in den Termen $(s/\omega_{e_i}+1)^{\pm 1}$ für $i = 1,2,3$ und 4 die Eckfrequenzen im Bode-Diagramm dar.

Bild 4.3.19 enthält zusätzlich zum Bode-Diagramm auch noch die Ortskurve des Frequenzganges sowie das *Amplituden-Phasendiagramm* des betrachteten Übertragungssystems. In dieser letzteren Darstellung ist der logarithmische Amplitudengang $A(\omega)_{dB}$ für die einzelnen Frequenzen ω über dem Phasengang $\varphi(\omega)$ aufgetragen. Auch in dieser Darstellung läßt sich eine Veränderung des Verstärkungsfaktors K_2 leicht durch eine Verschiebung des Kurvenverlaufs parallel zur $A(\omega)_{dB}$-Achse realisieren. Dieses Diagramm ist besonders in Verbindung mit dem später noch zu behandelnden Nichols-Diagramm wichtig. Sämtliche drei Frequenzbereichsdarstellungen des Bildes 4.3.19 enthalten - ebenfalls wie die Darstellung der Pol- und Nullstellenverteilung einschließlich des Verstärkungsfaktors - die gesamte Information über das hier betrachtete Übertragungssystem.

Anhand des vorhergehenden Beispiels läßt sich das Vorgehen bei der Konstruktion eines Bode-Diagramms für eine gegebene Übertragungsfunktion nochmals kurz zusammenfassen:

a) Zunächst wird eine gegebene Übertragungsfunktion in die Form

$$G(s) = K \frac{(s-s_{N1}) \ldots (s-s_{Nm})}{(s-s_{P1}) \ldots (s-s_{Pn})} = K \frac{\prod\limits_{\mu=1}^{m}(-s_{N\mu})}{\prod\limits_{\substack{\nu=1 \\ s_{P\nu} \neq 0}}^{n}(-s_{P\nu})} \frac{1}{s^k} \frac{\prod\limits_{\mu=1}^{m}(1+\frac{s}{-s_{N\mu}})}{\prod\limits_{\substack{\nu=1 \\ s_{P\nu} \neq 0}}^{n}(1+\frac{s}{-s_{P\nu}})}$$

mit $k = 0,1,2,\ldots$

gebracht, wobei eventuelle Pole von $G(s)$ bei $s_{Pi} = 0$ ihrer Vielfachheit k entsprechend berücksichtigt werden.

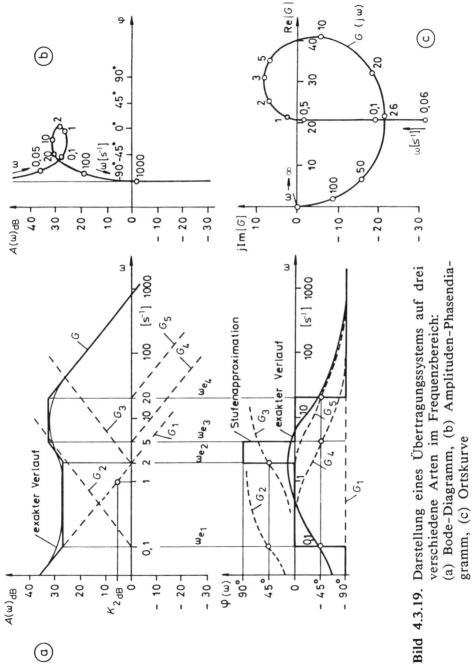

Bild 4.3.19. Darstellung eines Übertragungssystems auf drei verschiedene Arten im Frequenzbereich: (a) Bode-Diagramm, (b) Amplituden-Phasendiagramm, (c) Ortskurve

b) Anschließend werden für $s = j\omega$ die Asymptoten der Teilsysteme zur Approximation von $A(\omega)_{dB}$ und $\varphi(\omega)$ vewendet.

c) Falls erforderlich können dann noch die Korrekturen zur Frequenzkennlinien-Approximation eingetragen werden.

4.3.5 Systeme mit minimalem und nichtminimalem Phasenverhalten

Stabile Systeme ohne Totzeit, die durch die Übertragungsfunktion

$$G(s) = \frac{Z(s)}{N(s)}$$

beschrieben werden und keine Nullstellen in der rechten s-Halbebene besitzen, werden *minimalphasig* genannt. Sie sind dadurch charakterisiert, daß bei bekanntem Amplitudengang $A(\omega) = |G(j\omega)|$ im Bereich $0 \leq \omega < \infty$ der entsprechende Phasengang $\varphi(\omega)$ aus $A(\omega)$ (aufgrund des später dargestellten Bodeschen Gesetzes) berechnet werden kann und das dabei ermittelte $\varphi(\omega)$ betragsmäßig den kleinstmöglichen Phasenverlauf zu dem vorgegebenen $A(\omega)$ besitzt.

Weist eine Übertragungsfunktion in der rechten s-Halbebene Pole und/oder Nullstellen auf, dann hat das entsprechende System *nichtminimales Phasenverhalten*. Der zugehörige Phasenverlauf ist betragsmäßig stets größer als bei dem entsprechenden System mit Minimalphasenverhalten, das denselben Amplitudengang besitzt.

Um das Nichtminimalphasenverhalten näher zu beschreiben, seien zwei Übertragungsglieder betrachtet, die zwar denselben Amplitudengang $A(\omega)$ besitzen, sich jedoch im Phasengang ganz erheblich unterscheiden. Die Übertragungsfunktionen beider Systeme lauten

$$G_a(s) = \frac{1 + sT}{1 + sT_1} \quad \text{und} \quad G_b(s) = \frac{1 - sT}{1 + sT_1},$$

wobei $0 < T < T_1$ gilt.

Bild 4.3.20. Pol- und Nullstellenverteilung von (a) $G_a(s)$ und (b) $G_b(s)$ in der s-Ebene

Die Pol- und Nullstellenverteilung von $G_a(s)$ und $G_b(s)$ in der s-Ebene ist im Bild 4.3.20 dargestellt. Der Amplitudengang der zugehörigen Frequenzgänge $G_a(j\omega)$ (Minimalphasensystem) und $G_b(j\omega)$ (Nichtminimalphasensystem) ist in beiden Fällen gleich, da

$$A_a(\omega) = A_b(\omega) = \sqrt{\frac{1 + (\omega T)^2}{1 + (\omega T_1)^2}}$$

gilt. Für die Phasengänge erhält man mit

$$\varphi_a(\omega) = -\arctan \frac{\omega(T_1 - T)}{1 + \omega^2 T_1 T}$$

und

$$\varphi_b(\omega) = -\arctan \frac{\omega(T_1 + T)}{1 - \omega^2 T_1 T}$$

jedoch einen unterschiedlichen Verlauf, der im Bild 4.3.21 dargestellt ist. Dabei ist für $\varphi_b(\omega)$ die Mehrdeutigkeit der arctan-Funktion zu beachten. Hieraus ist deutlich der minimale Phasenverlauf von $\varphi_a(\omega)$ zu ersehen.

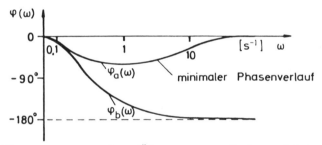

Bild 4.3.21. Phasengang zweier Übertragungsglieder gleichen Amplitudengangs, jedoch mit minimalem und nichtminimalem Phasenverhalten: $|\varphi_a| < |\varphi_b|$

Die Übertragungsfunktion eines nichtminimalphasigen Übertragungsgliedes $G_b(s)$ läßt sich immer aus der Hintereinanderschaltung des zugehörigen Minimalphasengliedes und eines reinen phasendrehenden Gliedes, die durch die Übertragungsfunktionen $G_a(s)$ und $G_A(s)$ beschrieben werden, darstellen:

$$G_b(s) = G_A(s)\, G_a(s) \,. \tag{4.3.71}$$

Ein solches phasendrehendes Glied, auch *Allpaßglied* genannt, ist dadurch charakterisiert, daß der Betrag seines Frequenzganges $G_A(j\omega)$ für alle Frequenzen gleich eins wird. Für das gewählte Beispiel erhält man

$$G_b(s) = G_A(s) \, G_a(s)$$

$$\frac{1 - sT}{1 + sT_1} = \frac{1 - sT}{1 + sT} \; \frac{1 + sT}{1 + sT_1} \, .$$

Die Übertragungsfunktion des Allpaßgliedes (1. Ordnung) lautet somit

$$G_A(s) = \frac{1 - sT}{1 + sT} \, ,$$

woraus als Amplitudengang

$$A_A(\omega) = 1$$

und als Phasengang

$$\varphi_A(\omega) = -\arctan \frac{2\omega T}{1 - (\omega T)^2} = -2 \arctan \omega T$$

folgen.

Dieses Allpaßglied überstreicht einen Winkel $\varphi_A(\omega)$ von 0^0 bis -180^0. Allpaßglieder zeichnen sich - wie oben bereits erwähnt wurde - durch die Eigenschaft

$$|G_A(j\omega)| = 1 \qquad (4.3.72)$$

aus. Diese Bedingung wird nur von Übertragungsgliedern erfüllt, bei denen die Nullstellenverteilung der Übertragungsfunktion $G_A(s)$ in der s-Ebene *spiegelbildlich* der Polverteilung bezüglich der $j\omega$-Achse ist. Dies ist im Bild 4.3.22 für einen stabilen Allpaß 4. Ordnung dargestellt.

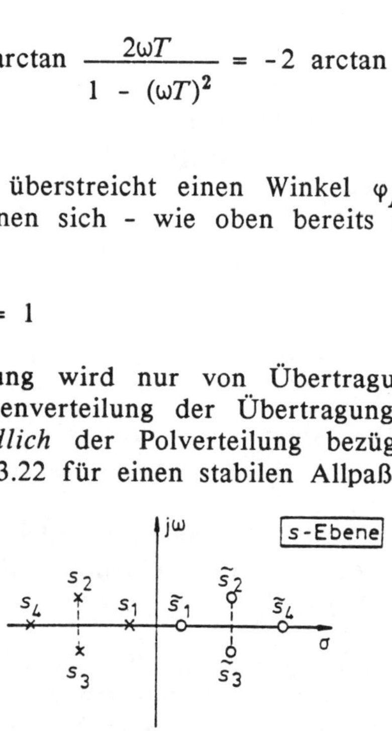

Bild 4.3.22. Pole (x) und Nullstellen (o) eines Allpaßsystems 4. Ordnung

Die Übertragungsfunktion eines Allpasses n-ter Ordnung lautet somit

$$G_A(s) = \pm \frac{(s-\tilde{s}_1)(s-\tilde{s}_2) \ldots (s-\tilde{s}_n)}{(s-s_1)(s-s_2) \ldots (s-s_n)} \, , \qquad (4.3.73)$$

wobei sich die korrespondierenden Pole und Nullstellen s_i und $\tilde{s}_i$ für

$i = 1,2,...,n$ nur im Vorzeichen ihrer Realteile unterscheiden (Re s_i = -Re $\tilde{s}_i$).

Wie bereits erwähnt, kann man bei Systemen mit minimalem Phasenverhalten eindeutig aus dem Amplitudengang $A(\omega)$ den Phasengang $\varphi(\omega)$ bestimmen. Dies gilt jedoch für Systeme mit nichtminimalem Phasenverhalten nicht. Die Überprüfung, ob ein System Minimalphasenverhalten besitzt oder nicht, läßt sich nun aus dem Verlauf von $\varphi(\omega)$ und $A(\omega)_{dB}$ für hohe Frequenzen leicht abschätzen. Bei einem Minimalphasensystem, das durch die gebrochen rationale Übertragungsfunktion

$$G(s) = \frac{Z(s)}{N(s)}$$

dargestellt wird, wobei der Zähler $Z(s)$ vom Grade m und der Nenner $N(s)$ vom Grade n ist, erhält man nämlich für $\omega \to \infty$ den Phasengang

$$\varphi(\infty) = -90^0(n-m) \ . \tag{4.3.74}$$

Bei einem System mit nichtminimalem Phasenverhalten wird dieser Wert betragsmäßig stets größer. In beiden Fällen wird der logarithmische Amplitudengang für $\omega \to \infty$ die Steigung

$$-20 \ (n-m) \ \text{dB/Dekade}$$

besitzen.

Ein typisches System mit nichtminimalem Phasenverhalten ist das *Totzeitglied* (PT_t-Glied), das durch die Übertragungsfunktion

$$G(s) = e^{-sT_t} \tag{4.3.75}$$

und den Frequenzgang

$$G(j\omega) = e^{-j\omega T_t}$$

mit dem Amplitudengang

$$A(\omega) = |G(j\omega)| = 1$$

sowie dem Phasengang (im Bogenmaß)

$$\varphi(\omega) = -\omega T_t$$

beschrieben wird. Die Ortskurve von $G(j\omega)$ stellt somit einen Kreis um den Koordinatenursprung dar, der mit $\omega = 0$ auf der reellen Achse bei $R(\omega) = 1$ beginnend mit wachsenden ω-Werten fortwährend durchlaufen wird, da der Phasenwinkel ständig zunimmt, wie leicht aus Bild 4.3.23 zu ersehen ist.

Wie bereits erwähnt, gibt es zu einem gegebenen Amplitudengang $A(\omega)$ genau ein diesen Amplitudengang realisierendes Minimalphasenglied, dessen Phase $\varphi(\omega)$ für einzelne Frequenzen ω_ν nach der Beziehung (Gesetz von Bode)

$$\varphi(\omega_\nu) = \frac{2\omega_\nu}{\pi} \int_0^\infty \frac{\ln A(\omega) - \ln A(\omega_\nu)}{\omega^2 - \omega_\nu^2} d\omega \qquad (4.3.76)$$

zu berechnen ist. Die praktische Bedeutung dieser Beziehung ist allerdings in der Regelungstechnik gering.

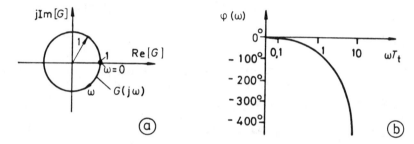

Bild 4.3.23. Ortskurve (a) und Phasengang (b) des Totzeitgliedes

Ein Zusammenhang zwischen $R(\omega) = \text{Re}\{G(j\omega)\}$ und $I(\omega) = \text{Im}\{G(j\omega)\}$, der sowohl für stabile* Minimalphasen- als auch Nichtminimalphasensysteme gilt, wird durch die *Hilbert-Transformation* [3.10]

$$R(\omega_\nu) = R(\infty) - \frac{2}{\pi} \int_0^\infty \frac{\omega I(\omega)}{\omega^2 - \omega_\nu^2} d\omega \qquad (4.3.77a)$$

$$I(\omega_\nu) = \frac{2\omega_\nu}{\pi} \int_0^\infty \frac{R(\omega)}{\omega^2 - \omega_\nu^2} d\omega \qquad (4.3.77b)$$

gegeben. Daraus ist ersichtlich, daß bei Kenntnis nur des Real- oder Imaginärteils stets der entsprechend zugehörige Imaginär- oder Realteil und damit auch der Frequenzgang $G(j\omega)$ vollständig berechnet werden kann.

---

*) Die Stabilität von Minimalphasensystemen kann entsprechend obiger Definition nur durch Pole der Übertragungsfunktion auf der $j\omega$-Achse beeinträchtigt werden.

5 DAS VERHALTEN LINEARER KONTINUIERLICHER REGELSYSTEME

5.1 Dynamisches Verhalten des Regelkreises

Bild 5.1.1 zeigt das früher schon benutzte Blockschema des geschlossenen Regelkreises mit den 4 klassischen Bestandteilen: Regler, Stellglied, Regelstrecke und Meßglied. Wie bereits erwähnt, ist es meist zweckmäßig, Regler und Stellglied zur Regeleinrichtung zusammenzufas-

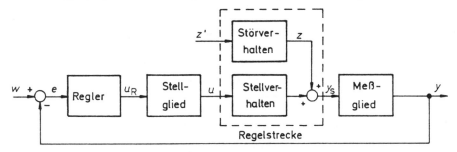

Bild 5.1.1. Die Grundbestandteile eines Regelkreises

sen, während das Meßglied oft der Regelstrecke zugerechnet wird. Gewöhnlich können mehrere Störgrößen $z_i'(i = 1,2,...)$ auftreten, die jeweils an verschiedenen Stellen in der Regelstrecke angreifen. Das Übertragungsverhalten der Regelstrecke bzw. derjenigen Teile der Regelstrecke, die zwischen Angriffspunkt der Störgröße und Streckenausgang liegen, sei mit $G_{SZi}(s)$ bezeichnet. Damit erhält man ein Blockschaltbild des Regelkreises gemäß Bild 5.1.2.

Für lineare Regelstrecken lassen sich nach Bild 5.1.2 alle Störgrößen Z_i' zu einer einzigen Gesamtgröße

$$Z(s) = \sum_{i=1}^{n} Z_i'(s)\, G_{SZi}(s)$$

zusammenfassen, die am Ausgang der Regelstrecke eingreift (siehe Bild 5.1.3). Weiterhin läßt sich durch geeignete Wahl von $G_{SZi}(s)$ zeigen, daß diese im Bild 5.1.2 dargestellte Struktur auch dann gilt, wenn eine Störung $z_i'(t)$ an einer anderen Stelle im Regelkreis einwirkt.

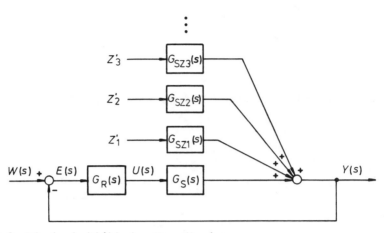

Bild 5.1.2. Blockschaltbild des Regelkreises

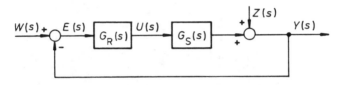

Bild 5.1.3. Blockschaltbild des Regelkreises mit Gesamtstörgröße $Z(s)$

Das Übertragungsverhalten dieses Regelkreises wird entsprechend der Art der beiden Eingangsgrößen (Führungs- und Störgröße) entweder durch das Führungsverhalten oder durch das Störverhalten beschrieben. Die Übertragungsfunktion der Regeleinrichtung - der Kürze wegen im folgenden wieder nur Regler genannt - werde mit $G_R(s)$ und die der Regelstrecke mit $G_S(s)$ bezeichnet. Wie aus Bild 5.1.3 ersichtlich ist, gilt für die Regelgröße des geschlossenen Regelkreises

$$Y(s) = Z(s) + [W(s) - Y(s)] \, G_R(s) \, G_S(s) \; .$$

Durch Umstellen folgt daraus

$$Y(s) = \frac{1}{1 + G_R(s) \, G_S(s)} Z(s) + \frac{G_R(s) \, G_S(s)}{1 + G_R(s) \, G_S(s)} W(s) \; . \qquad (5.1.1)$$

Anhand dieser Beziehung lassen sich nun die beiden im Abschnitt 1.4 erwähnten Aufgabenstellungen für eine Regelung unterscheiden:

a) Für $W(s) = 0$ erhält man als Übertragungsfunktion des geschlossenen Regelkreises für *Störverhalten* (Festwertregelung oder Störgrößenregelung) die *Störungsübertragungsfunktion*

$$G_Z(s) = \frac{Y(s)}{Z(s)} = \frac{1}{1 + G_R(s)\, G_S(s)} \,. \qquad (5.1.2)$$

b) Für $Z(s) = 0$ folgt entsprechend als Übertragungsfunktion des geschlossenen Regelkreises für *Führungsverhalten* (Nachlauf- oder Folgeregelung) die *Führungsübertragungsfunktion*

$$G_W(s) = \frac{Y(s)}{W(s)} = \frac{G_R(s)\, G_S(s)}{1 + G_R(s)\, G_S(s)} \,. \qquad (5.1.3)$$

Beide Übertragungsfunktionen $G_Z(s)$ und $G_W(s)$ enthalten gemeinsam den *dynamischen Regelfaktor*

$$R(s) = \frac{1}{1 + G_0(s)} \qquad (5.1.4)$$

mit

$$G_0(s) = G_R(s)\, G_S(s) \,. \qquad (5.1.5)$$

Schneidet man für $W(s) = 0$ und $Z(s) = 0$ den Regelkreis gemäß Bild 5.1.4 an einer beliebigen Stelle auf, und definiert man unter Berücksichtigung der Wirkungsrichtung der Übertragungsglieder die Eingangs-

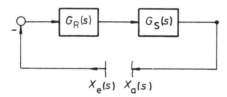

Bild 5.1.4. Offener Regelkreis

größe $x_e(t)$ sowie die Ausgangsgröße $x_a(t)$, so erhält man als Übertragungsfunktion des *offenen Regelkreises*

$$G_{\text{offen}}(s) = \frac{X_a(s)}{X_e(s)} = -\, G_R(s)\, G_S(s) = -\, G_0(s) \,. \qquad (5.1.6)$$

Allerdings hat sich (inkorrekterweise) in der Regelungstechnik durchgesetzt, daß meist $G_0(s)$ als Übertragungsfunktion des offenen Regelkreises definiert wird.

Läßt sich $G_0(s)$ durch eine gebrochen rationale Übertragungsfunktion beschreiben, so erhält man für den geschlossenen Regelkreis durch Nullsetzen des Nennerausdrucks in Gl. (5.1.2) oder Gl. (5.1.3) aus der Bedingung

$$1 + G_0(s) = 0 \qquad (5.1.7)$$

analog zu Gl. (4.2.11) die *charakteristische Gleichung* in der Form

$$a_0 + a_1 s + a_2 s^2 + ... + a_n s^n = 0 .\tag{5.1.8}$$

5.2 Stationäres Verhalten des Regelkreises

Sehr häufig läßt sich das Übertragungsverhalten des offenen Regelkreises (gemäß Bild 5.1.4 und Gl. (5.1.5)) durch eine allgemeine Standardübertragungsfunktion der Form

$$G_0(s) = \frac{K_0}{s^k} \frac{1 + \beta_1 s + ... + \beta_m s^m}{1 + \alpha_1 s + ... + \alpha_{n-k} s^{n-k}} e^{-T_t s} \quad m \leq n \tag{5.2.1}$$

beschreiben, wobei durch die Konstante $k = 0,1,2,...$ (ganzzahlig) im wesentlichen der Typ der Übertragungsfunktion $G_0(s)$ charakterisiert wird. K_0 stellt die Verstärkung des offenen Regelkreises dar. $G_0(s)$ weist somit z. B. für

$k = 0$: *Verzögertes proportionales* Verhalten   (verzög. P-Verhalten)

$k = 1$: *Verzögertes integrales* Verhalten   (verzög. I-Verhalten)

$k = 2$: *Verzögertes doppelintegrales* Verhalten   (verzög. I_2-Verhalten)

auf. Es sei nun angenommen, daß der in Gl. (5.2.1) auftretende Term der gebrochen rationalen Funktion nur Pole in der linken s-Halbebene besitzt. Damit kann im weiteren für die einzelnen Typen der Übertragungsfunktion $G_0(s)$ bei verschiedenen Signalformen der Führungsgröße $w(t)$ oder der Störgröße $z(t)$ das stationäre Verhalten des geschlossenen Regelkreises für $t \to \infty$ untersucht werden.

Mit

$$E(s) = W(s) - Y(s) \tag{5.2.2}$$

folgt aus den Gln. (5.1.1) und (5.1.5) für die Regelabweichung

$$E(s) = \frac{1}{1 + G_0(s)} [W(s) - Z(s)] . \tag{5.2.3}$$

Unter der Voraussetzung, daß der Grenzwert der Regelabweichung $e(t)$

für $t \to \infty$ existiert, gilt mit Hilfe des Grenzwertsatzes der Laplace-Transformation für den stationären Endwert der Regelabweichung

$$\lim_{t \to \infty} e(t) = \lim_{s \to 0} sE(s) . \qquad (5.2.4)$$

Für den Fall, daß alle Störgrößen auf den Ausgang der Regelstrecke bezogen werden, folgt aus Gl. (5.2.3), daß - abgesehen vom Vorzeichen - beide Arten von Eingangsgrößen, also Führungs- oder Störgröße, gleich behandelt werden können. Im folgenden wird daher stellvertretend für beide Signalarten die Bezeichnung $X_e(s)$ als Eingangsgröße gewählt. Mit Hilfe der beiden Gln. (5.2.3) und (5.2.4) lassen sich nun die stationären Endwerte der Regelabweichung für die unterschiedlichen Signalformen von $x_e(t)$ bei verschiedenen Typen der Übertragungsfunktion $G_0(s)$ des offenen Regelkreises berechnen. Diese Werte charakterisieren das statische Verhalten des geschlossenen Regelkreises. Sie sollen nachfolgend für die wichtigsten Fälle bestimmt werden.

Bei den weiteren Betrachtungen werden gemäß Bild 5.2.1 folgende Testsignale zugrunde gelegt:

a) *Sprungförmige Erregung:* $X_e(s) = \dfrac{x_{e0}}{s}$, (5.2.5)

wobei x_{e0} die Sprunghöhe darstellt.

b) *Rampenförmige Erregung:* $X_e(s) = \dfrac{x_{e1}}{s^2}$, (5.2.6)

wobei x_{e1} die Geschwindigkeit des rampenförmigen Anstiegs des Signals $x_e(t)$ beschreibt.

c) *Parabelförmige Erregung:* $X_e(s) = \dfrac{x_{e2}}{s^3}$, (5.2.7)

wobei x_{e2} ein Maß für die Beschleunigung des parabolischen Signalanstiegs $x_e(t)$ ist.

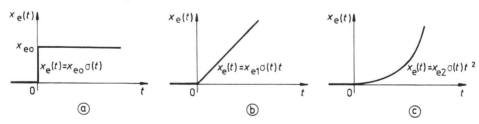

Bild 5.2.1. Verschiedene Eingangssignale $x_e(t)$, die häufig für die Störgröße $z(t)$ und Führungsgröße $w(t)$ zugrunde gelegt werden: (a) sprungförmiger, (b) rampenförmiger und (c) parabolischer Signalverlauf

Für die Regelabweichung gilt nach Gl. (5.2.3)

$$E(s) = \frac{1}{1 + G_0(s)} X_e(s) ,\qquad (5.2.8)$$

wobei sich der Unterschied zwischen Führungs- und Störverhalten nur im Vorzeichen von $X_e(s)$ bemerkbar macht (Störverhalten: $X_e(s) = -Z(s)$; Führungsverhalten: $X_e(s) = W(s)$). Setzt man in diese Beziehung nacheinander die Gln. (5.2.5) bis (5.2.7) ein, dann läßt sich damit die entsprechende Regelabweichung für verschiedene Typen der Übertragungsfunktion $G_0(s)$ berechnen, was im folgenden gezeigt werden soll.

5.2.1 Übertragungsfunktion $G_0(s)$ mit verzögertem P-Verhalten

Für diesen Fall folgt aus Gl. (5.2.1) die Übertragungsfunktion

$$G_0(s) = K_0 \frac{1 + \beta_1 s + \ldots + \beta_m s^m}{1 + \alpha_1 s + \ldots + \alpha_n s^n} e^{-T_t s} . \qquad (5.2.9)$$

Diese Übertragungsfunktion beschreibt einen offenen Regelkreis mit verzögertem *P-Verhalten*. Die Größe K_0 stellt die Verstärkung dieses offenen Regelkreises dar. Sie setzt sich im vorliegenden Fall aus dem Verstärkungsfaktor des Reglers K_R und dem der Regelstrecke K_S in der multiplikativen Form

$$K_0 = K_R K_S \qquad (5.2.10)$$

zusammen.

Mit Gl. (5.2.4) erhält man nun für die bleibende Regelabweichung des geschlossenen Regelkreises

$$\lim_{t \to \infty} e(t) = \lim_{s \to 0} s \frac{1}{1 + G_0(s)} X_e(s) \qquad (5.2.11)$$

bei *sprungförmiger Erregung* mit Gl. (5.2.5)

$$e_\infty = \lim_{t \to \infty} e(t) = \frac{1}{1 + K_0} x_{e0} . \qquad (5.2.12)$$

Außerdem läßt sich bei *rampenförmiger Erregung* gemäß Gl. (5.2.6) zeigen, daß die in diesem Fall in Gl. (5.2.8) auftretende doppelte Polstelle beim Übergang in den Zeitbereich einem Verlauf $e(t) = \text{const} \cdot t \cdot \sigma(t)$ entspricht, so daß

$$e_\infty = \lim_{t \to \infty} e(t) \to \infty \qquad (5.2.13)$$

gilt. Entsprechende Überlegungen liefern bei *parabelförmiger Erregung* mit Gl. (5.2.7)

$$e_\infty = \lim_{t \to \infty} e(t) \to \infty .\tag{5.2.14}$$

5.2.2 Übertragungsfunktion $G_0(s)$ mit verzögertem I-Verhalten

Aus Gl. (5.2.1) folgt für diesen Fall

$$G_0(s) = \frac{K_0}{s} \frac{1 + \beta_1 s + ... + \beta_m s^m}{1 + \alpha_1 s + ... + \alpha_{n-1} s^{n-1}} e^{-T_t s} .\tag{5.2.15}$$

Der hierzu gehörende offene Regelkreis besitzt also verzögertes *I-Verhalten*. Mit Gl. (5.2.11) erhält man für die bleibende Regelabweichung des geschlossenen Regelkreises bei *sprungförmiger Erregung*

$$e_\infty = \lim_{t \to \infty} e(t) = 0 ,\tag{5.2.16}$$

und bei *rampenförmiger Erregung*

$$e_\infty = \lim_{t \to \infty} e(t) = \frac{1}{K_0} x_{e1} .\tag{5.2.17}$$

Weiterhin ergibt sich bei einer *parabelförmigen Erregung*

$$e_\infty = \lim_{t \to \infty} e(t) \to \infty .\tag{5.2.18}$$

5.2.3 Übertragungsfunktion $G_0(s)$ mit verzögertem I_2-Verhalten

Die zu diesem Fall gehörende Übertragungsfunktion

$$G_0(s) = \frac{K_0}{s^2} \frac{1 + \beta_1 s + ... + \beta_m s^m}{1 + \alpha_1 s + ... + \alpha_{n-2} s^{n-2}} e^{-T_t s} \tag{5.2.19}$$

beschreibt ein System mit verzögertem I_2-*Verhalten*. Als bleibende Regelabweichung des geschlossenen Regelkreises folgt, sofern der Regelkreis stabil ist, für *sprungförmige Erregung*

$$e_\infty = \lim_{t \to \infty} e(t) = 0 ,\tag{5.2.20}$$

für *rampenförmige Erregung*

$$e_\infty = \lim_{t \to \infty} e(t) = 0 \qquad (5.2.21)$$

und für *parabelförmige Erregung*

$$e_\infty = \lim_{t \to \infty} e(t) = \frac{1}{K_0} x_{e2} . \qquad (5.2.22)$$

Aus den Ergebnissen, insbesondere aus den Gln. (5.2.12), (5.2.17) und (5.2.22) sowie aus Tabelle 5.2.1 folgt, daß die bleibende Regelabwei-

Tabelle 5.2.1. Bleibende Regelabweichung für verschiedene Systemtypen von $G_0(s)$ und unterschiedliche Eingangsgrößen $x_e(t)$ (Führungs- und Störgrößen, falls alle Störgrößen auf den Ausgang der Regelstrecke bezogen sind)

Systemtyp von $G_0(s)$ gemäß Gl.(5.2.1)	Eingangsgröße $X_e(s)$	Bleibende Regelabweichung e_∞
$k=0$ (verzögertes P-Verhalten)	$\dfrac{x_{e0}}{s}$	$\dfrac{1}{1+K_0} x_{e0}$
	$\dfrac{x_{e1}}{s^2}$	∞
	$\dfrac{x_{e2}}{s^3}$	∞
$k=1$ (verzögertes I-Verhalten)	$\dfrac{x_{e0}}{s}$	0
	$\dfrac{x_{e1}}{s^2}$	$\dfrac{1}{K_0} x_{e1}$
	$\dfrac{x_{e2}}{s^3}$	∞
$k=2$ (verzögertes I_2-Verhalten)	$\dfrac{x_{e0}}{s}$	0
	$\dfrac{x_{e1}}{s^2}$	0
	$\dfrac{x_{e2}}{s^3}$	$\dfrac{1}{K_0} x_{e2}$

chung e_∞, die das statische Verhalten des Regelkreises charakterisiert, in all den Fällen, wo sie einen endlichen Wert annimmt, um so kleiner gehalten werden kann, je größer die *Kreisverstärkung* K_0 gemäß Gl. (5.2.10) gewählt wird. Bei verzögertem P-Verhalten des offenen Regelkreises bedeutet dies auch, daß die bleibende Regelabweichung e_∞ um so kleiner wird, je kleiner der *statische Regelfaktor*

$$R = \frac{1}{1 + K_0} \qquad (5.2.23)$$

ist.

Häufig führt jedoch eine zu große Kreisverstärkung K_0 schnell zur Instabilität des geschlossenen Regelkreises, wie später in Kapitel 6 ausführlich besprochen wird. Daher ist bei der Festlegung von K_0 gewöhnlich ein entsprechender Kompromiß zu treffen, vorausgesetzt, daß nicht schon durch Wahl eines geeigneten Reglertyps die bleibende Regelabweichung verschwindet. Da von der Wahl eines geeigneten Reglers nicht nur das dynamische, sondern vor allem auch das statische Verhalten des geschlossenen Regelkreises stark abhängt, sollen nachfolgend zunächst die wichtigsten Typen von Standardreglern eingeführt werden.

5.3 Der PID-Regler und die aus ihm ableitbaren Reglertypen

5.3.1 Das Übertragungsverhalten

Die gerätetechnische Ausführung eines Reglers umfaßt die Bildung der Regelabweichung $e(t) = w(t) - y(t)$ sowie deren weitere Verarbeitung zur Reglerausgangsgröße $u_R(t)$ gemäß Bild 5.1.1 oder direkt zur Stell-

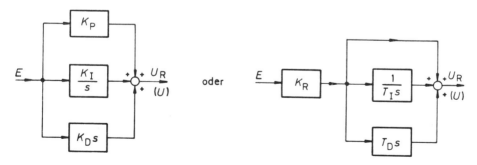

Bild 5.3.1. Blockschaltbild des PID-Reglers

größe $u(t)$, falls das Stellglied mit dem Regler zur Regeleinrichtung entsprechend Bild 5.1.2 zusammengefaßt wird. Die meisten heute in der Industrie eingesetzten linearen Reglertypen sind Standardregler, deren Übertragungsverhalten sich auf die drei linearen idealisierten Grundfor-

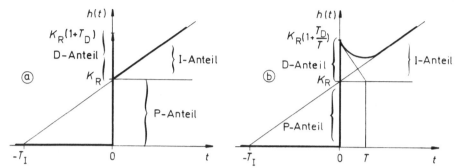

Bild 5.3.2. Übergangsfunktion (a) des idealen und (b) des realen PID-Reglers

men des P-, I- und D-Gliedes zurückführen läßt. Als der wichtigste Standardregler wird heute im industriellen Bereich der PID-Regler verwendet. Die prinzipielle Wirkungsweise des PID-Reglers läßt sich anschaulich durch die im Bild 5.3.1 dargestellte Parallelschaltung je eines P-, I- und D-Gliedes erklären. Aus dieser Darstellung folgt als *Übertragungsfunktion* des PID-Reglers

$$G_R(s) = \frac{U_R(s)}{E(s)} = K_P + \frac{K_I}{s} + K_D\, s \ . \tag{5.3.1}$$

Durch Einführung der Größen

$K_R = K_P$ Verstärkungsfaktor

$T_I = \dfrac{K_P}{K_I}$ Integralzeit oder Nachstellzeit

$T_D = \dfrac{K_D}{K_P}$ Differentialzeit oder Vorhaltezeit

läßt sich Gl. (5.3.1) so umformen, daß neben dem oftmals dimensionsbehafteten Verstärkungsfaktor K_R nur die beiden Zeitkonstanten T_I und T_D in der Übertragungsfunktion

$$G_R(s) = K_R(1 + \frac{1}{T_I s} + T_D s) \tag{5.3.2}$$

auftreten. Diese drei Größen K_R, T_I und T_D sind gewöhnlich in bestimmten Wertebereichen einstellbar; sie werden daher auch als *Einstellwerte* des Reglers bezeichnet. Durch geeignete Wahl dieser Einstellwerte läßt sich ein Regler dem Verhalten der Regelstrecke so anpassen, daß ein möglichst günstiges Regelverhalten entsteht.

Aus Gl. (5.3.2) folgt für den zeitlichen Verlauf der Reglerausgangsgröße

$$u_R(t) = K_R\, e(t) + \frac{K_R}{T_I} \int_0^t e(\tau)\,d\tau + K_R T_D \frac{de(t)}{dt} . \quad (5.3.3)$$

Damit läßt sich nun leicht für eine sprungförmige Änderung von $e(t)$, also $e(t) = \sigma(t)$, die *Übergangsfunktion* $h(t)$ des PID-Reglers bilden. Sie ist im Bild 5.3.2a dargestellt. Dabei ist zu beachten, daß die Pfeilhöhe $K_R T_D$ des D-Anteils nur als Maß für die Gewichtung des δ-Impulses anzusehen ist.

Bei den bisherigen Überlegungen wurde davon ausgegangen, daß sich das D-Verhalten im PID-Regler realisieren läßt. Gerätetechnisch kann jedoch das ideale D-Verhalten nicht verwirklicht werden. Bei tatsächlich ausgeführten Reglern ist das D-Verhalten stets mit einer gewissen Verzögerung behaftet, so daß anstelle des D-Gliedes in der Schaltung von Bild 5.3.1 ein DT_1-Glied mit der Übertragungsfunktion

$$G_D(s) = K_D \frac{Ts}{1 + Ts} \quad (5.3.4)$$

zu berücksichtigen ist. Damit erhält man als Übertragungsfunktion des *realen* PID-Reglers oder genauer des $PIDT_1$-Reglers die Beziehung

$$G_R(s) = K_P + \frac{K_I}{s} + K_D \frac{Ts}{1 + Ts} , \quad (5.3.5)$$

und durch Einführung der Reglereinstellwerte

$$K_R = K_P , \quad T_I = \frac{K_R}{K_I} \quad \text{und} \quad T_D = \frac{K_D T}{K_R}$$

folgt daraus

$$G_R(s) = K_R(1 + \frac{1}{T_I s} + T_D \frac{s}{1 + Ts}) . \quad (5.3.6)$$

Die Übergangsfunktion $h(t)$ des $PIDT_1$-Reglers ist im Bild 5.3.2b dargestellt. Diese Übergangsfunktion weist für $t = 0$, bedingt durch den P- und D-Anteil, einen starken Anstieg auf, der anschließend schnell wieder bis fast auf den durch den P-Anteil gegebenen Wert zurückgenommen wird, um dann anschließend in den langsameren I-Anteil überzugehen. Das P-, I- und D-Verhalten kann jeweils unabhängig voneinander eingestellt werden. Bei handelsüblichen Reglern läßt sich der "D-Sprung" bei $t = 0$ gewöhnlich 5- bis 25-mal größer als der "P-Sprung" einstellen. Bei einer starken Bewertung des D-Anteils, also einem hohen D-Sprung (man bezeichnet dies oft auch als Vorhaltüberhöhung) wird jedoch meist das Stellglied seinen maximalen Wert erreichen, d. h. es kommt an seinen "Anschlag".

Als *Sonderfälle des PID-Reglers* erhält man für:

a) $T_D = 0$ den *PI-Regler* mit der Übertragungsfunktion

$$G_R(s) = K_R(1 + \frac{1}{T_I s}) \, ; \tag{5.3.7}$$

b) $T_I \to \infty$ den idealen *PD-Regler* mit der Übertragungsfunktion

$$G_R(s) = K_R(1 + T_D s) \tag{5.3.8}$$

bzw. den PDT$_1$-Regler mit der Übertragungsfunktion

$$G_R(s) = K_R(1 + T_D \frac{s}{1 + Ts}) \, ; \tag{5.3.9}$$

c) $T_D = 0$ und $T_I \to \infty$ den *P-Regler* mit der Übertragungsfunktion

$$G_R(s) = K_R \, . \tag{5.3.10}$$

Die Übergangsfunktionen dieser Reglertypen sind im Bild 5.3.3 zusammengestellt.

Neben den hier behandelten Reglertypen, die durch entsprechende Wahl der Einstellwerte sich direkt aus einem PID-Regler (Universalregler) herleiten lassen, kommt manchmal auch ein reiner *I-Regler* zum Einsatz. Die Übertragungsfunktion des I-Reglers lautet

$$G_R(s) = K_I \frac{1}{s} = \frac{K_R}{T_I s} \, . \tag{5.3.11}$$

Seine Übergangsfunktion läßt sich aus Tabelle 4.3.3 entnehmen. Erwähnt sei noch, daß D-Glieder nicht direkt als Regler eingesetzt werden, sondern nur in Verbindung mit P-Gliedern beim PD- und PID-Regler auftreten.

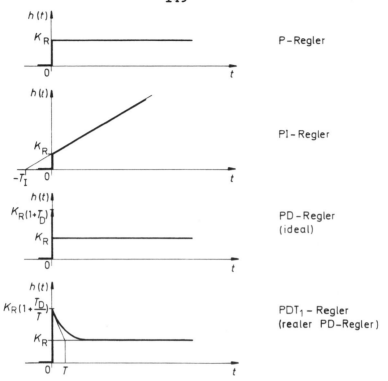

Bild 5.3.3. Übergangsfunktionen der aus dem PID-Regler ableitbaren Reglertypen

5.3.2 Vor- und Nachteile der verschiedenen Reglertypen

Nachfolgend wird anhand eines Beispiels das Störverhalten eines simulierten Regelkreises untersucht, wobei als Regler die im Abschnitt 5.3.1 eingeführten Reglertypen verwendet werden. Das Verhalten der Regelstrecke wird durch die Übertragungsfunktion

$$G_S(s) = \frac{K_S}{(1 + Ts)^4}$$

beschrieben. Zur Untersuchung auf Störverhalten wird die Führungsgröße $w(t) \equiv 0$ gesetzt und am *Eingang* der Regelstrecke eine sprungförmige Störung

$$z'(t) = z_0 \sigma(t)$$

aufgeschaltet. (Dem entspricht der Fall, daß $Z(s) = Z'(s)G_S(s)$ am

Ausgang der Regelstrecke angreift.) Die Reglerparameter werden nach einem später noch zu behandelndem Gütemaß optimal eingestellt. Bild 5.3.4 zeigt für die verschiedenen Reglertypen die Reaktion der auf $K_S z_0$ normierten Regelgröße y nach einer sprungförmigen Störung. Diese Kurven geben auch, abgesehen vom Vorzeichen, unmittelbar die Regelabweichung $e(t)$ wieder, da für $w(t) \equiv 0$ die Beziehung $e(t) = -y(t)$ gilt. Zur Diskussion dieser Kurven benötigt man noch den Begriff der Ausregelzeit $t_{3\%}$. Diese ist definiert als der Zeitpunkt, von dem an die Differenz $|y(t) - y_\infty|$ weniger als 3 % des stationären Endwertes im ungeregelten Fall

$$y_{\infty,\text{ohne}} = K_S z_0 \qquad (5.3.12)$$

beträgt. Außerdem sollen die verschiedenen Fälle bezüglich der normierten maximalen Überschwingung $y_{\max}/(K_S z_0)$ (Überschwingweite) verglichen werden.

Im folgenden werden die einzelnen Fälle kurz diskutiert:

a) Der *P-Regler* weist ein relativ großes maximales Überschwingen $y_{\max}/(K_S z_0)$, eine große Ausregelzeit $t_{3\%}$ sowie eine bleibende Regelabweichung e_∞ auf.

b) Der *I-Regler* besitzt aufgrund des langsam einsetzenden I-Verhaltens ein noch größeres maximales Überschwingen als der P-Regler, dafür aber keine bleibende Regelabweichung.

c) Der *PI-Regler* vereinigt die Eigenschaften von P- und I-Regler. Er besitzt ungefähr ein maximales Überschwingen und eine Ausregelzeit wie der P-Regler und weist keine bleibenden Regelabweichungen auf.

d) Der *PD-Regler* besitzt aufgrund des "schnellen" D-Anteils eine geringere maximale Überschwingweite als die oben unter a) bis c) aufgeführten Reglertypen. Aus demselben Grund zeichnet er sich auch durch die geringste Ausregelzeit aus. Aber auch hier stellt sich eine bleibende Regelabweichung ein, die allerdings geringer ist als beim P-Regler, da der PD-Regler im allgemeinen aufgrund der phasenanhebenden Wirkung des D-Anteils mit einer höheren Verstärkung K_R betrieben wird. Bei den im Bild 5.3.4 dargestellten Ergebnissen betrug der Verstärkungsfaktor beim P-Regler $K_R = 2{,}68$ und beim PD-Regler $K_R = 6{,}6$, während die Regelstrecke den Verstärkungsfaktor $K_S = 1$ aufweist.

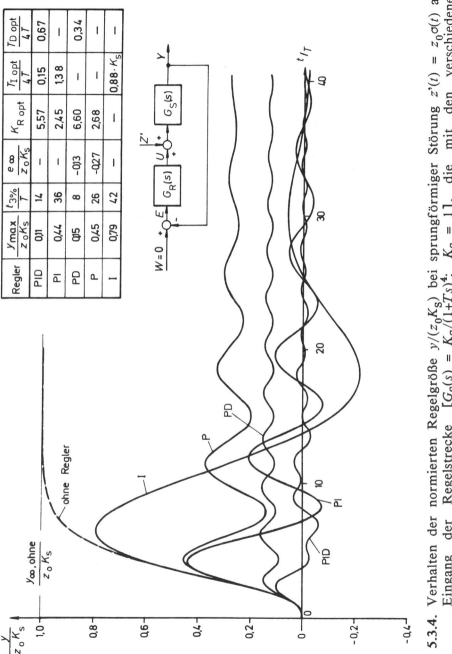

Bild 5.3.4. Verhalten der normierten Regelgröße $y/(z_0 K_S)$ bei sprungförmiger Störung $z'(t) = z_0 \sigma(t)$ am Eingang der Regelstrecke $[G_S(s) = K_S/(1+Ts)^4$; $K_S = 1]$, die mit den verschiedenen Reglertypen zusammengeschaltet wurde

e) Der *PID-Regler* vereinigt die Eigenschaften des PI- und PD-Reglers. Er besitzt ein noch geringeres maximales Überschwingen als der PD-Regler und behält aufgrund des I-Anteils keine bleibende Regelabweichung. Durch den hinzugekommenen I-Anteil wird die Ausregelzeit jedoch größer als beim PD-Regler.

Die an diesem Beispiel durchgeführten qualitativen Betrachtungen lassen sich auch auf andere Typen von Regelstrecken mit verzögertem P-Verhalten übertragen. Diese Diskussion soll zunächst nur einen ersten Einblick in das statische (stationäre) und dynamische Verhalten von Regelkreisen geben. Im Rahmen des Entwurfs von Regelkreisen wird darauf im Kapitel 8 noch näher eingegangen.

5.3.3 Technische Realisierung von linearen kontinuierlichen Reglern

5.3.3.1 Das Prinzip der Rückkopplung

Die meisten technischen, analogen Regler werden unter Anwendung des Prinzips der Rückkopplung realisiert. Ein solcher Regler besteht nach Bild 5.3.5 aus einem Verstärker mit einer sehr hohen Verstärkung K und einem geeigneten Rückkopplungsglied mit der Übertragungsfunktion $G_r(s)$.

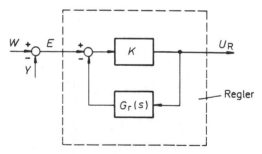

Bild 5.3.5. Realisierung eines Reglers mit Hilfe des Prinzips der Rückkopplung

Ähnlich wie im Abschnitt 5.3.1 wird im weiteren davon ausgegangen, daß die Bildung der Regelabweichung $e(t)$ schon vor dem eigentlichen dynamischen Teil des Reglers erfolgt. Die resultierende Reglerübertragungsfunktion ergibt sich daher aus Bild 5.3.5 zu

$$G_R(s) = \frac{U_R(s)}{E(s)} = \frac{K}{1 + K\,G_r(s)} = \frac{1}{\frac{1}{K} + G_r(s)} \quad . \quad (5.3.13)$$

Hieraus folgt mit $1/K \ll |G_r(s)|$

$$G_R(s) \approx \frac{1}{G_r(s)} \ . \tag{5.3.14}$$

Das Übertragungsverhalten des Reglers wird somit nur durch das Rückkopplungsglied bestimmt. Daher lassen sich durch Verwendung verschiedener, zweckmäßig gewählter Rückkopplungsglieder die wichtigsten linearen Reglertypen einfach realisieren, wie nachfolgend gezeigt werden soll.

a) Aus einer *verzögerten Rückführung* mit der Übertragungsfunktion

$$G_r(s) = \frac{K_r}{1 + T_r s} \tag{5.3.15}$$

erhält man unter Verwendung von Gl. (5.3.14) die Reglerübertragungsfunktion

$$G_R(s) = \frac{1}{K_r} + \frac{T_r}{K_r} s = K_R(1 + T_D s) \ . \tag{5.3.16}$$

Diese Gleichung stellt einen *PD-Regler* mit der Verstärkung

$$K_R = \frac{1}{K_r} \tag{5.3.17a}$$

und der Vorhaltezeit

$$T_D = T_r \tag{5.3.17b}$$

dar.

b) Aus einer *nachgebenden Rückführung* mit der Übertragungsfunktion

$$G_r(s) = K_r \frac{T_r s}{1 + T_r s} \tag{5.3.18}$$

erhält man die Reglerübertragungsfunktion

$$G_R(s) = \frac{1}{K_r} + \frac{1}{K_r T_r s} = K_R(1 + \frac{1}{T_I s}) \ . \tag{5.3.19}$$

Diese Beziehung beschreibt einen *PI-Regler* mit der Verstärkung

$$K_R = \frac{1}{K_r} \tag{5.3.20a}$$

und der Nachstellzeit

$$T_I = T_r \ . \tag{5.3.20b}$$

c) Aus einer *verzögert nachgebenden Rückführung* mit der Übertragungsfunktion

$$G_r(s) = \frac{K_{r1}}{1 + T_{r1}s} K_{r2} \frac{T_{r2}s}{1 + T_{r2}s}$$

$$= \frac{K_{r1}K_{r2}T_{r2}s}{1 + (T_{r1} + T_{r2})s + T_{r1}T_{r2}s^2} \qquad (5.3.21)$$

ergibt sich die Reglerübertragungsfunktion zu

$$G_R(s) = \frac{T_{r1} + T_{r2}}{K_{r1}K_{r2}T_{r2}} + \frac{1}{K_{r1}K_{r2}T_{r2}} \frac{1}{s} + \frac{T_{r1}}{K_{r1}K_{r2}} s$$

$$= K_R(1 + \frac{1}{T_I s} + T_D s) . \qquad (5.3.22)$$

Hier entsteht durch die Rückführung ein *PID-Regler* mit der Verstärkung

$$K_R = \frac{T_{r1} + T_{r2}}{K_{r1}K_{r2}T_{r2}} , \qquad (5.3.23a)$$

der Nachstellzeit

$$T_I = T_{r1} + T_{r2} \qquad (5.3.23b)$$

sowie der Vorhaltezeit

$$T_D = \frac{T_{r1}T_{r2}}{T_{r1} + T_{r2}} . \qquad (5.3.23c)$$

5.3.3.2 Elektrische Regler [5.1]

Moderne elektrische Regler werden weitgehend durch Operationsverstärkerschaltungen realisiert. Bei den weiteren Betrachtungen soll von einem idealen Operationsverstärker ausgegangen werden. Dieser ideale Operationsverstärker mit den Bezeichnungen entsprechend Bild 5.3.6 besitze die folgenden Eigenschaften:

- Der Eingangswiderstand R_E sei unendlich groß.
- Es treten keine Eingangsruheströme, Eingangsoffsetströme und Offsetspannungen auf. Mit diesen ersten beiden Annahmen wird $i_p = i_n = 0$.

- Es gilt

$$u_a = V_0 u_d = V_0 (u_p - u_n) ,$$

mit der Leerlaufverstärkung $K \equiv V_0 \to \infty$ (üblicher Wert $V_0 > 10^5$).

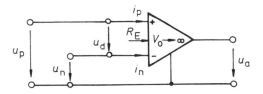

Bild 5.3.6. Unbeschalteter Operationsverstärker

Beschaltet man diesen Operationsverstärker mit einem Rückkopplungsnetzwerk, bestehend aus den beiden komplexen Widerständen $Z_1(s)$ und $Z_2(s)$ zu einem *nichtinvertierenden Verstärker*, so erhält man Bild 5.3.7. Die Struktur entspricht genau jener von Bild 5.3.5.

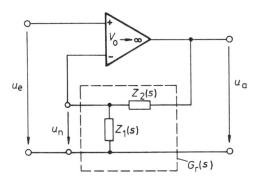

Bild 5.3.7. Beschaltung des Operationsverstärkers als nichtinvertierender Verstärker

Als Rückführungsübertragungsfunktion folgt unmittelbar

$$G_r(s) = \frac{U_n(s)}{U_a(s)} = \frac{Z_1(s)}{Z_1(s) + Z_2(s)} . \qquad (5.3.24)$$

In der Praxis wählt man jedoch meistens eine Beschaltung als *invertierender Verstärker* nach Bild 5.3.8. Betrachtet man die Strombilanz am Summenpunkt S, so gilt

$$\frac{U_e(s)}{Z_1(s)} + \frac{U_a(s)}{Z_2(s)} = 0 , \qquad (5.3.25)$$

da wegen der unendlich großen Leerlaufverstärkung V_0 die Differenzspannung $U_d = 0$ sein muß. Daraus ergibt sich für die Reglerübertragungsfunktion

$$G_R(s) = \frac{U_a(s)}{U_e(s)} = -\frac{Z_2(s)}{Z_1(s)} \quad . \tag{5.3.26}$$

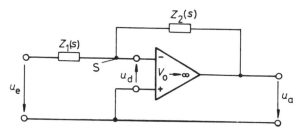

Bild 5.3.8. Beschaltung des Operationsverstärkers als invertierender Verstärker

Tabelle 5.3.2 zeigt mögliche Ausführungsformen der verschiedenen Reglertypen (ohne Sollwert-/Istwertvergleich) mit einem als Invertierer geschalteten Operationsverstärker. Man beachte dabei, daß gemäß Gl. (5.3.26) die hierbei entstehenden Regler eine zusätzliche Vorzeichenumkehr der Ausgangsspannung U_a bewirken. Tabelle 5.3.2 enthält bei den Schaltungen von PD- und PID-Regler die Realisierung eines idealen D-Gliedes. Da derartige D-Glieder aber kleine zufällige Schwankungen oder Störungen der Regelabweichung $e(t)$ um so mehr anheben, je rascher sie verlaufen, d. h. je höher deren Frequenz ist, ist man für praktische Anwendungen stets bestrebt, D-Glieder durch DT_1-Glieder zu realisieren, wobei die entsprechende Verzögerungszeitkonstante jedoch so klein sein muß, daß sie das eigentliche Regelsignal nicht nennenswert beeinflußt. Daher wird i. a. durch eine zusätzliche Schaltung dem D-Anteil eine entsprechende Verzögerung hinzugefügt. Dies kann beispielsweise beim PD- und PID-Regler durch einen zusätzlichen Widerstand geschehen, der in Reihe mit C_1 geschaltet wird.

Die zuvor beschriebenen analogen elektrischen Standardregler werden heute in der industriellen Ausführung leittechnischer Anlagen als *digitale Regler* realisiert. Dabei werden die Rechenfunktionen des P-, I- und D-Verhaltens direkt von einem Mikroprozessor übernommen. Da diese Regler nur die zu diskreten Zeitpunkten t_k abgetasteten Signalwerte der Regelabweichung $e(t_k) = w(t_k) - y(t_k)$ verarbeiten und auch die Stellgröße $u(t_k)$ nur zu diskreten Zeitpunkten in äquidistanten Zeitintervallen liefern, müssen zusätzliche Maßnahmen für die Analog/Digital- bzw. Digital/Analog-Umsetzung der Signale vorgesehen werden.

Tabelle 5.3.2. Realisierung der wichtigsten linearen Standardregler mittels Operationsverstärker (ohne Berücksichtigung des Sollwert-/Istwertvergleichs $e(t) = w(t) - y(t)$)

Reglertyp	Schaltung	Übertragungsfunktion	Einstellwerte
P	(OpAmp mit R_1 am Eingang, R_2 Rückkopplung)	$G_R(s) = \dfrac{U_R(s)}{E(s)} = -\dfrac{R_2}{R_1}$	Verstärkung $K_R = -\dfrac{R_2}{R_1}$
I	(OpAmp mit R_1, C_2 Rückkopplung)	$G_R(s) = \dfrac{U_R(s)}{E(s)} = -\dfrac{\frac{1}{sC_2}}{R_1} = -\dfrac{1}{sR_1C_2}$	Nachstellzeit $T_I = -R_1C_2$
PI	(OpAmp mit R_1, $R_2 C_2$ Rückkopplung)	$G_R(s) = \dfrac{U_R(s)}{E(s)} = -\dfrac{\frac{1}{sC_2} + R_2}{R_1}$ $= -\dfrac{R_2}{R_1}\left(1 + \dfrac{1}{sR_2C_2}\right)$	Verstärkung $K_R = -\dfrac{R_2}{R_1}$ Nachstellzeit $T_I = R_2C_2$
PD	(OpAmp mit $C_1 \| R_1$, R_2 Rückkopplung)	$G_R(s) = \dfrac{U_R(s)}{E(s)} = -\dfrac{R_2}{\frac{R_1}{1+sR_1C_1}}$ $= -\dfrac{R_2}{R_1}(1+sR_1C_1)$	Verstärkung $K_R = -\dfrac{R_1}{R_2}$ Vorhaltezeit $T_D = R_1C_1$
PID	(OpAmp mit $C_1 \| R_1$, $R_2 C_2$ Rückkopplung)	$G_R(s) = \dfrac{U_R(s)}{E(s)} = -\dfrac{R_2 + \frac{1}{sC_2}}{\frac{R_1}{1+sR_1C_1}}$ $= -\dfrac{R_1C_1+R_2C_2}{R_1C_2}\left[1 + \dfrac{1}{R_1C_1+R_2C_2}\cdot\dfrac{1}{s} + \dfrac{R_1R_2C_1C_2}{R_1C_1+R_2C_2}s\right]$	Verstärkung $K_R = -\dfrac{R_1C_1+R_2C_2}{R_1C_2}$ Nachstellzeit $T_I = R_1C_1+R_2C_2$ Vorhaltezeit $T_D = \dfrac{R_1R_2C_1C_2}{R_1C_1+R_2C_2}$

Auf die Arbeitsweise derartiger Abtastregelsysteme wird ausführlich im Band "Regelungstechnik II" eingegangen.

5.3.3.3 Pneumatische Regler [5.2, 5.3]

In vielen verfahrenstechnischen Anlagen, insbesondere in der chemischen Industrie, wird auch heute noch gelegentlich für Regelgeräte Druckluft als Hilfsenergie und Signalträger verwendet. Zur Übertragung pneumatischer Signale, z. B. vom Regler zum Stellglied, werden Leitungen aus Kupferrohr oder Kunststoff (Innendurchmesser 4mm) benutzt. Die maximale Länge derartiger Signalübertragungsleitungen liegt bei ca. 300 m. Als hauptsächliche Vorteile für die Einführung pneumatischer Regelgeräte sind zu erwähnen, daß sie
- leicht zu handhaben sind,
- prinzipiell keine Explosionsgefahr erzeugen, und daß
- pneumatisch betriebene Stellglieder besonders einfach und robust sind sowie große Stellkräfte erzeugen können.

Gewöhnlich liefern die mit pneumatischer Hilfsenergie arbeitenden Regelgeräte Signale im Einheitsbereich zwischen 0,2 und 1,0 bar Überdruck. Der Versorgungsdruck dieser Geräte beträgt $p_0 = 1,4$ bar.

Das Düse-Prallplatte-System. Bild 5.3.9 zeigt als Beispiel einen Druckregelkreis mit einem pneumatischen P-Regler. Die Regelaufgabe besteht darin, den Druck in einer fluiddurchströmten Rohrleitung unabhängig von auftretenden Störungen konstant zu halten. Dazu wird der Rohrdruck als Regelgröße $y_S(t)$ über ein Meßglied erfaßt und als pneumatisch umgeformtes Signal $y(t)$ einem pneumatischen P-Regler zugeführt. Dieser bildet die Regelabweichung $e(t)$ und verarbeitet $e(t)$ zur Reglerausgangsgröße $u_R(t)$, also zum Stelldruck p_R, der über ein Membranventil (Stellglied) in geeigneter Weise den Volumenstrom und damit den Druck in der Regelstrecke (Rohr) beeinflußt und Störungen ausregelt. Der P-Regler wird über eine Drossel mit einem Druck $p_0 \approx 1,4$ bar versorgt.

Den wichtigsten Teil des Reglers stellt das *Düse-Prallplatte-System* dar, wobei die Prallplatte vor dem Düsenaustritt als Waagebalken ausgeführt ist. Je nach Abstand zwischen Düse und Prallplatte kann als Reglerausgangsgröße $u_R(t)$ ein Stelldruck p_R im Bereich $0 \leq p_R \leq p_0$ eingestellt werden. Ist die Prallplatte weit von der Düse entfernt, so ergibt sich ein Stelldruck von $p_R \approx 0$, da die Druckluft ungehindert aus der Düse austritt und somit der gesamte Versorgungsdruck an der Drosselstelle (Dr) abfällt. Befindet sich die Prallplatte jedoch dicht vor der Düse, so kann dort keine Luft ausströmen, so daß der Druckabfall an der Drosselstelle nahezu Null ist, und daher der Stelldruck ungefähr $p_R \approx p_0$ wird, also den Wert des Versorgungsdruckes p_0 annimmt. Gewöhnlich wird dabei aber nur der Druckbereich $p_R = 0{,}2$ bis $1{,}0$ bar ausgenutzt. Läßt man zunächst den Rückführbalg (RFB) außer Betracht, so wird der Abstand zwischen Düse und Prallplatte aus dem Gleichgewicht der Kräfte bestimmt, die durch die Feder (F) des Sollwertstellers und den Meßbalg (MB) hervorgerufen werden. An dieser Stelle wird somit durch einen Kräftevergleich die Differenzbildung zwischen Sollwert und Istwert der Regelgröße durchgeführt, d. h. also die Regelabweichung $e(t) = w(t) - y(t)$ gebildet, da man über die Federspannung den Sollwert w einstellen kann. Bereits kleine Druckänderungen im Meßbalg (MB) bewirken durch die hohe Ansprechempfindlichkeit der Drosselstelle des Düse-Prallplatte-Systems starke Änderungen des Stelldruckes p_R. Somit kann das Düse-Prallplatte-System als Verstärker mit hoher Verstärkung betrachtet werden.

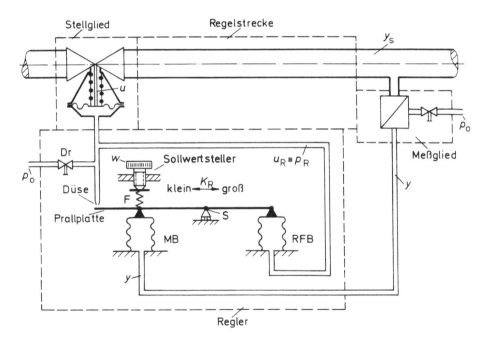

Bild 5.3.9. Druckregelung mit pneumatischem Druckregler

Der P-Regler. Der Rückführbalg (RFB) hat nun die Aufgabe, die hohe Verstärkung des Düse-Prallplatte-Systems zu reduzieren. Dabei kommt das in Abschnitt 5.3.3.1 vorgestellte Rückkopplungsprinzip zur Anwendung, demzufolge nach Bild 5.3.5 im vorliegenden Fall die Ausgangsgröße des Reglers $u_R(t)$ über ein P-Glied mit der Verstärkung K_r an den Eingang zurückgeführt wird. Dazu bringt man auf der dem Meßbalg (MB) gegenüberliegenden Seite des Waagebalkens einen weiteren Balg an, der an die Reglerausgangsgröße $u_R(t)$ mit dem Stelldruck p_R angeschlossen wird und somit der Kraft des Meßbalges (MB) entgegenwirkt (Rückkopplung). Dieser Rückführbalg (RFB) besitzt ein vernachlässigbar kleines Volumen. Der mit mehreren Balgen versehene Waagebalken wird gewöhnlich auch als Balgwaage bezeichnet. Je nach Lage des Drehpunktes S liefert der Rückführbalg (RFB) einen mehr oder weniger großen Beitrag zum Momentengleichgewicht der Balgwaage. Das bedeutet aber, daß durch Veränderung der Lage des Drehpunktes S die Rückführverstärkung K_r eingestellt werden kann. Verschiebt man den Drehpunkt nach links, so erhöht sich K_r, damit nimmt die Reglerverstärkung K_R ab. Verschiebt man den Drehpunkt nach rechts, so nimmt K_r ab, damit wird aber die Reglerverstärkung K_R größer.

Der PI-Regler. Bild 5.3.10 zeigt, wie man den P-Regler zu einem PI-Regler erweitern kann. Man schließt über ein Ventil (Dr2) an den Stelldruck p_R einen weiteren Rückführbalg (RFB$_2$) an, dem als Energiespeicher zusätzlich ein mehr oder weniger großes Volumen (Zusatzvolumen ZV) parallel geschaltet ist. Es soll - wie bei der Ableitung des P-Reglers - davon ausgegangen werden, daß auch das Volumen des Rückführbalges (RFB$_2$) und des gesamten Rohrleitungssystems vernach-

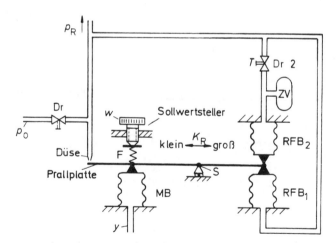

Bild 5.3.10. Pneumatischer PI-Regler

lässigbar klein ist. Das Ventil (Dr2) stellt nun eine Drosselstelle dar, die eine Einstellung des Strömungswiderstandes ermöglicht. Erhöht man am Eingang dieser Drosselstelle sprungförmig den Druck, so fällt die Differenz zwischen altem und neuem Druck zunächst voll an dieser Drosselstelle ab, da das noch "leere" Volumen von ZV zunächst aufgefüllt werden muß. Nach und nach wird dieses Volumen jedoch durch einströmende Luft gefüllt, und der Druck im Balg RFB_2 steigt asymptotisch auf den neuen Wert an. Das Volumen ZV bildet zusammen mit der Drosselstelle ein PT_1-Glied. Mit Dr2 $\triangleq R$ und ZV $\triangleq C$ kann man eine Analogie zu dem in Bild 4.3.9 gezeigten elektrischen PT_1-Glied herstellen. Ein nahezu geschlossenes Ventil entspricht einer großen Zeitkonstanten. Das gesamte Rückführglied besteht also aus der Parallelschaltung eines P- und eines PT_1-Gliedes. Beide Übertragungsglieder besitzen dieselbe Verstärkung, da im stationären Zustand in RFB_1 und RFB_2 der gleiche Druck herrscht. Damit lautet die Rückführungsübertragungsfunktion unter Berücksichtigung des negativen Vorzeichens des PT_1-Anteils

$$G_r(s) = K_r \left(1 - \frac{1}{1 + Ts}\right)$$

$$= K_r \left[\frac{Ts}{1 + Ts}\right] . \tag{5.3.27}$$

Es handelt sich also um eine nachgebende Rückführung, die nach den Überlegungen von Abschnitt 5.3.3.1b zu einem PI-Regler führt.

Der PID-Regler. Bild 5.3.11 zeigt die Erweiterung des PI-Reglers zu einem PID-Regler. Das Rückführglied, bestehend aus einer Parallelschaltung zweier PT_1-Glieder, besitzt die Übertragungsfunktion

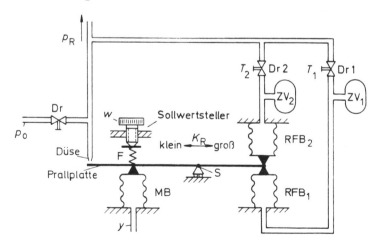

Bild 5.3.11. Pneumatischer PID-Regler

$$G_r(s) = K_r \left[\frac{1}{1+T_1 s} - \frac{1}{1+T_2 s} \right]$$

$$= K_r \left[\frac{(T_2-T_1)s}{1+(T_2+T_1)s+T_1 T_2 s^2} \right]. \qquad (5.3.28)$$

Sorgt man dafür, daß T_2 stets größer als T_1 ist, so erhält man als

$$G_R(s) = \frac{1}{G_r(s)} = \frac{1}{K_r} \frac{T_2+T_1}{T_2-T_1} \left[1 + \frac{1}{(T_1+T_2)s} + \frac{T_1 T_2}{T_1+T_2} s \right]$$

die Übertragungsfunktion eines PID-Reglers.

(5.3.29)

6 STABILITÄT LINEARER KONTINUIERLICHER REGELSYSTEME

6.1 Definition der Stabilität und Stabilitätsbedingungen

Bei der Gegenüberstellung der Begriffe Steuerung und Regelung in Kapitel 1 wurde bereits gezeigt, daß ein Regelkreis aufgrund der Rückführungsstruktur instabil werden kann, d. h. daß Schwingungen auftreten können, deren Amplituden (theoretisch) über alle Grenzen anwachsen. In Abschnitt 2.3.7 wurde ein System als stabil bezeichnet, das auf jedes beschränkte Eingangssignal mit einem beschränkten Ausgangssignal antwortet. Nachfolgend soll nun näher die Stabilität linearer Regelsysteme behandelt werden. Dazu wird zunächst folgende Definition eingeführt:

Ein lineares zeitvariantes Übertragungssystem entsprechend Gl. (4.2.3) oder Gl. (4.2.16) heißt (*asymptotisch*) *stabil*, wenn seine Gewichtsfunktion asymptotisch auf Null abklingt, d. h. wenn gilt

$$\lim_{t \to \infty} g(t) = 0 \ . \tag{6.1.1}$$

Geht dagegen die Gewichtsfunktion betragsmäßig mit wachsendem t gegen unendlich, so nennt man das System *instabil*. Als Sonderfall sollen noch solche Systeme betrachtet werden, bei denen der Betrag der Gewichtsfunktion mit wachsendem t einen endlichen Wert nicht überschreitet oder einem endlichen Grenzwert zustrebt. Diese Systeme werden *grenzstabil* genannt. (Beispiele: ungedämpftes PT_2S-Glied, I-Glied).

Diese Definition der Stabilität zeigt, daß bei linearen Systemen die Stabilität eine *Systemeigenschaft* ist, da ja die Gewichtsfunktion das Systemverhalten vollständig beschreibt. Ist Gl. (6.1.1) erfüllt, so gibt es keine Anfangsbedingung und keine beschränkte Eingangsgröße, die bewirken können, daß die Ausgangsgröße über alle Grenzen wächst. Außerdem kann diese Stabilitätsdefinition direkt zur Untersuchung der Stabilität eines linearen Systems dadurch benutzt werden, daß man den Grenzwert der Gewichtsfunktion für $t \to \infty$ bestimmt. Existiert der Grenzwert, und ist er Null, so ist das System stabil. Meist liegt jedoch die Gewichtsfunktion nicht als geschlossene Formel vor, so daß es recht aufwendig sein kann, den erforderlichen Grenzwert zu berechnen.

Dagegen kennt man sehr häufig die Übertragungsfunktion $G(s)$ des Systems. Da $G(s)$ die Laplace-Transformierte der Gewichtsfunktion ist, muß die Stabilitätsbedingung gemäß Gl. (6.1.1) auch als Bedingung für $G(s)$ formuliert werden können.

Um dies zu zeigen, benutzt man die inverse Laplace-Transformierte, die im Abschnitt 4.1.4 besprochen wurde. Ist $G(s)$ als rationale Übertragungsfunktion

$$G(s) = \frac{Z(s)}{N(s)} = \frac{Z(s)}{a_0 + a_1 s + \ldots + a_n s^n} \qquad (6.1.2)$$

gegeben, und sind $s_k = \sigma_k + j\omega_k$ die Pole der Übertragungsfunktion $G(s)$, also die Wurzeln des Nennerpolynoms

$$N(s) = a_n (s-s_1)(s-s_2) \ldots (s-s_n) = \sum_{i=0}^{n} a_i s^i, \qquad (6.1.3)$$

so setzt sich die zugehörige Gewichtsfunktion

$$g(t) = \sum_{j=1}^{\nu} g_j(t) \qquad (6.1.4)$$

analog zu Gl. (4.1.28) bzw. Gl. (4.1.31) aus $\nu \leq n$ Summanden der Form

$$g_j(t) = c_j \, t^\mu \, e^{s_k t}, \quad \mu = 0,1,2,\ldots, \quad j = 1,2,\ldots,\nu, \quad k = 1,2,\ldots,n$$

zusammen. Dabei ist c_j im allgemeinen eine komplexe Konstante, und die Zahl μ wird für mehrfache Pole s_k größer als Null. Bildet man den Betrag dieser Funktion, so erhält man

$$|g_j(t)| = |c_j \, t^\mu e^{s_k t}| = |c_j| \, t^\mu \, e^{\sigma_k t}.$$

Ist nun $\sigma_k < 0$, so strebt für $t \to \infty$ die e-Funktion gegen Null, und damit auch $|g_j(t)|$, selbst wenn $\mu > 0$ ist, da bekanntlich die Exponentialfunktion schneller gegen Null geht als jede endliche Potenz von t anwächst.

Diese Überlegung macht deutlich, daß Gl. (6.1.1) genau dann erfüllt ist, wenn sämtliche Pole von $G(s)$ einen negativen Realteil haben. Ist der Realteil auch nur eines Pols positiv, oder ist der Realteil eines mehrfachen Pols gleich Null, so wächst die Gewichtsfunktion mit t über alle Grenzen.

Es genügt also zur Stabilitätsuntersuchung, die Pole der Übertragungsfunktion $G(s)$ des Systems, d. h. die Wurzeln s_k seiner charakteristischen Gleichung

$$a_0 + a_1 s + a_2 s^2 + ... + a_n s^n = 0 ,\qquad(6.1.5)$$

zu überprüfen. Nun lassen sich die folgenden notwendigen und hinreichenden *Stabilitätsbedingungen* formulieren:

a) *Asymptotische Stabilität*

Ein lineares Übertragungssystem ist genau dann asymptotisch stabil, wenn für die Wurzeln s_k seiner charakteristischen Gleichung

Re $s_k < 0$ für alle s_k ($k = 1,2,...,n$)

gilt, oder anders ausgedrückt, wenn *alle* Pole seiner Übertragungsfunktion in der linken s-Halbebene liegen.

b) *Instabilität*

Ein lineares System ist genau dann instabil, wenn mindestens ein Pol seiner Übertragungsfunktion in der rechten s-Halbebene liegt, oder wenn mindestens ein mehrfacher Pol (Vielfachheit $\mu \geq 2$) auf der Imaginärachse der s-Ebene vorhanden ist.

c) *Grenzstabilität*

Ein lineares System ist genau dann grenzstabil, wenn kein Pol der Übertragungsfunktion in der rechten s-Halbebene liegt, keine mehrfachen Pole auf der Imaginärachse auftreten und auf dieser mindestens ein *einfacher* Pol vorhanden ist.

Anhand der Lage der Wurzeln der charakteristischen Gleichung in der s-Ebene (Bild 6.1.1) läßt sich also die Stabilität eines linearen Systems

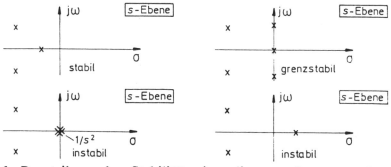

Bild 6.1.1. Beurteilung der Stabilität eines linearen Systems anhand der Wurzelverteilung der charakteristischen Gleichung in der s-Ebene

sofort beurteilen. Gewöhnlich ist die Berechnung der genauen Werte der Wurzeln der charakteristischen Gleichung nicht einfach. Auch ist es für regelungstechnische Problemstellungen oft nicht unbedingt notwendig, diese Wurzeln genau zu bestimmen. Für die Stabilitätsuntersuchung interessiert den Regelungstechniker nur, ob alle Wurzeln der charakteristischen Gleichung in der linken s-Halbebene liegen oder nicht. Hierfür gibt es einfache Kriterien, sog. *Stabilitätskriterien*, mit welchen dies leicht überprüft werden kann. Diese Kriterien sind teils in algebraischer (und damit numerischer) Form, teils als graphische Methoden anwendbar.

6.2 Algebraische Stabilitätskriterien

Die algebraischen Stabilitätskriterien gehen von der charakteristischen Gleichung des zu untersuchenden Systems, Gl. (6.1.5), aus. Sie geben algebraische Bedingungen in Form von Ungleichungen zwischen den Koeffizienten a_i an, die genau dann erfüllt sind, wenn alle Wurzeln des Polynoms in der linken s-Halbebene liegen.

6.2.1 Beiwertebedingungen

Als notwendige aber nicht hinreichende Bedingung für die asymptotische Stabilität eines Systems gilt beim Beiwertekriterium, daß alle Koeffizienten a_i ($i = 0,1,...,n$) der zugehörigen charakteristischen Gleichung von Null verschieden sind und dasselbe Vorzeichen besitzen (*Vorzeichenbedingung*). Dies soll zunächst im folgenden bewiesen werden.

Zerlegt man die charakteristische Gleichung in Wurzelfaktoren, so gilt

$$(s-s_1)(s-s_2) \ldots (s-s_n) = 0 . \qquad (6.2.1)$$

Unter der Annahme, daß die ersten $2q$ dieser n Wurzeln q konjugiert komplexe Wurzelpaare

$$s_{2k-1,2k} = \sigma_{2k} \pm j\omega_{2k} \quad \text{für} \quad k = 1,2,...,q$$

bilden, liefert Gl. (6.2.1)

$$\prod_{k=1}^{q} (s-\sigma_{2k}-j\omega_{2k})(s-\sigma_{2k}+j\omega_{2k}) \prod_{k=2q+1}^{n} (s-\sigma_k) = 0 . \qquad (6.2.2)$$

Bei asymptotischer Stabilität gilt bekanntlich

$$\sigma_k < 0 \quad \text{bzw.} \quad \sigma_k = -|\sigma_k| \quad \text{für alle Realteile } \sigma_k \, .$$

Damit ergibt sich aus Gl. (6.2.2)

$$\prod_{k=1}^{q} [(s+|\sigma_{2k}|)^2 + \omega_{2k}^2] \prod_{k=2q+1}^{n} (s+|\sigma_k|) = 0 \, . \tag{6.2.3}$$

Durch Ausmultiplizieren dieser Produktdarstellung erhält man für die Koeffizienten a_i vor den Gliedern s^i ($i = 0,1,...,n$) nur positive und von Null verschiedene Werte.

Wenn ein System stabil ist, dann treten also in dem charakteristischen Polynom alle Koeffizienten a_i auf, die zudem auch gleiches Vorzeichen besitzen. Daß die Umkehrung dieser Aussage nicht gilt, zeigt z. B. das System mit dem charakteristischen Polynom

$$P(s) = s^3 + 2s^2 + 2s + 40 \, ,$$

bei dem die Vorzeichenbedingung erfüllt ist. Die Nullstellen dieses Polynoms liegen jedoch bei $s_{1,2} = 1 \pm 3j$ und $s_3 = -4$. Das System ist somit instabil. Die Vorzeichenbedingung ist also notwendig, aber nicht hinreichend.

Zur Bestimmung weiterer Stabilitätsbedingungen soll nachfolgend ein grenzstabiles System betrachtet werden mit einem Wurzelpaar auf der Imaginärachse

$$s_{i,i+1} = \pm j\omega_i \quad \text{mit} \quad \omega_i \neq 0 \, . \tag{6.2.4}$$

Zu diesem Wurzelpaar gehört entsprechend Gl. (6.1.4) ein Summand der Gewichtsfunktion, der als Schwingung mit konstanter Amplitude darstellbar ist:

$$g_i(t) = c_i \cos(\omega_i t + \varphi_i) \, .$$

Nun sollen die Koeffizienten der charakteristischen Gleichung eines solchen Systems näher untersucht werden. Ist $s_i = j\omega_i$ eine Wurzel der charakteristischen Gleichung, Gl. (6.1.5), so muß gelten

oder
$$a_0 + a_1(j\omega_i) + a_2(j\omega_i)^2 + ... + a_n(j\omega_i)^n = 0$$

$$(a_0 - a_2\omega_i^2 + a_4\omega_i^4 - ... +..) + j(a_1\omega_i - a_3\omega_i^3 + a_5\omega_i^5 - .. +..) = 0 \, . \tag{6.2.5}$$

Diese Beziehung ist gerade dann erfüllt, wenn Real- und Imaginärteil für sich jeweils Null werden:

$$a_0 - a_2\omega_i^2 + a_4\omega_i^4 - .. + .. = 0 \qquad (6.2.6)$$

und wegen $\omega_i \neq 0$

$$a_1 - a_3\omega_i^2 + a_5\omega_i^4 - .. + .. = 0 \qquad (6.2.7)$$

Durch Eliminierung von ω_i ergeben sich aus diesen Gleichungen die gesuchten hinreichenden Bedingungen für grenzstabiles Verhalten. Sind diese erfüllt, so kann man mit Gl. (6.2.6) oder Gl. 6.2.7) auch die Frequenz $\omega_i = \omega_{kr}$ der Schwingung berechnen.

Für die Anwendung der Gln. (6.2.6) und (6.2.7) als Stabilitätskriterium sei nun ein *System 3. Ordnung* betrachtet. Hierfür lauten die Gln. (6.2.6) und (6.2.7)

$$a_0 - a_2\omega_i^2 = 0 \quad \text{und} \quad a_1 - a_3\omega_i^2 = 0 \; .$$

Löst man diese beiden Gleichungen nach ω auf und setzt die erhaltenen Ausdrücke gleich, so ergibt sich

$$\omega_i^2 = \omega_{kr}^2 = \frac{a_0}{a_2} = \frac{a_1}{a_3} \; .$$

Dabei ist ω_{kr} die Frequenz der auftretenden Dauerschwingung. Diese Gleichung ist allerdings nur erfüllt, wenn

$$a_0 a_3 - a_1 a_2 = 0$$

wird. Nur wenn die Koeffizienten a_i diese Bedingung erfüllen, ist somit ein System 3. Ordnung grenzstabil. Nun soll diese Beziehung für ein instabiles System geprüft werden. Dazu wird das zuvor behandelte *Beispiel* mit

$$a_0 = 40, \; a_1 = 2, \; a_2 = 2, \; a_3 = 1$$

gewählt. Es ergibt sich hierbei für obige Gleichung

$$a_0 a_3 - a_1 a_2 = 40 - 4 = 36 > 0 \; ,$$

also ein positiver Wert. (Anmerkung: Über den Zusammenhang der Koeffizienten a_i und der Wurzeln s_k der charakteristischen Gleichung läßt sich mit Hilfe des Vietaschen Wurzelsatzes zeigen, daß der

Ausdruck $a_0a_3-a_1a_2$ dann und nur dann negativ wird, wenn ein System 3. Ordnung stabil ist.)

Daher kann allgemein festgestellt werden:

Ein *System 3. Ordnung* ist asymptotisch stabil, wenn
a) die Vorzeichenbedingung und
b) die Ungleichung

$$a_0a_3 - a_1a_2 < 0 \qquad (6.2.8)$$

erfüllt sind. Diese beiden Bedingungen sind zusammen notwendig und hinreichend. Hieraus ist ersichtlich, daß für ein *System 2. Ordnung* ($a_3 = 0$) die Vorzeichenbedingung sowohl notwendig als auch hinreichend für asymptotische Stabilität ist.

Entsprechend erhält man anstelle der Ungleichung (6.2.8) für ein *System 4. Ordnung*

$$\left. \begin{array}{l} a_4a_1^2 + a_0a_3^2 - a_1a_2a_3 < 0 \text{ (falls alle } a_i > 0) \\ a_4a_1^2 + a_0a_3^2 - a_1a_2a_3 > 0 \text{ (falls alle } a_i < 0) \end{array} \right\}, \qquad (6.2.9)$$

wobei

$$\omega_{kr}^2 = \frac{a_1}{a_3}$$

gilt.

Die entsprechenden Beziehungen für ein *System 5. Ordnung* mit $a_i > 0$ lauten:

und

$$\left. \begin{array}{l} a_2a_5 - a_3a_4 < 0 \\ (a_1a_4 - a_0a_5)^2 - (a_3a_4 - a_2a_5)(a_1a_2 - a_0a_3) < 0 \end{array} \right\} \qquad (6.2.10)$$

mit

$$\omega_{kr}^2 = \frac{a_3}{2a_5} \pm \sqrt{\frac{a_3^2}{4a_5^2} - \frac{a_1}{a_5}}$$

für

$$a_3^2 - 4a_5a_1 \geq 0 .$$

Für Systeme noch höherer Ordnung ist die Herleitung der Beiwertebedingungen sehr aufwendig.

6.2.2 Das Hurwitz-Kriterium [6.1]

Ein Polynom (mit $a_n > 0$)

$$P(s) = a_0 + a_1 s + \ldots + a_n s^n = a_n(s-s_1)(s-s_2) \ldots (s-s_n) \qquad (6.2.11)$$

heißt Hurwitz-Polynom, wenn alle Wurzeln s_i ($i = 1, 2, \ldots, n$) negativen Realteil haben. Ein lineares System ist also gemäß den zuvor eingeführten Stabilitätsbedingungen genau dann asymptotisch stabil, wenn sein charakteristisches Polynom ein Hurwitz-Polynom ist. Das von Hurwitz (1895) aufgestellte Stabilitätskriterium besteht nun in einem notwendigen und hinreichenden Satz von Bedingungen für die Koeffizienten eines Hurwitz-Polynoms:

Ein Polynom $P(s)$ ist dann und nur dann ein Hurwitz-Polynom, wenn folgende 3 Bedingungen erfüllt sind:

a) alle Koeffizienten a_i von $P(s)$ sind von Null verschieden,
b) alle Koeffizienten a_i haben positives Vorzeichen,
c) folgende n Determinanten sind positiv:

$$D_1 = a_{n-1} > 0 ,$$

$$D_2 = \begin{vmatrix} a_{n-1} & a_n \\ a_{n-3} & a_{n-2} \end{vmatrix} > 0$$

$$D_3 = \begin{vmatrix} a_{n-1} & a_n & 0 \\ a_{n-3} & a_{n-2} & a_{n-1} \\ a_{n-5} & a_{n-4} & a_{n-3} \end{vmatrix} > 0$$

usw. bis

$$D_{n-1} = \begin{vmatrix} a_{n-1} & a_n & \ldots & 0 \\ a_{n-3} & a_{n-2} & \ldots & \cdot \\ \cdot & \cdot & \ldots & \cdot \\ \cdot & \cdot & \ldots & \cdot \\ 0 & 0 & \ldots & a_1 \end{vmatrix} > 0 \qquad (6.2.12)$$

$$D_n = a_0 D_{n-1} > 0 .$$

Folgende Anordnung der Koeffizienten kann als Hilfe zur Aufstellung der Hurwitz-Determinanten dienen:

$$
\begin{array}{llllll}
D_1 & a_{n-1} & a_n & 0 & 0 & 0 \\
D_2 & a_{n-3} & a_{n-2} & a_{n-1} & a_n & 0 \\
D_3 & a_{n-5} & a_{n-4} & a_{n-3} & a_{n-2} & a_{n-1} & \cdots \\
D_4 & a_{n-7} & a_{n-6} & a_{n-5} & a_{n-4} & a_{n-3} & \cdots \\
\end{array}
$$

. . . . .

Die Determinanten D_ν sind dadurch gekennzeichnet, daß in der Hauptdiagonale die Koeffizienten $a_{n-1}, a_{n-2}, ..., a_{n-\nu}$ stehen ($\nu = 1,2,...,n$), und daß in den Zeilen die Koeffizientenindizes von links nach rechts aufsteigende Zahlen durchlaufen. Koeffizienten mit Indizes größer n werden durch Nullen ersetzt. Man muß bei Anwendung dieses Kriteriums sämtliche Determinanten bis D_{n-1} auswerten. Die Bedingung für die letzte Determinante D_n ist schon in der Vorzeichenbedingung enthalten.

Während für ein System 2. Ordnung die Determinantenbedingungen von selbst erfüllt sind, sobald nur die Koeffizienten a_0, a_1, a_2 positiv sind, erhält man für den Fall eines Systems 3. Ordnung als Hurwitzbedingungen

$$D_1 = a_2 > 0$$

$$D_2 = \begin{vmatrix} a_2 & a_3 \\ a_0 & a_1 \end{vmatrix} = a_1 a_2 - a_0 a_3 > 0$$

$$D_3 = \begin{vmatrix} a_2 & a_3 & 0 \\ a_0 & a_1 & a_2 \\ 0 & 0 & a_0 \end{vmatrix} = a_0 D_2 > 0,$$

d. h. zur Forderung positiver Koeffizienten tritt noch die Bedingung (6.2.8) hinzu, die schon beim Beiwertekriterium hergeleitet wurde.

Das Hurwitz-Kriterium eignet sich nicht nur zur Stabilitätsuntersuchung eines gegebenen Systems, bei dem alle a_i numerisch vorliegen. Man kann es insbesondere auch bei Systemen mit noch frei wählbaren Parametern dazu benutzen, den Bereich der Parameterwerte anzugeben, bei denen das System asymptotisch stabil ist. Dazu sei folgendes Beispiel betrachtet.

Beispiel 6.2.1:

Bild 6.2.1 zeigt einen Regelkreis, bei dem der Bereich für K_0 so zu bestimmen ist, daß der geschlossene Regelkreis asymptotisch stabil ist.

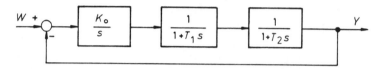

Bild 6.2.1. Untersuchung eines einfachen Regelkreises auf Stabilität

Die Zeitkonstanten T_1 und T_2 der beiden Verzögerungsglieder seien bekannt und größer als Null. Mit der Übertragungsfunktion des offenen Regelkreises

$$G_0(s) = \frac{K_0}{s(1+T_1 s)(1+T_2 s)}$$

$$= \frac{K_0}{s + (T_1+T_2)s^2 + T_1 T_2 s^3}$$

erhält man für die Übertragungsfunktion des geschlossenen Regelkreises

$$G_W(s) = \frac{Y(s)}{W(s)} = \frac{G_0(s)}{1 + G_0(s)}$$

durch Einsetzen von $G_0(s)$

$$G_W(s) = \frac{K_0}{K_0 + s + (T_1+T_2)s^2 + T_1 T_2 s^3} \,.$$

Die charakteristische Gleichung des geschlossenen Regelkreises lautet also

$$P(s) = K_0 + s + (T_1+T_2)s^2 + T_1 T_2 s^3 = 0 \,.$$

Nach dem Hurwitz-Kriterium sind für asymptotische Stabilität nun folgende Bedingungen zu erfüllen:

a) Alle Koeffizienten $a_0 = K_0$, $a_1 = 1$, $a_2 = (T_1+T_2)$ und $a_3 = T_1 T_2$ müssen positiv sein. Es muß also $K_0 > 0$ sein.

b) Außerdem muß

$$(a_1 a_2 - a_3 a_0) > 0$$

gelten. Mit obigen Koeffizienten folgt daraus

$$T_1 + T_2 - T_1 T_2 K_0 > 0$$

und durch Auflösen nach K_0

$$K_0 < \frac{T_1 + T_2}{T_1 T_2} .$$

Der geschlossene Regelkreis ist somit asymptotisch stabil für

$$0 < K_0 < \frac{T_1 + T_2}{T_1 T_2} . \qquad \blacksquare$$

6.2.3 Das Routh-Kriterium [6.2]

Sind die Koeffizienten a_i der *charakteristischen Gleichung* zahlenmäßig vorgegeben, so empfiehlt sich zur Überprüfung der Stabilität eines Systems das Verfahren von Routh (1877). Dabei werden die Koeffizienten a_i ($i = 0,1,...,n$) in folgender Form in den ersten beiden Zeilen des *Routh-Schemas* angeordnet, das insgesamt ($n+1$) Zeilen enthält:

n	a_n	a_{n-2}	a_{n-4}	a_{n-6}	$\cdots$	0
$n-1$	a_{n-1}	a_{n-3}	a_{n-5}	a_{n-7}	$\cdots$	0
$n-2$	b_{n-1}	b_{n-2}	b_{n-3}	b_{n-4}	$\cdots$	0
$n-3$	c_{n-1}	c_{n-2}	c_{n-3}	c_{n-4}	$\cdots$	0
$\vdots$	$\vdots$					
3	d_{n-1}	d_{n-2}	0			
2	e_{n-1}	e_{n-2}	0			
1	f_{n-1}					
0	g_{n-1}					

Die Koeffizienten b_{n-1}, b_{n-2}, b_{n-3}, ... in der dritten Zeile ergeben sich durch die Kreuzproduktbildung aus den beiden ersten Zeilen:

$$b_{n-1} = \frac{a_{n-1} a_{n-2} - a_n a_{n-3}}{a_{n-1}}$$

$$b_{n-2} = \frac{a_{n-1} a_{n-4} - a_n a_{n-5}}{a_{n-1}}$$

$$b_{n-3} = \frac{a_{n-1} a_{n-6} - a_n a_{n-7}}{a_{n-1}}$$

$\vdots$

Bei den Kreuzprodukten wird immer von den Elementen der ersten Spalte ausgegangen. Die Berechnung dieser *b*-Werte erfolgt so lange, bis alle restlichen Werte Null werden. Ganz entsprechend wird die Berechnung der *c*-Werte aus den beiden darüberliegenden Zeilen durchgeführt:

$$c_{n-1} = \frac{b_{n-1} a_{n-3} - a_{n-1} b_{n-2}}{b_{n-1}}$$

$$c_{n-2} = \frac{b_{n-1} a_{n-5} - a_{n-1} b_{n-3}}{b_{n-1}}$$

$$c_{n-3} = \frac{b_{n-1} a_{n-7} - a_{n-1} b_{n-4}}{b_{n-1}}$$

$\vdots$

Aus diesen beiden neugewonnenen Zeilen werden in gleicher Weise weitere Zeilen gebildet, wobei sich schließlich für die letzten beiden Zeilen die Koeffizienten

$$f_{n-1} = \frac{e_{n-1} d_{n-2} - d_{n-1} e_{n-2}}{e_{n-1}}$$

und

$$g_{n-1} = e_{n-2}$$

ergeben. Nun lautet das *Routh-Kriterium*:

> Ein Polynom $P(s)$ ist dann und nur dann ein Hurwitz-Polynom, wenn folgende 3 Bedingungen erfüllt sind:
>
> a) alle Koeffizienten a_i ($i = 0,1,...,n$) sind von Null verschieden,
> b) alle Koeffizienten a_i haben positive Vorzeichen,
> c) sämtliche Koeffizienten b_{n-1}, c_{n-1} usw. in der ersten Spalte des Routh-Schemas sind positiv.

Beispiel 6.2.2:

$$P(s) = 240 + 110s + 50s^2 + 30s^3 + 2s^4 + s^5 \ .$$

Das Routh-Schema lautet hierfür:

5	1	30	110	0
4	2	50	240	0
3	5	-10	0	
2	54	240		
1	-32,22	0		
0	240			

Da in der 1. Spalte des Routh-Schemas ein Koeffizient negativ wird, ist das zugehörige System instabil. ∎

Für den Nachweis der Instabilität genügt es deshalb, das Routh-Schema nur so weit aufzubauen, bis in der ersten Spalte ein negativer oder verschwindender Wert auftritt. Ohne weiteren Beweis soll noch angegeben werden, daß der Nachweis der Instabilität bereits dann erbracht ist, wenn überhaupt ein negativer Wert an einer Stelle erscheint. So hätte das zuvor behandelte Beispiel bereits mit der 3. Zeile beendet werden können. Mit dem Routh-Schema lassen sich auch Systeme höherer Ordnung einfach auf Stabilität überprüfen.

Die Gültigkeit des Routh-Kriteriums läßt sich leicht anhand der Äquivalenz mit dem Hurwitz-Kriterium nachweisen. Aus den Koeffizienten der ersten Spalte des Routh-Schemas ist direkt der Zusammenhang mit den Hurwitz-Determinanten in folgender Form zu ersehen:

$$D_1 = a_{n-1}$$

$$D_2 = a_{n-1} \, b_{n-1} = D_1 \, b_{n-1}$$

$$D_3 = a_{n-1} \, b_{n-1} \, c_{n-1} = D_2 \, c_{n-1}$$

$$\vdots$$

$$D_n = a_{n-1} \, b_{n-1} \, c_{n-1} \cdots d_{n-1} \, e_{n-1} \, f_{n-1} \, g_{n-1} = D_{n-1} \, g_{n-1}$$

Die Koeffizienten b_{n-1}, c_{n-1} ... in der ersten Spalte des Routh-Schemas ergeben sich also gerade als Quotienten aufeinanderfolgender Hurwitz-Determinanten. Sind alle Hurwitz-Determinanten positiv, dann sind auch ihre Quotienten und damit auch die Koeffizienten der ersten Spalte im

Routh-Schema positiv. Sind die Koeffizienten des Routh-Schemas positiv, dann sind auch, da $a_{n-1} = D_1$, alle Hurwitz-Determinanten positiv. Das Routh-Kriterium ist somit dem Hurwitz-Kriterium äquivalent.

6.3 Das Kriterium von Cremer-Leonhard-Michailow

Während bei Systemen mit gebrochen rationalen Übertragungsfunktionen die zuvor behandelten Stabilitätskriterien über die Koeffizienten der charakteristischen Gleichung algebraische Bedingungen für die asymptotische Stabilität liefern, erfordert das Cremer-Leonhard-Michailow-Kriterium - zumindest bei der Herleitung - graphische Überlegungen. Bei diesem Kriterium, das in leicht modifizierter Form unabhängig voneinander von Cremer (1947), Leonhard (1944) und Michailow (1938) formuliert wurde [6.3 bis 6.5], betrachtet man das charakteristische Polynom $P(s)$ für $s = j\omega$ im Bereich $0 \leqslant \omega \leqslant \infty$. Dabei läßt sich

$$P(j\omega) = a_0 + a_1 j\omega + a_2 (j\omega)^2 + \ldots + a_n (j\omega)^n = U(\omega) + jV(\omega) \qquad (6.3.1)$$

in der komplexen P-Ebene als Ortskurve darstellen. Diese Ortskurve wird auch als Cremer-Leonhard-Michailow-Ortskurve (CLM-Ortskurve) bezeichnet. Mit Hilfe dieser CLM-Ortskurve kann nun das Stabilitätskriterium wie folgt formuliert werden:

> Ein System mit der charakteristischen Gleichung
>
> $$P(s) = a_0 + a_1 s + a_2 s^2 + \ldots + a_n s^n = 0$$
>
> ist dann und nur dann asymptotisch stabil, wenn die Ortskurve $P(j\omega)$ für $0 \leqslant \omega \leqslant \infty$ einen Zuwachs des Phasenwinkels von $n\pi/2$ besitzt, d. h. sich in positiver Richtung durch n aufeinanderfolgende Quadranten um den Nullpunkt dreht. (Der Phasenwinkel wird dabei im Gegenuhrzeigersinn (also mathematisch) positiv gezählt.)

Entsprechende Beispiele für derartige Ortskurven sind im Bild 6.3.1 dargestellt. Zum *Beweis* dieses Kriteriums wird die Ortskurve in Wurzelfaktoren zerlegt:

$$P(j\omega) = a_n (j\omega - s_1)(j\omega - s_2) \ldots (j\omega - s_n) , \qquad (6.3.2)$$

wobei nur der Phasenwinkel der Ortskurve

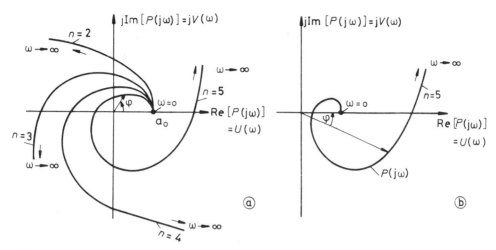

Bild 6.3.1. Ortskurven $P(j\omega)$ für (a) asymptotisch stabile Systeme und (b) ein instabiles System

$$P(j\omega) = a_n |j\omega - s_1||j\omega - s_2| \ldots |j\omega - s_n| e^{j(\varphi_1 + \varphi_2 + \ldots \varphi_n)},$$

also

$$\varphi = \arg [P(j\omega)] = \sum_{k=1}^{n} \arg (j\omega - s_k) \qquad (6.3.3)$$

interessiert. Zunächst gilt für den Phasenwinkel eines *reellen Wurzelfaktors* $(j\omega - s_k)$

$$\varphi_k = \arg (j\omega - s_k) = \arctan \frac{\omega}{-s_k}. \qquad (6.3.4)$$

Durchläuft ω nun den Bereich $0 \leq \omega \leq \infty$, so erhält man für die zwei interessierenden Fälle von s_k folgende Phasenwinkel:

$s_k > 0$: $\quad \pi \geq \varphi_k \geq \pi/2 \quad$ (φ_k nimmt um $\pi/2$ ab)

$s_k < 0$: $\quad 0 \leq \varphi_k \leq \pi/2 \quad$ (φ_k nimmt um $\pi/2$ zu) .

Entsprechend erhält man für ein *konjugiert komplexes Wurzelpaar* $s_{k,k+1} = a \pm jb$ als Phasenwinkel des Produkts der zugehörigen Wurzelfaktoren

$$\begin{aligned}
\varphi_k &= \arg [(j\omega - a - jb)(j\omega - a + jb)] \\
&= \arg (-\omega^2 + a^2 + b^2 - 2j\omega a) \qquad (6.3.5) \\
&= \arctan \frac{-2a\omega}{a^2 + b^2 - \omega^2} .
\end{aligned}$$

Durchläuft ω wieder den Bereich 0 ≤ ω ≤ ∞, so kann man bezüglich des Gesamtwinkels φ_k des Wurzelpaares zwei Fälle unterscheiden:

Re $s_k = a > 0$: $2\pi \geq \varphi_k \geq \pi$ (φ_k nimmt um $2\pi/2$ ab)

Re $s_k = a < 0$: $0 \leq \varphi_k \leq \pi$ (φ_k nimmt um $2\pi/2$ zu) .

Aus diesen Überlegungen, die anschaulich auch direkt aus Bild 6.3.2 hervorgehen, folgt, daß beim Durchlaufen der Frequenzen von ω = 0 bis ω = ∞ der Phasenwinkel der Ortskurve für jede Wurzel mit negativem Realteil um $\pi/2$ wächst. Liegen sämtliche n Wurzeln der charakteristischen Gleichung in der linken s-Halbebene (ist also das System asymptotisch stabil), dann wächst $\varphi = \arg[P(j\omega)]$ um $n\pi/2$. Für instabile Systeme, bei denen mindestens für eine Wurzel Re $s_k > 0$ gilt, ist das Anwachsen von φ geringer. Bei Vorhandensein von Wurzeln mit Re $s_k = 0$ läuft die Ortskurve $P(j\omega)$ durch den Nullpunkt und die

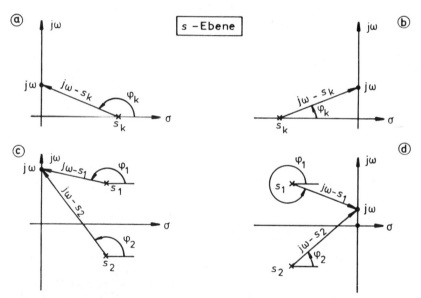

Bild 6.3.2. Zum Beweis des Cremer-Leonhard-Michailow-Kriteriums bei verschiedender Lage der Wurzeln s_k der charakteristischen Gleichung:
(a) Reelle Wurzel $s_k > 0$ (*instabil*): φ_k nimmt um $\pi/2$ ab.
(b) Reelle Wurzel $s_k < 0$ (*asymptotisch stabil*): φ_k nimmt um $\pi/2$ zu.
(c) Konjugiert komplexes Wurzelpaar Re $s_k > 0$ (*instabil*): $\varphi_k = \varphi_1 + \varphi_2$ nimmt um $2\pi/2$ ab.
(d) Konjugiert komplexes Wurzelpaar Re $s_k < 0$ (*asymptotisch stabil*): $\varphi_k = \varphi_1 + \varphi_2$ nimmt um $2\pi/2$ zu

Entscheidung darüber, ob Grenzstabilität oder Instabilität vorliegt, kann mit diesem Verfahren nicht getroffen werden.

Das hier beschriebene Kriterium läßt sich auch in der Form des *Lückenkriteriums* angeben:

> Ein System mit der charakteristischen Gleichung gemäß Gl. (5.1.8) ist dann und nur dann asymptotisch stabil, wenn in der entsprechenden Ortskurve
>
> $P(j\omega) = U(\omega) + jV(\omega)$
>
> Realteil $U(\omega)$ und Imaginärteil $V(\omega)$ zusammen n reelle Nullstellen im Bereich $0 \leq \omega \leq \infty$ besitzen und bei wachsenden ω-Werten die Nullstellen von $U(\omega)$ und $V(\omega)$ einander abwechseln.

Der Beweis dieses Satzes ist direkt aus dem Verlauf der CLM-Ortskurve ersichtlich, wenn $U(\omega)$ und $V(\omega)$ über ω dargestellt werden (Bild 6.3.3).

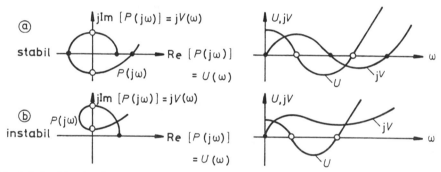

Bild 6.3.3. Verlauf der CLM-Ortskurve $P(j\omega)$ bzw. $U(\omega)$ und $jV(\omega)$ für (a) ein stabiles und (b) ein instabiles System

Abschließend soll anhand eines Beispiels die Anwendung des Cremer-Leonhard-Michailow-Kriteriums bzw. des Lückenkriteriums demonstriert werden.

Beispiel 6.3.1:

Gegeben sei das charakteristische Polynom

$$P(s) = 2 + 5s + 7s^2 + 8s^3 + 4s^4 + s^5,$$

aus dem man mit $s = j\omega$ die Gleichung der CLM-Ortskurve

$$P(j\omega) = 2 + 5j\omega + 7(j\omega)^2 + 8(j\omega)^3 + 4(j\omega)^4 + (j\omega)^5$$

$$= 2 - 7\omega^2 + 4\omega^4 + j(5\omega - 8\omega^3 + \omega^5)$$

$$= U(\omega) + jV(\omega)$$

erhält. Der Realteil

$$U(\omega) = 2 - 7\omega^2 + 4\omega^4 = 0$$

besitzt die Nullstellen

$$\omega_1^2 = 0{,}36 \quad \text{und} \quad \omega_2^2 = 1{,}39 \;.$$

Der Imaginärteil

$$V(\omega) = 5\omega - 8\omega^3 + \omega^5 = 0$$

besitzt die Nullstellen

$$\omega_3 = 0, \quad \omega_4^2 = 0{,}68 \quad \text{und} \quad \omega_5^2 = 7{,}32 \;.$$

Insgesamt sind $n = 5$ reelle Nullstellen $\omega_i \geq 0$ des Real- und Imaginärteils vorhanden. Diese wechseln sich jeweils ab, da

$$\omega_3 < \omega_1 < \omega_4 < \omega_2 < \omega_5$$

gilt. Somit ist das System asymptotisch stabil. ∎

6.4 Das Nyquist-Kriterium [6.6]

Dieses Verfahren, das 1932 ursprünglich für Stabilitätsprobleme rückgekoppelter Verstärker entwickelt wurde, ist speziell für regelungstechnische Problemstellungen geeignet. Es ermöglicht, ausgehend vom Verlauf der Frequenzgangortskurve $G_0(j\omega)$ des offenen Regelkreises, eine Aussage über die Stabilität des geschlossenen Regelkreises. Für die praktische Anwendung genügt es, daß der Frequenzgang $G_0(j\omega)$ graphisch vorliegt. Folgende Gründe sprechen für dieses Kriterium:

- $G_0(j\omega)$ läßt sich in den meisten Fällen aus einer Hintereinanderschaltung der einzelnen Regelkreisglieder ermitteln, deren Kennwerte bekannt sind.

- Experimentell ermittelte Frequenzgänge der Regelkreisglieder oder auch $G_0(j\omega)$ insgesamt können direkt berücksichtigt werden.

- Das Kriterium ermöglicht die Untersuchung nicht nur von Systemen mit konzentrierten Parametern, sondern auch von solchen mit verteilten Parametern (z. B. Totzeit-Systeme).

- Über die Frequenzkennlinien-Darstellung von $G_0(j\omega)$ läßt sich nicht nur die Stabilitätsanalyse, sondern auch der Entwurf (Synthese) stabiler Regelsysteme einfach durchführen.

Das Kriterium kann sowohl in der Ortskurven-Darstellung als auch in der Frequenzkennlinien-Darstellung angewandt werden. Beide Darstellungsformen sollen nachfolgend besprochen werden.

6.4.1 Das Nyquist-Kriterium in der Ortskurvendarstellung

Zur Herleitung des Kriteriums geht man von der gebrochen rationalen Übertragungsfunktion des *offenen Regelkreises* (ohne Vorzeichenumkehr)

$$G_0(s) = \frac{Z_0(s)}{N_0(s)} \qquad (6.4.1)$$

aus. Dann werden folgende Annahmen getroffen:

1. Die Polynome $Z_0(s)$ und $N_0(s)$ seien teilerfremd.

2. Es sei

$$\text{Grad } Z_0(s) = m \leqslant n = \text{Grad } N_0(s) . \qquad (6.4.2)$$

Dies ist für physikalisch realisierbare Systeme stets erfüllt.

Die Pole β_i des offenen Regelkreises ergeben sich als Wurzeln seiner charakteristischen Gleichung

$$N_0(s) = 0 . \qquad (6.4.3)$$

Nun interessieren für die Stabilitätsuntersuchung gerade die Pole α_i des *geschlossenen Regelkreises*, also die Wurzeln der charakteristischen Gleichung, die man durch Nullsetzen des Nennerausdruckes der Gln. (5.1.2) oder (5.1.3) aus der Bedingung

$$1 + G_0(s) = \frac{N_0(s) + Z_0(s)}{N_0(s)} = \frac{N_g(s)}{N_0(s)} = 0 \qquad (6.4.4a)$$

in der Form

$$N_g(s) = N_0(s) + Z_0(s) = 0 \tag{6.4.4b}$$

erhält. Wegen Gl. (6.4.2) gilt $\text{Grad}\{N_g(s)\} = n$. Es muß also die Funktion $G'(s) = 1 + G_0(s)$ näher untersucht werden. Die Nullstellen dieser Funktion stimmen mit den Polstellen des geschlossenen Regelkreises, ihre Polstellen mit den Polstellen des offenen Regelkreises überein. Damit ist folgende Darstellung möglich:

$$G'(s) = 1 + G_0(s) = k_0' \frac{\prod_{i=1}^{n}(s-\alpha_i)}{\prod_{i=1}^{n}(s-\beta_i)} , \tag{6.4.5}$$

wobei α_i die Pole des geschlossenen Regelkreises und β_i die Pole des offenen Regelkreises beschreiben. Bezüglich der Lage der Pole sei gemäß Bild 6.4.1 angenommen, daß

a) von den n Polen α_i des geschlossenen Regelkreises
   N in der rechten s-Halbebene,
   ν auf der Imaginärachse und
   $(n\text{-}N\text{-}\nu)$ in der linken s-Halbebene liegen.

Entsprechend sollen

b) von den n Polen β_i des offenen Regelkreises
   P in der rechten s-Halbebene,
   μ auf der Imaginärachse und
   $(n\text{-}P\text{-}\mu)$ in der linken s-Halbebene liegen.

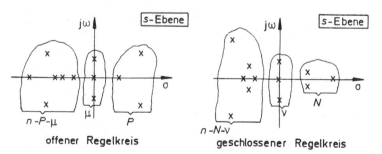

Bild 6.4.1. Zur Lage der Pole des offenen und geschlossenen Regelkreises in der s-Ebene (mehrfache Pole werden entsprechend ihrer Vielfachheit mehrfach gezählt)

P und μ werden als bekannt vorausgesetzt. Dann wird versucht, N und ν aus der Kenntnis der Frequenzgang-Ortskurve von $G_0(j\omega)$ zu bestimmen. Dazu bildet man mit $s = j\omega$ den Frequenzgang

$$G'(j\omega) = 1 + G_0(j\omega) = \frac{N_g(j\omega)}{N_0(j\omega)}, \qquad (6.4.6)$$

für dessen Phasengang die Beziehung

$$\varphi(\omega) = \arg[G'(j\omega)] = \arg[N_g(j\omega)] - \arg[N_0(j\omega)]$$

gilt. Durchläuft ω den Bereich $0 \leq \omega \leq \infty$, so setzt sich die Änderung der Phase $\Delta\varphi = \varphi(\infty) - \varphi(0)$ aus den Anteilen der Polynome $N_g(j\omega)$ und $N_0(j\omega)$ zusammen:

$$\Delta\varphi = \Delta\varphi_g - \Delta\varphi_0 .$$

Für diese Anteile können direkt die Überlegungen aus Abschnitt 6.3 angewandt werden: Jede Wurzel des Polynoms $N_g(s)$ bzw. $N_0(s)$ liefert zu $\Delta\varphi_g$ bzw. $\Delta\varphi_0$ einen Beitrag von $+\pi/2$, wenn sie in der linken s-Halbebene liegt, und jede Wurzel rechts der Imaginärachse liefert einen Beitrag von $-\pi/2$. Diese Phasenänderungen erfolgen stetig mit ω.

Jede Wurzel $j\delta$ auf der Imaginärachse ($\delta > 0$) bewirkt dagegen eine sprungförmige Phasenänderung von π beim Durchlauf von $j\omega$ durch $j\delta$. Dieser unstetige Phasenanteil soll aus Gründen, die weiter unten leicht einzusehen sind, unberücksichtigt bleiben.

Man erhält also für den stetigen Anteil $\Delta\varphi_s$ der Phasenänderung $\Delta\varphi$ mit den oben definierten Größen

$$\Delta\varphi_s = [(n-N-\nu) - N]\pi/2 - [(n-P-\mu) - P]\pi/2$$
$$= (n-2N-\nu)\pi/2 - (n-2P-\mu)\pi/2 ,$$

oder

$$\Delta\varphi_s = [2(P-N) + \mu - \nu]\pi/2 . \qquad (6.4.7)$$

Ist nun außer P und μ auch $\Delta\varphi_s$ bekannt, so kann aus Gl. (6.4.7) ermittelt werden, ob $N > 0$ oder/und $\nu > 0$ ist, d. h. ob und wie viele Pole des geschlossenen Regelkreises in der rechten s-Halbebene und auf der Imaginärachse liegen.

Zur Ermittlung von $\Delta\varphi_s$ wird die Ortskurve von $G'(j\omega) = 1 + G_0(j\omega)$ gezeichnet und der Phasenwinkel überprüft. Zweckmäßigerweise verschiebt man jedoch diese Kurve um den Wert 1 nach links und verlegt den Drehpunkt des Zeigers vom Koordinatenursprung nach dem Punkt (-1,j0) der $G_0(j\omega)$-Ebene, der auch als *"kritischer Punkt"* bezeichnet wird. Somit braucht man gemäß Bild 6.4.2 nur die Ortskurve $G_0(j\omega)$ des offenen Regelkreises zu zeichnen, um die Stabilität des geschlossenen Regelkreises zu überprüfen. Dabei gibt nun $\Delta\varphi_s$ die stetige Winkeländerung des Fahrstrahls vom kritischen Punkt (-1,j0) zum laufenden Punkt der Ortskurve $G_0(j\omega)$ für $0 \leq \omega \leq \infty$ an. Geht die Ortskurve durch den Punkt (-1,j0), oder besitzt sie Unendlichkeitsstellen, so entsprechen diese Punkte den Nullstellen bzw. Polstellen von $G'(s)$ auf der Imaginärachse, deren Größe aus der Ortskurve $G_0(j\omega)$ nicht eindeutig ablesbar ist. Aus diesem Grund wurden sie zur Herleitung von

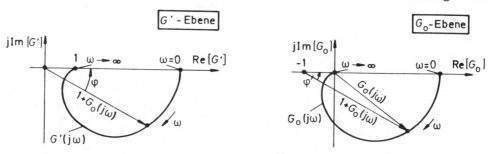

Bild 6.4.2. Ortskurven von $G'(j\omega)$ und $G_0(j\omega)$

Gl. (6.4.7) nicht berücksichtigt. Bild 6.4.3 zeigt z. B. eine solche Ortskurve $G_0(j\omega)$, bei der zwei unstetige Winkeländerungen auftreten. Die

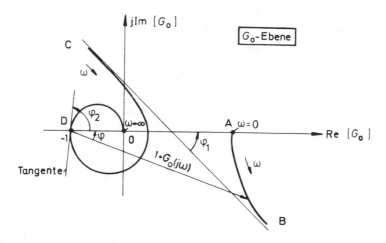

Bild 6.4.3. Zur Bestimmung der stetigen Winkeländerung $\Delta\varphi_s$

stetige Winkeländerung ergibt sich dabei aus drei Anteilen

$$\Delta\varphi_s = \Delta\varphi_{AB} + \Delta\varphi_{CD} + \Delta\varphi_{DO}$$
$$= -\varphi_1 - (2\pi - \varphi_1 - \varphi_2) - \varphi_2 = -2\pi .$$

(Man beachte, daß die Drehung in Gegenuhrzeigerrichtung im mathematischen Sinn positiv zählt.)

Die bis hierher erarbeiteten Ergebnisse sollen wie folgt nochmals zusammengefaßt werden:

Durchläuft ω den Bereich von 0 bis $+\infty$, dann beträgt die stetige Winkeländerung $\Delta\varphi_s$ des Fahrstrahls vom kritischen Punkt $(-1, j0)$ zum laufenden Punkt der Ortskurve von $G_0(j\omega)$ des offenen Regelkreises gemäß Gl. (6.4.7)

$$\Delta\varphi_s = [2(P-N) + \mu - \nu]\pi/2 ,$$

wobei die ganzzahligen Größen P, N, μ und ν bereits anschaulich im Bild 6.4.1 dargestellt wurden.

Da der geschlossene Regelkreis genau dann asymptotisch stabil ist, wenn $N = \nu = 0$ ist, folgt aus Gl. (6.4.7) die

allgemeine Fassung des Nyquist-Kriteriums:

> Der geschlossene Regelkreis ist dann und nur dann asymptotisch stabil, wenn die stetige Winkeländerung des Fahrstrahles vom kritischen Punkt $(-1, j0)$ zum laufenden Punkt der Ortskurve von $G_0(j\omega)$ des offenen Regelkreises
>
> $$\Delta\varphi_s = P\pi + \mu\pi/2 \qquad (6.4.8)$$
>
> beträgt.

Für den Fall, daß die Verstärkung des offenen Regelkreises K_0 *negativ* ist, erscheint die zugehörige Ortskurve um 180^0 gedreht gegenüber derjenigen Ortskurve, die man mit dem positiven K_0 erhält.

Das Nyquist-Kriterium gilt unverändert auch dann, wenn der offene Regelkreis eine *Totzeit* enthält. Da der Beweis hierfür sehr aufwendig ist, sei aus Platzgründen darauf verzichtet.

6.4.1.1 Anwendungsbeispiele zum Nyquist-Kriterium

Um die Anwendung des Nyquist-Kriteriums zu veranschaulichen, werden nachfolgend einige Beispiele betrachtet. In Bild 6.4.4 sind Ortskur-

Vorgegebenes System Ortskurve $G_o(j\omega)$	Pole von $G_o(s)$	Stabilitätsaussage
(a) 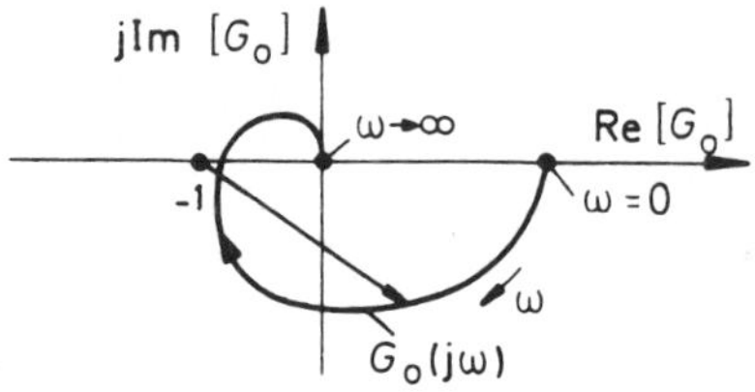	$P=0$ $\mu=0$	$\Delta\varphi_s = 0 \Rightarrow N = 0$: stabil
(b) 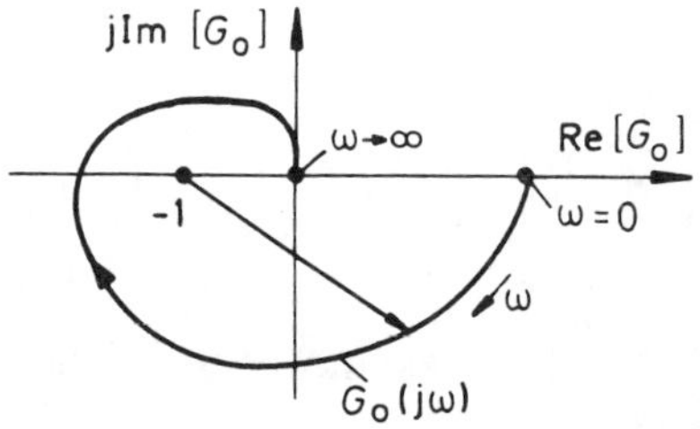	$P=0$ $\mu=0$	$\Delta\varphi_s = -2\pi \Rightarrow N = 2$: instabil
(c) 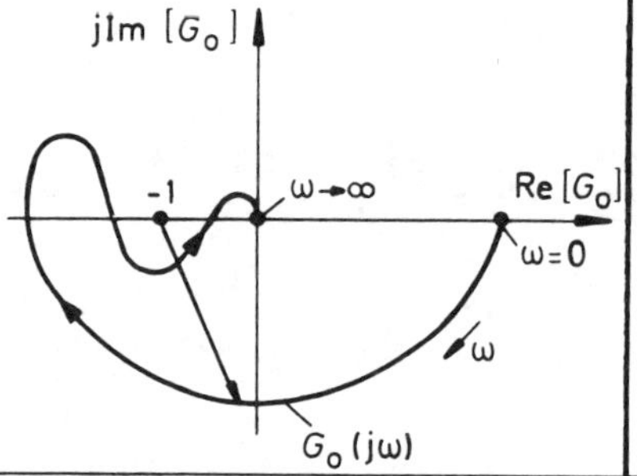	$P=0$ $\mu=0$	$\Delta\varphi_s = 0 \Rightarrow N = 0$: stabil
(d) 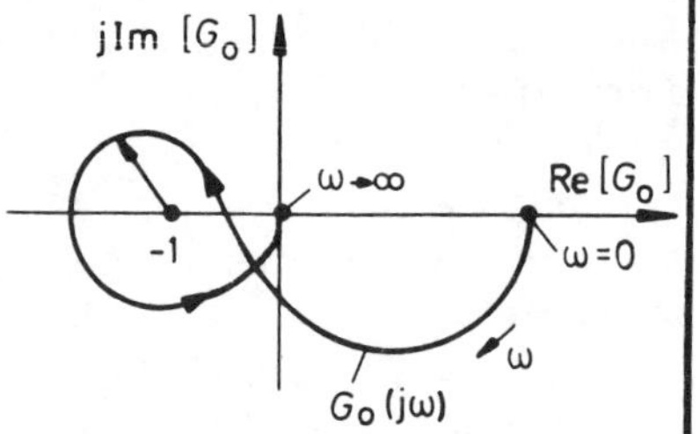	$P=2$ $\mu=0$	$\Delta\varphi_s = 2\pi \Rightarrow N = 0$: stabil

Bild 6.4.4. Beispiele zur Anwendung des Nyquist-Kriteriums bei Systemen, deren Übertragungsfunktion $G_0(s)$ keine Pole auf der Imaginärachse besitzt

ven solcher Systeme dargestellt, deren Übertragungsfunktion $G_0(s)$ keine Pole auf der Imaginärachse besitzt ($\mu = 0$). Diese Ortskurven beginnen für $\omega = 0$ auf der reellen Achse und enden für $\omega \to \infty$ im Ursprung der komplexen G_0-Ebene. Daher ist die Winkeländerung immer ein ganzzahliges Vielfaches von π.

Geht die Ortskurve bei $\omega = \omega_a$ durch den Punkt $(-1, j0)$, so hat der geschlossene Regelkreis einen Pol $s = j\omega_a$ (und damit auch $s = -j\omega_a$) auf der Imaginärachse, da für $\omega = \omega_a$ offensichtlich gilt:

$$1 + G_0(j\omega_a) = 0 \; .$$

In den Beispielen tritt dieser Fall nicht auf; es gilt also immer $\nu = 0$. Die Zahl der Pole des geschlossenen Regelkreises in der rechten s-Halbebene läßt sich nun anhand von Gl. (6.4.7) bestimmen zu:

$$N = P + \mu/2 - \Delta\varphi_s/\pi \; . \tag{6.4.9}$$

Wird in Beispiel (a), das - wie man leicht sieht - ein stabiles System repräsentiert, die Verstärkung K_0 des offenen Regelkreises vergrößert, so "bläht" sich die Ortskurve auf, erreicht und überschreitet den Punkt $(-1, j0)$. Damit erhält man den als Beispiel (b) dargestellten Fall. Dabei ändert sich $\Delta\varphi_s$ von 0 nach -2π und da $N > 0$ wird, ist der geschlossene Regelkreis instabil. In Beispiel (c) ist ein stabiles System dargestellt, das jedoch sowohl bei Vergrößerung als auch bei Verkleinerung von K_0 instabil wird. Man bezeichnet ein solches System auch als bedingt stabil. Beispiel (d) stellt ebenfalls ein bedingt stabiles System dar.

Als Beispiele für den Fall, daß Pole des offenen Regelkreises auf der Imaginärachse auftreten, sei der wichtige Spezialfall von Polen im Ursprung betrachtet, da häufig der offene Regelkreis I-Verhalten besitzt. Bild 6.4.5 zeigt einige Ortskurven solcher Systeme und veranschaulicht die Anwendung des Nyquist-Kriteriums. Die Ortskurven beginnen für $\omega = 0$ im Unendlichen und enden im Ursprung. Demzufolge ist $\Delta\varphi_s$ immer ein ganzes Vielfaches von $\pi/2$. Nach Gl. (6.4.9) ergibt sich auch in diesem Fall für N stets ein ganzzahliger Wert.

6.4.1.2 Anwendung auf Systeme mit Totzeit

Wie schon oben erwähnt, ist das Nyquist-Kriterium unverändert auch dann gültig, wenn der offene Regelkreis eine Totzeit enthält. Es ist das einzige der hier behandelten Stabilitätskriterien, das für diesen Fall anwendbar ist. Dazu werden zwei Beispiele betrachtet:

Vorgegebenes System	Ortskurve $G_o(j\omega)$	Pole von $G_o(s)$	Stabilitätsaussage
$G_o(s) = \dfrac{K_o}{s(1+Ts)}$		$P=0$ $\mu=1$	$\Delta\varphi_s = \pi/2 \Rightarrow N=0:$ stabil
$G_o(s) = \dfrac{K_o}{s^2(1+Ts)}$		$P=0$ $\mu=2$	$\Delta\varphi_s = -\pi \Rightarrow N=2:$ instabil
$G_o(s) = \dfrac{K_o}{s(-1+Ts)}$		$P=1$ $\mu=1$	$\Delta\varphi_s = -\pi/2 \Rightarrow N=2:$ instabil
$G_o(s) = \dfrac{K_o}{s(1+T_1s)(1+T_2s)}$ $K_o > \dfrac{T_1+T_2}{T_1 T_2}$		$P=0$ $\mu=1$	$\Delta\varphi_s = -3\pi/2 \Rightarrow N=2:$ instabil

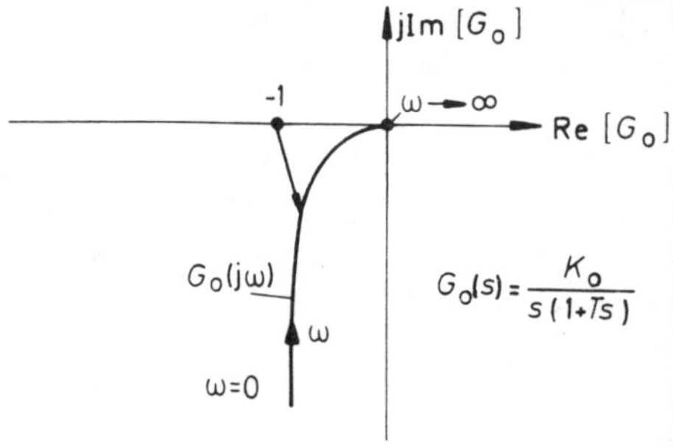

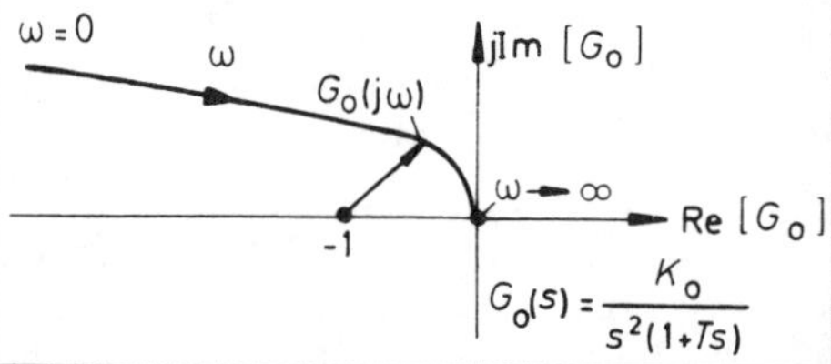

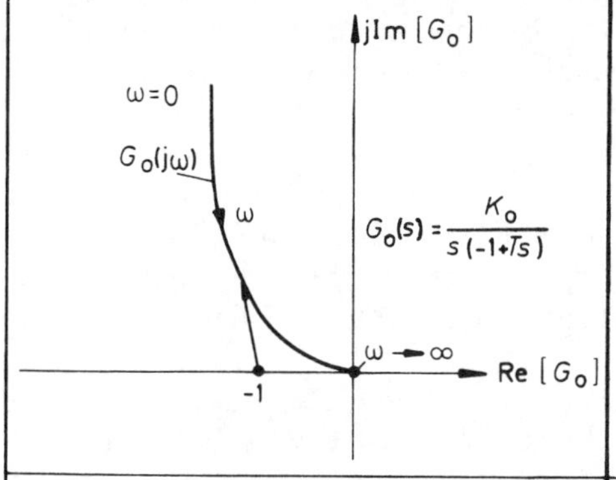

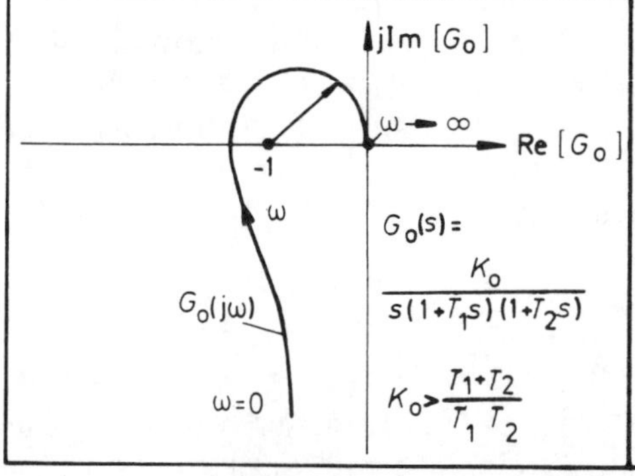

Bild 6.4.5. Beispiele zur Anwendung des Nyquist-Kriteriums bei I-Verhalten des offenen Regelkreises

Beispiel 6.4.1:

Bei einem Regelkreis, der aus einem P-Regler und einer reinen Totzeitregelstrecke besteht, lautet die charakteristische Gleichung

$$1 + G_0(s) = 1 + K_R K_S e^{-sT_t} = 0 \, .$$

Die Ortskurve von $G_0(j\omega) = K_0 e^{-j\omega T_t}$ (mit $K_0 = K_R K_S$) beschreibt einen Kreis mit dem Radius $|K_0|$, der für $0 \leq \omega \leq \infty$ unendlich oft im Uhrzeigersinn durchlaufen wird. Da der offene Regelkreis stabil ist, ist $P = 0$ und $\mu = 0$. Gemäß Bild 6.4.6 können zwei Fälle unterschieden werden:

a) $K_0 < 1$: $\Delta\varphi_s = 0$. Der geschlossene Regelkreis ist somit stabil.

b) $K_0 > 1$: $\Delta\varphi_s = -\infty$. Der geschlossene Regelkreis weist instabiles Verhalten auf.

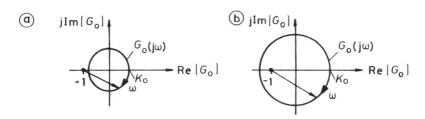

Bild 6.4.6. Ortskurve des Frequenzganges eines reinen Totzeitgliedes mit der Verstärkung K_0 für a) stabiles und b) instabiles Verhalten des geschlossenen Regelkreises ∎

Beispiel 6.4.2:

Gegeben sei der im Bild 6.4.7 dargestellte Regelkreis. Gesucht ist der Bereich von K_R, für den der geschlossene Regelkreis stabil ist. Die Regelstrecke habe die Daten $T_t = 1s$; $T = 0,1s$ und $K_S = 1$. Da der

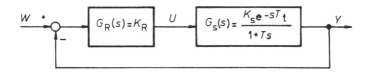

Bild 6.4.7. Einfacher Regelkreis mit Totzeit

offene Regelkreis mit $G_0(s) = G_R(s)\ G_S(s)$ stabil ist ($P = 0$, $\mu = 0$), muß für einen stabilen geschlossenen Regelkreis die Winkeländerung des Fahrstrahls vom kritischen Punkt zur Ortskurve von $G_0(j\omega)$ gerade $\Delta\varphi_s = 0$ werden. Bild 6.4.8 zeigt die Situation für ein solches K_R, bei dem der geschlossene Regelkreis stabil ist. Man erkennt hieraus unmittelbar folgenden Sachverhalt:

- Die Ortskurve des offenen Regelkreises hat unendlich viele Schnittpunkte mit der reellen Achse.

- Die Lage des Schnittpunktes mit der niedrigsten Frequenz $\omega_2 > 0$ entscheidet über die Stabilität des geschlossenen Regelkreises. Liegt er rechts vom kritischen Punkt $(-1, j0)$, so ist die Winkeländerung $\Delta\varphi_s = 0$ und damit der geschlossene Regelkreis stabil. Liegt er jedoch links vom kritischen Punkt, so ist die Winkeländerung $\Delta\varphi_s \leq -2\pi$ und der geschlossene Regelkreis wird instabil. Das bedeutet, daß für kleines K_R der geschlossene Regelkreis stabil ist. Vergrößert man K_R so lange, bis die Ortskurve von $G_0(j\omega)$ bei einem Wert K_{Rkrit} mit der Frequenz ω_2 gerade den kritischen Punkt $(-1, j0)$ schneidet, so entspricht dieser Fall einer Übertragungsfunktion des geschlossenen Regelkreises mit einem Polpaar $\pm j\omega_2$ auf der Imaginärachse. Damit liegt grenzstabiles Verhalten vor, d. h. der Regelkreis arbeitet an der Stabilitätsgrenze.

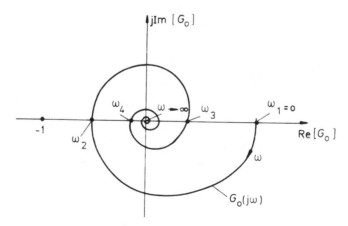

Bild 6.4.8. Ortskurve des Frequenzganges des offenen Regelkreises nach Bild 6.4.7 für einen stabilen Fall

Zunächst bestimmt man die kritische Frequenz ω_2 und betrachtet dazu die charakteristische Gleichung für $s = j\omega$:

$$1 + K_R \frac{K_S e^{-j\omega T_t}}{1 + Tj\omega} = 0 \ .$$

Mit obigen Zahlenwerten gilt

$$1 + K_R \frac{e^{-j\omega}}{1 + 0{,}1 j\omega} = 0$$

oder

$$K_R(\cos\omega - j\sin\omega) = -1 - j0{,}1\omega \ .$$

Die Aufspaltung in Real- und Imaginärteil liefert:

$$K_R \cos\omega = -1 \quad \text{und} \quad K_R \sin\omega = 0{,}1\omega \ . \tag{6.4.10a,b}$$

Durch Division beider Gleichungen kann K_R eliminiert werden:

$$\frac{\sin\omega}{\cos\omega} = \tan\omega = -0{,}1\omega \ . \tag{6.4.11}$$

Die Lösungen dieser Gleichung sind nun diejenigen ω-Werte, bei denen (für entsprechendes K_R) die Ortskurve durch den kritischen Punkt gehen kann, also genau die Werte $\omega_1, \omega_2, \ldots$ in Bild 6.4.8. Man erhält sie beispielsweise graphisch aus Bild 6.4.9 oder mit Hilfe des Newtonschen

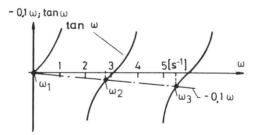

Bild 6.4.9. Graphische Lösung der Gl. (6.4.11)

Verfahrens zu

$$\omega_1 = 0\,\text{s}^{-1}, \quad \omega_2 = 2{,}86\,\text{s}^{-1}, \quad \omega_3 = 5{,}76\,\text{s}^{-1}, \ldots$$

Wie schon erwähnt, bestimmt ω_2 den maximalen Wert von K_R. Man erhält ihn durch Einsetzen von ω_2 in die charakteristische Gleichung, z. B. in der Form von Gl. (6.4.10a, b). Es ergibt sich

$$K_{R\,\text{krit}} = -\frac{1}{\cos\omega_2} = \frac{0{,}1\omega_2}{\sin\omega_2} = 1{,}04 \ .$$

Der gesuchte Bereich für K_R ist somit

$0 \leqslant K_R < 1,04$.   ∎

6.4.1.3 Vereinfachte Formen des Nyquist-Kriteriums

In vielen Fällen ist der offene Regelkreis stabil, also $P = 0$ und $\mu = 0$. In diesem Fall folgt aus Gl. (6.4.8) für die Winkeländerung $\Delta\varphi_s = 0$. Dann kann das Nyquist-Kriterium wie folgt formuliert werden:

> Ist der offene Regelkreis asymptotisch stabil, so ist der geschlossene Regelkreis genau dann asymptotisch stabil, wenn die Ortskurve des offenen Regelkreises den kritischen Punkt $(-1,j0)$ weder umkreist noch durchdringt.

Eine andere Fassung des vereinfachten Nyquist-Kriteriums, die auch angewandt werden kann, wenn $G_0(s)$ Pole bei $s = 0$ besitzt, ist die sogenannte *"Linke-Hand-Regel"*:

> Der offene Regelkreis habe nur Pole in der linken s-Halbebene, außer einem 1- oder 2-fachen Pol bei $s = 0$ (P-, I- oder I_2-Verhalten). In diesem Fall ist der geschlossene Regelkreis genau dann asymptotisch stabil, wenn der kritische Punkt $(-1,j0)$ in Richtung wachsender ω-Werte gesehen *links* der Ortskurve von $G_0(j\omega)$ liegt.

Diese Fassung des Nyquist-Kriteriums reicht in den meisten Fällen aus. Dabei ist der Teil der Ortskurve maßgebend, der dem kritischen Punkt am nächsten liegt. Bei sehr komplizierten Ortskurvenverläufen sollte man jedoch auf die allgemeine Fassung des Kriteriums zurückgreifen.

Man kann die Linke-Hand-Regel anschaulich aus der verallgemeinerten Ortskurve (Abschnitt 4.2.7) herleiten, wenn man das die Ortskurve $G_0(j\omega)$ begleitende σ,ω-Netz betrachtet. Danach ist asymptotische Stabilität des Regelkreises dann gewährleistet, wenn eine Kurve mit $\sigma < 0$ durch den kritischen Punkt $(-1,j0)$ läuft. Diese Netzkurve liegt aber bekanntlich links der Ortskurve von $G_0(j\omega)$.

6.4.2 Das Nyquist-Kriterium in der Frequenzkennlinien-Darstellung

Wegen der einfachen graphischen Konstruktion der Frequenzkennlinien einer vorgegebenen Übertragungsfunktion ist die Anwendung des Nyquist-Kriteriums in dieser Form oftmals bequemer. Dabei muß die stetige Winkeländerung $\Delta\varphi_s$ des Fahrstrahls vom kritischen Punkt (-1,j0) zur Ortskurve von $G_0(j\omega)$ durch den Amplituden- und Phasengang von $G_0(j\omega)$ ausgedrückt werden können. Aus Bild 6.4.10 geht anschaulich hervor, daß diese Winkeländerung direkt durch die Anzahl der Schnittpunkte der Ortskurve mit der reellen Achse links vom kritischen Punkt, also im Bereich ($-\infty,-1$) bestimmt ist. Das Nyquist-Kriterium läßt sich also auch mittels der Anzahl dieser Schnittpunkte darstellen. Damit kann es auch leicht in die Frequenzkennlinien-Darstellung übertragen werden. Es muß jedoch im folgenden vorausgesetzt werden, daß die Verstärkung des offenen Regelkreises positiv ist.

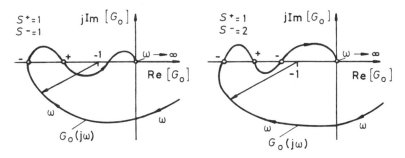

Bild 6.4.10. Zur Definition positiver (+) und negativer (-) Schnittpunkte der Ortskurve $G_0(j\omega)$ mit der reellen Achse links vom kritischen Punkt

Zunächst werden die Schnittpunkte der Ortskurve von $G_0(j\omega)$ mit der reellen Achse im Bereich ($-\infty,-1$) betrachtet. Man definiert einen Übergang von der oberen in die untere Halbebene in Richtung wachsender ω-Werte gesehen als *positiven Schnittpunkt*, während der umgekehrte Übergang einen *negativen Schnittpunkt* darstellt (Bild 6.4.10). Wie man aus dem Verlauf der Ortskurve leicht erkennt, ist die Winkeländerung $\Delta\varphi_s = 0$, wenn die Anzahl der positiven Schnittpunkte S^+ und die Anzahl der negativen Schnittpunkte S^- links vom kritischen Punkt gleich ist. $\Delta\varphi_s$ hängt also direkt mit der Differenz der Anzahl der positiven und negativen Schnittpunkte zusammen, und es gilt für den Fall, daß der offene Regelkreis keine Pole auf der Imaginärachse besitzt:

$$\Delta\varphi_s = 2\pi(S^+ - S^-) .$$

Bei einem offenen Regelkreis mit einem I-Anteil, also einem einfachen Pol im Ursprung der komplexen Ebene ($\mu = 1$), beginnt die Ortskurve für $\omega = 0$ bei $\delta - j\infty$, wodurch ein zusätzlicher Anteil von $+\pi/2$ zu der Winkeländerung hinzukommt. Es gilt also bei P- und I-Verhalten des offenen Regelkreises

$$\Delta\varphi_s = 2\pi(S^+ - S^-) + \mu\pi/2 \quad \mu = 0,1 \ . \tag{6.4.12}$$

Grundsätzlich ist diese Formel auch für $\mu = 2$ anwendbar. Hier beginnt jedoch die Ortskurve für $\omega = 0$ bei $-\infty + j\delta$ (Bild 6.4.11), und man müßte diesen Punkt als negativen Schnittpunkt zählen, falls $\delta > 0$ ist, d. h. falls die Ortskurve für kleine ω-Werte oberhalb der reellen Achse verläuft. Tatsächlich ergibt sich aber für $\delta > 0$ (und entsprechend $\delta < 0$) in diesem Fall kein Schnittpunkt. Dies folgt aus einer genaueren Untersuchung der unstetigen Winkeländerung, die hier bei $\omega = 0$ auftritt. Da jedoch nur die stetige Winkeländerung betrachtet werden soll, und um der Symmetrie der beiden Fälle gerecht zu werden, wird der Beginn der Ortskurve bei $\omega = 0$ als halber Schnittpunkt definiert, positiv für $\delta < 0$ und negativ für $\delta > 0$, in Analogie zu der obigen Definition (Bild 6.4.11).

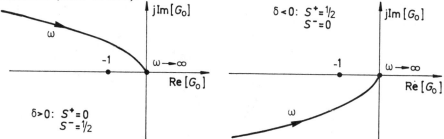

Bild 6.4.11. Zur Zählung der Schnittpunkte links des kritischen Punktes bei I_2-Verhalten des offenen Regelkreises

Damit gilt wiederum für die stetige Winkeländerung

$$\Delta\varphi_s = 2\pi(S^+ - S^-) \quad (\mu = 2) \ . \tag{6.4.13}$$

Durch Gleichsetzen der Gln. (6.4.12) bzw. (6.4.13) mit Gl. (6.4.8) erhält man die Stabilitätsbedingung für das Nyquist-Kriterium in der Form von Gl. (6.4.14) (s. u.), und damit kann man das Nyquist-Kriterium auch wie folgt formulieren:

> Der offene Regelkreis mit der Übertragungsfunktion $G_0(s)$ besitze P Pole in der rechten s-Halbebene und möglicherweise einen einfachen ($\mu = 1$) oder doppelten Pol ($\mu = 2$) bei $s = 0$. Hat die Ortskurve von $G_0(j\omega)$ S^+ positive und S^- negative Schnittpunkte mit der reellen Achse links des kritischen Punktes, so ist der geschlossene Regelkreis genau dann asymptotisch stabil, wenn die Beziehung

$$D^* = S^+ - S^- = \begin{cases} \dfrac{P}{2} & \text{für } \mu = 0{,}1 \\ \dfrac{P+1}{2} & \text{für } \mu = 2 \end{cases} \qquad (6.4.14)$$

gilt.

Für den speziellen Fall, daß der offene Regelkreis stabil ist ($P = 0$, $\mu = 0$), muß also die Anzahl der positiven und negativen Schnittpunkte gleich groß sein.

Aus dieser Formulierung des Nyquist-Kriteriums ergibt sich nebenbei, daß die Differenz der Anzahl der positiven und negativen Schnittpunkte im Fall $\mu = 0{,}1$ eine ganze Zahl, für $\mu = 2$ keine ganze Zahl wird. Hieraus folgt jedoch unmittelbar, daß für $\mu = 0{,}1$ die Größe P eine gerade, für $\mu = 2$ die Größe $P+1$ eine ungerade und damit *in jedem Fall P eine gerade Zahl* sein muß, damit der geschlossene Regelkreis asymptotisch stabil ist. Dies gilt allerdings nur, wenn $D^* \geq 1$ erfüllt ist.

Nach diesen Vorbetrachtungen läßt sich das Nyquist-Kriterium direkt in die Frequenzkennlinien-Darstellung übertragen. Der zur Ortskurve von $G_0(j\omega)$ gehörende logarithmische Amplitudengang $A_0(\omega)_{dB}$ ist in den zuvor definierten Schnittpunkten der Ortskurve mit der reellen Achse im Intervall $(-\infty, -1)$ stets positiv. Andererseits entspricht diesen Schnittpunkten der Ortskurve jeweils der Schnittpunkt des Phasenganges $\varphi_0(\omega)$ mit den Geraden $\pm 180°$, $\pm 540°$ usw., also einem ungeraden Vielfachen von $180°$. Im Falle eines positiven Schnittpunktes der Ortskurve

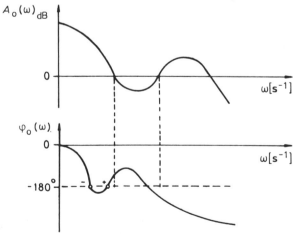

Bild 6.4.12. Frequenzkennliniendarstellung von $G_0(j\omega) = A_0(\omega) e^{j\varphi_0(\omega)}$ und Definition der positiven (+) und negativen (−) Übergänge des Phasenganges $\varphi_0(\omega)$ über die $-180°$-Linie

erfolgt der Übergang des Phasenganges über die entsprechenden $\pm(2k+1)180^\circ$-Linien von unten nach oben und umgekehrt von oben nach unten bei einem negativen Schnittpunkt gemäß Bild 6.4.12. Diese Schnittpunkte sollen im weiteren als positive (+) und negative (-) Übergänge des Phasenganges $\varphi_0(\omega)$ über die jeweilige $\pm(2k+1)180^\circ$-Linie definiert werden, wobei $k = 0,1,2,...$ werden kann. Beginnt die Phasenkennlinie bei -180°, so zählt dieser Punkt als halber Übergang mit dem entsprechenden Vorzeichen. Damit kann man das Nyquist-Kriterium in der für die Frequenzkennlinien-Darstellung passenden Form aufstellen:

> Der offene Regelkreis mit der Übertragungsfunktion $G_0(s)$ besitze P Pole in der rechten s-Halbebene und möglicherweise einen einfachen oder doppelten Pol bei $s = 0$. S^+ sei die Anzahl der positiven und S^- die Anzahl der negativen Übergänge des Phasengangs $\varphi_0(\omega)$ über die $\pm (2k+1)\,180^\circ$-Linien in dem Frequenzbereich, in dem $A_0(\omega)_{dB} > 0$ ist. Der geschlossene Regelkreis ist genau dann asymptotisch stabil, wenn für die Differenz D^* die Beziehung
>
> $$D^* = S^+ - S^- = \begin{cases} \dfrac{P}{2} & \text{für } \mu = 0,1 \\ \dfrac{P+1}{2} & \text{für } \mu = 2 \end{cases}$$
>
> gilt.
>
> Für den speziellen Fall, daß der offene Regelkreis stabil ist ($P = 0$, $\mu = 0$), muß also gelten.
>
> $$D^* = S^+ - S^- = 0 \;.$$

Bild 6.4.13 zeigt einige Anwendungsbeispiele des Nyquist-Kriteriums in der Frequenzkennlinien-Darstellung.

Abschließend soll die "Linke-Hand-Regel" auch für das Bode-Diagramm dargestellt werden, da sie in der Mehrzahl der Fälle ausreicht und auch hier sehr einfach ist.

> Der offene Regelkreis habe nur Pole in der linken s-Halbebene außer möglicherweise einem 1- oder 2-fachen Pol bei $s = 0$ (P-, I- oder I_2-Verhalten).
>
> In diesem Fall ist der geschlossene Regelkreis genau dann asymptotisch stabil, wenn $G_0(j\omega)$ für die *Durchtrittsfrequenz* ω_D bei $A_0(\omega_D)_{dB} = 0$ den Phasenwinkel $\varphi_0(\omega_D) = \arg G_0(j\omega_D) > -180^\circ$ hat.

Dieses Stabilitätskriterium, das man sich anhand der Beispiele b, c und d in Bild 6.4.13 leicht veranschaulichen kann, bietet auch die Möglich-

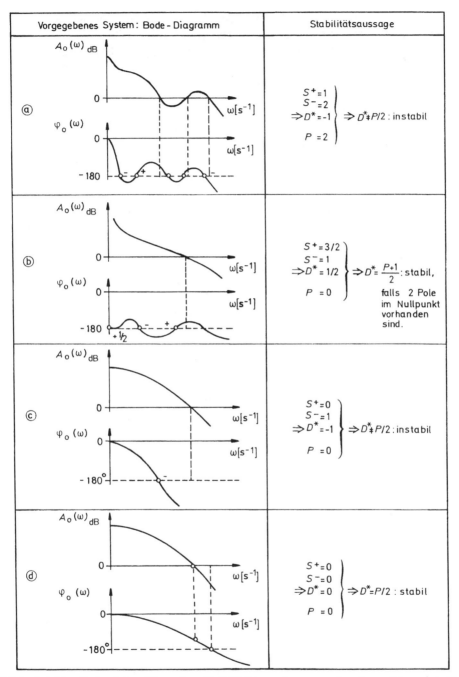

Bild 6.4.13. Beispiele für die Stabilitätsanalyse nach dem Nyquist-Kriterium in der Frequenzkennlinien-Darstellung

keit einer praktischen Abschätzung der "Stabilitätsgüte" eines Regelkreises. Je größer der Abstand der Ortskurve vom kritischen Punkt ist, desto weiter ist der geschlossene Regelkreis vom Stabilitätsrand entfernt. Als Maß hierfür benutzt man die Begriffe Phasenrand und Amplitudenrand, die in Bild 6.4.14 erklärt sind. Der *Phasenrand*

$$\varphi_R = 180° + \varphi_0(\omega_D) \qquad (6.4.15)$$

ist der Abstand der Phasenkennlinie von der $-180°$-Geraden bei der Durchtrittsfrequenz ω_D, d. h. beim Durchgang der Amplitudenkennlinie durch die 0-dB-Linie ($|G_0| = 1$). Als *Amplitudenrand*

$$A_{R_{dB}} = A_0(\omega_s)_{dB} \qquad (6.4.16)$$

wird der Abstand der Amplitudenkennlinie von der 0-dB-Linie beim Phasenwinkel $\varphi_0 = -180°$ bezeichnet.

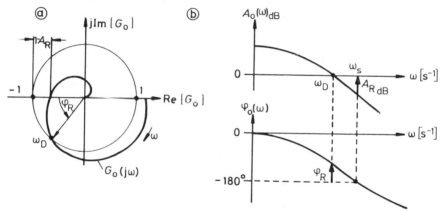

Bild 6.4.14. Phasen- und Amplitudenrand φ_R und A_R bzw. $A_{R_{dB}}$ in der Ortskurvendarstellung (a) und im Bode-Diagramm (b)

Für eine gut gedämpfte Regelung, z. B. im Sinne der später noch behandelten betragsoptimalen Einstellung, sollten etwa folgende Werte eingehalten werden:

$$A_{R_{dB}} = \begin{cases} -12 \text{ dB bis } -20 \text{ dB} & \text{bei Führungsverhalten} \\ -3{,}5 \text{ dB bis } -9{,}5 \text{ dB} & \text{bei Störverhalten} \end{cases}$$

$$\varphi_R = \begin{cases} 40° \text{ bis } 60° & \text{bei Führungsverhalten} \\ 20° \text{ bis } 50° & \text{bei Störverhalten .} \end{cases}$$

Die Durchtrittsfrequenz ω_D stellt ein Maß für die dynamische Güte des Regelkreises dar. Je größer ω_D, desto größer ist die Grenzfrequenz des geschlossenen Regelkreises, und desto schneller die Reaktion auf Sollwertänderungen oder Störungen. Als *Grenzfrequenz* ist dabei jene Frequenz ω_g zu betrachten, bei der der Betrag $A_0(\omega)$ des Frequenzganges des geschlossenen Regelkreises näherungsweise auf den Wert Null abgefallen ist.

7 DAS WURZELORTSKURVEN-VERFAHREN
[7.1 bis 7.3]

7.1 Der Grundgedanke des Verfahrens

Bei der Untersuchung von Regelkreisen interessiert oftmals die Frage, in welcher Weise die bekannten Eigenschaften (Parameter und Struktur) des offenen Regelkreises das noch unbekannte Verhalten des geschlossenen Regelkreises beeinflussen. Diese Frage läßt sich mit Hilfe des Wurzelortskurven-Verfahrens beantworten. Dieses Verfahren erlaubt anhand der bekannten Pol- und Nullstellenverteilung der Übertragungsfunktion $G_0(s)$ des offenen Regelkreises in der s-Ebene in anschaulicher Weise einen Schluß auf die Wurzeln der charakteristischen Gleichung des geschlossenen Regelkreises. Variiert man beispielsweise einen Parameter des offenen Regelkreises, so verändert sich die Lage der Wurzeln der charakteristischen Gleichung des geschlossenen Regelkreises in der s-Ebene. Die Wurzeln beschreiben somit in der s-Ebene Bahnen, die man als *Wurzelortskurve* (WOK) des geschlossenen Regelkreises definiert. Die Kenntnis der Wurzelortskurve, die meist in Abhängigkeit von einem Parameter dargestellt wird, ermöglicht neben der Aussage über die Stabilität des geschlossenen Regelkreises auch eine Beurteilung der Stabilitätsgüte, z. B. durch den Abstand der Pole von der Imaginärachse. Die WOK eignet sich daher nicht nur zur Analyse, sondern vorzüglich auch zur Synthese von Regelkreisen.

Zur Bestimmung der WOK geht man von der Übertragungsfunktion des offenen Regelkreises

$$G_0(s) = k_0 \frac{\prod_{\mu=1}^{m}(s-s_{N\mu})}{\prod_{\nu=1}^{n}(s-s_{P\nu})} = k_0\, G(s) \qquad (7.1.1\text{a})$$

aus, wobei $k_0 > 0$, $m \leq n$ und $s_{N\mu} \neq s_{P\nu}$ gelte. Die Übereinstimmung mit Gl. (5.2.1) für $T_t = 0$, also mit der Beziehung

$$G_0(s) = \frac{K_0}{s^k} \cdot \frac{1 + \beta_1 s + \ldots + \beta_m s^m}{1 + \alpha_1 s + \ldots + \alpha_{n-k} s^{n-k}}, \qquad (7.1.1\text{b})$$

läßt sich auf einfache Weise gewinnen, indem Gl. (7.1.1a) wie folgt umgeformt wird:

$$G_0(s) = k_0 \frac{\prod_{\mu=1}^{m} (-s_{N\mu})}{\prod_{\substack{\nu=1 \\ s_{P\nu} \neq 0}}^{n} (-s_{P\nu})} \cdot \frac{1}{s^k} \cdot \frac{\prod_{\mu=1}^{m} (1 + \frac{s}{-s_{N\mu}})}{\prod_{\substack{\nu=1 \\ s_{P\nu} \neq 0}}^{n} (1 + \frac{s}{-s_{P\nu}})} \quad . \tag{7.1.1c}$$

Damit ist der Zusammenhang zwischen dem *Vorfaktor* k_0 und der *Verstärkung* K_0 des offenen Regelkreises durch

$$K_0 = k_0 \frac{\prod_{\mu=1}^{m} (-s_{N\mu})}{\prod_{\substack{\nu=1 \\ s_{P\nu} \neq 0}}^{n} (-s_{P\nu})} \tag{7.1.2}$$

hergestellt. Man beachte, daß für $m = 0$ im Zähler von Gl. (7.1.2) eine Eins steht.

Die charakteristische Gleichung des geschlossenen Regelkreises ergibt sich mit Gl. (7.1.1a) aus

oder
$$1 + k_0 \, G(s) = 0 \tag{7.1.3a}$$

$$G(s) = -\frac{1}{k_0} \quad . \tag{7.1.3b}$$

Die Gesamtheit aller komplexen Zahlen $s_i = s_i(k_0)$, die diese Beziehung für $0 \leq k_0 \leq \infty$ erfüllen, stellen die gesuchte WOK dar.

Durch Aufspaltung von Gl. (7.1.3b) in Betrag und Phase erhält man die *Amplitudenbedingung*

$$|G(s)| = \frac{1}{k_0} \tag{7.1.4}$$

und die *Phasenbedingung*

$$\varphi(s) = \arg \, [G(s)] = \pm 180°(2k+1) \quad \text{für} \quad k = 0,1,2,\ldots \tag{7.1.5}$$

Offensichtlich ist die Phasenbedingung von k_0 unabhängig. Alle Punkte der komplexen s-Ebene, die die Phasenbedingung erfüllen, stellen also den geometrischen Ort aller möglichen Pole des geschlossenen Regelkreises dar, die durch die Variation des Vorfaktors k_0 entstehen können. Die Kodierung dieser WOK, d. h. die Zuordnung zwischen den Kurvenpunkten und den Werten von k_0 erhält man durch Auswertung der Amplitudenbedingung entsprechend Gl. (7.1.4). Der hier beschriebene Zusammenhang ermöglicht eine einfache graphisch-numerische Konstruktion der WOK.

Zunächst soll hierzu ein einfaches *Beispiel* 2. Ordnung betrachtet werden, bei dem die WOK aus der charakteristischen Gleichung direkt analytisch berechnet werden kann.

Beispiel 7.1.1:

Gegeben sei als Übertragungsfunktion des offenen Regelkreises

$$G_0(s) = \frac{K_0}{s(s+1)} = \frac{k_0}{(s-s_{P1})(s-s_{P2})} ,$$

wobei $s_{P1} = 0$, $s_{P2} = -1$ und $k_0 = K_0$ wird. Gesucht sind die Pole der Führungsübertragungsfunktion des geschlossenen Regelkreises

$$G_W(s) = \frac{K_0}{s^2 + s + K_0}$$

bzw. die Wurzeln s_1 und s_2 der charakteristischen Gleichung

$$s^2 + s + K_0 = 0 ,$$

wobei der Parameter $k_0 = K_0$ von 0 bis $+\infty$ variiert werden soll. Man erhält

$$s_{1,2} = -\frac{1}{2} \pm \frac{1}{2}\sqrt{1-4K_0} .$$

Hieraus ist direkt ersichtlich, daß für $K_0 = 0$ die Pole des geschlossenen Regelkreises identisch mit denen von $G_0(s)$ sind, da gerade $s_1 = s_{P1} = 0$ und $s_2 = s_{P2} = -1$ wird. Für die übrigen K_0-Werte werden nun die folgenden beiden Fälle unterschieden:

a) $K_0 \leqslant 1/4$: Beide Wurzeln s_1 und s_2 sind reell und liegen auf der σ-Achse im Bereich $-1 \leqslant \sigma \leqslant 0$;

b) $K_0 > 1/4$: Die Wurzeln s_1 und s_2 bilden ein konjugiert komplexes Paar mit dem Realteil Re $s_{1,2} = -(1/2)$, der von K_0 unabhängig ist, und dem Imaginärteil Im $s_{1,2} = \pm (1/2) \sqrt{4K_0 - 1}$, der mit $K_0 \to \infty$ unbeschränkt anwächst.

Damit ergibt sich der im Bild 7.1.1 dargestellte Verlauf der WOK, die offensichtlich bei $(s_{P1} + s_{P2})/2$ einen *Verzweigungspunkt* aufweist. Es soll nun der Verlauf der WOK mit Hilfe der Phasenbedingung überprüft werden. Hierfür muß gelten

$$\varphi(s) = \arg\{G(s)\} = \arg\left\{\frac{1}{s(s+1)}\right\} = -\arg s - \arg(s+1) \stackrel{!}{=} \pm 180°(2k+1)$$

Die komplexen Größen s und $(s+1)$ haben die Winkel φ_1 und φ_2 sowie die Amplitude $|s|$ und $|s+1|$. Wie leicht aus Bild 7.1.1 zu ersehen ist, ist die Phasenbedingung auf der WOK erfüllt.

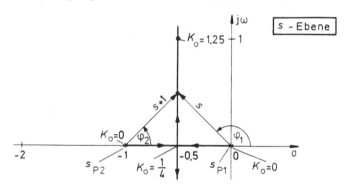

Bild 7.1.1. Wurzelortskurve eines einfachen Systems 2. Ordnung

Durch Auswertung der Amplitudenbedingung entsprechend Gl. (7.1.4)

$$|G(s)| = \left|\frac{1}{s(s+1)}\right| = \frac{1}{K_0}$$

läßt sich für bestimmte s-Werte der zugehörige Wert von K_0 auf der WOK ermitteln. So ergibt sich z. B. für $s = -1/2 + j$ die Verstärkung des offenen Regelkreises zu

$$K_0 = |s(s+1)|_{s=-\frac{1}{2}+j} = \frac{5}{4} .$$

Der Wert für K_0 am Verzweigungspunkt $s_v = -0{,}5$ beträgt

$$K_0 = |-0{,}5(-0{,}5+1)| = 0{,}25 .$$

Dieser Wert wurde bereits zuvor ermittelt.

Tabelle 7.1.1 zeigt weitere Beispiele von Wurzelortskurven für einige Systeme 1. und 2. Ordnung bei Variation des k_0-Wertes.

Tabelle 7.1.1. Wurzelortskurven von Systemen 1. und 2. Ordnung

$G_0(s)$	WOK	$G_0(s)$	WOK
$\dfrac{k_0}{s}$		$\dfrac{k_0}{(s+\sigma_1)^2+\omega_1^2}$	
$\dfrac{k_0}{s^2}$		$\dfrac{k_0}{(s-s_{P1})(s-s_{P2})}$	
$\dfrac{k_0}{s-s_{P1}}$		$\dfrac{k_0(s-s_{N1})}{(s-s_{P1})}$, $|s_{N1}| > |s_{P1}|$	
$\dfrac{k_0}{s^2+\omega_1^2}$		$\dfrac{k_0(s-s_{N1})}{(s-s_{P1})}$, $|s_{N1}| < |s_{P1}|$	

7.2 Allgemeine Regeln zur Konstruktion von Wurzelortskurven

Die Bedeutung des WOK-Verfahrens liegt darin, daß aufgrund der Phasenbedingung einige Regeln aufgestellt werden können, mit denen man auch bei Systemen höherer Ordnung ohne längere Rechnung den qualitativen Verlauf der WOK angeben kann. Diese Regeln wurden 1950 von W. Evans [7.1; 7.2] angegeben.

Obwohl das Verfahren prinzipiell auch bei Systemen mit Totzeitverhalten anwendbar ist, sollen die nachfolgenden Betrachtungen auf Regelkreise mit rationalen Übertragungsfunktionen beschränkt bleiben. Dies erscheint zweckmäßig wegen der umständlicheren Anwendbarkeit des Verfahrens bei Totzeitsystemen. Unter der Annahme, daß die Übertragungsfunktion des offenen Regelkreises $G_0(s)$ als gebrochen rationale Funktion gemäß Gl. (7.1.1a)

$$G_0(s) = k_0 \frac{(s-s_{N1})(s-s_{N2}) \ldots (s-s_{Nm})}{(s-s_{P1})(s-s_{P2}) \ldots (s-s_{Pn})} , \quad k_0 \geq 0 \qquad (7.2.1a)$$

oder

$$G_0(s) = k_0 \frac{b_0 + b_1 s + \ldots + b_{m-1} s^{m-1} + s^m}{a_0 + a_1 s + \ldots + a_{n-1} s^{n-1} + s^n} = k_0 \frac{Z_0(s)}{N_0(s)} \qquad (7.2.1b)$$

mit den Pol- und Nullstellen $s_{P\nu}$ und $s_{N\mu}$ ($\nu = 1,2,\ldots,n$; $\mu = 1,2,\ldots,m$) geschrieben werden kann, läßt sich $G_0(s)$ durch Betrag und Phase

$$G_0(s) = k_0 \frac{|s-s_{N1}| e^{j\varphi_{N1}} |s-s_{N2}| e^{j\varphi_{N2}} \ldots |s-s_{Nm}| e^{j\varphi_{Nm}}}{|s-s_{P1}| e^{j\varphi_{P1}} |s-s_{P2}| e^{j\varphi_{P2}} \ldots |s-s_{Pn}| e^{j\varphi_{Pn}}}$$

oder in der Form

$$G_0(s) = k_0 \frac{\prod_{\mu=1}^{m} |s-s_{N\mu}|}{\prod_{\nu=1}^{n} |s-s_{P\nu}|} e^{j\left(\sum_{\mu=1}^{m} \varphi_{N\mu} - \sum_{\nu=1}^{n} \varphi_{P\nu}\right)} \qquad (7.2.2)$$

darstellen. Mit Gl. (7.1.4) folgt hieraus als *Amplitudenbedingung*

$$\frac{\prod_{\mu=1}^{m} |s-s_{N\mu}|}{\prod_{\nu=1}^{n} |s-s_{P\nu}|} = \frac{1}{k_0} \qquad (7.2.3)$$

und mit Gl. (7.1.5) als *Phasenbedingung*

$$\varphi(s) = \sum_{\mu=1}^{m} \varphi_{N\mu} - \sum_{\nu=1}^{n} \varphi_{P\nu} = \pm 180°(2k+1) \qquad (7.2.4)$$

mit $k = 0,1,2,\ldots$. Hierbei kennzeichnen $\varphi_{N\mu}$ und $\varphi_{P\nu}$ die zu den komplexen Zahlen $(s-s_{N\mu})$ bzw. $(s-s_{P\nu})$ gehörenden Winkel. Stellt man zu jedem Punkt der s-Ebene die Winkelsumme φ auf, dann bestimmen gerade die Punkte, die die Bedingung von Gl. (7.2.4) erfüllen, die Wurzelortskurve. Diese Konstruktion könnte im Prinzip - wie Bild 7.2.1 zeigt - graphisch durchgeführt werden. Dieses Vorgehen ist jedoch nur zur Überprüfung der Phasenbedingung einzelner Punkte der s-Ebene zweckmäßig. Für die Konstruktion einer WOK werden daher

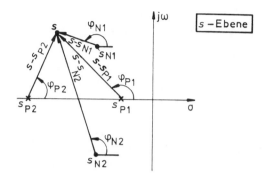

Bild 7.2.1. Überprüfung der Phasenbedingung

folgende *Regeln* (für $k_0 > 0$) angewandt:

1. Da alle Wurzeln reell oder konjugiert komplex sind, verläuft die WOK symmetrisch zur reellen Achse.

2. Aus $1 + G_0(s) = 0$ erhält man die charakteristische Gleichung des geschlossenen Regelkreises

$$k_0 \prod_{\mu=1}^{m} (s-s_{N\mu}) + \prod_{\nu=1}^{n} (s-s_{P\nu}) = 0 \; . \tag{7.2.5}$$

Daraus ist ersichtlich, daß sich für $k_0 = 0$ als Wurzelorte gerade die Pole $s_{P\nu}$ und für $k_0 \to \infty$ die Nullstellen $s_{N\mu}$ des offenen Regelkreises ergeben. Die Wurzelortskurve besteht demnach aus n Ästen, die in den Polen des offenen Regelkreises beginnen. Für $k_0 \to \infty$ enden m dieser n Äste in den Nullstellen des offenen Regelkreises, während $(n-m)$ Äste gegen Unendlich laufen (man kann $s \to \infty$ auch als $(n-m)$-fache Nullstelle von $G_0(s)$ auffassen). Bei mehrfachen Polen oder Nullstellen beginnen bzw. enden dort eine Anzahl Äste der Wurzelortskurve, entsprechend der Vielfachheit der Pole bzw. Nullstellen.

3. Die *Asymptoten* der $(n-m)$ nach unendlich strebenden Äste der WOK sind $(n-m)$ Geraden, die sich alle im *Wurzelschwerpunkt* auf der reellen Achse schneiden. Dieser Punkt hat die Koordinaten $(\sigma_a, j0)$ mit

$$\sigma_a = \frac{1}{n-m} \left\{ \sum_{\nu=1}^{n} \mathrm{Re}\, s_{P\nu} - \sum_{\mu=1}^{m} \mathrm{Re}\, s_{N\mu} \right\} \; . \tag{7.2.6}$$

Zum Nachweis der Gl. (7.2.6) wird Gl. (7.2.1b) durch Ausführung der Division von Zähler und Nenner von $G_0(s)$ umgeschrieben in die Form

$$G_0(s) = k_0 \frac{1}{s^{n-m} + (a_{n-1} - b_{m-1})s^{n-m-1} + \ldots} \quad . \quad (7.2.7)$$

Setzt man diese Beziehung ein in

$$1 + G_0(s) = 0 \; ,$$

dann erhält man als charakteristische Gleichung

$$s^{n-m} + (a_{n-1} - b_{m-1}) s^{n-m-1} + \ldots + k_0 = 0 \; .$$

Bei einem derartigen Polynom gilt bekanntlich für große Werte von s, also für $s \to \infty$ und damit für die Asymptoten der WOK, die Beziehung

$$(s + \frac{a_{n-1} - b_{m-1}}{n-m})^{n-m} = 0 \; , \quad (7.2.8)$$

und mit dem Vietaschen Wurzelsatz folgt außerdem für obige Polynomkoeffizienten

$$a_{n-1} = -\sum_{\nu=1}^{n} s_{P\nu} = -\sum_{\nu=1}^{n} \text{Re } s_{P\nu} \text{ und } b_{m-1} = -\sum_{\mu=1}^{m} s_{N\mu} = -\sum_{\mu=1}^{m} \text{Re } s_{N\mu} \; .$$

Setzt man diese Koeffizienten in die Gl. (7.2.8) ein, dann erhält man durch Auflösen nach $s = \sigma_a$ gerade die Gl. (7.2.6).

Bei der Berechnung des Neigungswinkels der Asymptoten der WOK wird man für $s \to \infty$ zweckmäßigerweise von dem Grenzwert der Übertragungsfunktion $G_0(s)$ des offenen Regelkreises gemäß Gl. (7.2.7), also von

$$\lim_{s \to \infty} G_0(s) = \lim_{s \to \infty} k_0 \frac{1}{s^{n-m}} \quad (7.2.9)$$

ausgehen, woraus sich als Phasenbedingung

$$\varphi(s) = -(n-m) \arg s = \pm 180°(2k+1)$$

für $k = 0, 1, 2, \ldots$ ergibt. Der Neigungswinkel der Asymptoten wird damit

$$\alpha_k = \arg s = \frac{\pm 180°(2k+1)}{n-m} \ . \qquad (7.2.10)$$

Für $(n-m) = 1, 2, 3$ und 4 erhält man daraus die im Bild 7.2.2 dargestellte Anordnung der Asymptoten.

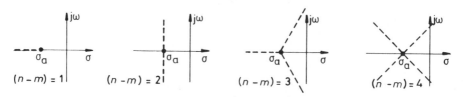

Bild 7.2.2. Anordnung der Asymptoten der WOK in der s-Ebene

4. Ein Punkt auf der reellen Achse ist ein Punkt der Wurzelortskurve, wenn die Gesamtzahl der *rechts* von diesem Punkt liegenden Pole und Nullstellen $s_{P\nu}$ und $s_{N\mu}$ des offenen Regelkreises *ungerade* ist. *) Dies folgt unmittelbar aus der Phasenbedingung nach Gl. (7.2.4). Pole und Nullstellen, die links von dem betrachteten Punkt auf der reellen Achse liegen, liefern keinen Beitrag zur Phasenbedingung, da der Phasenwinkel des Strahls von einem solchen Pol bzw. einer Nullstelle zu dem betrachteten Punkt gerade Null ist. Ein konjugiert komplexes Pol- und Nullstellenpaar liefert für einen Punkt auf der reellen Achse zwei entgegengesetzt gleiche Winkelwerte, so daß auch hier kein Beitrag zur Phasenbedingung erfolgt. Nur Pole und Nullstellen, die auf der reellen Achse rechts von dem betrachteten Punkt liegen, liefern jeweils einen Phasenwinkel von $\pm 180°$. Damit sich als resultierender Phasenwinkel ein ungeradzahliges Vielfaches von $\pm 180°$ ergibt, muß die Anzahl der Pole plus Nullstellen rechts von dem betrachteten Punkt ungerade sein.

5. Liegt ein Ast der Wurzelortskurve gerade zwischen zwei Polen des offenen Regelkreises auf der reellen Achse, dann existiert mindestens ein *Verzweigungspunkt* der Wurzelortskurve zwischen beiden Polen. Liegt umgekehrt ein Wurzelortskurvenast zwischen zwei Nullstellen des offenen Regelkreises auf der reellen Achse, dann existiert mindestens ein *Vereinigungspunkt* der Wurzelortskurve zwischen beiden Nullstellen. Liegt ein Ast der Wurzelortskurve zwischen

---

*) Diese Aussage gilt für $k_0 > 0$. Im Falle $k_0 < 0$ muß die entsprechende Gesamtzahl eine gerade Zahl oder gleich Null sein; außerdem muß dann in den Gln. (7.2.10), (7.2.15) und (7.2.16) der Term $(2k+1)$ durch $2k$ ersetzt werden.

einem Pol und einer Nullstelle des offenen Regelkreises auf der reellen Achse, dann sind entweder keine Verzweigungs- oder Vereinigungspunkte vorhanden, oder dieselben treten paarweise auf.

Die Lage der Verzweigungspunkte σ_v der WOK auf der reellen Achse erhält man als Lösung $s = \sigma_v$ der Gleichung

$$\sum_{\nu=1}^{n} \frac{1}{s - s_{P\nu}} = \sum_{\mu=1}^{m} \frac{1}{s - s_{N\mu}} . \qquad (7.2.11)$$

Sind keine Pol- oder Nullstellen vorhanden, so ist der entsprechende Summenterm gleich Null zu setzen. Die Gültigkeit dieser Beziehung folgt aus der Tatsache, daß ein Verzweigungspunkt eine mehrfache Wurzel der charakteristischen Gleichung des geschlossenen Regelkreises ist. Für eine solche mehrfache Wurzel muß also gleichzeitig gelten

$$1 + G_0(s) = 0 \qquad (7.2.12a)$$

und

$$\frac{d}{ds}[1 + G_0(s)] = \frac{d}{ds} G_0(s) = G_0^{\bullet}(s) = 0 . \qquad (7.2.12b)$$

Schreibt man für $G_0(s)$ gemäß Gl. (7.1.1a)

$$G_0(s) = k_0 \frac{\prod_{\mu=1}^{m} (s - s_{N\mu})}{\prod_{\nu=1}^{n} (s - s_{P\nu})} ,$$

so folgt durch Logarithmieren

$$\ln G_0(s) = \ln k_0 + \sum_{\mu=1}^{m} \ln(s - s_{N\mu}) - \sum_{\nu=1}^{n} \ln(s - s_{P\nu}) . \qquad (7.2.13)$$

Nun gilt bekanntlich für den Logarithmus einer Funktion $f(s)$

$$\frac{d}{ds} \ln f(s) = \frac{1}{f(s)} \frac{df(s)}{ds} = \frac{f'(s)}{f(s)} ,$$

so daß man aus Gl. (7.2.13) durch Differentiation beider Seiten direkt die Beziehung

$$\frac{G_0^{\bullet}(s)}{G_0(s)} = \sum_{\mu=1}^{m} \frac{1}{s - s_{N\mu}} - \sum_{\nu=1}^{n} \frac{1}{s - s_{P\nu}} \qquad (7.2.14)$$

erhält. Wegen Gl. (7.2.12a) ist $G_0(s) = -1$, und mit Gl. (7.2.12b) folgt daher aus Gl. (7.2.14) unmittelbar die Bestimmungsgleichung für Verzweigungspunkte entsprechend Gl. (7.2.11).

6. Sowohl der Austrittswinkel der WOK aus einem Pol $s_{P\rho}$ des offenen Regelkreises, als auch der Eintrittswinkel der WOK in eine Nullstelle $s_{N\rho}$ des offenen Regelkreises lassen sich in gleicher Weise direkt aus der Phasenbedingung gemäß Gl. (7.2.4) bestimmen. Man erhält für den *Austrittswinkel* aus dem Pol $s_{P\rho}$

$$\varphi_{P\rho,A} = \frac{1}{r_{P\rho}} \left\{ - \sum_{\substack{\nu=1 \\ \nu \neq \rho}}^{n} \varphi_{P\nu} + \sum_{\mu=1}^{m} \varphi_{N\mu} \pm 180°(2k+1) \right\} \quad (7.2.15)$$

und für den *Eintrittswinkel* in die Nullstelle $s_{N\rho}$

$$\varphi_{N\rho,E} = \frac{1}{r_{N\rho}} \left\{ - \sum_{\substack{\mu=1 \\ \mu \neq \rho}}^{m} \varphi_{N\mu} + \sum_{\nu=1}^{n} \varphi_{P\nu} \pm 180°(2k+1) \right\} \quad (7.2.16)$$

mit $k = 0,1,2,...$ ($r_{P\rho}$ bzw. $r_{N\rho}$ Vielfachheit der Pol- bzw. Nullstelle). Bild 7.2.3 zeigt anhand eines einfachen Beispiels anschaulich

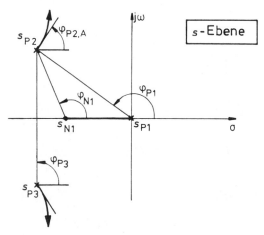

Bild 7.2.3. Zur Bestimmung des Austrittswinkels $\varphi_{P2,A}$

die Bestimmung des Austrittswinkels im Pol s_{P2}. Mit den Werten $\varphi_{P1} = 144°$, $\varphi_{P3} = 90°$ und $\varphi_{N1} = 112°$ folgt nach Gl. (7.2.15) für den Austrittswinkel

$$\varphi_{P2,A} = -(144° + 90°) + 112° + 180° = 58°.$$

7. Die Kodierung der WOK durch den jeweiligen Wert des Vorfaktors k_0 ergibt sich direkt aus der Amplitudenbedingung gemäß Gl. (7.2.3) zu

$$k_0 = \frac{\prod_{\nu=1}^{n} |s-s_{P\nu}|}{\prod_{\mu=1}^{m} |s-s_{N\mu}|} \qquad (7.2.17)$$

für jeden beliebigen s-Wert. Im Falle $m = 0$ (keine Nullstelle vorhanden) wird durch 1 dividiert. Die Beträge $|s-s_{P\nu}|$ und $|s-s_{N\mu}|$ können, wenn der graphische Verlauf der WOK bereits vorliegt, durch eine einfache Messung des Abstandes des interessierenden Punktes s der WOK von dem entsprechenden Pol $s_{P\nu}$ bzw. von der Nullstelle $s_{N\mu}$ bestimmt werden.

8. Für einen bestimmten vorgegebenen Wert des Vorfaktors k_0 ist der geschlossene Regelkreis nur dann asymptotisch stabil, wenn alle zu k_0 gehörenden Punkte der Wurzelortskurve (also die Pole der Übertragungsfunktion des geschlossenen Regelkreises) in der linken s-Halbebene liegen. Die Stabilitätsgrenze, also der kritische Wert von k_0, ergibt sich somit an den Stellen, an denen die Äste der Wurzelortskurve die Imaginärachse der s-Ebene schneiden. Verlaufen alle Äste der Wurzelortskurve in der linken s-Halbebene, so ist der zugehörige Regelkreis für alle Werte $0 \leq k_0 \leq \infty$ asymptotisch stabil.

Es sei noch bemerkt, daß das Wurzelortskurvenverfahren auch zur Ermittlung des Einflusses anderer Parameter als k_0 benutzt werden kann, sofern man $G_0(s)$ so umformen kann, daß dieser Parameter als Vorfaktor erscheint. Immer dann ist nämlich, wie oben schon gezeigt wurde, die Phasenbedingung gemäß Gl. (7.2.4) von dem betreffenden Parameter unabhängig und bestimmt alleine den Verlauf der Wurzelortskurve, so daß obige Regeln unverändert gelten. Dies sei an zwei Beispielen nachfolgend kurz erläutert.

Beispiel 7.2.1:

Gegeben sei als charakteristische Gleichung des geschlossenen Regelkreises

$$a_0 + a_1 s + \ldots + a_{n-1} s^{n-1} + s^n = 0 \, .$$

Gesucht ist die WOK, die durch die Variation des Parameters a_1 entsteht. Dazu läßt sich die charakteristische Gleichung umformen in

$$1 + a_1 \frac{s}{a_0 + a_2 s^2 + \ldots + s^n} = 0 \; .$$

Diese Form entspricht unmittelbar der Standarddarstellung

$$1 + G_0(s) = 1 + a_1 \frac{Z(s)}{N_0(s)} = 0 \; ,$$

auf die das WOK-Verfahren in der oben beschriebenen Weise angewandt werden kann. ∎

Beispiel 7.2.2:

Gegeben sei als charakteristische Gleichung des geschlossenen Regelkreises

$$s^3 + (3+\alpha)s^2 + 2s + 4 = 0 \; ,$$

bei der die Auswirkung des Parameters α auf die Lage der Wurzeln untersucht werden soll. Diese Gleichung läßt sich direkt in die gewünschte Form

$$1 + \alpha \frac{s^2}{s^3 + 3s^2 + 2s + 4} = 0$$

bringen. ∎

Anhand der Regeln 1 bis 8 ist es nun leicht möglich, aus der Pol- und Nullstellenverteilung des offenen Regelkreises Aussagen über die geometrische Form der WOK zu treffen. Tabelle 7.2.1 zeigt einige typische Pol- und Nullstellenverteilungen mit dem Verlauf der zugehörigen WOK.

Als ein weiteres wichtiges Hilfsmittel zur qualitativen Abschätzung des prinzipiellen Verlaufs einer WOK kann die nachfolgende physikalische Analogie benutzt werden: Ersetzt man beim offenen Regelkreis alle Pole durch negative, alle Nullstellen durch gleichgroße positive Ladungen, und bringt man dann auf einen bereits bekannten Punkt der WOK ein masseloses negativ geladenes Teilchen, so läßt sich nun die Bewegung dieses Teilchens anschaulich verfolgen. Die Bahnkurve, die das Teilchen aufgrund der Wechselwirkung zwischen Abstoßung von den Polen und Anziehung durch die Nullstellen beschreibt, liegt gerade auf der WOK. So zeigt ein Vergleich zwischen den Beispielen 3 und 9 von Tabelle 7.2.1 sehr deutlich die "abstoßende" Wirkung des zusätzlich hinzugekommenen Pols.

Tabelle 7.2.1. Typische Beispiele für Pol- und Nullstellenverteilungen von $G_0(s)$ und zugehörige Wurzelortskurve des geschlossenen Regelkreises

Die bisherigen Betrachtungen des WOK-Verfahrens zeigen, wie man eine WOK mit einer Anzahl von Konstruktionsregeln näherungsweise ermitteln kann. Der genaue Verlauf der WOK sollte jedoch bei komplizierteren Regelkreisen stets mit Hilfe eines Digitalrechners ermittelt werden. Besonders wirkungsvoll ist das WOK-Verfahren dann, wenn ein interaktives Arbeiten am Digitalrechner mit einer graphischen Bildschirmanzeige der WOK möglich ist. Dabei gewinnt man nicht nur sofortige Aussagen über die Stabilität des untersuchten Regelkreises, vielmehr läßt sich die WOK durch Hinzufügen zusätzlicher Pole und Nullstellen (Kompensationsglieder) in gewünschter Weise beeinflussen und somit die Stabilitätsgüte verbessern.

Der Übersicht halber seien nachfolgend die wichtigsten *Regeln zur Konstruktion* von WOK nochmals kurz zusammengefaßt:

1. Die WOK ist symmetrisch zur reellen Achse.

2. Die WOK besteht aus n Ästen. $(n-m)$ Äste enden im Unendlichen. Alle Äste beginnen mit $k_0 = 0$ in den Polen der charakteristischen Gleichung des offenen Regelkreises, m Äste enden mit $k_0 \to \infty$ in den Nullstellen des offenen Regelkreises. Die Anzahl der in einem Pol beginnenden bzw. in einer Nullstelle endenden Äste der WOK ist gleich der Vielfachheit der Pol- bzw. Nullstelle.

3. Es gibt $n-m$ Asymptoten mit Schnitt im Wurzelschwerpunkt auf der reellen Achse (σ_a, j0) mit

$$\sigma_a = \frac{1}{n-m} \left\{ \sum_{\nu=1}^{n} \mathrm{Re}\, s_{P\nu} - \sum_{\mu=1}^{m} \mathrm{Re}\, s_{N\mu} \right\} . \qquad (7.2.6)$$

4. Ein Punkt auf der reellen Achse gehört dann zur WOK, wenn die Gesamtzahl der rechts von ihm liegenden Pole und Nullstellen ungerade ist.

5. Mindestens ein Verzweigungs- bzw. Vereinigungspunkt existiert dann, wenn ein Ast der WOK auf der reellen Achse zwischen zwei Pol- bzw. Nullstellen verläuft; dieser reelle Punkt genügt der Beziehung

$$\sum_{\nu=1}^{n} \frac{1}{s - s_{P\nu}} = \sum_{\mu=1}^{m} \frac{1}{s - s_{N\mu}} . \qquad (7.2.11)$$

für $s = \sigma_v$ als Verzweigungs- bzw. Vereinigungspunkt. Sind keine

Pol- oder Nullstellen vorhanden, so ist der entsprechende Summenterm gleich Null zu setzen.

6. Austritts- bzw. Eintrittswinkel aus Polpaaren bzw. in Nullstellenpaare der Vielfachheit $r_{P\rho}$ bzw. $r_{N\rho}$:

$$\varphi_{P\rho,A} = \frac{1}{r_{P\rho}} \left\{ - \sum_{\substack{\nu=1 \\ \nu \neq \rho}}^{n} \varphi_{P\nu} + \sum_{\mu=1}^{m} \varphi_{N\mu} \pm 180°(2k+1) \right\} \quad (7.2.15)$$

$$\varphi_{N\rho,E} = \frac{1}{r_{N\rho}} \left\{ - \sum_{\substack{\mu=1 \\ \mu \neq \rho}}^{m} \varphi_{N\mu} + \sum_{\nu=1}^{n} \varphi_{P\nu} \pm 180°(2k+1) \right\}. \quad (7.2.16)$$

7. Belegung der WOK mit k_0-Werten: Zum Wert s gehört der Wert

$$k_0 = \frac{\prod_{\nu=1}^{n} |s - s_{P\nu}|}{\prod_{\mu=1}^{m} |s - s_{N\mu}|} \quad (7.2.17)$$

(für $m = 0$ ist der Nenner gleich Eins zu setzen).

8. Asymptotische Stabilität des geschlossenen Regelkreises liegt für alle k_0-Werte vor, die auf der WOK links von der imaginären Achse liegen. Die Schnittpunkte der WOK mit der imaginären Achse liefern die kritischen Werte k_{0krit}.

7.3 Anwendung der Regeln zur Konstruktion der Wurzelortskurven an einem Beispiel

Die systematische Anwendung der im letzten Abschnitt behandelten Regeln zur Konstruktion der Wurzelortskurven soll nachfolgend an einem nichttrivialen Beispiel gezeigt werden. Betrachtet wird der Regelkreis mit der Übertragungsfunktion des offenen Systems

$$G_0(s) = \frac{k_0(s+1)}{s(s+2)(s^2+12s+40)} . \quad (7.3.1)$$

Der Zählergrad dieser Übertragungsfunktion ist $m = 1$, d. h. sie besitzt eine Nullstelle ($s_{N1} = -1$), der Nennergrad ist $n = 4$, d. h. sie besitzt vier Polstellen ($s_{P1} = 0$, $s_{P2} = -2$, $s_{P3} = -6 + 2j$, $s_{P4} = -6 - 2j$). Zunächst werden in der komplexen s-Ebene gemäß Bild 7.3.1 die Pole (x)

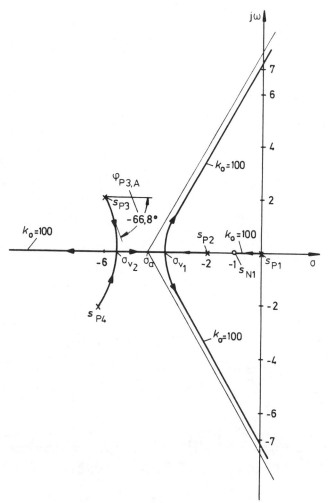

Bild 7.3.1. Die WOK des Regelkreises mit der Übertragungsfunktion des offenen Systems

$$G_0(s) = \frac{k_0(s+1)}{s(s+2)(s+6+2j)(s+6-2j)}$$

und die Nullstellen (o) des offenen Regelkreises eingetragen. Nach Regel 2 sind diese Polstellen gerade die Punkte der WOK für $k_0 = 0$, und die Nullstelle stellt den Punkt der WOK für $k_0 \to \infty$ dar. Es gibt somit $(n-m) = 3$ Äste der WOK, die gegen Unendlich laufen. Die Asymptoten der 3 nach Unendlich strebenden Äste der WOK sind Geraden, die sich nach Regel 3 auf der reellen Achse schneiden. Nach Gl. (7.2.6) hat dieser Schnittpunkt die Koordinaten $(\sigma_a; j0)$ mit

$$\sigma_a = \frac{(0-2-6-6) - (-1)}{3} = -\frac{13}{3} = -4{,}33 \ . \tag{7.3.2}$$

Der Neigungswinkel der drei Asymptoten beträgt nach Gl. (7.2.10)

$$\alpha_k = \frac{\pm 180°(2k+1)}{3} = \pm 60°(2k+1) \quad k = 0,1,2,... \tag{7.3.3}$$

d. h. $\alpha_0 = 60°$, $\alpha_1 = +180°$, $\alpha_2 = -60°$.

Die Asymptoten sind im Bild 7.3.1 eingetragen.

Nach Regel 4 wird danach geprüft, welche Punkte der reellen Achse zur WOK gehören. Die Punkte σ mit $-1 < \sigma < 0$ und $\sigma < -2$ gehören offensichtlich dazu, denn rechts davon gibt es jeweils eine ungerade Anzahl von Polen und Nullstellen. Nach Regel 5 können auf der reellen Achse zwischen 0 und -1 und links von -2 Verzweigungs- oder Vereinigungspunkte nur paarweise auftreten. Diese Punkte müssen reelle Lösungen der Gl. (7.2.11) sein. Im vorliegenden Beispiel erhält man für Gl. (7.2.11) die Beziehung

bzw.
$$\frac{1}{s} + \frac{1}{s+2} + \frac{1}{s+6-2j} + \frac{1}{s+6+2j} = \frac{1}{s+1} \tag{7.3.4}$$

$$3s^4 + 32s^3 + 106s^2 + 128s + 80 = 0 \ .$$

Diese Gleichung besitzt die Lösung $s_{v1} = -3{,}68$, $s_{v2} = -5{,}47$, $s_{v3} = -0{,}76 + 0{,}866j$ und $s_{v4} = -0{,}76 - 0{,}866j$.

Die reellen Wurzeln $s_{v1} = -3{,}68$ und $s_{v2} = -5{,}47$ entsprechen einem Verzweigungspunkt und einem Vereinigungspunkt.

Der Austrittswinkel $\varphi_{P3,A}$ der WOK aus dem komplexen Pol bei $s_{P3} = -6+2j$ läßt sich graphisch aus Bild 7.3.2 nach Gl. (7.2.15) bestimmen:

$$\begin{aligned}\varphi_{P3,A} &= -90° - 153{,}4° - 161{,}6° + 158{,}2° \pm 180°(2k+1) \\ \varphi_{P3,A} &= -246{,}8° + 180° = -66{,}8° \ .\end{aligned} \tag{7.3.5}$$

Mit diesen Angaben kann die WOK mit hinreichender Genauigkeit gezeichnet werden. Für einige Punkte der WOK kann nach Regel 7 der zugehörige Wert von k_0 berechnet werden. Der nach dieser Regel zum

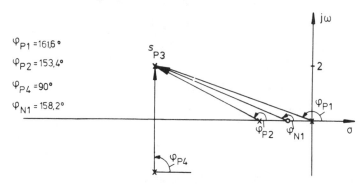

Bild 7.3.2. Zur Berechnung des Austrittswinkels $\varphi_{P3,A}$ der WOK aus dem komplexen Pol $s_{P3} = -6 + 2j$

Schnittpunkt der WOK mit der imaginären Achse gehörende Wert $k_{0,\text{krit}}$, beträgt mit den graphisch abgelesenen Werten

$$k_{0,\text{krit}} = \frac{7{,}2 \cdot 7{,}4 \cdot 7{,}9 \cdot 11{,}1}{7{,}25} = 644{,}4 \; .$$

Häufig ist es erforderlich, diesen Wert $k_{0,\text{krit}}$ und den Schnittpunkt der WOK mit der imaginären Achse genau zu berechnen. Dazu wird die charakteristische Gleichung

$$s^4 + 14s^3 + 64s^2 + (80 + k_0)s + k_0 = 0 \tag{7.3.6}$$

des geschlossenen Regelkreises betrachtet. Das Routh-Kriterium liefert folgende Bedingungen für die Stabilität des geschlossenen Regelkreises:

4	1	64	k_0
3	14	$80 + k_0$	0
2	$\dfrac{816 - k_0}{14}$	k_0	0
1	$\dfrac{65280 + 540\, k_0 - k_0^2}{816 - k_0}$	0	0
0	k_0		

Für positive k_0 sind bis auf den dritten und vierten Koeffizienten in der ersten Spalte des Routh-Schemas alle Bedingungen sofort erfüllt. Die Auswertung dieser beiden Koeffizienten liefert $k_0 < 816$ bzw. $k_0 < 641{,}7$, wobei die letzte Forderung die strengere ist.

Der geschlossene Regelkreis ist stabil für $0 < k_0 < 641{,}7$. Für $k_0 = 641{,}7$ besitzt der geschlossene Regelkreis ein rein imaginäres Polpaar bei

$$\omega = \pm \sqrt{\frac{80 + k_0}{14}} = \pm 7{,}2 \ . \qquad (7.3.7)$$

8 KLASSISCHE VERFAHREN ZUM ENTWURF LINEARER KONTINUIERLICHER REGELSYSTEME

8.1 Problemstellung

Eine der wichtigsten Aufgaben stellt für den Regelungstechniker der Entwurf oder die Synthese eines Regelkreises dar. Diese Aufgabe, zu der streng genommen auch die komplette gerätetechnische Auslegung gehört, sei nachfolgend auf das Problem beschränkt, für eine vorgegebene Regelstrecke einen geeigneten Regler zu entwerfen, der die an den Regelkreis gestellten Anforderungen möglichst gut oder bei geringstem technischen Aufwand erfüllt. An den im Bild 8.1.1 dargestellten

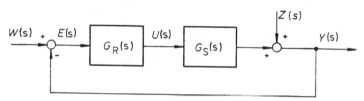

Bild 8.1.1. Standardstruktur des Regelkreises

Regelkreis werden gewöhnlich folgende Anforderungen gestellt:

1. Als Mindestforderung muß der Regelkreis selbstverständlich stabil sein.

2. Störgrößen $z(t)$ sollen einen möglichst geringen Einfluß auf die Regelgröße $y(t)$ haben.

3. Die Regelgröße $y(t)$ soll einer zeitlich sich ändernden Führungsgröße $w(t)$ möglichst genau und schnell folgen.

4. Der Regelkreis soll möglichst unempfindlich gegenüber nicht zu großen Parameteränderungen sein.

Um die unter 2) und 3) gestellten Anforderungen zu erfüllen, müßte im *Idealfall* für die Führungsübertragungsfunktion (gemäß Forderung 3)

$$G_W(s) = \frac{Y(s)}{W(s)} = \frac{G_0(s)}{1 + G_0(s)} = 1 \qquad (8.1.1)$$

und für die Störungsübertragungsfunktion (gemäß Forderung 2)

$$G_Z(s) = \frac{Y(s)}{Z(s)} = \frac{1}{1 + G_0(s)} = 0 \qquad (8.1.2)$$

gelten. Eine strenge Verwirklichung dieser Beziehungen ist aus physikalischen und technischen Gründen nicht möglich. Diese Problematik sei anhand eines einfachen Beispiels nachfolgend erläutert.

Beispiel 8.1.1:

Gegeben sei als Regelstrecke ein Gleichstrommotor, der näherungsweise als Verzögerungsglied 1. Ordnung mit der Übertragungsfunktion

$$G_S(s) = \frac{Y(s)}{U(s)} = \frac{K_S}{1 + Ts} \qquad (8.1.3)$$

beschrieben werden kann. Die Stellgröße $u(t)$ sei dabei die Ankerspannung, die Ausgangsgröße $y(t)$ sei die Drehzahl des Motors bzw. die der Drehzahl proportionale Spannung am Ausgang des Meßgliedes (Tachogenerator). Um die in der Regelstrecke enthaltene Eigendynamik zu kompensieren, liegt es nahe, als Reglerübertragungsfunktion

$$G_R(s) = K_R(1 + Ts) , \qquad (8.1.4)$$

also einen PD-Regler zu wählen. Der offene Regelkreis mit der Übertragungsfunktion

$$G_0(s) = G_R(s) \, G_S(s)$$
$$= K_R(1 + Ts) \frac{K_S}{1 + Ts} = K_R K_S \qquad (8.1.5)$$

besitzt damit reines P-Verhalten. Erregt man nun die Eingangsgröße des Reglers sprungförmig, so nimmt die Drehzahl des Motors ebenfalls sprungförmig ihren stationären Endwert an. Um dieses Verhalten physikalisch interpretieren zu können, ermittelt man aus Gl. (8.1.4) die Übergangsfunktion des Reglers

$$h_R(t) = K_R \, \sigma(t) + K_R \, T \, \delta(t) . \qquad (8.1.6)$$

Man erkennt unmittelbar, daß die Trägheit des Motors, die sein Hochlaufen normalerweise verzögert hätte, offensichtlich durch eine zu Beginn erforderliche unendlich hohe Stellgröße (δ-Impuls) kompensiert werden könnte. Um außerdem im geschlossenen Regelkreis die bleibende Regelabweichung gering zu halten und um den Einfluß von Störungen weitgehend zu unterdrücken, müßte in Anlehnung an die Überlegungen aus Kapitel 5 die Reglerverstärkung K_R sehr groß gewählt werden.

Gegen die Einführung eines solchen Reglers sprechen i. a. mehrere Gründe:
- Der Regler nach Gl. (8.1.4) ist bekanntlich nicht realisierbar. Allerdings läßt er sich durch Hinzufügen eines reellen Pols in der Übertragungsfunktion $G_R(s)$ hinreichend gut approximieren, wenn dieser Pol nur weit genug in der linken s-Halbebene liegt. Dieses Vorgehen entspricht der Verwendung eines PDT_1-Reglers gemäß Gl. (5.3.9).

- Die Stellgrößenamplituden können nicht beliebig große Werte annehmen. Der im Beispiel verwendete Motor hat eine maximal zulässige Ankerspannung, die nicht überschritten werden darf. Befindet sich der Motor in Ruhe, so darf sogar die im stationären Betrieb zulässige Betriebsspannung nur über Vorwiderstände dem Motor zugeführt werden, um den zu Beginn auftretenden hohen Ankerstrom zu begrenzen. Grenzwerte für Ankerspannung und Ankerstrom müssen also bei der Auslegung des Reglers mit berücksichtigt werden.

- In anderen Fällen wird die maximale Stellamplitude nicht wie hier durch Grenzwerte der Regelstrecke, sondern durch die Ausführung des Stellgliedes bestimmt. So kann beispielsweise ein Stellventil nur innerhalb des Bereichs zwischen den Zuständen "zu" und "auf" arbeiten. Würde man wie im vorliegenden Beispiel ein Stellventil mit einem impulsförmigen Signal ansteuern, so würde es an den oberen Anschlag laufen und so den Impuls begrenzen. Der Stellimpuls wird somit nur begrenzt weitergegeben und wirkt daher auch nicht voll auf die Regelstrecke ein. Es ist also unbedingt erforderlich, beim Entwurf eines Reglers auch die maximal möglichen Stellamplituden zu berücksichtigen. Oft wird auch aus technischen Gründen ein möglichst ruhiges Stellverhalten eines Regelkreises gefordert, d. h. die Stellgröße sollte keine allzu großen und schnellen Änderungen aufweisen.

- Durch Auftreten eines D-Gliedes bzw. eines angenäherten D-Gliedes in einem Regelkreis werden die höherfrequenten Signalanteile stets stark verstärkt. Derartige Signale treten gewöhnlich in jedem realen Regelkreis zusätzlich als statistische Störungen (Rauschsignale) auf, die den eigentlichen deterministischen Regelsignalen (Nutzsignalen) überlagert sind.

- Durch eine zu große Reglerverstärkung K_R kann in vielen Fällen der geschlossene Regelkreis instabil werden. Dieser Fall tritt in dem hier gewählten Beispiel theoretisch zwar nicht auf, jedoch sollte man bedenken, daß Gl. (8.1.3) ein mit Näherungen erstelltes mathematisches Modell darstellt. Außerdem tritt bei großen Reglerverstärkungen ebenfalls das Problem der Stellgrößenbeschränkung auf. ∎

Anhand des hier diskutierten Beispiels ist ersichtlich, daß die an einen Regelkreis beim Entwurf gestellten Anforderungen hinsichtlich des stationären Verhaltens (bleibende Regelabweichung) und der Dynamik (Schnelligkeit) teilweise gegenseitig im Widerspruch stehen, und zwar umso stärker, je mehr man den in den Gln. (8.1.1) und (8.1.2) definierten idealen Regelkreis anstrebt. In der Praxis muß man sich daher beim Regelkreisentwurf überlegen, welche Abweichungen vom idealen Fall jeweils in Kauf genommen werden können. Somit stellt der Regelkreisentwurf stets einen Kompromiß zwischen den gestellten Anforderungen und den technischen Grenzen wie beispielsweise Stellbereichsbeschränkungen dar. Bei diesem Vorgehen sind viel Erfahrung, ingenieurmäßiges Verständnis und Phantasie erforderlich. Insofern erscheint es verständlich, daß für den Entwurf (Synthese) von Regelkreisen zahlreiche Verfahren sowohl im Zeitbereich als auch im Frequenzbereich entwickelt wurden, von denen die wichtigsten nachfolgend behandelt werden sollen. Die Vielfalt der Entwurfsverfahren zeigt, daß die Synthese von Regelkreisen somit auch viele Lösungen aufweisen kann. Jede Lösung ist dann optimal im Sinne des jeweils gewählten Gütemaßes. Die nachfolgende Darstellung beschränkt sich auf die klassischen Verfahren zum Entwurf linearer Regelkreise. Die Entwurfsverfahren im Zustandsraum werden daher nicht in diesem Kapitel, sondern erst in den Bänden Regelungstechnik II und III behandelt.

8.2 Entwurf im Zeitbereich

8.2.1 Gütemaße im Zeitbereich

8.2.1.1 Der dynamische Übergangsfehler

Bei der Beurteilung der Güte einer Regelung erweist es sich als zweckmäßig, den zeitlichen Verlauf der Regelgröße $y(t)$ bzw. der Regelabweichung $e(t)$ unter Einwirkung wohldefinierter Testsignale zu betrachten. Als das wohl wichtigste Testsignal wird dazu gewöhnlich eine sprungförmige Erregung der Eingangsgröße des untersuchten Regelkreises verwendet. So kann man beispielsweise für eine sprungförmige Erregung der Führungsgröße den im Bild 8.2.1 dargestellten Verlauf der Regelgröße $y(t) = h_W(t)$ beobachten. Zur näheren Beschreibung dieser

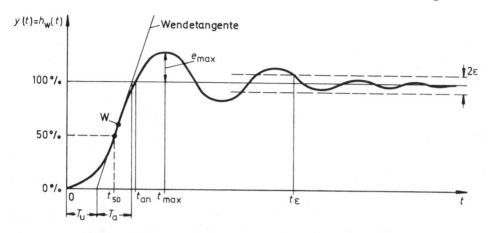

Bild 8.2.1. Typische Antwort eines Regelkreises auf sprunghafte Änderung der Führungsgröße

Führungsübergangsfunktion werden die folgenden Begriffe eingeführt:

- Die *maximale Überschwingweite* e_{max} gibt den Betrag der maximalen Regelabweichung an, die nach erstmaligem Erreichen des Sollwertes (100%) auftritt.

- Die t_{max}-*Zeit* beschreibt den Zeitpunkt des Auftretens der maximalen Überschwingweite.

- Die *Anstiegszeit* T_a ergibt sich aus dem Schnittpunkt der Tangente im Wendepunkt W von $h_W(t)$ mit der 0%- und 100%-Linie. Häufig wird allerdings die Tangente auch im Zeitpunkt t_{50} verwendet, bei dem $h_W(t)$ gerade 50% des Sollwertes erreicht hat. Zur besseren Unterscheidung soll dann für diesen zweiten Fall die Anstiegszeit mit $T_{a,50}$ bezeichnet werden.

- Die *Verzugszeit* T_u ergibt sich aus dem Schnittpunkt der oben definierten Wendetangente mit der t-Achse.

- Die *Ausregelzeit* t_ε ist der Zeitpunkt, ab dem der Betrag der Regelabweichung kleiner als eine vorgegebene Schranke ε ist (z. B. $\varepsilon = 3\%$: $t_{3\%}$, also $\pm$ 3% Abweichung vom Sollwert).

- Als *Anregelzeit* t_{an} bezeichnet man den Zeitpunkt, bei dem erstmalig der Sollwert (100%) erreicht wird. Es gilt näherungsweise $t_{an} \approx T_u + T_a$.

In ähnlicher Weise läßt sich gemäß Bild 8.2.2 auch das Störverhalten charakterisieren. Hierbei werden ebenfalls die Begriffe "maximale Überschwingweite" und "Ausregelzeit" definiert.

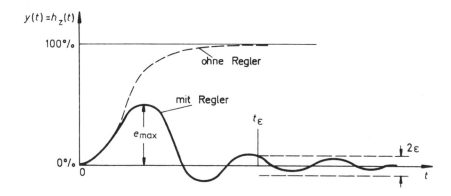

Bild 8.2.2. Typische Antwort eines Regelkreises bei einer sprungförmigen Störung

Von den hier eingeführten Größen kennzeichnen i. w. e_{max} und t_ε die Dämpfung und t_{an}, T_a und t_{max} die Schnelligkeit, also die Dynamik des Regelverhaltens, während die bleibende Regelabweichung e_∞ das statische Verhalten charakterisiert. Da alle diese Größen die Abweichung der Übergangsfunktion vom eingangs definierten Idealfall angeben und somit den dynamischen Übergangsfehler des Regelvorgangs beschreiben, ist man bei der Auslegung des Regelkreises bestrebt, dieselben möglichst klein zu halten. Dabei kann man sich oft bereits auf drei Größen, z. B. t_{an}, t_ε und e_{max} beschränken. Bei der Minimierung dieser Größen ist dann allerdings ein Kompromiß mit der maximal zulässigen Stellgröße zu schließen.

8.2.1.2 Integralkriterien

Die Vielzahl der im vorherigen Abschnitt eingeführten Gütespezifikationen sind zwar für die Beurteilung des Ergebnisses eines Regelkreisentwurfs geeignet, als Ausgangspunkt für eine Synthese im Zeitbereich sind sie jedoch kaum brauchbar. Hier wäre es vielmehr wünschenswert, nur eine Gütemaßzahl zu verwenden, um die Wirkung von Änderungen gewisser Entwurfsparameter direkt beurteilen zu können. Es liegt deshalb nahe, z. B. aus den zuvor genannten drei Größen t_{an}, t_ε und e_{max} ein Gütemaß der Form

$$I_a = k_1 t_{an} + k_2 t_\varepsilon + k_3 e_{max} \tag{8.2.1}$$

einzuführen und dieses dann zu minimieren. Hierbei würde allerdings die subjektive Wahl der Bewertungsfaktoren k_1, k_2 und k_3 sowie die Auswertung des Gütemaßes Schwierigkeiten bereiten.

Eine andere Möglichkeit, den dynamischen Übergangsfehler nur durch ein einziges Gütemaß zu charakterisieren, besteht nun in der Einführung sogenannter Integralkriterien. Aus Bild 8.2.1 ist ersichtlich, daß die Fläche zwischen der 100%-Geraden und der Führungsübergangsfunktion $h_W(t)$ sicherlich ein Maß für die Abweichung des Regelkreises vom idealen Führungsverhalten darstellt. Ebenso ist in Bild 8.2.2 die Fläche zwischen der Störübergangsfunktion $h_Z(t)$ und der t-Achse ein Maß für die Abweichung des Regelkreises vom Fall der idealen Störungsunterdrückung. In beiden Fällen handelt es sich um die Gesamtfläche unterhalb der Regelabweichung $e(t) = w(t) - y(t)$, mit der man die Abweichung vom idealen Regelkreis beschreiben kann. Es liegt nahe, als Maß für die Regelgüte ein Integral der Form

$$I_k = \int_0^\infty f_k[e(t)]\, dt \tag{8.2.2}$$

einzuführen, wobei für $f_k[e(t)]$ gewöhnlich die in Tabelle 8.2.1 angegebenen verschiedenen Funktionen wie z. B. $e(t)$, $|e(t)|t$, $e^2(t)$ usw. verwendet werden. In einem derartigen integralen Gütemaß lassen sich auch zeitliche Ableitungen der Regelabweichung sowie zusätzlich auch die Stellgröße $u(t)$ berücksichtigen. Die wichtigsten dieser Gütemaße I_k sind in Tabelle 8.2.1 zusammengestellt.

Mit Hilfe solcher Gütemaße lassen sich nun die Integralkriterien folgendermaßen formulieren:

Eine Regelung ist im Sinne des jeweils gewählten Integralkriteriums umso besser, je kleiner I_k ist. Somit erfordert ein Integralkriterium stets die Minimierung von I_k, wobei dies durch geeignete Wahl der noch freien Entwurfsparameter oder Reglereinstellwerte r_1, r_2,... geschehen kann. Damit lautet das Integralkriterium schließlich

$$I_k = \int_0^\infty f_k[e(t)]\, dt = I_k(r_1, r_2,...) \stackrel{!}{=} \text{Min}. \tag{8.2.3}$$

Dabei kann das gesuchte Minimum sowohl im Inneren als auch auf dem Rand des durch die möglichen Einstellwerte begrenzten Definitionsbereiches liegen. Dies ist zu beachten, da beide Fälle eine unterschiedliche mathematische Behandlung erfordern. Im ersten Fall handelt es sich gewöhnlich um ein *absolutes Optimum*, im zweiten um ein *Randoptimum*.

Tabelle 8.2.1. Die wichtigsten Gütemaße für Integralkriterien

Gütemaß	Eigenschaft
$I_1 = \int_0^\infty e(t)\,dt$	*Lineare Regelfläche:* Eignet sich zur Beurteiteilung stark gedämpfter oder monotoner Regelverläufe; einfache mathematische Behandlung.
$I_2 = \int_0^\infty \lvert e(t) \rvert\,dt$	*Betragslineare Regelfläche:* Geeignet für nichtmonotonen Schwingungsverlauf. Umständliche Auswertung.
$I_3 = \int_0^\infty e^2(t)\,dt$	*Quadratische Regelfläche:* Starke Berücksichtigung großer Regelabweichungen; liefert größere Ausregelzeiten als I_2. In vielen Fällen analytische Berechnung möglich.
$I_4 = \int_0^\infty \lvert e(t) \rvert t\,dt$	*Zeitbeschwerte betragslineare Regelfläche:* Wirkung wie I_2; berücksichtigt aber zusätzlich die Dauer der Regelabweichung.
$I_5 = \int_0^\infty e^2(t)\,t\,dt$	*Zeitbeschwerte quadratische Regelfläche:* Wirkung wie I_3; berücksichtigt zusätzlich die Dauer der Regelabweichung.
$I_6 = \int_0^\infty [e^2(t) + \alpha\,\dot{e}^2(t)]\,dt$	*Verallgemeinerte quadratische Regelfläche:* Wirkung günstiger als bei I_3, allerdings Wahl des Bewertungsfaktors α subjektiv.
$I_7 = \int_0^\infty [e^2(t) + \beta\,u^2(t)]\,dt$	*Quadratische Regelfläche und Stellaufwand:* Etwas größerer Wert von e_{max}, jedoch t_ε wesentlich kürzer; Wahl des Bewertungsfaktors β subjektiv.

Anmerkung: Besitzt der betrachtete Regelkreis eine bleibende Regelabweichung e_∞, dann ist $e(t)$ durch $e(t)-e_\infty$ zu ersetzen, da sonst die Integrale in der obigen Form nicht konvergieren. Entsprechendes gilt auch für die Stellgröße $u(t)$.

8.2.1.3 Berechnung der quadratischen Regelfläche

Aufgrund der verschiedenartigen Anforderungen, die beim Entwurf von Regelkreisen gestellt werden, ist es nicht möglich, für alle Anwendungsfälle ein einziges, gleichermaßen gut geeignetes Gütemaß festzulegen. In sehr vielen Fällen hat sich jedoch das Minimum der quadratischen Regelfläche als Gütekriterium sehr gut bewährt. Es besitzt außerdem den Vorteil, daß es für die wichtigsten Fälle auch leicht analytisch berechnet werden kann.

Zur Berechnung der quadratischen Regelfläche $\int_0^\infty e^2(t)\,dt$ geht man von der allgemeinen Darstellung des Faltungssatzes im Frequenzbereich gemäß Gl. (4.1.13) bzw. Gl. (4.1.15)

$$\mathcal{L}\{f_1(t)f_2(t)\} = \int_0^\infty f_1(t)f_2(t)e^{-st}\,dt = \frac{1}{2\pi j}\int_{c-j\infty}^{c+j\infty} F_1(p)F_2(s-p)\,dp \quad (8.2.4)$$

aus, bei der bekanntlich p die komplexe Integrationsvariable darstellt. Wählt man nun speziell $s = c = 0$ und $f_1(t) = f_2(t) = f(t)$, so erhält man direkt die als *Parsevalsche Gleichung* bekannte Beziehung

$$\int_0^\infty f^2(t)\,dt = \frac{1}{2\pi j}\int_{-j\infty}^{+j\infty} F(p)F(-p)\,dp \quad , \quad (8.2.5)$$

wobei als Voraussetzung die Integrale $\int_0^\infty |f(t)|\,dt$ und $\int_0^\infty |f(t)|^2\,dt$ konvergieren müssen. Gl. (8.2.5) läßt sich nun unmittelbar auf die Regelabweichung $e(t)$ anwenden, und man erhält nach Einsetzen der nur für die Herleitung benötigten Variablen p durch s für die *quadratische Regelfläche* schließlich

$$I_3 = \int_0^\infty e^2(t)\,dt = \frac{1}{2\pi j}\int_{-j\infty}^{+j\infty} E(s)E(-s)\,ds \quad . \quad (8.2.6)$$

Ist $E(s)$ eine gebrochen rationale Funktion

$$E(s) = \frac{c_0 + c_1 s + \ldots + c_{n-1} s^{n-1}}{d_0 + d_1 s + \ldots + d_n s^n} \quad , \quad (8.2.7)$$

deren sämtliche Pole in der linken s-Halbebene liegen, dann läßt sich das Integral in Gl. (8.2.6) durch Residuenrechnung bestimmen. Bis $n = 10$ liegt die Auswertung dieses Integrals in tabellarischer Form vor [8.1]. Tabelle 8.2.2 enthält die Integrale bis $n = 4$.

Tabelle 8.2.2. Quadratische Regelfläche $I_{3,n}$ für $n = 1$ bis $n = 4$

$$I_{3,1} = \frac{c_0^2}{2d_0 d_1}$$

$$I_{3,2} = \frac{c_1^2 d_0 + c_0^2 d_2}{2 d_0 d_1 d_2}$$

$$I_{3,3} = \frac{c_2^2 d_0 d_1 + (c_1^2 - 2c_0 c_2) d_0 d_3 + c_0^2 d_2 d_3}{2 d_0 d_3 (-d_0 d_3 + d_1 d_2)}$$

$$I_{3,4} = \frac{c_3^2(-d_0^2 d_3 + d_0 d_1 d_2) + (c_2^2 - 2c_1 c_3) d_0 d_1 d_4 + (c_1^2 - 2c_0 c_2) d_0 d_3 d_4 + c_0^2(-d_1 d_4^2 + d_2 d_3 d_4)}{2 d_0 d_4 (-d_0 d_3^2 - d_1^2 d_4 + d_1 d_2 d_3)}$$

Etwas allgemeiner ist die von Solodownikow [8.2] angegebene Berechnung von I_3, bei der auch eine eventuell vorhandene bleibende Regelabweichung e_∞ direkt mitberücksichtigt werden kann; dabei wird bei sprungförmiger Erregung des Regelkreises für $E(s)$ in Anlehnung an die Originalarbeit die spezielle Form

$$E(s) = \frac{b_0 + b_1 s + \ldots + b_m s^m}{a_0 + a_1 s + \ldots + a_n s^n} \cdot \frac{1}{s} \qquad (8.2.8)$$

mit $\quad b_0 = 0 \quad$ für $\quad e_\infty = 0 \quad$ und $\quad m \leq n-1$
$\quad\quad b_0 \neq 0 \quad$ für $\quad e_\infty \neq 0$

zugrunde gelegt. Dann gilt für die quadratische Regelfläche

$$\int_0^\infty [e(t) - e_\infty]^2 \, dt = \frac{1}{2 a_0 \Delta} [B_0 \Delta_0 + B_1 \Delta_1 + \ldots + B_m \Delta_m - 2 b_0 b_1 \Delta] \qquad (8.2.9)$$

mit der Determinante

$$\Delta = \begin{vmatrix} a_0 & -a_2 & a_4 & -a_6 & \ldots & 0 \\ 0 & a_1 & -a_3 & a_5 & \ldots & 0 \\ 0 & 0 & a_2 & -a_4 & \ldots & 0 \\ & & & \cdot & & \\ & & & \cdot & & \\ & & & \cdot & & \\ 0 & 0 & 0 & 0 & \ldots & a_{n-1} \end{vmatrix} . \qquad (8.2.10)$$

Die Determinanten Δ_ν erhält man für $\nu = 1, 2, ..., m$ aus der Determinante Δ dadurch, daß man die $(\nu+1)$-te Spalte durch $(a_1; a_0; 0; 0; ...; 0)$ ersetzt. Ferner gilt:

$$B_0 = b_0^2$$

$$B_1 = b_1^2 - 2b_0 b_2$$

$$\vdots$$

$$B_k = b_k^2 - 2b_{k-1} b_{k+1} + ... + 2(-1)^k b_0 b_{2k}$$

$$\vdots$$

$$B_m = b_m^2 .$$

8.2.2 Ermittlung optimaler Einstellwerte eines Reglers nach dem Kriterium der minimalen quadratischen Regelfläche [8.3]

Nachfolgend soll gezeigt werden, wie bei einem im Regelkreis vorgegebenen Regler die frei wählbaren Einstellparameter optimal im Sinne des Gütekriteriums der minimalen quadratischen Regelfläche (kurz: Quadratisches Gütekriterium) bestimmt werden können. Dabei wird von einer Regelkreisstruktur nach Bild 8.1.1 ausgegangen. Bei vorgegebenem Führungs- bzw. Störsignal ist die quadratische Regelfäche

$$I_3 = \int_0^\infty [e(t) - e_\infty]^2 \, dt = I_3(r_1, r_2, ...) \qquad (8.2.11)$$

nur noch eine Funktion der zu optimierenden Reglerparameter $r_1, r_2, ...$ Die optimalen Reglerparameter sind nun diejenigen, durch die I_3 minimal wird. Zur Lösung dieser einfachen mathematischen Extremwertaufgabe

$$I_3(r_1, r_2, ...) \stackrel{!}{=} \text{Min} \qquad (8.2.12)$$

gilt unter der Voraussetzung, daß der gesuchte Optimalpunkt $(r_{1\text{opt}}, r_{2\text{opt}}, ...)$ nicht auf dem Rand des möglichen Einstellbereichs liegt, somit für alle partiellen Ableitungen von I_3

$$\left. \frac{\partial I_3}{\partial r_1} \right|_{r_{2\text{opt}}, r_{3\text{opt}}, ...} = 0, \quad \left. \frac{\partial I_3}{\partial r_2} \right|_{r_{1\text{opt}}, r_{3\text{opt}}, ...} = 0, ... \qquad (8.2.13)$$

Diese Beziehung stellt einen Satz von Bestimmungsgleichungen für die Extrema der Gl. (8.2.11) dar. Im Optimalpunkt muß I_3 ein Minimum werden. Ein derartiger Punkt kann nur im Bereich stabiler Reglereinstellwerte liegen. Beim Auftreten mehrerer Punkte, die Gl. (8.2.13) erfüllen, muß u. U. durch Bildung der zweiten partiellen Ableitungen von I_3 geprüft werden, ob der betreffende Extremwert ein Minimum ist. Treten mehrere Minima auf, dann beschreibt das absolute Minimum den Optimalpunkt der gesuchten Reglereinstellwerte $r_i = r_{iopt}$ (i = 1,2,...).

8.2.2.1 Beispiel einer Optimierungsaufgabe nach dem quadratischen Gütekriterium

Gegeben ist die Übertragungsfunktion einer Regelstrecke

$$G_S(s) = \frac{1}{(1+s)^3} \,. \tag{8.2.14}$$

Diese Regelstrecke soll mit einem PI-Regler, dessen Übertragungsfunktion

$$G_R(s) = K_R (1 + \frac{1}{T_I s}) \tag{8.2.15}$$

lautet, zu einem Regelkreis zusammengeschaltet werden. Dabei sind K_{Ropt} und T_{Iopt} so zu bestimmen, daß die quadratische Regelfläche I_3 für eine sprungförmige Störung am Eingang der Regelstrecke ein Minimum annimmt.

1. Schritt: Bestimmung des Stabilitätsrandes. Man bestimmt zuerst den Bereich der Einstellwerte. Dies sind, soweit durch die technischen Ausführungen der Regeleinrichtung keine weiteren Einschränkungen bedingt sind, alle (K_R; T_I)-Wertepaare, für die der geschlossene Regelkreis stabil ist.

Aus

$$1 + G_0(s) = 1 + G_R(s) \, G_S(s) = 0$$

erhält man für dieses System 4. Ordnung als charakteristische Gleichung

$$T_I s^4 + 3T_I s^3 + 3T_I s^2 + T_I(1+K_R)s + K_R = 0 \,. \tag{8.2.16}$$

Wendet man darauf die Beiwertebedingung nach Gl. (6.2.9) an, so liefert dies als Grenzkurven des Stabilitätsbereichs

$$K_R = 0 \tag{8.2.17a}$$

und

$$T_{\text{Istab}} = \frac{9K_R}{(1+K_R)(8-K_R)} \ . \tag{8.2.17b}$$

Der Bereich stabiler Reglereinstellwerte, das *Stabilitätsdiagramm*, ist in Bild 8.2.3 dargestellt.

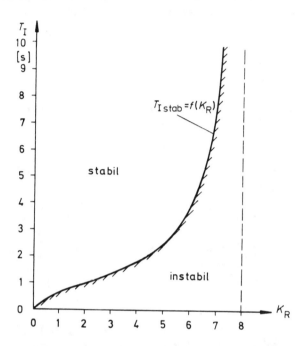

Bild 8.2.3. Bereich stabiler Reglereinstellwerte (Stabilitätsdiagramm)

2. Schritt: *Bestimmung der quadratischen Regelfläche*: Die Laplace-Transformierte der Regelabweichung $E(s)$ bestimmt man aus Gl. (5.2.3) mit $W(s) \equiv 0$ zu

$$E(s) = -Y(s) = \frac{-1}{1 + G_0(s)} Z(s) \ .$$

Setzt man hierin $G_S(s)$ und $G_R(s)$ sowie $Z(s) = G_S(s)/s$ (sprungförmige Störung am Eingang der Regelstrecke) ein, so erhält man

$$E(s) = \frac{-T_I s}{K_R + (1+K_R)T_I s + 3T_I s^2 + 3T_I s^3 + T_I s^4} \frac{1}{s} \ . \tag{8.2.18}$$

Wendet man darauf entweder Gl. (8.2.9) oder den entsprechenden Ausdruck aus Tabelle 8.2.2 an, so erhält man nach einigen elementaren

Zwischenrechnungen für die quadratische Regelfläche

$$I_3 = \frac{T_I(8-K_R)}{2K_R\left\{(1+K_R)(8-K_R) - \dfrac{9K_R}{T_I}\right\}} .\qquad (8.2.19)$$

Zur Kontrolle dieser Beziehung kann man die quadratische Regelfläche am Stabilitätsrand nach den Gln. (8.2.17a/b) bestimmen. Dort wächst die quadratische Regelfläche offensichtlich über alle Grenzen.

3. Schritt: *Bestimmung des Optimalpunktes* $(K_{Ropt}; T_{Iopt})$. Da der gesuchte Optimalpunkt im Inneren des Stabilitätsbereiches liegt, muß dort notwendigerweise

$$\frac{\partial I_3}{\partial K_R} = 0 \qquad (8.2.20)$$

und

$$\frac{\partial I_3}{\partial T_I} = 0 \qquad (8.2.21)$$

gelten. Jede dieser beiden Bedingungen liefert eine *Optimalkurve* $T_I(K_R)$ in der $(K_R; T_I)$-Ebene, deren Schnittpunkt, falls er existiert und im Inneren des Stabilitätsbereiches liegt, der gesuchte Optimalpunkt ist. Aus Gl. (8.2.20) erhält man die Optimalkurve

$$T_{Iopt1} = \frac{9K_R(16-K_R)}{(8-K_R)^2(1+2K_R)} \qquad (8.2.22)$$

und aus Gl. (8.2.21) folgt als Optimalkurve

$$T_{Iopt2} = \frac{18K_R}{(1+K_R)(8-K_R)} . \qquad (8.2.23)$$

Beide Optimalkurven gehen durch den Ursprung (Maximum von I_3 auf dem Stabilitätsrand) und haben, wie die Kurve für den Stabilitätsrand nach Gl. (8.2.17b), bei $K_R = 8$ einen Pol. Durch Gleichsetzen der beiden rechten Seiten der Gln. (8.2.22) und (8.2.23) erhält man den gesuchten Optimalpunkt mit den Koordinaten

$$K_{Ropt} = 5 \quad \text{und} \quad T_{Iopt} = 5\,\text{s} .$$

Man erkennt sofort, daß dieser Optimalpunkt im Bereich stabiler Reglereinstellwerte liegt. Bild 8.2.4 zeigt das Stabilitätsdiagramm mit den beiden Optimalkurven und dem Optimalpunkt.

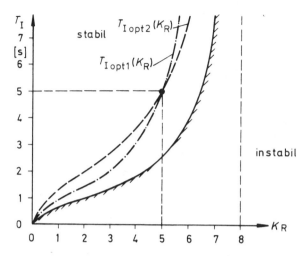

Bild 8.2.4. Das Stabilitätsdiagramm mit den beiden Optimalkurven und dem Optimalpunkt

4. Schritt: *Zeichnen des Regelgütediagramms.* Vielfach will man den Verlauf von $I_3(K_R, T_I)$ in der Nähe des gewählten Optimalpunktes kennen, um das Verhalten des Regelkreises bei Veränderung der Reglerparameter abschätzen zu können. Ein Optimalpunkt, in dessen Umgebung $I_3(K_R; T_I)$ stark ansteigt, kann nur dann gewählt werden, wenn die einmal eingestellten Werte genau eingehalten werden bzw. wenn sich das dynamische Verhalten der Regelstrecke während des Betriebs nicht ändert.

Nun ermittelt man Kurven $T_{Ih}(K_R)$, auf denen die quadratische Regelfläche konstante Werte annimmt (Höhenlinien), und zeichnet einige in das Stabilitätsdiagramm ein. Gl. (8.2.19) nach T_I aufgelöst, liefert als Bestimmungsgleichung für die gesuchten Höhenlinien

$$T_{Ih_{1,2}} = K_R \left[I_3(K_R+1) \pm \sqrt{I_3^2(K_R+1)^2 - \frac{18 I_3}{8-K_R}} \right]. \qquad (8.2.24)$$

Wegen der Doppeldeutigkeit der Wurzel erhält man für verschiedene K_R-Werte entweder zwei, einen oder keinen (Radikand negativ) T_I-Wert. Die Höhenlinien gemäß Gl. (8.2.24) stellen also geschlossene Kurven in der Stabilitätsebene dar. Diese Höhenlinien besitzen im Schnittpunkt mit der Optimalkurve $T_{Iopt1}(K_R)$ wegen Gl. (8.2.20) eine horizontale, im Schnittpunkt mit der Optimalkurve $T_{Iopt2}(K_R)$ wegen Gl. (8.2.21) eine vertikale Tangente. Trägt man einige Höhenlinien in Bild 8.2.4 ein, so entsteht das *Regelgütediagramm* nach Bild 8.2.5.

Es sei noch darauf hingewiesen, daß die optimalen Reglereinstellwerte von der Art und dem Eingriffsort der Störgröße abhängen. So werden beispielsweise die im vorliegenden Fall ermittelten Einstellwerte für

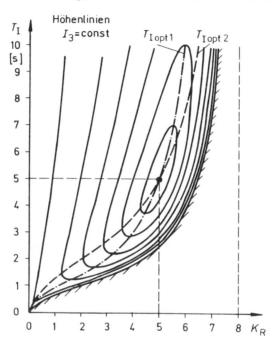

Bild 8.2.5. Das Regelgütediagramm für das untersuchte Beispiel

Führungsverhalten oder Störungen am Ausgang der Regelstrecke nicht mehr optimal sein.

8.2.2.2 Parameteroptimierung von Standardreglertypen für PT_n-Regelstrecken

Die Berechnung optimaler Reglereinstellwerte nach dem quadratischen Gütekriterium ist im Einzelfall recht aufwendig. Daher wurden für die Kombination der wichtigsten Regelstrecken mit Standardreglertypen (PID-, PI-, PD- und P-Regler) die optimalen Einstellwerte in allgemein anwendbarer, normierter Form berechnet und tabellarisch dargestellt. Hierauf soll für den Fall der Festwertregelung mit Störungssprung am Eingang der Regelstrecke bei PT_n-Regelstrecken bis 4. Ordnung nachfolgend kurz eingegangen werden.

Bei der Parameteroptimierung ist neben der Regelstrecke auch die Struktur des Reglers vorgegeben. Es sei nun angenommen, daß sich die Regelstrecke durch die Übertragungsfunktion

$$G_S(s) = \frac{K_S}{\prod_{i=1}^{n}(1+T_i s)} \qquad (8.2.25)$$

mit $T_1 = T_2 = \ldots = T_{n-1}$, $T_n = \mu T_1$ und $n \leqslant 4$

beschreiben läßt. Von den n Zeitkonstanten sind also jeweils $(n-1)$ gleich. Sowohl für die Stabilitätsuntersuchung als auch die Ermittlung optimaler Reglereinstellwerte erweist sich die Einführung der in Tabelle 8.2.3 zusammengestellten Abkürzungen a, b, c und d für verschiedene Kombinationen der n Zeitkonstanten der Regelstrecke als sehr vorteilhaft. Dabei werden die Fälle mit $n = 1, 2, 3$ und 4 unterschie-

Tabelle 8.2.3. Abkürzungen für die Kombinationen der Zeitkonstanten bei PT_n-Regelstrecken ($n = 1,2,3,4$)

	$n=4$	$n=3$	$n=2$	$n=1$	$n=0$
a	$=T_1+T_2+T_3+T_4$ $=T_1(3+\mu)$	$=T_1+T_2+T_3$ $=T_1(2+\mu)$	$=T_1+T_2$ $=T_1(1+\mu)$	T_1	0
b	$=T_1T_2+T_1T_3+T_1T_4+T_2T_3+T_2T_4+T_3T_4$ $=T_1^2(1+\mu)3$	$=T_1T_2+T_1T_3+T_2T_3$ $=T_1^2(1+2\mu)$	$=T_1T_2$ $=T_1^2\mu$	0	0
c	$=T_1T_2T_3+T_1T_2T_4+T_1T_3T_4+T_2T_3T_4$ $=T_1^3(1+3\mu)$	$=T_1T_2T_3$ $=T_1^3\mu$	0	0	0
d	$=T_1T_2T_3T_4$ $=T_1^4\mu$	0	0	0	0
	$C(\mu) = C(\frac{1}{\mu})$	$B(\mu) = B(\frac{1}{\mu})$	$A(\mu)=A(\frac{1}{\mu})$	–	–

den. Als weitere allgemeine Abkürzungen, die für sämtliche zugelassenen Regelstrecken Gültigkeit besitzen, führt man die Größen

$$A(\mu) = \frac{a^2}{b}, \quad B(\mu) = \frac{c}{ab} \quad \text{und} \quad C(\mu) = \frac{d}{b^2} \qquad (8.2.26)$$

ein, die wegen der Beziehung $T_n = \mu T_1$ nur noch Funktionen von μ sind und somit als dimensionslose *verallgemeinerte Zeitkonstanten der Regelstrecke* gedeutet werden können. Sie weisen folgende Symmetrieeigenschaften auf:

$$A(\mu) = A(\frac{1}{\mu}) \text{ für } n = 2, \qquad (8.2.27a)$$

$$B(\mu) = B(\frac{1}{\mu}) \text{ für } n = 3 \qquad (8.2.27b)$$

und $\quad C(\mu) = C(\frac{1}{\mu}) \text{ für } n = 4. \qquad (8.2.27c)$

Für die Untersuchung des Stabilitäts- und Regelgüteverhaltens zeigt sich, daß hinsichtlich der Reglereinstellwerte ebenfalls eine dimensionslose Darstellung zweckmäßig ist. Als *verallgemeinerte Reglereinstellwerte* werden daher die normierten Größen

$$K = K_R K_S, \quad T_{IN} = \frac{T_I}{a} \quad \text{und} \quad T_{DN} = \frac{T_D}{a} \qquad (8.2.28)$$

eingeführt.

Mit den hier definierten verallgemeinerten Zeitkonstanten der Regelstrecke und den Reglereinstellwerten lassen sich nun sowohl der Stabilitätsrand als auch das komplette Regelgütediagramm eines Regelkreises der hier betrachteten Struktur in allgemeiner Form berechnen und darstellen. Die Ergebnisse dazu sind in den Tabellen 8.2.4 bis 8.2.7 enthalten. Man beachte bei der Darstellung, daß wegen der besseren Übersicht bei der Indizierung für die quadratische Regelfläche die Schreibweise $I_3 = I_q$ eingeführt wurde. Auch die quadratische Regelfläche I_q wird dabei in der dimensionslosen Form

$$I_{qN} = \frac{I_q}{(z_0 K_S)^2 a} \qquad (8.2.29)$$

mit der Sprunghöhe z_0 verwendet.

Tabelle 8.2.4 enthält die Stabilitätsränder der wichtigsten Standardreglertypen für PT_n-Regelstrecken. Selbstverständlich ist diese Darstellung unabhängig von der Eingangsgröße des Regelkreises. Sie gilt also sowohl für Störverhalten (Festwertregelung) als auch für Führungsverhalten (Folgeregelung). In Tabelle 8.2.5 sind für den Fall der Festwertregelung mit Störung am Eingang der Regelstrecke jeweils für die einzelnen Kombinationen von Regler und Regelstrecke die Gleichung des normierten Integralwertes I_{qN} und, soweit ableitbar, die Gleichungen für die beiden Optimalkurven T_{INopt1} und T_{INopt2}, sowie die Gleichung der zugehörigen Höhenlinien $T_{INh1,2}$ bzw. T_{INh} oder $T_{DNh1,2}$ bzw. T_{DNh} dargestellt. Diese Beziehungen sind notwendig zur Bestimmung der optimalen Reglereinstellwerte, die in Tabelle 8.2.7 enthalten sind. Interessant ist die Darstellung in Tabelle 8.2.6, die das prinzipielle Aussehen der Regelgütediagramme für die betrachteten Regler- und Regelstreckenkombinationen beschreibt.

Absolute Optima treten z. B. für eine PT_3-Regelstrecke nur bei Einsatz eines PI- und P-Reglers auf. Bei Verwendung eines PD-Reglers stellt sich auf der Optimalkurve von $\partial I_{qN}/\partial T_{DN} = 0$ dagegen ein *Randoptimum* ein. Das Regelgütediagramm für den PI-Regler ist in diesem Fall ähnlich dem der PT_4-Regelstrecke, nur daß beispielsweise für gleiche µ-Werte offensichtlich der Stabilitätsbereich bei einer PT_3-Regelstrecke breiter wird. Beim PD-Regler hingegen ändert sich das Regelgütediagramm erheblich. Bei Regelkreisen mit PT_2-, PT_1- und P-Regelstrecken ergeben sich für die optimalen Einstellwerte der vorliegenden Reglertypen nur Randoptima. Bei PT_1- bzw. P-Regelstrecken ist die Verwendung des PID- bzw. PD-Reglers nicht vorteilhaft, da der D-Anteil nicht mehr wirksam ist. Hier liefert der PI- bzw. P-Regler dieselben Resultate.

Da nur im Falle der PT_4-Regelstrecke sämtliche hier verwendeten Reglertypen absolut optimale Einstellwerte aufweisen, läßt sich ein Vergleich des jeweiligen Regelverhaltens auch nur für diesen Regelstreckentyp durchführen. Für diesen Fall enthält Bild 8.2.6 die den dynamischen Übergangsfehler kennzeichnenden Größen, also die normierte maximale Überschwingweite

$$e_{Nmax} = \frac{e_{max}}{z_0 K_S} \qquad (8.2.30)$$

und die normierte Ausregelzeit auf $\varepsilon = 3\%$

$$t_{N3\%} = (\frac{t}{T_1})_{3\%} , \qquad (8.2.31)$$

in Abhängigkeit vom interessierenden µ-Wert bei entsprechend optimalen Reglereinstellwerten. Die kleinste Überschwingweite stellt sich beim PID-Regler ein. Der PI-Regler liefert nahezu dieselbe Überschwingweite wie der einfache P-Regler, jedoch hat der letztere bekanntlich den Nachteil, daß nach Ausregeln einer sprungförmigen Störung bei den hier betrachteten PT_n-Regelstrecken stets noch eine normierte bleibende Regelabweichung $e_{N\infty}$ zurückbleibt. Diese Feststellung gilt auch für den PD-Regler. Für diese beiden Reglertypen ist der Verlauf von $e_{N\infty}$ ebenfalls in Bild 8.2.6 enthalten. Die schraffierte Fläche stellt daher den Bereich dar, in dem diese beiden Regler überhaupt arbeiten können. Gegenüber dem PI-Regler weist der PD-Regler allerdings eine wesentlich geringere Überschwingweite auf.

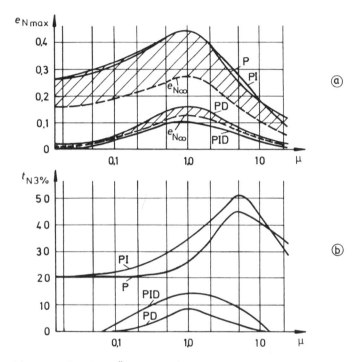

Bild 8.2.6. (a) Maximale Überschwingweite und (b) Ausregelzeit an PT_4-Regelstrecken bei optimaler Einstellung verschiedener Reglertypen nach dem quadratischen Gütekriterium (für den P- und PD-Regler ist jeweils auch die normierte bleibende Regelabweichung $e_{N\infty} = \dfrac{e_{\infty}}{z_0 K_S}$ dargestellt)

Die Ausregelzeit auf den stationären Zustand nach einer sprungförmigen Störung am Eingang der Regelstrecke ist beim PD-Regler am kleinsten. Beim PI-Regler sind die Ausregelzeiten noch größer als beim P-Regler. Dies ist auf den Einfluß des I-Verhaltens zurückzuführen. Dieselbe Erscheinung kann beim Vergleich des PID- und des PD-Reglers festgestellt werden.

240

Tabelle 8.2.4. Stabilitätsränder verschiedener Reglertypen bei PT_n-Regelstrecken

Regler \ Regelstrecke	PT_4	PT_3	PT_2	PT_1	P
PID-Regler	$T_{INstab}=\dfrac{K\{[1-\tfrac{C}{B}(1+KT_{DN})][1+\sqrt{1-4C(K+1)}]-2C(K+1)\}}{2A(K+1)\{(1+KT_{DN})[1-\tfrac{C}{B}(1+KT_{DN})]-B(K+1)\}}$; $K=0$: Ungeregelter Fall; α) Senkrechte Asymptote; β) Max. Breite d. Stab. R.: $K_{max}=\tfrac{1}{4C}-1$	$T_{INstab}=\dfrac{1}{A(K+1)[1+KT_{DN}-B(K+1)]}$; α) Senkrechte Asymptote für $T_{DN}<B(\mu)$: $K_\infty=\tfrac{1-B}{B-T_{DN}}$; β) Horizontale Asymptote für $T_{DN}=B$; γ) Bei $T_{DN}>B(\mu)$ wird $T_{IN}\to 0$ für $K\to\infty$	$T_{INstab}=\dfrac{K}{A(K+1)(1+KT_{DN})}$ Waagrechte Asymptoten $T_{DN}=0:T_{IN}=\tfrac{1}{A}$; $T_{DN}>0:T_{IN}=0$	$T_{INstab}=0$ für alle T_{DN}; sämtliche Reglereinstellwerte stabil	stets stabil
PI-	$T_{INstab}=\dfrac{K\{(1-\tfrac{C}{B})[1-\sqrt{1-4C(K+1)}]-2C(K+1)\}}{2A(K+1)[1-\tfrac{C}{B}-B(K+1)]}$ Senkrechte Asymptote: $K_\infty=\tfrac{B-C}{B^2}-1$	$T_{INstab}=\dfrac{K}{A(K+1)[1-B(K+1)]}$ Senkrechte Asymptote $K_\infty=\tfrac{1}{B}-1$	$T_{INstab}=\dfrac{K}{A(K+1)}$ Waagrechte Asymptote $K\to\infty$ für $T_{IN}=\tfrac{1}{A}$	stets stabil	stets stabil
PD-	$T_{DNstab}=\dfrac{2[B(K+1)+\tfrac{C}{B}-1]}{K[(1-2\tfrac{C}{B})\pm\sqrt{1-4C(K+1)}]}$; $K(0)=\tfrac{B-C}{B^2}-1$; $K_{max}=\tfrac{1}{4C}$	$T_{DNstab}=\tfrac{1}{K}B[(K+1)-1]$; $K(0)=\tfrac{1}{B}-1$; Waagr. Asympt. $K\to\infty$ bei $T_{DN}=B(\mu)$	$T_{DNstab}=0$; Sämtl. Reglereinstellwerte stets stabil	stets stabil	stets stabil
P-	$K_{stab}=\dfrac{B-C}{B^2}-1=\dfrac{8(1+\mu)^3}{(1+3\mu)^2}$ | μ | 0 | 0,01 | 0,1 | 0,5 | 1,0 | 2 | 5 | 10 | | K | 8 | 7,77 | 6,30 | 4,32 | 4,00 | 4,41 | 6,75 | 11 |	$K=\tfrac{1}{B}-1=2\left(\tfrac{1}{\mu}+\mu+2\right)$ | μ | 0 | 0,01 | 0,05 | 0,1 | 0,2 | 0,5 | 1,0 | | K | ∞ | 100 | 20 | 10 | 5 | 2 | 1,0 | | | | ∞ | 204 | 44,1 | 24,2 | 14,4 | 9,0 | 8,0 |	stets stabil	stets stabil	stets stabil

Tabelle 8.2.5. Normierte Darstellung der quadratischen Regelfläche I_{qN}, Optimalkurven T_{INopti} oder T_{DNopti} ($i = 1,2$) oder K_{opt} und Linien gleicher Regelgüte $T_{INh1,2}$ bzw. T_{INopti} oder $T_{DNh1,2}$ für verschiedene Reglertypen bei PT_n-Regelstrecken für den Fall der Festwertregelung mit Störung am Eingang der Regelstrecke

Regelstrecke:	PT_4	PT_3	PT_2	PT_1	P
PID-Regler	$I_{qN} = \dfrac{T_{IN}^2}{2K[(K+1)]T_{IN} - \dfrac{KT_{IN}[1-C(K+1) - \tfrac{C}{B}(1+KT_{DN})]+K^2\tfrac{AB}{B}(1+KT_{DN})^2 \tfrac{C^2}{B} + CK}{AT_{IN}[1+KT_{DN}) - B(K+1)] - (1+KT_{DN})^2 \tfrac{AB}{B}]}}$ $T_{INopt1} = T_{INopt1}(\mu, K, T_{DN})$ $T_{INopt2} = T_{INopt2}(\mu, K, T_{DN})$ $T_{INh1,2} = T_{INh1,2}(\mu, K, T_{DN})$ Nicht explizit darstellbar, numerische Ergebnisse in Bild 826	$I_{qN} = \dfrac{T_{IN}^2}{2K\{[(K+1)]T_{IN} - \dfrac{K}{A(1+KT_{DN}) - B(K+1)}\}}$ $T_{INopt1} = \dfrac{2K}{A(K+1)[1+KT_{DN} - B(K+1)]} = 2T_{Instab}$ $T_{INopt2} = \dfrac{K\{2[1+KT_{DN} - B(K+1)] - K(T_{DN} - B)\}}{A(2K+1)[(1+KT_{DN})^2 - B(K+1)]}$ $T_{INh1,2} = I_{qN}K[(K+1)^2 \pm \sqrt{(K+1)^2 - \dfrac{2}{I_{qN}A[1+KT_{DN}) - B(K+1)]}}]$	$I_{qN} = \dfrac{T_{IN}^2}{2K[(K+1)]T_{IN} - \dfrac{K}{A(1+KT_{DN})}}$ $T_{INopt1} = \dfrac{2K}{A(K+1)(1+KT_{DN})} = 2T_{Instab}$ $T_{INopt2} = \dfrac{K(2+KT_{DN})}{A(2K+1)(1+KT_{DN})^2}$; $K \leq \dfrac{1}{\sqrt{T_{DN}}}$ $T_{INh1,2} = I_{qN}K[(K+1)^2 \pm \sqrt{(K+1)^2 - \dfrac{2}{I_{qN}A(1+KT_{DN})}}]$	$I_{qN} = \dfrac{T_{IN}}{2K(K+1)}$ T_{INopt1} existieren T_{INopt2} nicht $T_{INh} = I_{qN}2K(K+1)$	$I_{qN} = \dfrac{T_{IN}}{2K(K+1)}$ T_{INopt1} existieren T_{INopt2} nicht $T_{INh} = I_{qN}2K(K+1)$
PI-	$I_{qN} = \dfrac{T_{IN}^2}{2K[(K+1)]T_{IN} - \dfrac{KT_{IN}[1-C(K+1) - \tfrac{C}{B}]+K^2\tfrac{C^2}{B}}{AT_{IN}[1-B(K+1)] - \tfrac{C}{B} + KC}}$ $T_{INopt1} = T_{INopt1}(\mu, K)$ $T_{INopt2} = T_{INopt2}(\mu, K)$ $T_{INh1,2} = T_{INh1,2}(\mu, K)$	$I_{qN} = \dfrac{T_{IN}^2}{2K\{[(K+1)]T_{IN} - \dfrac{K}{A(K+1)[1-B(K+1)]}\}}$ $T_{INopt1} = \dfrac{2K}{A(K+1)[1-B(K+1)]} = 2T_{Instab}$ $T_{INopt2} = \dfrac{K\{2[1-B(K+1)] + KB\}}{A(2K+1)[1-B(K+1)]^2}$ $T_{INh1,2} = I_{qN}K[(K+1)^2 \pm \sqrt{(K+1)^2 - \dfrac{2}{I_{qN}A[1-B(K+1)]}}]$	$I_{qN} = \dfrac{T_{IN}^2}{2K[(K+1)]T_{IN} - \dfrac{2K}{A(K+1)}}$ $T_{INopt1} = \dfrac{2K}{A(K+1)} = 2T_{Instab}$ $T_{INopt2} = \dfrac{2K}{A(2K+1)}$ $T_{INh1,2} = I_{qN}K[(K+1)^2 \pm \sqrt{(K+1)^2 - \dfrac{2}{I_{qN}A}}]$	$I_{qN} = \dfrac{T_{IN}}{2K(K+1)}$ T_{INopt1} existiert T_{INopt2} nicht $T_{INh} = I_{qN}2K(K+1)$	$I_{qN} = \dfrac{T_{IN}}{2K(K+1)}$ T_{INopt1} existieren T_{INopt2} nicht $T_{INh} = I_{qN}2K(K+1)$
PD-	$I_{qN} = \dfrac{1}{2(K+1)^2}[\dfrac{1+KT_{DN}}{K+1} \cdot \dfrac{1-(1+KT_{DN})\tfrac{C}{B} - (K+1)C}{A(1+KT_{DN})[1-(1+KT_{DN})\tfrac{C}{B}] - (K+1)AB}]$ $T_{DNopt1} = T_{DNopt1}(\mu, K)$ $T_{DNopt2} = T_{DNopt2}(\mu, K)$ $T_{DNh1,2} = T_{DNh1,2}(\mu, K)$ Nicht explizit darstellbar, numerisch berechenbar	$I_{qN} = \dfrac{1}{2(K+1)^2}[\dfrac{1+KT_{DN}}{K+1} + \dfrac{1}{A(1+KT_{DN})[1-B(K+1)] - (K+1)AB}]$ $T_{DNopt1} = \dfrac{1}{K}\{B(K+1) - 1 + \sqrt{\dfrac{K+1}{A}}\}$ $T_{DNopt2} = T_{DNopt2}(\mu, K)$ Nicht explizit darstellbar $T_{DNh1,2} = \dfrac{1}{K}\{I_{qN}(K+1)^3 - \tfrac{1}{2} \cdot \tfrac{B}{2}(K+1)^2 \pm \sqrt{[I_{qN}(K+1)^3 - \tfrac{K+1}{2}]^2 - \tfrac{K+1}{A}}\}$	$I_{qN} = \dfrac{1}{2(K+1)^2}[\dfrac{1+KT_{DN}}{K+1} + \dfrac{1}{A(1+KT_{DN})}]$ $T_{DNopt1} = T_{DNopt2}(\mu, K)$ $T_{DNopt2} = \dfrac{1}{K}\{I_{qN}(K+1)^3 - 1\pm \sqrt{[I_{qN}(K+1)^2]^2 - \tfrac{K+1}{A}}\}$ $T_{DNh1,2} = \dfrac{1}{K}[I_{qN}(K+1)^3 \pm \sqrt{[I_{qN}(K+1)^2]^2 - \tfrac{K+1}{A}}]$	$I_{qN} = \dfrac{1+KT_{DN}}{2(K+1)^3}$ T_{DNopt1} existiert nicht $T_{DNopt2} = \dfrac{3}{K} \cdot \dfrac{1-2K}{1-2K}$ für $K \geq 0,5$ $T_{DNh} = \dfrac{1}{K}[2I_{qN}(K+1)^3]$	$I_{qN} = \dfrac{KT_{DN}}{2(K+1)^3}$ T_{DNopt1} existiert nicht Aus $\delta I_{qN}/\delta K = 0$ $K = 0,5$ $T_{DNh} = \dfrac{1}{K}[2I_{qN}(K+1)^3]$
P-	$I_{qN} = \dfrac{1}{2(K+1)^2}[\dfrac{1}{K+1} + \dfrac{1-C/B-(K+1)C}{A(1-C/B)-(K+1)AB}]$ $K_{opt} = K_{opt}(\mu)$ Nicht explizit, nur numerisch berechenbar	$I_{qN} = \dfrac{1}{2(K+1)^2}[\dfrac{1}{K+1} + \dfrac{1}{A-(K+1)C} \cdot \dfrac{C}{AB}]$ $K_{opt} = \dfrac{-2(3AB-1)+2\sqrt{3AB+1}}{6B(1-AB)} - 1$	$I_{qN} = \dfrac{1}{2(K+1)^2}[\dfrac{1}{K+1} + \dfrac{1}{A}]$ K_{opt} existiert nicht	$I_{qN} = \dfrac{1}{2(K+1)^3}$	$I_{qN} = 0$

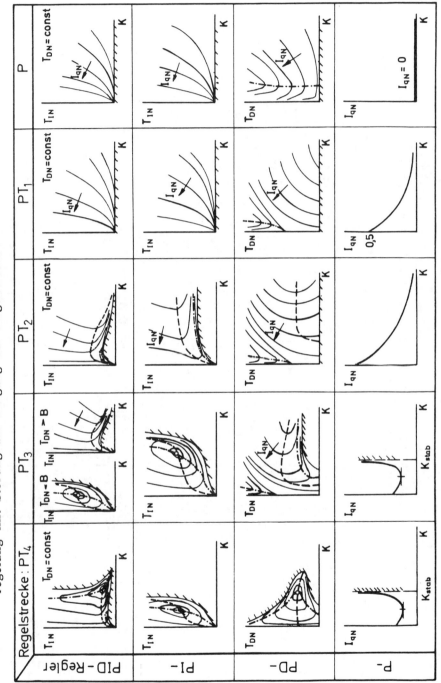

Tabelle 8.2.6. Prinzipielles Aussehen der Regelgütediagramme für verschiedene Reglertypen bei PT_n-Regelstrecken nach dem quadratischen Gütekriterium für den Fall der Festwertregelung mit Störung am Eingang der Regelstrecke

Tabelle 8.2.7. Optimale Reglereinstellwerte für verschiedene Reglertypen bei PT_n-Regelstrecken nach dem quadratischen Gütekriterium für den Fall der Festwertregelung mit Störung am Eingang der Regelstrecke

Regelstrecke:	PT_4	PT_3	PT_2	PT_1 und P
PID-Regler	**Optimum** Explizite Darstellung nicht möglich; numerische Ermittlung nach Suchschrittverfahren. Ergebnisse für μ-Werte	**Randoptimum** Unterscheidung von 2 Fällen a) $T_{DNmax} < B(\mu)$; b) $T_{DNmax} \geq B(\mu)$ $K_{opt} = \frac{2-(3B-T_{DNmax})}{3(B-T_{DNmax})}$ $T_{INopt} = \frac{3(2-3B\cdot T_{DNmax})}{A(1-T_{DNmax})^2}$ $T_{DNopt} = T_{DNmax}$	**Randoptimum** $K_{opt} = K_{max}$ $T_{INopt} = \frac{2K_{max}}{A(1+K_{max}T_{DNmax})(K_{max}+1)}$ $T_{DNopt} = T_{DNmax}$	**Randoptimum** $K_{opt} = K_{max}$ $T_{INopt} = T_{INmin}$ unabhängig vom D-Anteil
	μ 0,02 0,05 0,1 0,2 0,5 1,0 2,0 5 10 K_{opt} 89,4 35,77 19,57 11,33 6,47 5,47 6,68 11,07 19,52 T_{INopt} 0,0920 0,041 0,0072 0,1111 0,144 0,147 0,153 0,106 0,078 T_{DNopt} 0,225 0,475 0,4,75 0,5000 0,600 0,666 0,55 0,4 0,25	$K_{opt} = K_{max}$ $T_{INopt} = T_{DNmax}$ $K_{opt} = \frac{2-3B}{3B}$ $T_{INopt} = \frac{3(2-3B)}{A}$ μ 0,01 0,02 0,05 0,1 0,2 0,5 1,0 2,0 5 10 20 100 K_{opt} 135 69,1 29,1 15,8 9,27 5,67 5,67 9,27 15,8 29,1 135 T_{INopt} 1,49 1,51 1,52 1,54 1,57 1,63 1,67 1,60 1,22 0,82 0,49 0,12		
PI-	**Optimum** Explizite Darstellung nicht möglich; numerische Ermittlung nach Suchschrittverfahren. Ergebnisse für μ-Werte	**Randoptimum** $K_{opt} = K_{max}$ $T_{DNopt} = \frac{1}{K_{max}}\{B(K_{max}+1)-1+\sqrt{\frac{K_{max}+1}{A}}\}$	**Randoptimum** $K_{opt} = K_{max}$	**Randoptimum** $K_{opt} = K_{max}$ $T_{INopt} = T_{Imin}$
	μ 0,02 0,05 0,1 0,2 0,5 1,0 2,0 5 10 K_{opt} 4,716 4,373 9,28 3,59 2,658 2,448 2,714 4,314 7,260 T_{INopt} 1,629 1,584 1,541 1,478 1,398 1,382 1,364 1,217 0,925	μ 0,01 0,02 0,05 0,1 0,2 0,5 1,0 2,0 5 10 20 100		
PD-	**Optimum** Explizite Darstellung nicht möglich; numerische Ermittlung nach Suchschrittverfahren. Ergebnisse für μ-Werte	**Randoptimum** $K_{opt} = K_{max}$ $T_{DNopt} = \frac{1}{K_{max}}\{B(K_{max}+1)-1+\sqrt{\frac{K_{max}+1}{A}}\}$	**Randoptimum** $K_{opt} = K_{max}$ $T_{DNopt} = \frac{1}{K_{max}}\left[-1+\sqrt{\frac{K_{max}+1}{A}}\right]$	**Randoptimum** $K_{opt} = K_{max}$ ($T_{DNopt} = 0$) also reiner P-Regler
	μ 0,05 0,1 0,2 0,5 1,0 2,0 5 10 20 K_{opt} 4,00 2,24 1,29 7,6 6,6 7,6 12,9 22,4 40,0 T_{DNopt} 0,255 0,269 0,287 0,325 0,338 0,312 0,225 0,144 0,097	**Optimum** (Gute Näherung: $K_{opt} \approx 2/3 K_{stab}$) $K_{opt} = \frac{-2(3AB-1)+2\sqrt{3AB+1}}{6B(1-AB)} - 1$ μ 0 0,02 0,1 0,2 0,5 1,0 2,0 5 10 20 100 K_{opt} ∞ 69,7 16,3 9,7 6,06 5,36 6,06 9,8 16,7 30,6 142,4		
P-	Nicht explizit, aber numerisch darstellbar:	**Optimum** (Gute Näherung: $K_{opt} \approx 2/3 K_{stab}$)	**Randoptimum** $K_{opt} = K_{max}$	**Randoptimum** $K_{opt} = K_{max}$
	μ 0,002 0,1 0,2 0,5 1,0 2,0 5 10 20 50 100 K_{opt} 5,36 5,07 4,24 3,64 2,90 2,68 2,97 4,65 7,76 14,1 33,3 65,2			

Bild 8.2.6 eignet sich zur groben Auswahl eines günstigen Reglertyps bei der Durchführung einer Entwurfsaufgabe. Wird beispielsweise bei einer Regelkreissynthese verlangt, daß für eine PT_4-Regelstrecke mit $\mu = 2$ die maximale Überschwingweite $e_{Nmax} = 0{,}14$ sein soll und eine bleibende Regelabweichung von $e_{N\infty} = 0{,}11$ in Kauf genommen werden kann, dann eignet sich zur Lösung dieser Aufgabe durchaus ein PD-Regler. Würde aber die Aufgabe gestellt werden, unabhängig von e_{Nmax} die Regelung ohne bleibende Regelabweichung zu betreiben, so kann dafür ein billiger I-Regler vorgesehen werden. Dieser Sachverhalt wurde bereits im Abschnitt 5.3.2 bei der Behandlung der Vor- und Nachteile verschiedener Reglertypen angesprochen.

Aus Bild 8.2.6 ist weiterhin ersichtlich, daß in sämtlichen hier untersuchten Fällen die größte Überschwingweite bei $\mu = 1$ auftritt. Außerdem kann aus Tabelle 8.2.4 entnommen werden, daß der schmalste Stabilitätsbereich ebenfalls bei $\mu = 1$ auftritt. Dies bedeutet, daß Regelstrecken, deren dynamisches Verhalten durch n gleiche Zeitkonstanten beschrieben werden kann, schwieriger zu regeln sind als solche, bei denen diese n Zeitkonstanten unterschiedliche Werte annehmen.

Beispiel 8.2.1:

Um die leichte Anwendbarkeit der hier eingeführten verallgemeinerten Darstellungsform zu zeigen, soll nochmals kurz auf das in Abschnitt 8.2.2.1 behandelte Beispiel eingegangen werden. Mit $K_S = 1$ und $T_1 = T_2 = T_3 = T = 1s$, also $\mu = 1$, erhält man für $n = 3$:

- die in Tabelle 8.2.3 eingeführten Größen

$$a = T(2+\mu) = 3s, \quad b = T_1^2(1+2\mu) = 3s^2$$

$$c = T_1^3 \mu = 1s^3 \quad \text{und} \quad d = 0 \, ;$$

- die verallgemeinerten Zeitkonstanten der Regelstrecke

$$A = \frac{a^2}{b} = 3, \quad B = \frac{c}{ab} = \frac{1}{9} \quad \text{und} \quad C = \frac{d}{b^2} = 0 \, ;$$

- die verallgemeinerten Reglereinstellwerte

$$K = K_R K_S = K_R \quad \text{und} \quad T_{IN} = \frac{T_I}{a} = \frac{T_I}{3} \, ;$$

- die normierte quadratische Regelfläche

$$I_{qN} = \frac{I_q}{(z_0 K_S)^2 a} = \frac{I_q}{3} \, .$$

Für den speziellen Fall des hier gewählten Beispiels lassen sich nun anhand der allgemeinen Formeln aus den Tabellen 8.2.4, 8.2.5 und 8.2.7 der Stabilitätsrand T_{Istab}, die quadratische Regelfläche $I_q (= I_3)$, die beiden Optimalkurven T_{Iopti} (für i = 1,2), die Höhenlinien $T_{Ih1,2}$ sowie die optimalen Reglereinstellwerte K_{Ropt} und T_{Iopt} unmittelbar bestimmen. So folgt z. B. aus Tabelle 8.2.7 für die optimalen Reglereinstellwerte des PI-Reglers:

$$K_{Ropt} K_S = \frac{2 - 3B}{3B} \Rightarrow K_{Ropt} = \frac{2 - 3(1/9)}{3(1/9)} = 5$$

$$\frac{T_{Iopt}}{a} = T_{INopt} = \frac{3(2-3B)}{A} \Rightarrow T_{Iopt} = 3s \frac{3[2-3(1/9)]}{3} = 5s \; .$$

Die Nachprüfung der im Abschnitt 8.2.2.1 verwendeten Gleichungen für T_{Istab}, I_q, $T_{Iopti}(i = 1,2)$ sowie $T_{Ih1,2}$ kann ebenfalls schnell mit Hilfe der zuvor erwähnten Tabellen nachvollzogen werden. ∎

Abschließend sei noch darauf hingewiesen, daß sich die hier dargestellte Parameteroptimierung von Standardreglertypen unter Verwendung des quadratischen Gütekriteriums auch auf andere Regelstrecken übertragen läßt [8.3], z. B. auf solche mit IT_n-Verhalten; außerdem läßt sie sich auch auf Regelstrecken mit Totzeitverhalten anwenden. Damit steht für die Synthese von Regelkreisen im Zeitbereich ein leistungsfähiges Verfahren zur Verfügung.

8.2.3 Empirisches Vorgehen

8.2.3.1 Empirische Einstellregeln nach Ziegler und Nichols

Viele industrielle Prozesse weisen Übergangsfunktionen mit rein aperiodischem Verhalten gemäß Bild 8.2.7 auf, d. h. ihr Verhalten kann durch PT_n-Glieder sehr gut beschrieben werden. Häufig können diese Prozesse durch das vereinfachte mathematische Modell

$$G_S(s) = \frac{K_S}{1 + Ts} e^{-T_t s} , \qquad (8.2.32)$$

das ein Verzögerungsglied 1. Ordnung und ein Totzeitglied enthält, hinreichend gut approximiert werden. Bild 8.2.7 zeigt die Approximation eines PT_n-Gliedes durch ein derartiges $PT_1 T_t$-Glied.

Dabei wird durch die Konstruktion der Wendetangente die Übergangsfunktion $h_S(t)$ mit folgenden drei Größen charakterisiert: K_S (Übertragungsbeiwert oder Verstärkungsfaktor der Regelstrecke), T_a (Anstiegszeit) und T_u (Verzugszeit). Für eine grobe Approximation nach Gl. (8.2.32) wird dann meist $T_t = T_u$ und $T = T_a$ gesetzt.

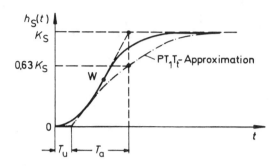

Bild 8.2.7. Beschreibung der Übergangsfunktion $h_S(t)$ eines Prozesses durch die drei Größen K_S (Übertragungsbeiwert oder Verstärkungsfaktor der Regelstrecke), T_a (Anstiegszeit) und T_u (Verzugszeit)

Für Regelstrecken der hier beschriebenen Art wurden zahlreiche Einstellregeln für Standardregler in der Literatur [8.4] angegeben, die teils empirisch, teils durch Simulation an entsprechenden Modellen gefunden wurden. Die wohl am weitesten verbreiteten empirischen Einstellregeln sind die von *Ziegler* und *Nichols* [8.5]. Diese Einstellregeln wurden anhand ausgedehnter Untersuchungen von Reglereinstellungen empirisch abgeleitet, wobei die Übergangsfunktion des geschlossenen Regelkreises je Schwingungsperiode eine Amplitudenabnahme von ca. 25% aufwies. Bei der Anwendung der Einstellregeln nach Ziegler und Nichols kann zwischen folgenden zwei Fassungen gewählt werden:

a) *Methode des Stabilitätsrandes (I):* Hierbei geht man in folgenden Schritten vor:

1. Der jeweils im Regelkreis vorhandene Standardregler wird zunächst als reiner P-Regler geschaltet.

2. Die Verstärkung K_R dieses P-Reglers wird solange vergrößert, bis der geschlossene Regelkreis Dauerschwingungen ausführt. Der dabei eingestellte K_R-Wert wird als kritische Reglerverstärkung K_{Rkrit} bezeichnet.

3. Die Periodendauer T_{krit} (kritische Periodendauer) der Dauerschwingung wird gemessen.

4. Man bestimmt nun anhand von K_{Rkrit} und T_{krit} mit Hilfe der in Tabelle 8.2.8 angegebenen Formeln die Reglereinstellwerte K_R, T_I und T_D.

b) *Methode der Übergangsfunktion (II):* Häufig wird es allerdings bei einer industriellen Anlage nicht möglich sein, den Regelkreis zur Ermittlung von K_{Rkrit} und T_{krit} im grenzstabilen Fall zu betreiben. Im allgemeinen bereitet jedoch die Messung der Übergangsfunktion $h_S(t)$ der Regelstrecke keine großen Schwierigkeiten. Daher scheint in vielen Fällen die zweite Form der Ziegler-Nichols-Einstellregeln, die direkt von der Steigung der Wendetangente K_S/T_a und der Verzugszeit T_u der Übergangsfunktion ausgeht, als zweckmäßiger. Dabei ist zu beachten, daß die Messung der Übergangsfunktion $h_S(t)$ nur bis zum Wendepunkt W erforderlich ist, da die Steigung der Wendetangente bereits das Verhältnis K_S/T_a beschreibt. Anhand der Meßwerte T_u und K_S/T_a sowie mit Hilfe der in Tabelle 8.2.8 angegebenen Formeln lassen sich dann die Reglereinstellwerte einfach berechnen.

Tabelle 8.2.8. Reglereinstellwerte nach Ziegler und Nichols

	Reglertypen	Reglereinstellwerte		
		K_R	T_I	T_D
Methode I	P	$0,5\ K_{Rkrit}$	-	-
	PI	$0,45 K_{Rkrit}$	$0,85 T_{krit}$	-
	PID	$0,6\ K_{Rkrit}$	$0,5\ T_{krit}$	$0,12 T_{krit}$
Methode II	P	$\dfrac{1}{K_S}\dfrac{T_a}{T_u}$	-	-
	PI	$\dfrac{0,9}{K_S}\dfrac{T_a}{T_u}$	$3,33\ T_u$	-
	PID	$\dfrac{1,2}{K_S}\dfrac{T_a}{T_u}$	$2\ T_u$	$0,5\ T_u$

8.2.3.2 Empirischer Entwurf durch Simulation

Die zuvor behandelten Einstellregeln nach Ziegler und Nichols sind reine Faustformeln, die man immer dann anwenden wird, wenn man auf größeren mathematischen Aufwand verzichten will. Man sollte daher das erhaltene Ergebnis auch daraufhin überprüfen, ob die zu Beginn der Optimierung festgelegten Gütemaße, also die Spezifikationen für die Anstiegszeit, Überschwingweite, Ausregelzeit usw. ungefähr eingehalten werden. Obwohl die Anwendung dieser Faustformeln meist nur bedingt das gewünschte Regelverhalten liefert, insbesondere auch schon deswegen, weil sie weder zwischen Festwert- und Führungsregelungen unterscheiden noch den Eingriffsort der Störungen berücksichtigen, können sie dennoch in vielen Fällen als gute Startwerte für einen Regelkreisentwurf mittels Rechnersimulation dienen. Dieses Vorgehen ist weit verbreitet. Das Schwingungsverhalten wird dabei über Bildschirm in jeder Entwurfsphase angezeigt. So kann dann jederzeit anhand des Einschwingvorganges entschieden werden, ob das Ergebnis akzeptabel ist oder nicht.

Generell wird man bei einem Regelkreisentwurf mittels Rechnersimulation von bestimmten anfangs festgelegten Gütemaßen ausgehen und dann für die vorgegebene Regelstrecke eine Reglerstruktur auswählen. Nun versucht man, für diese Konfiguration des Regelkreises die Reglerparameter so einzustellen, daß die vorgegebenen Gütemaße erfüllt werden. Ist dies erreicht, so liegt bereits ein akzeptabler Entwurf vor. Können jedoch die gewünschten Güteanforderungen allein durch Variation der Reglerparameter nicht erzielt werden, dann muß durch Wahl einer anderen Reglerstruktur dieselbe Prozedur wiederholt werden. Liefert auch dieser Weg - eventuell trotz mehrmaliger Änderung der Reglerstruktur - nicht das gewünschte Ergebnis, dann sind die Güteanforderungen - meist weil sie zuvor zu streng waren - neu festzulegen. Dieses Vorgehen, das viel ingenieurmäßige Erfahrung erfordert, ist im Bild 8.2.8 in prinzipieller Form als Ablaufdiagramm anschaulich dargestellt.

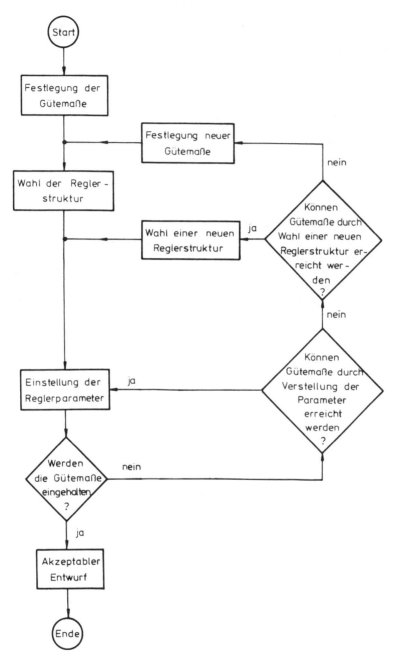

Bild 8.2.8. Prinzipielles Vorgehen beim empirischen Entwurf von Regelkreisen

8.3 Entwurf im Frequenzbereich

8.3.1 Kenndaten im Frequenzbereich

Nachfolgend werden für Führungsverhalten die wichtigsten Kenndaten sowohl des offenen als auch des geschlossenen Regelkreises im Frequenzbereich angegeben und ihre Abhängigkeit von den in Abschnitt 8.2.1.1 eingeführten Gütemaßen des geschlossenen Regelkreises im Zeitbereich untersucht.

8.3.1.1 Kenndaten des geschlossenen Regelkreises im Frequenzbereich und deren Zusammenhang mit den Gütemaßen im Zeitbereich

Ein Regelkreis, dessen Übergangsfunktion $h_W(t)$ einen Verlauf entsprechend Bild 8.2.1 aufweist, besitzt gewöhnlich einen Frequenzgang $G_W(j\omega)$ mit einer Amplitudenüberhöhung, der sich qualitativ im Bode-Diagramm nach Bild 8.3.1 darstellen läßt. Zur Beschreibung dieses Ver-

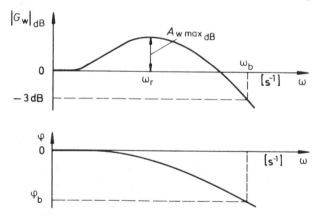

Bild 8.3.1. Bode-Diagramm des geschlossenen Regelkreises bei Führungsverhalten

haltens eignen sich die folgenden teilweise früher bereits eingeführten Kenndaten:

- *Resonanzfrequenz* ω_r,
- *Amplitudenüberhöhung* $A_{W max}$ dB,
- *Bandbreite* ω_b,
- *Phasenwinkel* $\varphi_b = \varphi(\omega_b)$.

Diese Kenndaten gehen anschaulich aus Bild 8.3.1 hervor. Für die weiteren Überlegungen wird die Annahme gemacht, daß der geschlossene Regelkreis näherungsweise durch ein PT_2S-Glied mit der Übertragungsfunktion

$$G_W(s) = \frac{G_0(s)}{1 + G_0(s)} = \frac{\omega_0^2}{s^2 + 2D\omega_0 s + \omega_0^2} \quad (8.3.1)$$

nach Gl. (4.3.48) mit $K = 1$ beschrieben werden kann, wobei die *Eigenfrequenz* ω_0 und der *Dämpfungsgrad* D das Regelverhalten vollständig charakterisieren. Dies ist sicherlich dann mit guter Näherung möglich, wenn die reale Führungsübertragungsfunktion ein *dominierendes Polpaar* gemäß Bild 8.3.2 besitzt.

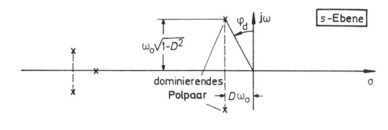

Bild 8.3.2. Polstellenverteilung eines Übertragungsgliedes mit dominierendem Polpaar

Dieses Polpaar liegt in der s-Ebene der $j\omega$-Achse am nächsten, beschreibt somit die langsamste Eigenbewegung und beeinflußt damit das dynamische Eigenverhalten des Systems am stärksten, sofern die übrigen Pole hinreichend weit links davon liegen.

Die zur Gl. (8.3.1) gehörende Übergangsfunktion

$$h_W(t) = \left\{1 - e^{-D\omega_0 t}\left[\cos(\sqrt{1-D^2}\omega_0 t) + \frac{D}{\sqrt{1-D^2}} \sin(\sqrt{1-D^2}\omega_0 t)\right]\right\}\sigma(t) \quad (8.3.2a)$$

nach Gl. (4.3.60) wird zweckmäßigerweise in die Form

$$h_W(t) = \left\{1 - \frac{e^{-D\omega_0 t}}{\sqrt{1-D^2}} \cos\left[(\sqrt{1-D^2}\omega_0 t) - \varphi_d\right]\right\}\sigma(t) \quad (8.3.2b)$$

gebracht, wobei für

$$\varphi_d = \arcsin D \quad \text{oder} \quad D = \sin \varphi_d$$

gilt. Aus Gl. (8.3.2b) folgt durch Differentiation die Gewichtsfunktion

$$g_W(t) = \dot{h}_W(t) = \frac{\omega_0}{\sqrt{1-D^2}} e^{-D\omega_0 t} \sin(\sqrt{1-D^2}\omega_0 t) \, \sigma(t) \; . \tag{8.3.3}$$

Damit sind nun die Voraussetzungen geschaffen, um die Überschwingweite, Anstiegszeit und Ausregelzeit in Abhängigkeit von den Kenndaten des Frequenzbereichs, z. B. der Eigenfrequenz ω_0 und dem Dämpfungsgrad D, zu bestimmen. Mit ω_0 und D können die interessierenden Größen $A_{W\max \, dB}$ und ω_r dann direkt über die Gln. (4.3.53) und (4.3.54) ermittelt werden.

a) *Berechnung der maximalen Überschwingweite $e_{\max}$:*

Zur Berechnung von $e_{\max}$ wird zunächst der Zeitpunkt $t = t_{\max} > 0$ bestimmt, bei dem $\dot{h}_W(t)$ gemäß Gl. (8.3.3) erstmalig Null wird. Dies ist offensichtlich dann der Fall, wenn für das Argument der sin-Funktion in Gl. (8.3.3)

$$\sqrt{1-D^2} \, \omega_0 t = \pi$$

gilt. Für $t = t_{\max}$ erhält man daraus

$$t_{\max} = \frac{\pi}{\omega_0 \sqrt{1-D^2}} \; . \tag{8.3.4}$$

Damit folgt aus Gl. (8.3.2) als maximale Überschwingweite

$$e_{\max} = h_W(t_{\max}) - 1 = e^{-\frac{D\pi}{\sqrt{1-D^2}}} = f_1(D) \; . \tag{8.3.5}$$

Die maximale Überschwingweite ist somit nur eine Funktion des Dämpfungsgrades D. Diese Abhängigkeit ist im Bild 8.3.3 dargestellt.

b) *Berechnung der Anstiegszeit $T_{a,50}$:*

Die Anstiegszeit wird nachfolgend nicht über die Wendetangente, sondern über die Tangente im Zeitpunkt $t = t_{50}$ (vgl. Bild 8.2.1) bestimmt, bei dem $h_W(t)$ gerade 50% des stationären Wertes $h_{W\infty} = 1$ erreicht hat. Zu ermitteln ist also zunächst die Zeit t_{50}, für die mit Gl. (8.3.2) $h_W(t_{50}) = 0{,}5$ gilt. Aus Gl. (8.3.2a) folgt somit

$$0{,}5 = 1 - e^{-D\omega_0 t_{50}} \left[\cos(\sqrt{1-D^2}\omega_0 t_{50}) + \frac{D}{\sqrt{1-D^2}} \sin(\sqrt{1-D^2}\omega_0 t_{50})\right] \; .$$

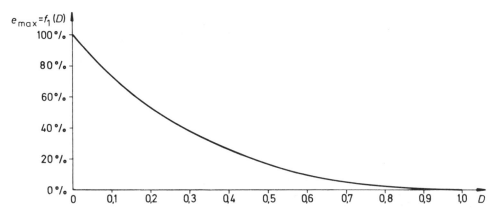

Bild 8.3.3. Maximale Überschwingweite $e_{max} = f_1(D)$ (in %) bezogen auf $h_{W\infty} = 100\%$ als Funktion des Dämpfungsgrades D

Diese Bestimmungsgleichung für das Produkt $\omega_0 t_{50}$ muß nun numerisch ausgewertet werden. Man erhält eine Abhängigkeit der Form

$$\omega_0 t_{50} = f_2^*(D) . \tag{8.3.6}$$

Aus Gl. (8.3.3) folgt als Anstiegszeit

$$T_{a,50} = \frac{1}{\dot{h}_W(t_{50})} = \frac{\sqrt{1-D^2}}{\omega_0 e^{-D\omega_0 t_{50}} \sin(\sqrt{1-D^2}\,\omega_0 t_{50})} ,$$

und daraus ergibt sich mit Gl. (8.3.6) schließlich

$$\omega_0 T_{a,50} = \frac{\sqrt{1-D^2}}{e^{-Df_2^*(D)} \sin(\sqrt{1-D^2}\, f_2^*(D))} = f_2(D) , \tag{8.3.7}$$

also ebenfalls eine nur vom Dämpfungsgrad D abhängige Größe. Dieser Zusammenhang ist in Bild 8.3.4 graphisch dargestellt.

c) *Bestimmung der Ausregelzeit t_ε:*

Mit Gl. (8.3.2b) läßt sich die Amplitudenabnahme auf einen Wert kleiner als ε für $t \geq t_\varepsilon$ aus der Hüllkurve des Schwingungsverlaufs, also aus der Beziehung

$$\frac{e^{-D\omega_0 t_\varepsilon}}{\sqrt{1-D^2}} \approx \varepsilon$$

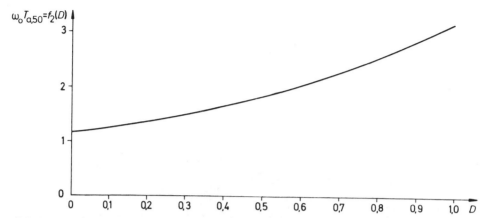

Bild 8.3.4. Das Produkt $\omega_0 T_{a,50} = f_2(D)$ (normierte Anstiegszeit) als Funktion des Dämpfungsgrades D

angenähert abschätzen. Daraus folgt

$$\omega_0 t_\varepsilon \approx \frac{1}{D} \ln \frac{1}{\varepsilon} \frac{1}{\sqrt{1-D^2}} . \tag{8.3.8}$$

Wählt man $\varepsilon = 3\%$ ($\hat{=}$ 0,03), dann erhält man

$$\omega_0 t_{3\%} \approx \frac{1}{D} [3,5 - 0,5 \ln (1-D^2)] = f_3(D) . \tag{8.3.9}$$

Dieser Zusammenhang ist im Bild 8.3.5 dargestellt.

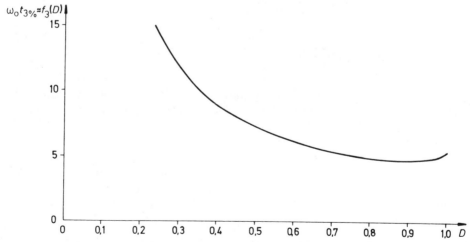

Bild 8.3.5. Das Produkt $\omega_0 t_{3\%} \approx f_3(D)$ (normierte Ausregelzeit) als Funktion des Dämpfungsgrades D

Vergleicht man nun die in den Bildern 8.3.3 bis 8.3.5 dargestellten Ergebnisse miteinander, so läßt sich zusammenfassend folgendes feststellen:

- Die Überschwingweite e_{max} hängt nur vom Dämpfungsgrad D ab.

- Eine Veränderung des Dämpfungsgrades D im Bereich von etwa $D < 0,9$ wirkt auf die Ausregelzeit t_ε gerade entgegengesetzt wie auf die Anstiegszeit $T_{a,50}$, d. h. eine Vergrößerung des Dämpfungsgrades D zur Erreichung kleinerer Ausregelzeiten t_ε hat eine Vergrößerung der Anstiegszeit $T_{a,50}$ zur Folge.

- Ist der Dämpfungsgrad D fest vorgegeben, so bestimmt der Parameter ω_0 die Geschwindigkeit des Regelkreises. Ein großes ω_0 hat eine kleine Ausregelzeit und eine kleine Anstiegszeit zur Folge.

Für die praktische Anwendung der Diagramme gemäß den Bildern 8.3.3 bis 8.3.5 sei nachfolgend noch ein Beispiel angegeben.

Beispiel 8.3.1:

Die Führungsübergangsfunktion $h_w(t)$ eines geschlossenen Regelkreises mit dominierendem Polpaar soll eine maximale Überschwingweite $e_{max} \leq 10\%$, eine Anstiegszeit $T_{a,50} \leq 1s$ und eine Ausregelzeit $t_{3\%} \leq 4s$ besitzen. Wie müssen der Dämpfungsgrad D und die Eigenfrequenz ω_0 gewählt werden?

Mit dem gegebenen Wert von e_{max} erhält man aus Bild 8.3.3 als Dämpfungsgrad

$$D = 0,58 .$$

Für diesen D-Wert folgt aus Bild 8.3.4 mit $T_{a,50} = 1s$ die Eigenfrequenz

$$\omega_0 = \frac{f_2(0,58)}{1s} = 2,05 \text{ s}^{-1} .$$

Entsprechend würde man aus Bild 8.3.5 mit $t_{3\%} = 4s$ als Eigenfrequenz

$$\omega_0 = \frac{f_3(0,58)}{4s} = 1,6 \text{ s}^{-1}$$

erhalten. Die Forderung nach einer Anstiegszeit von $T_{a,50} = 1s$ stellt somit die schärfere Forderung dar, so daß $\omega_0 = 2,05 s^{-1}$ zu wählen ist. Mit diesem Wertepaar (ω_0, D) können nun über Gl. (4.3.53) die Resonanzfrequenz zu

$$\omega_r = \omega_0 \sqrt{1-2D^2} = 1{,}17 \text{ s}^{-1}$$

und über Gl. (4.3.54) die Amplitudenüberhöhung zu

$$A_{W\max} = \frac{1}{2D\sqrt{1-D^2}} = 1{,}06$$

bzw.

$$A_{W\max \text{ dB}} = 0{,}49 \text{ dB}$$

bestimmt werden. ∎

Zur Abschätzung der Bandbreite ω_b bei vorgegebenem Dämpfungsgrad D wird häufig auch der Zusammenhang dieser beiden Größen benötigt. Aufgrund der im Bild 4.3.18 dargestellten Definition der Bandbreite ω_b folgt aus

$$\left| G_W(j\omega_b) \right| = \frac{1}{\sqrt{2}} \left| G_W(0) \right|$$

nach kurzer Zwischenrechnung mit Gl. (8.3.1) für $s = j\omega$ und $\omega = \omega_b$

und

$$\frac{\omega_b}{\omega_0} = \sqrt{(1-2D^2) + \sqrt{(1-2D^2)^2 + 1}} = f_4(D) \qquad (8.3.10)$$

$$\varphi_b = \arctan \frac{2D\sqrt{(1-2D^2)+\sqrt{(1-2D^2)^2+1}}}{2D^2 - \sqrt{(1-2D^2)^2+1}} = f_5(D) . \qquad (8.3.11)$$

Weiterhin erhält man mit Gl. (8.3.7) aus Gl. (8.3.10)

$$\omega_b T_{a,50} = f_2(D) f_4(D) = f_6(D) . \qquad (8.3.12)$$

Der graphische Verlauf der Funktionen $f_4(D)$, $f_5(D)$ und $f_6(D)$ ist im Bild 8.3.6 dargestellt.

Durch Approximation von $f_4(D)$, $f_5(D)$ und $f_6(D)$ lassen sich dann folgende Faustformeln ableiten:

1. $\dfrac{\omega_b}{\omega_0} \approx 1{,}8 - 1{,}1D$ für $0{,}3 < D < 0{,}8$, (8.3.13)

2. $|\varphi_b| \approx \pi - 2{,}23D$ für $0 \leqslant D \leqslant 1{,}0$, (8.3.14)
   (φ_b im Bogenmaß)

3. $\omega_b T_{a,50} \approx 2{,}3$ für $0{,}3 < D < 0{,}8$. (8.3.15)

Mit diesen Beziehungen kann für das zuvor behandelte Beispiel 8.3.1 mit $\omega_0 = 2{,}05\,\text{s}^{-1}$ und $D = 0{,}58$ auch noch die Bandbreite ω_b entweder aus Gl. (8.3.13) zu

$$\omega_b \approx 2(1{,}8 - 1{,}1 \cdot 0.58) = 2{,}32\ \text{s}^{-1}$$

oder mit $T_{a,50} = 1\text{s}$ aus Gl. (8.3.15) zu

$$\omega_b \approx 2{,}3\ \text{s}^{-1}$$

ermittelt werden.

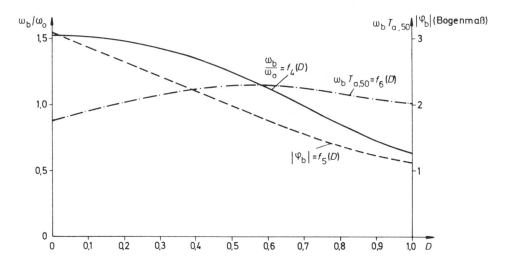

Bild 8.3.6. Abhängigkeit der Kenngrößen $\omega_b/\omega_0 = f_4(D)$, $\varphi_b = f_5(D)$ und $\omega_b T_{a,50} = f_6(D)$ vom Dämpfungsgrad D des geschlossenen Regelkreises mit PT_2S-Verhalten

8.3.1.2 Die Kenndaten des offenen Regelkreises und ihr Zusammenhang mit den Gütemaßen des geschlossenen Regelkreises im Zeitbereich

Bei den nachfolgenden Betrachtungen wird davon ausgegangen, daß der offene Regelkreis Verzögerungsverhalten besitzt und somit qualitativ ein Bode-Diagramm gemäß Bild 8.3.7 aufweist. Zur Beschreibung dieses Frequenzganges $G_0(j\omega)$ werden folgende, bereits in den Gln. (6.4.15) und (6.4.16) eingeführte und im Bild 8.3.7 dargestellte Kenndaten verwendet:

- *Durchtrittsfrequenz* ω_D,
- *Phasenrand* (oder Phasenreserve) $\varphi_R = 180° + \varphi(\omega_D)$
- *Amplitudenrand* (oder Amplitudenreserve) $A_{R\,dB} = |G_0(\omega_S)|_{dB}$.

Es sei wiederum angenommen, daß das dynamische Verhalten des geschlossenen Regelkreises angenähert durch ein dominierendes konjugiert

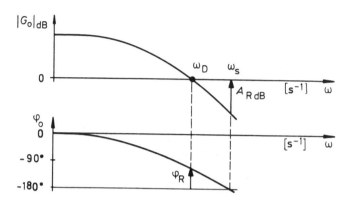

Bild 8.3.7. Bode-Diagramm des offenen Regelkreises

komplexes Polpaar charakterisiert werden kann und somit durch Gl. (8.3.1) beschrieben wird. In diesem Fall folgt aus Gl. (8.3.1) als Übertragungsfunktion des offenen Regelkreises

$$G_0(s) = \frac{G_W(s)}{1 - G_W(s)} = \frac{\omega_0^2}{s(s+2D\omega_0)} \tag{8.3.16a}$$

oder

$$G_0(s) = \frac{K_0}{s} \frac{1}{1 + Ts} \tag{8.3.16b}$$

mit $K_0 = \omega_0/(2D)$ und $T = 1/(2D\omega_0)$. Der zu Gl. (8.3.16) gehörende Frequenzgang ist als Bode-Diagramm im Bild 8.3.8 skizziert. Dieses Bode-Diagramm weicht wesentlich von dem im Bild 8.3.7 dargestellten ab. So besitzt das System nach Bild 8.3.7 keinen I-Anteil. Weiterhin ist es von höherer als zweiter Ordnung, da die Phasenkennlinie den Wert von $-180°$ überschreitet. In der Nähe der Durchtrittsfrequenz ω_D weisen allerdings beide Bode-Diagramme einen ähnlichen Verlauf auf. Ist bei einem vorgegebenen System $|G_0(j\omega)| \gg 1$ für $\omega \ll \omega_D$ und gilt angenähert $|G_0(j\omega)| \approx 0$ für $\omega \gg \omega_D$, dann läßt sich $G_0(s)$ in der Nähe der Durchtrittsfrequenz ω_D durch Gl. (8.3.16a, b) approximieren. Damit erhält die zugehörige Führungsübertragungsfunktion $G_W(s)$ ein dominierendes, konjugiert komplexes Polpaar. Um die für ein System 2. Ordnung hergeleiteten Gütespezifikationen auch auf Regelsysteme höherer Ordnung übertragen zu können, sollte man daher beim Entwurf anstreben, daß deren Betragskennlinien $|G_0(j\omega)|$ in der Nähe von ω_D mit etwa 20 dB/Dekade abfallen. Für Gl. (8.3.16b) ist dies nur erfüllt,

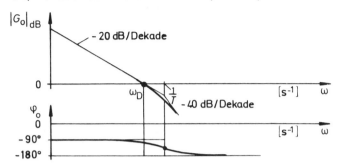

Bild 8.3.8. Bode-Diagramm des offenen Regelkreises mit $G_0(s)$ gemäß Gl. (8.3.16b)

wenn $\omega_D < 1/T$ gilt (vgl. Bild 8.3.8). Aus Gl. (8.3.16a) erhält man mit der Bedingung

$$|G_0(j\omega_D)| = 1$$

nach kurzer Zwischenrechnung

$$\frac{\omega_D}{\omega_0} = \sqrt{\sqrt{4D^4+1} - 2D^2} = f_7(D) \,. \tag{8.3.17}$$

Damit folgt nun mit $T = 1/(2D\omega_0)$ für $\omega_D < 1/T$ aus

$$\sqrt{\sqrt{4D^4+1} - 2D^2} < 2D$$

schließlich die Bedingung $D > 0,42$.

Wählt man also als Dämpfungsgrad einen Wert $D > 0,42$, dann ist gewährleistet, daß die Betragskennlinie $|G_0|_{dB}$ des offenen Regelkreises in der Umgebung der Durchtrittsfrequenz ω_D mit 20 dB/Dekade abfällt. Außerdem zeigt Bild 8.3.9, daß für den geschlossenen Regelkreis gerade das Intervall $0,5 < D < 0,7$ einen Bereich günstiger Dämpfungswerte darstellt, da hierbei sowohl die Anstiegszeit, als auch die maximale Überschwingweite vom Standpunkt der Regelgüte aus akzeptable Werte annehmen. Dies bedeutet aber andererseits, daß dann auch Phasen- und Amplitudenrand φ_R und A_{RdB} günstige Werte besitzen.

Aus diesen Überlegungen kann daher geschlossen werden, daß bei Regelkreisen mit Minimalphasenverhalten, die angenähert durch ein

PT$_2$S-System beschrieben werden können, der Amplitudengang $|G_0(j\omega)|_{dB}$ des offenen Systems in einer genügend großen Umgebung der Durchtrittsfrequenz ω_D mit 20 dB/Dekade abnehmen muß, um eine hohe Regelgüte, d. h. einen hinreichend großen Phasenrand φ_R zu gewährleisten.

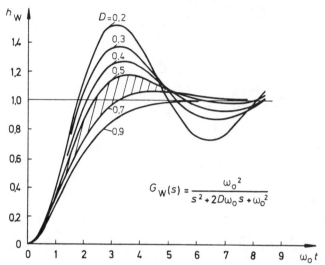

Bild 8.3.9. Übergangsfunktion $h_W(t)$ des geschlossenen Regelkreises mit PT$_2$S-Verhalten gemäß der Übertragungsfunktion $G_W(s)$ nach Gl. (8.3.1)

Wie im Abschnitt 6.4.2 bereits erwähnt wurde, stellt die Durchtrittsfrequenz ω_D ein wichtiges Gütemaß für das dynamische Verhalten des geschlossenen Regelkreises dar. Je größer ω_D, desto größer ist gewöhnlich die Bandbreite ω_b von $G_W(j\omega)$ und desto schneller ist auch die Reaktion auf Sollwertänderungen. Nun gilt näherungsweise für den Frequenzgang bei Führungsverhalten

$$G_W(j\omega) = \frac{G_0(j\omega)}{1 + G_0(j\omega)} \approx \begin{cases} 1 & \text{für } |G_0(j\omega)| \gg 1 \\ G_0(j\omega) & \text{für } |G_0(j\omega)| \ll 1 \end{cases} \quad (8.3.18)$$

Daraus läßt sich der Amplitudengang von $G_W(j\omega)$ asymptotisch bestimmen (Bild 8.3.10). Nimmt $|G_0(j\omega)|_{dB}$ in der Umgebung von ω_D mit dem oben geforderten Wert von 20 dB/Dekade ab, dann gilt in diesem Bereich

$$G_0(j\omega) \approx \frac{\omega_D}{j\omega}$$

und somit wird

$$G_W(j\omega) \approx \frac{1}{1 + j\dfrac{\omega}{\omega_D}}.$$

$G_W(j\omega)$ verhält sich also in diesem Bereich wie ein PT_1-Glied. Da bei einem PT_1-Glied der Amplitudengang bekanntlich bei der Eckfrequenz (hier $\omega_e = \omega_D$) um 3dB abgefallen ist, stellt die Durchtrittsfrequenz ω_D des offenen Regelkreises gerade den Wert für die Bandbreite ω_b des geschlossenen Regelkreises dar, d. h. $\omega_D = \omega_b$. Damit läßt sich für Phasenminimumsysteme der Frequenzgang von $G_W(j\omega)$ stückweise aus $G_0(j\omega)$ gemäß Bild 8.3.10 ermitteln. Dabei sollte zur Erfüllung der

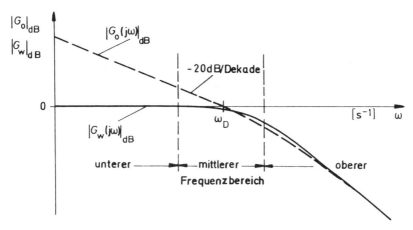

Bild 8.3.10. Stückweise Ermittlung von $|G_W(j\omega)|_{dB}$ aus $|G_0(j\omega)|_{dB}$ im Bode-Diagramm

Gl. (8.3.18) im *unteren Frequenzbereich* der Wert $|G_0(j\omega)|$ und damit auch die Kreisverstärkung K_0 groß sein, um die bleibende Regelabweichung möglichst klein zu halten. Dieser untere Frequenzbereich von $|G_0(j\omega)|$ kennzeichnet gerade das stationäre Verhalten des geschlossenen Regelkreises, während der *mittlere Frequenzbereich* im wesentlichen den Einschwingvorgang und damit die Dämpfung charakterisiert. Um die Auswirkung eventuell nicht unterdrückbarer hochfrequenter Störungen bei der Führungsgröße $w(t)$ im Regelkreis zu vermeiden, muß $|G_0(j\omega)|$ und damit auch $|G_W(j\omega)|$ im *oberen Frequenzbereich* rasch abfallen.

Mit diesen Betrachtungen ist man nun in der Lage, neben der Gl. (8.3.17) noch weitere wichtige Zusammenhänge zwischen den Kenndaten für das Zeitverhalten des geschlossenen Regelkreises und den Kenndaten für das Frequenzverhalten des offenen und damit teilweise auch des geschlossenen Regelkreises anzugeben. So folgt aus Gl. (8.3.17) unter Verwendung von Gl. (8.3.7) direkt

$$\omega_D T_{a,50} = f_2(D)\, f_7(D) = f_8(D) \ . \tag{8.3.19}$$

Der graphische Verlauf von $f_8(D)$ ist im Bild 8.3.11 dargestellt. Es läßt sich leicht nachprüfen, daß dieser Kurvenverlauf in guter Näherung im

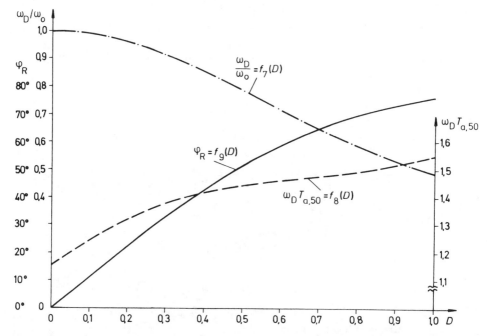

Bild 8.3.11. Abhängigkeit der Kenndaten für das Frequenzverhalten des offenen Regelkreises, ω_D und φ_R, vom Dämpfungsgrad D des geschlossenen Regelkreises mit PT_2S-Verhalten

Bereich $0 < D < 1$ durch die Näherungsformel

$$\omega_D T_{a,50} \approx 1{,}5 - \frac{e_{max}[\%]}{250} \tag{8.3.20a}$$

oder

$$\omega_D T_{a,50} \approx 1{,}5 \quad \text{für} \quad e_{max} \leq 20\% \quad \text{oder} \quad D > 0{,}5 \tag{8.3.20b}$$

beschrieben werden kann. Ein weiterer Zusammenhang ergibt sich aus der Durchtrittsfrequenz ω_D für den Phasenrand

$$\varphi_R = 180° + \arg G_0(j\omega_D)$$

$$= 180° - 90° - \arctan\left(\frac{1}{2D}\frac{\omega_D}{\omega_0}\right),$$

woraus nach kurzer Umformung schließlich

$$\varphi_R = \arctan\left(2D\frac{\omega_0}{\omega_D}\right) = \arctan\left[2D\frac{1}{f_7(D)}\right] = f_9(D) \quad (8.3.21)$$

folgt. Bild 8.3.11 enthält auch den graphischen Verlauf dieser Funktion. Man kann auch hier durch Überlagerung von $f_9(D)$ mit $f_1(D)$ zeigen, daß im Bereich $0{,}3 \leqslant D \leqslant 0{,}8$, also für die hauptsächlich interessierenden Werte des Dämpfungsgrades, die Näherungsformel

$$\varphi_R[°] + e_{max}[\%] \approx 70 \quad (8.3.22)$$

gilt.

8.3.2. Reglersynthese nach dem Frequenzkennlinien-Verfahren

8.3.2.1 Der Grundgedanke

Die im vorhergehenden Abschnitt hergeleiteten Beziehungen $f_i(D)$ ($i = 1,2,...,9$) für einen Regelkreis, dessen Führungsverhalten durch ein PT_2S-Glied beschrieben wird, lassen sich, wie gezeigt wurde, auch auf Systeme höherer Ordnung übertragen, sofern diese ein dominierendes Polpaar besitzen. Für diese Klasse von Systemen existiert ein leistungsfähiges Syntheseverfahren im Frequenzbereich, das *Frequenzkennlinien-Verfahren*, welches nachfolgend näher behandelt wird.

Ausgangspunkt dieses Verfahrens ist die Darstellung des Frequenzganges $G_0(j\omega)$ des offenen Regelkreises im Bode-Diagramm. Die zu erfüllenden Spezifikationen des geschlossenen Regelkreises werden zunächst gemäß Abschnitt 8.3.1.2 als Kenndaten des offenen Regelkreises formuliert. Die eigentliche Syntheseaufgabe besteht dann darin, durch Wahl einer geeigneten Reglerübertragungsfunktion $G_R(s)$ den Frequenzgang des offenen Regelkreises so zu verändern, daß er die geforderten Kenndaten erfüllt. Das Verfahren läuft im wesentlichen in folgenden Schritten ab:

1. Schritt: Im allgemeinen sind bei einer Syntheseaufgabe die Kenndaten für das Zeitverhalten des geschlossenen Regelkreises, also

e_{max}, $T_{a,50}$ und e_∞ vorgegeben. Aufgrund dieser Werte werden mit Hilfe von Tabelle 5.2.1 der Verstärkungsfaktor K_0, aus der Faustformel für $\omega_D T_{a,50} \approx 1{,}5$ gemäß Gl. (8.3.20b) die Durchtrittsfrequenz ω_D und über die Faustformel $\varphi_R [°] \approx 70 - e_{max}[\%]$ der Phasenrand φ_R berechnet, sowie zweckmäßigerweise aus $f_1(D)$ der Dämpfungsgrad D bestimmt.

2. Schritt: Zunächst wird als Regler ein reines P-Glied gewählt, so daß der im 1. Schritt ermittelte Wert von K_0 eingehalten wird. Durch Einfügen weiterer, geeigneter Reglerübertragungsglieder (oft auch als *Kompensations-* oder *Korrekturglieder* bezeichnet) verändert man G_0 so, daß man die übrigen im 1. Schritt ermittelten Werte ω_D und φ_R erhält, und dabei in der näheren Umgebung der Durchtrittsfrequenz ω_D der Amplitudenverlauf $|G_0(j\omega)|_{dB}$ mit etwa 20 dB/Dekade abfällt. Diese zusätzlichen Übertragungsglieder des Reglers werden meist in *Reihenschaltung* mit den übrigen Regelkreisgliedern angeordnet.

3. Schritt: Es muß nun geprüft werden, ob das ermittelte Ergebnis tatsächlich den geforderten Spezifikationen entspricht. Dies kann entweder durch Rechnersimulation direkt anhand der Ermittlung der Größen von e_{max}, $T_{a,50}$ und e_∞ erfolgen oder indirekt unter Verwendung der im Abschnitt 8.3.1 angegebenen Formeln zur Berechnung der Amplitudenüberhöhung $A_{Wmax} = 1/(2D\sqrt{1-D^2})$, Gl. (4.3.54), und der Bandbreite $\omega_b \approx 2{,}3/T_{a,50}$, Gl. (8.3.15). Diese Werte werden eventuell noch überprüft, indem man anhand der Frequenzkennlinien des offenen Regelkreises über die Beziehung

$$G_W(j\omega) = \frac{G_0(j\omega)}{1 + G_0(j\omega)}$$

die Frequenzkennlinien des geschlossenen Regelkreises berechnet. Zweckmäßigerweise benutzt man - sofern kein Digitalrechner zur Verfügung steht - dafür das Nichols-Diagramm, auf das später noch eingegangen wird. Stellen sich dabei größere Abweichungen von den aufgrund der Näherungsbeziehungen ermittelten Werten von A_{Wmax} und ω_b ein, dann muß Schritt 2 in modifizierter Form wiederholt werden.

Hieraus ist ersichtlich, daß dieses Verfahren nicht zwangsläufig im "ersten Durchgang" bereits den geeigneten Regler liefert. Es handelt sich hierbei vielmehr um ein systematisches Probierverfahren, das gewöhnlich erst bei mehrmaligem Wiederholen zu einem befriedigenden Ergebnis führt. Dieses Vorgehen wurde bereits im Bild 8.2.8 angedeutet.

Zum Entwurf des Reglers reichen bei diesem Verfahren die früher im Kapitel 5 vorgestellten Standardreglertypen gewöhnlich nicht mehr aus. Der Regler muß - wie oben bei Schritt 2 gezeigt wurde - aus meist verschiedenen Einzelübertragungsgliedern synthetisiert werden. Dabei sind zwei spezielle Übertragungsglieder, die eine Phasenanhebung bzw. eine Phasenabsenkung ermöglichen, von besonderem Interesse. Diese werden nachfolgend vorgestellt.

8.3.2.2 Phasenkorrekturglieder

a) Das phasenanhebende Übertragungsglied (Lead-Glied)

Das phasenanhebende Glied wird verwendet, um in einem gewissen Frequenzbereich die Phasenkennlinie anzuheben. Die Übertragungsfunktion dieses Gliedes lautet

$$G_R(s) = \frac{1 + Ts}{1 + \alpha Ts} = \frac{1 + \frac{s}{1/T}}{1 + \frac{s}{1/(\alpha T)}} , \quad 0 < \alpha < 1 . \quad (8.3.23)$$

Daraus ergibt sich für $s = j\omega$ der Frequenzgang

$$G_R(j\omega) = \frac{1 + j\frac{\omega}{\omega_Z}}{1 + j\frac{\omega}{\omega_N}} \quad (8.3.24)$$

mit den beiden Eckfrequenzen

$$\omega_Z = \frac{1}{T} \quad \text{und} \quad \omega_N = \frac{1}{\alpha T} . \quad (8.3.25a,b)$$

Als weitere Kenngröße wird noch das Frequenzverhältnis

$$m_h = \frac{\omega_N}{\omega_Z} = \frac{1}{\alpha} > 1 \quad (8.3.26)$$

eingeführt.

Aus Gl. (8.3.23) folgt für die Ortskurvendarstellung des Frequenzganges

$$\begin{aligned}G_R(j\omega) &= A(\omega)\,e^{j\varphi(\omega)} \\ &= \sqrt{\frac{1 + T^2\omega^2}{1 + \alpha^2 T^2 \omega^2}}\, e^{j(\arctan T\omega - \arctan \alpha T\omega)} .\end{aligned} \quad (8.3.27)$$

Der graphische Verlauf der Ortskurve ist im Bild 8.3.12 dargestellt. Wie sich leicht nachprüfen läßt, beschreibt die Ortskurve einen Halbkreis.

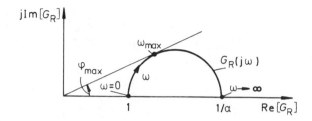

Bild 8.3.12. Ortskurve des phasenanhebenden Übertragungsgliedes

Die maximale Anhebung des Phasenwinkels

$$\varphi(\omega) = \arctan T\omega - \arctan \alpha T\omega$$

erhält man aus der Bedingung $d\varphi(\omega)/d\omega = 0$ für

$$\omega_{max} = \sqrt{\omega_Z \omega_N} = \omega_N \frac{1}{\sqrt{m_h}} = \omega_Z \sqrt{m_h} = \frac{1}{T} \sqrt{m_h}. \qquad (8.3.28)$$

Wie das im Bild 8.3.13 dargestellte Bode-Diagramm zeigt, besitzt das phasenanhebende Glied für hohe Frequenzen eine an sich unerwünschte Erhöhung der Betragskennlinie (Amplitudenerhöhung) um den Faktor $1/\alpha$.

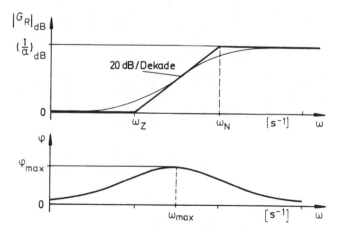

Bild 8.3.13. Bode-Diagramm des phasenanhebenden Übertragungsgliedes

Spaltet man Gl. (8.3.23) auf in die Form

$$G_R(s) = \frac{1 + \alpha Ts}{1 + \alpha Ts} + \frac{(1-\alpha)Ts}{1 + \alpha Ts}$$

$$= 1 + \left(\frac{1}{\alpha} - 1\right) \frac{\alpha Ts}{1 + \alpha Ts} \; , \tag{8.3.29}$$

so erkennt man, daß das phasenanhebende Glied aus der Parallelschaltung eines P-Gliedes mit dem Verstärkungsfaktor 1 und eines DT_1-Gliedes besteht und damit einen speziellen PDT_1-Regler (vgl. Gl. (5.3.9)) darstellt. Als Übergangsfunktion erhält man somit

$$h_R(t) = \sigma(t) \left[1 + \left(\frac{1}{\alpha} - 1\right) e^{-\frac{t}{\alpha T}}\right] . \tag{8.3.30}$$

Den graphischen Verlauf von $h_R(t)$ zeigt Bild 8.3.14.

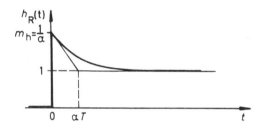

Bild 8.3.14. Übergangsfunktion des phasenanhebenden Übertragungsgliedes

Für die praktische Anwendung des phasenanhebenden Übertragungsgliedes verwendet man das im Bild 8.3.15 dargestellte Phasendiagramm für die auf ω_Z normierte Frequenz. Ist die Frequenz ω_{max}, bei der die maximale Phasenanhebung φ_{max} erfolgen soll, bekannt, so kann aus diesem Diagramm die Größe des Frequenzverhältnisses m_h bestimmt werden. Die untere Eckfrequenz ω_Z kann ebenfalls aus dem Diagramm abgelesen oder mit Gl. (8.3.28) bestimmt werden.

Beispiel 8.3.2:

Die Phasenkennlinie eines Übertragungsgliedes soll bei $\omega = \omega_{max} = 4 s^{-1}$ um $\Delta\varphi = 30°$ angehoben werden. Das Maximum der Phasenanhebung von $\Delta\varphi = 30°$ ergibt sich nach Bild 8.3.15 für $\omega/\omega_Z \approx 1,7$ und $m_h = 3$. Damit folgt mit $\omega = \omega_{max} = 4 s^{-1}$ für die untere Eckfrequenz $\omega_Z \approx \omega_{max}/1,7$ oder aus Gl. (8.3.28) $\omega_Z = \omega_{max}/\sqrt{m_h} = 4/\sqrt{3} = 2,31 s^{-1}$ und mit Gl. (8.3.26) für die obere Eckfrequenz $\omega_N = m_h \omega_Z = 6,93 s^{-1}$.
∎

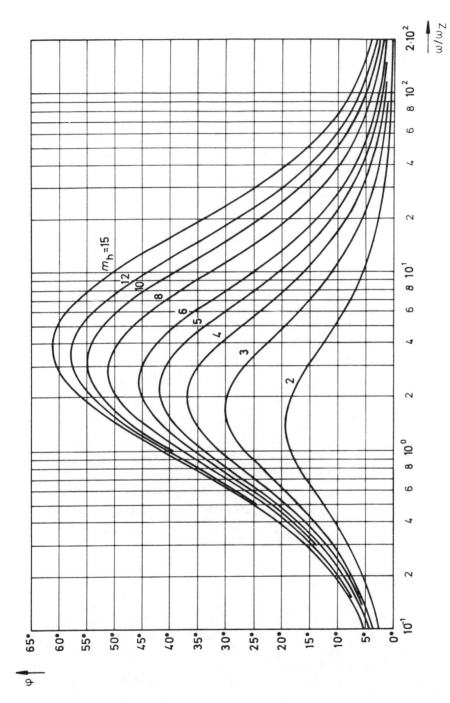

Bild 8.3.15. Phasendiagramm für das phasenanhebende Korrekturglied ω_Z = untere Eckfrequenz $m_h\omega_Z$ = obere Eckfrequenz

b) Das phasenabsenkende Übertragungsglied (Lag-Glied)

Das phasenabsenkende Übertragungsglied wird benutzt, um von einer bestimmten Frequenz an die Betragskennlinie abzusenken. Dabei tritt in einem gewissen Frequenzbereich eine an sich unerwünschte Absenkung der Phasenkennlinie auf. Die Übertragungsfunktion dieses Übertragungsgliedes lautet

$$G_R(s) = \frac{1 + Ts}{1 + \alpha Ts} = \frac{1 + \frac{s}{(1/T)}}{1 + \frac{s}{(1/\alpha T)}} \quad \text{mit } \alpha > 1 \ . \tag{8.3.31}$$

Daraus folgt mit $s = j\omega$ und den Eckfrequenzen $\omega_Z = \frac{1}{T}$ und $\omega_N = \frac{1}{\alpha T}$ der Frequenzgang

$$G_R(j\omega) = \frac{1 + j\frac{\omega}{\omega_Z}}{1 + j\frac{\omega}{\omega_N}} \ . \tag{8.3.32}$$

Auch hier wird wieder ein Frequenzverhältnis

$$m_s = \frac{\omega_Z}{\omega_N} = \alpha > 1 \tag{8.3.33}$$

eingeführt. Die sich für hohe Frequenzen ergebende Absenkung des Amplitudenganges beträgt

$$|\Delta G_R|_{dB} = -20 \lg \frac{1}{\alpha} = 20 \lg m_s \ . \tag{8.3.34}$$

Bild 8.3.16 zeigt die Ortskurve sowie das Bode-Diagramm des phasenabsenkenden Übertragungsgliedes. Die Umformung der Gl. (8.3.31) in die Darstellung

$$G_R(s) = \frac{1}{\alpha} + \frac{1 - \frac{1}{\alpha}}{1 + \alpha Ts} \tag{8.3.35}$$

zeigt, daß das phasenabsenkende Übertragungsglied die Parallelschaltung eines P-Gliedes mit dem Verstärkungsfaktor $1/\alpha$ und eines PT_1-Gliedes mit dem Verstärkungsfaktor $(1-1/\alpha)$ und der Zeitkonstanten αT darstellt. Die zu einem derartigen PPT_1-Glied gehörende Übergangsfunktion folgt aus Gl. (8.3.35) unmittelbar zu

$$h_R(t) = \sigma(t) \left[\frac{1}{\alpha} + \left(1 - \frac{1}{\alpha}\right) \left(1 - e^{-\frac{t}{\alpha T}}\right) \right] \ . \tag{8.3.36}$$

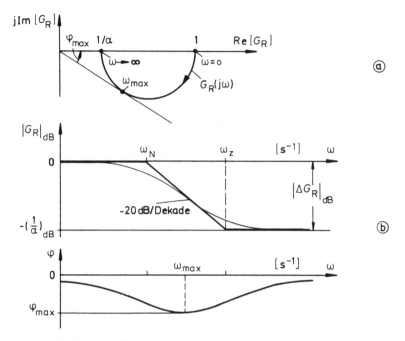

Bild 8.3.16. Ortskurve (a) und Bode-Diagramm (b) des phasenabsenkenden Übertragungsgliedes

Den graphischen Verlauf von $h_R(t)$ zeigt Bild 8.3.17. Man erkennt leicht, daß diese Beziehung mit Gl. (8.3.30) wieder identisch ist, nur daß im vorliegenden Fall $\alpha > 1$ gilt. Für das praktische Arbeiten mit diesem Übertragungsglied verwendet man zweckmäßigerweise ebenfalls ein Phasendiagramm, das prinzipiell zwar mit jenem in Bild 8.3.15 übereinstimmt, jedoch andere Parameter enthält und daher im Bild 8.3.18 nochmals gesondert dargestellt ist.

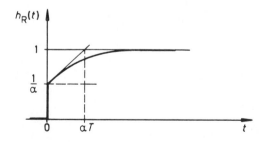

Bild 8.3.17. Übergangsfunktion des phasenabsenkenden Übertragungsgliedes

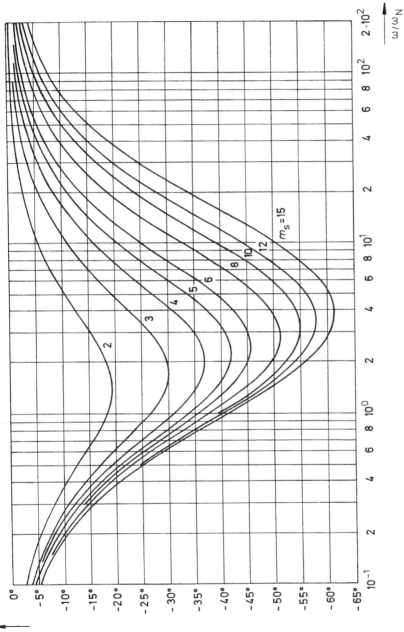

Bild 8.3.18. Phasendiagramm für das phasenabsenkende Korrekturglied ω_N = untere Eckfrequenz
$m_s\omega_N$ = obere Eckfrequenz

Beispiel 8.3.3:

Die Betragskennlinie $|G_0|_{dB}$ eines offenen Regelkreises soll bei $\omega = 10\text{s}^{-1}$ um 20 dB abgesenkt werden, wobei die sich einstellende Phasensenkung maximal $10°$ betragen soll. Aus Gl. (8.3.34) folgt

$$|\Delta G_R|_{dB} = 20 \text{ dB} = 20 \lg m_s \text{ und hieraus } m_s = 10 \ .$$

Mit $\varphi = -10°$ und $m_s = 10$ folgt aus dem Phasendiagramm

$$\frac{\omega}{\omega_N} \approx 50 \ , \text{ und mit } \omega = 10\text{s}^{-1}$$

ergibt sich für die beiden Eckfrequenzen

$$\omega_N = \frac{10}{50} \text{ s}^{-1} = 0,2\text{s}^{-1} \text{ und } \omega_Z = m_s \omega_N = 2\text{s}^{-1} \ . \qquad \blacksquare$$

8.3.2.3 Anwendung des Frequenzkennlinien-Verfahrens

Anhand eines Beispiels soll nachfolgend die Vorgehensweise bei der Reglersynthese mit Hilfe des Frequenzkennlinien-Verfahrens gezeigt werden.

Gegeben ist eine Regelstrecke (z. B. einschließlich Stellmotor mit I-Verhalten) mit der Übertragungsfunktion

$$G_S(s) = \frac{1}{s(1+s)(1+\frac{s}{3})} \ . \qquad (8.3.37)$$

Für die Führungsübergangsfunktion $h_W(t)$ des geschlossenen Regelkreises wird die Anstiegszeit

$$T_{a,50} = 0,7\text{s} \ , \qquad (8.3.38a)$$

sowie die maximale Überschwingweite

$$e_{max} = 25\% \qquad (8.3.38b)$$

gefordert. Außerdem soll für ein rampenförmiges Führungssignal

$$w(t) = w_1 \sigma(t) \, t$$

der geschlossene Regelkreis die bleibende Regelabweichung

$$e_\infty = \frac{1}{20} \quad (8.3.38c)$$

besitzen.

Das Entwurfsverfahren wird nun gemäß Abschnitt 8.3.2.1 in den folgenden Schritten vollzogen.

1. Schritt:

Man erhält aus der Bedingung nach Gl. (8.3.38a) mit Gl. (8.3.20) näherungsweise die Durchtrittsfrequenz

$$\omega_D \approx \frac{1}{T_{a,50}} (1,5 - \frac{e_{max}[\%]}{250}) = \frac{1}{0,7} (1,5 - 0,1) \approx 2 s^{-1} \quad (8.3.39a)$$

sowie aus Gl. (8.3.38b) mit Gl. (8.3.22) die Phasenreserve zu

$$\varphi_R[°] \approx 70 - e_{max}[\%] = 45 . \quad (8.3.39b)$$

Aus der Forderung gemäß Gl. (8.3.38c) erhält man bei einer rampenförmigen Führungsgröße mit Tabelle 5.2.1 (Fall $k = 1$) für $x_{e1} \equiv w_1 = 1$ als Kreisverstärkung

$$K_0 = K_R K_S = 20 . \quad (8.3.39c)$$

2. Schritt:

A) Man wähle als Regler zunächst ein reines P-Glied, $G_{R1}(s) = K_R$, mit der Verstärkung K_R, so daß Gl. (8.3.39c) erfüllt ist. Im vorliegenden Beispiel ist damit $K_R = 20$. Dann zeichnet man entsprechend den Bildern 8.3.19 und 8.3.20 das Bode-Diagramm des offenen Regelkreises mit der Übertragungsfunktion

$$G_{01}(s) = G_{R1}(s) G_S(s) = \frac{20}{s(1+s)(1+\frac{s}{3})} . \quad (8.3.40)$$

Um die in den Gln. (8.3.39a) und (8.3.39b) geforderten Kenndaten zu erhalten, muß

1. die Phase von $G_{01}(j\omega)$ bei $\omega = \omega_D$ um 53° erhöht werden, und
2. der Betrag von $G_{01}(j\omega)$ bei $\omega = \omega_D$ um 11 dB gesenkt werden.

B) Um die erste Forderung zu erfüllen, erweitert man das P-Glied des Reglers um ein phasenanhebendes Übertragungsglied, dessen Phasenkennlinie bei $\omega = \omega_D = 2\text{s}^{-1}$ ein Maximum von $(53° + 6°)$ besitzt. Es wird hier ein um $6°$ höherer Wert angestrebt, da sich im dritten Schritt durch die Verwendung eines phasenabsenkenden Übertragungsgliedes eine geringe (unbeabsichtigte, aber nicht vermeidbare) Phasenabsenkung ergeben wird.

Aus dem Phasendiagramm (Bild 8.3.15) entnimmt man für $\varphi_{max} = 59°$ das erforderliche Frequenzverhältnis von

$$m_h \approx 12 \; .$$

Damit erhält man für $\omega = \omega_{max} = \omega_D$ mit Gl. (8.3.28) oder ebenfalls aus Bild 8.3.15 als Eckfrequenzen

$$\omega_Z = \frac{\omega_D}{\sqrt{m_h}} \approx 0{,}6\,\text{s}^{-1}$$

und

$$\omega_N = \omega_Z \, m_h \approx 7{,}2\,\text{s}^{-1} \; .$$

Die Übertragungsfunktion des erweiterten Reglers lautet somit

$$G_{R2}(s) = 20 \, \frac{1 + \dfrac{s}{0{,}6}}{1 + \dfrac{s}{7{,}2}} \; . \tag{8.3.41}$$

Damit besitzt der offene Regelkreis die Übertragungsfunktion

$$G_{02}(s) = G_{R2}(s) \, G_S(s) = 20 \, \frac{1 + \dfrac{s}{0{,}6}}{s(1+s)\left(1+\dfrac{s}{3}\right)\left(1+\dfrac{s}{7{,}2}\right)} \; . \tag{8.3.42}$$

Die zugehörigen Frequenzkennlinien sind in den Bildern 8.3.19 und 8.3.20 eingetragen. Durch das hinzugekommene phasenanhebende Übertragungsglied hat sich (unbeabsichtigt) auch die Betragskennlinie von $G_{02}(s)$ geändert. Daher muß im folgenden Schritt für $\omega = \omega_D$ die Betragskennlinie statt um 11 dB nun um 22 dB gesenkt werden.

C) Um diese Betragssenkung zu erhalten, erweitert man den offenen Regelkreis nach Gl. (8.3.42) um ein phasenabsenkendes Übertragungsglied, so daß die gewünschte Betragssenkung bei $\omega = \omega_D = 2\text{s}^{-1}$ erreicht wird. Aus Gl. (8.3.34) folgt

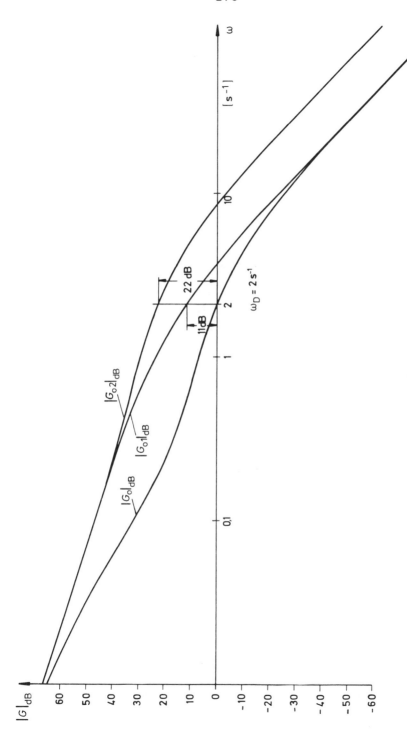

Bild 8.3.19. Die Betragskennlinien von $G_{01}(j\omega)$, $G_{02}(j\omega)$ und $G_0(j\omega)$

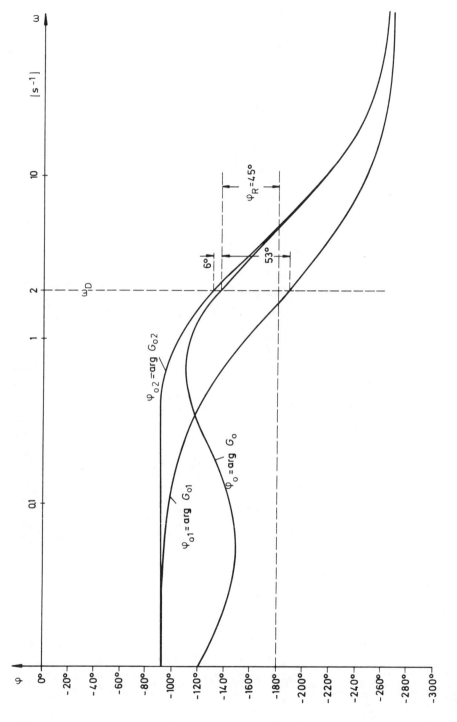

Bild 8.3.20. Die Phasenkennlinien von $G_{01}(j\omega)$, $G_{02}(j\omega)$ und $G_0(j\omega)$

20 lg m_s = 22 dB und daraus m_s = 12,6 .

Damit aber durch die Betragssenkung die Phase bei $\omega_D = 2s^{-1}$ nicht zu sehr beeinflußt wird, muß die obere Eckfrequenz ω_Z und damit auch die untere Eckfrequenz ω_N hinreichend weit links von ω_D liegen. Durch die spezielle Wahl des phasenanhebenden Gliedes im 1. Schritt darf das in diesem Schritt zu entwerfende phasenabsenkende Glied eine maximale Phasensenkung von 6° bewirken. Aus dieser Bedingung erhält man mit m_S = 12,6 aus Bild 8.3.18

$$\frac{\omega}{\omega_N} = 125$$

und speziell für $\omega = \omega_D = 2s^{-1}$ den Wert

$$\omega_N = \frac{\omega_D}{125} = 0,016 s^{-1} .$$

Als obere Eckfrequenz folgt dann

$$\omega_Z = \omega_N \, m_s = 0,2 \, s^{-1} .$$

Die Übertragungsfunktion des endgültigen Reglers ist damit gegeben durch

$$G_R(s) = 20 \, \frac{1 + \frac{s}{0,6}}{1 + \frac{s}{7,2}} \, \frac{1 + \frac{s}{0,2}}{1 + \frac{s}{0,016}} .$$

Die Übertragungsfunktion des offenen Regelkreises lautet somit

$$G_0(s) = 20 \, \frac{(1 + \frac{s}{0,2})(1 + \frac{s}{0,6})}{s(1 + \frac{s}{0,016})(1 + s)(1 + \frac{s}{3})(1 + \frac{s}{7,2})} .$$

Die zugehörigen Frequenzkennlinien sind ebenfalls in den Bildern 8.3.19 und 8.3.20 dargestellt.

3. Schritt:

Da die Synthese nach dem Frequenzkennlinien-Verfahren mit Hilfe von Näherungsformeln durchgeführt wird, sollte man sich stets durch Simulation davon überzeugen, ob die eingangs geforderten Spezifikationen tatsächlich erfüllt werden. Das Ergebnis der Simulation zeigt Bild 8.3.21.

Weiterhin muß noch geprüft werden, ob das aufgrund des Reglerentwurfes sich ergebende Stellsignal $u(t)$ tatsächlich auch realisiert werden kann. Ist dies nicht der Fall, dann müssen die ursprünglich an die Regelung gestellten Spezifikationen geändert werden.

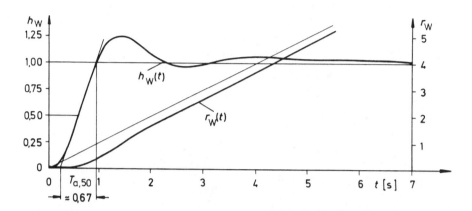

Bild 8.3.21. Übergangsfunktion $h_W(t)$ und Rampenantwort $r_W(t)$ des entworfenen Regelkreises

8.3.3 Das Nichols-Diagramm

Der Frequenzgang

$$G_W(j\omega) = \frac{G_0(j\omega)}{1 + G_0(j\omega)} = A_W(\omega)\,e^{j\varphi_W(\omega)} \qquad (8.3.43)$$

des *geschlossenen* Regelkreises bei Führungsverhalten kann anhand des bekannten Verhaltens des Frequenzganges

$$G_0(j\omega) = R_0(\omega) + jI_0(\omega) = |G_0(\omega)|\,e^{j\varphi_0(\omega)} \qquad (8.3.44)$$

des *offenen* Systems auf einfache, graphische Weise direkt über das Nichols-Diagramm erfolgen. Als Ausgangspunkt zur Konstruktion des Nichols-Diagramms wird zweckmäßigerweise das Hall-Diagramm benutzt, auf das zunächst kurz eingegangen wird.

8.3.3.1 Das Hall-Diagramm [8.6]

Aus Gl. (8.3.43) erhält man für den Amplitudengang

$$A_W = A_W(\omega) = |G_W(j\omega)| = \frac{|G_0(j\omega)|}{|1+G_0(j\omega)|}.$$

Setzt man in diese Beziehung Gl. (8.3.44) ein, so folgt

$$A_W = \frac{|R_0 + jI_0|}{|1 + R_0 + jI_0|} = \frac{\sqrt{R_0^2 + I_0^2}}{\sqrt{(1+R_0)^2 + I_0^2}}, \qquad (8.3.45)$$

und daraus ergibt sich durch Umformung

$$\left[R_0 + \frac{A_W^2}{A_W^2 - 1}\right]^2 + I_0^2 = \left[\frac{A_W}{A_W^2 - 1}\right]^2. \qquad (8.3.46)$$

Diese Gleichung beschreibt Kreise in der G_0-Ebene mit dem Radius $r = A_W/(A_W^2 - 1)$. Der Mittelpunkt derselben liegt jeweils auf der reellen Achse. Er besitzt die Koordinaten $[-A_W^2/(A_W^2 - 1); 0]$. Für jeden dieser Kreise nimmt also $A_W = |G_W(j\omega)|$ einen konstanten Wert an. Die Schnittpunkte von $G_0(j\omega)$ mit diesen "A_W-Kreisen" geben somit an, welchen Betrag $G_W(j\omega)$ bei der betreffenden Schnittfrequenz ω besitzt.

Ganz entsprechend den A_W-Kreisen können sogenannte φ_W-Kreise als die geometrischen Orte gleichen Phasenwinkels φ_W von $G_W(j\omega)$ hergeleitet werden. Dazu bildet man zunächst aus den Gln. (8.3.43) und (8.3.44)

$$G_W(j\omega) = \frac{R_0 + jI_0}{(1+R_0) + jI_0} = A_W(\omega)\, e^{j\varphi_W(\omega)}.$$

Für den zugehörigen Phasenwinkel

$$\varphi_W(\omega) = \arctan \frac{I_0}{R_0} - \arctan \frac{I_0}{1+R_0}$$

folgt nach kurzer Umformung

$$\varphi_W(\omega) = \arctan \frac{I_0}{R_0^2 + R_0 + I_0^2} \qquad (8.3.47)$$

bzw.

$$\tan \varphi_W(\omega) = \frac{I_0}{R_0^2 + R_0 + I_0^2} = \Phi_W = \Phi_W(\omega) \ . \tag{8.3.48}$$

Eine weitere Umformung liefert

$$\left[R_0 + \frac{1}{2}\right]^2 + \left[I_0 - \frac{1}{2\Phi_W}\right]^2 = \frac{1}{4} \frac{\Phi_W^2 + 1}{\Phi_W^2} \ . \tag{8.3.49}$$

Diese Beziehung stellt wiederum eine Kreisgleichung dar. Die dadurch beschriebenen φ_W-Kreise besitzen die Mittelpunktskoordinanten [-1/2; 1/(2Φ_W)] und den Radius $r = \sqrt{\Phi_W^2 + 1}/(2\Phi_W)$. Die Darstellung der A_W- und φ_W-Kreise in der G_0-Ebene bezeichnet man als *Hall-Diagramm*. Mit Hilfe dieses im Bild 8.3.22 dargestellten Diagramms läßt sich nun der Frequenzgang $G_W(j\omega)$ des geschlossenen Regelkreises aufgrund der Kenntnis des Frequenzganges $G_0(j\omega)$ des offenen Regelkreises graphisch bestimmen. $G_0(j\omega)$ wird dabei im Hall-Diagramm als Ortskurve dargestellt.

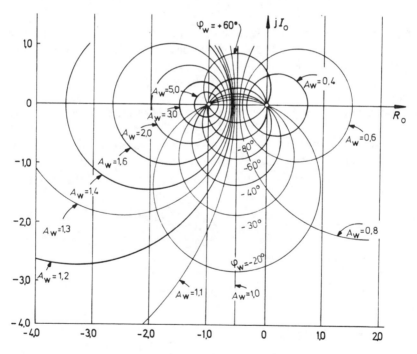

Bild 8.3.22. Das Hall-Diagramm

8.3.3.2 Das Amplituden-Phasendiagramm (Nichols-Diagramm) [8.7]

Neben der Darstellung von Frequenzgängen als Ortskurve wurde für die getrennte Darstellung von logarithmischen Amplituden- und Phasenkennlinien das Bode-Diagramm eingeführt. Daneben besteht weiterhin auch die Möglichkeit, die logaritmische Amplitudenkennlinie in Verbindung mit der Phasenkennlinie in einem gemeinsamen Diagramm, dem logarithmischen *Amplituden-Phasendiagramm* darzustellen. Auf der Abszisse dieses Diagramms wird der Phasenwinkel $\varphi_0(\omega)$ des offenen Regelkreises linear dargestellt, während auf der Ordinate die Amplitude $|G_0(j\omega)|$ logarithmisch bzw. in dB aufgetragen wird. In diesem Diagramm kann also $G_0(j\omega)$ durch einen mit ω kodierten Kurvenverlauf dargestellt werden.

In dasselbe Amplituden-Phasendiagramm lassen sich nun auch die den A_W- und φ_W-Kreisen des Hall-Diagramms entsprechenden Kurven für $|G_W|$ = const und φ_W = const übertragen. Setzt man die aus Gl. (8.3.44) erhaltenen Werte

$$R_0 = |G_0|\cos\varphi_0 \quad \text{und} \quad I_0 = |G_0|\sin\varphi_0$$

in Gl. (8.3.45) ein, so erhält man direkt für den Betrag des geschlossenen Regelkreises

$$|G_W| = A_W = \frac{|G_0|}{\sqrt{1+2|G_0|\cos\varphi_0+|G_0|^2}} = f_1(|G_0|, \varphi_0) \;. \tag{8.3.50}$$

Durch Einsetzen von R_0 und I_0 in Gl. (8.3.47) folgt weiterhin für den Phasenwinkel des geschlossenen Regelkreises

$$\varphi_W = \arctan\frac{\sin\varphi_0}{|G_0|+\cos\varphi_0} = f_2(|G_0|, \varphi_0) \;. \tag{8.3.51}$$

Die Gln. (8.3.50) und (8.3.51) lassen sich derartig umformen, daß daraus die Funktionen

$$|G_0|_{A_W} = f_1^*(\varphi_0, A_W)|_{A_W=\text{const}} \tag{8.3.52}$$

und

$$|G_0|_{\varphi_W} = f_2^*(\varphi_0, \varphi_W)|_{\varphi_W=\text{const}} \tag{8.3.53}$$

gebildet werden können, die zweckmäßigerweise numerisch in logarithmischer Darstellung bzw. in dB für A_W = const und φ_W = const ausgewertet werden. Für jeweils konstante Werte von $|G_W| = A_W$ beschreibt Gl. (8.3.52) im Amplituden-Phasendiagramm eine Kurvenschar, die ähnlich wie die A_W-Kreise im Hall-Diagramm die geometrischen Orte für konstante Amplitudenwerte $|G_W|$ = const des Frequenzganges des geschlossenen Regelkreises darstellen. Ganz entsprechend ergibt sich aus Gl. (8.3.53) eine Kurvenschar als geometrischen Ort für gleiche Phasenwinkel φ_W = const des geschlossenen Regelkreises.

Durch die Darstellung dieser beiden Kurvenscharen für $|G_W|$ = const und φ_W = const entsteht aus dem Amplituden-Phasendiagramm das in Bild 8.3.23 dargestellte *Nichols-Diagramm*. Mit Hilfe dieses Diagramms kann nun wiederum $G_W(j\omega)$ graphisch nach Betrag und Phase aus $G_0(j\omega)$ konstruiert werden, indem die Schnittpunkte der Kurven $|G_W|$ = const und φ_W = const mit $G_0(j\omega)$ bestimmt werden. Der Vorteil des Nichols-Diagramms besteht darin, daß wegen seiner logarithmischen Darstellung sofort auch der Übergang zum Bode-Diagramm vorgenommen werden kann. Damit stellt es ein wichtiges Hilfsmittel zur Synthese von Regelkreisen dar. Es gestattet, die Eigenschaften des offenen und des geschlossenen Regelkreises in einem Diagramm abzulesen. So kann man beispielsweise für das Wertepaar

$$|G_0|_{dB} = 12 \text{ dB} \quad \text{und} \quad \varphi_0 = -150°$$

des offenen Regelkreises das Wertepaar

$$|G_W|_{dB} = 2 \text{ dB} \quad \text{und} \quad \varphi_W = -9°$$

des geschlossenen Regelkreises direkt aus dem Nichols-Diagramm ablesen.

8.3.3.3 Anwendung des Nichols-Diagramms

Ein offener Regelkreis besitze die Übertragungsfunktion

$$G_0(s) = G_R(s)\, G_S(s) = K_R \frac{5}{s(s^2 + 1{,}4s + 1)} \quad \text{mit } K_R = 1 \ . \quad (8.3.54)$$

Für den wesentlichen Frequenzbereich werden zunächst die Werte von $|G_0|$ und φ_0 ausgerechnet (Tabelle 8.3.1) und dann ins Nichols-Diagramm (Bild 8.3.24) eingetragen. Als wichtige Kenndaten erhält man aus dieser Darstellung
- die Durchtrittsfrequenz $\omega_D = 1{,}68\,\text{s}^{-1}$,
- den Amplitudenrand $A_R = 11$ dB,
- den Phasenrand $\varphi_R = -38°$.

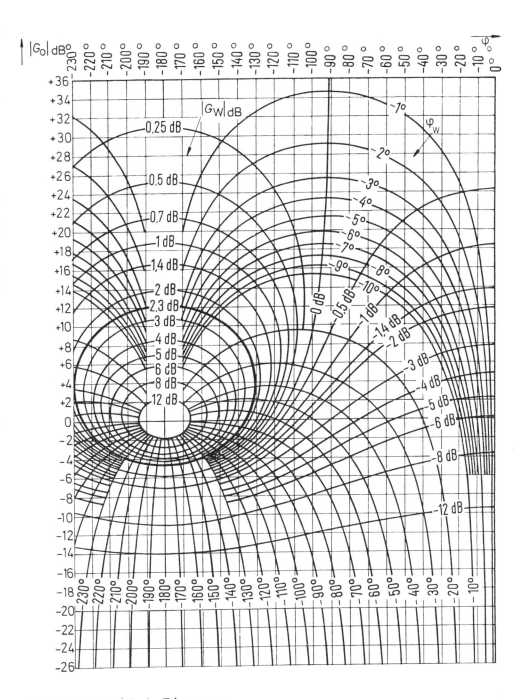

Bild 8.3.23. Nichols-Diagramm

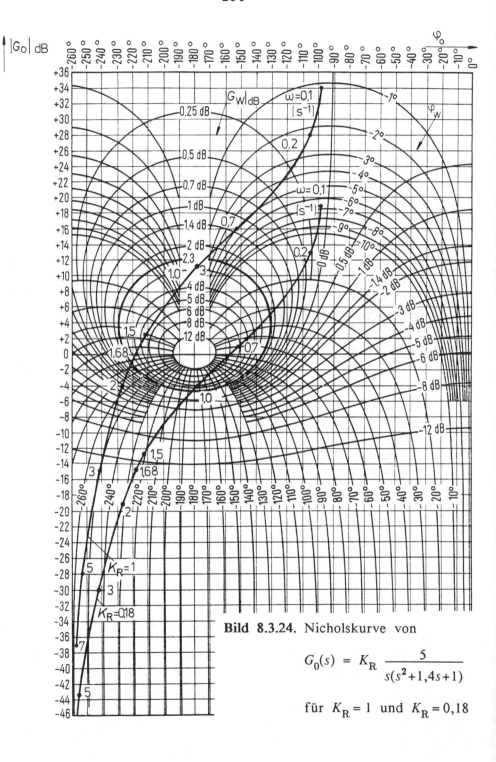

Bild 8.3.24. Nicholskurve von

$$G_0(s) = K_R \frac{5}{s(s^2+1{,}4s+1)}$$

für $K_R = 1$ und $K_R = 0{,}18$

Anhand dieser Kennwerte ist ersichtlich, daß der geschlossene Regelkreis instabil ist. Nun soll aber der Verstärkungsfaktor K_R des Reglers so eingestellt werden, daß der geschlossene Regelkreis stabil wird und einen Phasenrand von $\varphi_R = +20°$ erhält.

Tabelle 8.3.1. Betrag $|G_0|$ und Phase φ_0 des Frequenzganges nach Gl. (8.3.54) für einige ausgewählte Frequenzen

$\omega[s^{-1}]$	$|G_0|$	$|G_0|_{dB}$	$\varphi_0[°]$
0,1	50	34	- 98
0,2	25	28	-106
0,7	6,47	16	-153
1,0	3,57	11	-180
1,5	1,36	2,7	-211
1,68	1	0	-218
2,0	0,61	- 4,3	-227
3,0	0,18	- 14,7	-242
5,0	0,04	- 28	-254
7,0	0,015	- 37	-258

Im Nichols-Diagramm bedeutet eine Veränderung der Verstärkung des offenen Regelkreises eine Verschiebung der Amplituden-Phasenkurve $|G_0(\varphi_0)|$ in vertikaler Richtung. Um den geforderten Phasenrand zu erhalten, muß die Amplituden-Phasenkurve $|G_0(\varphi_0)|$ um 15 dB nach unten verschoben werden. Dies erreicht man, indem man die Reglerverstärkung

$$K_R = 0,18$$

wählt. Damit verschiebt sich die Durchtrittsfrequenz zu

$$\omega_D \approx 0{,}75 s^{-1}.$$

Der sich ergebende neue Amplitudenrand beträgt damit

$$A_R \approx -4 \text{ dB}.$$

Die Amplitudenüberhöhung des geschlossenen Regelkreises ist gleich dem $|G_W|_{dB}$-Wert der Kurve, die von der Amplituden-Phasenkurve gerade berührt wird. Im vorliegenden Beispiel ergibt sich

$$A_{W\max} \approx 10 \text{ dB} .$$

Die zugehörige Resonanzfrequenz liegt bei

$$\omega_r \approx 0{,}8 \text{ s}^{-1}$$

und als Bandbreite des geschlossenen Regelkreises liest man ab

$$\omega_b \approx 1{,}2 \text{ s}^{-1} .$$

An diesem Beispiel sieht man, daß aus dem Nichols-Diagramm einfach die Kennwerte sowohl des offenen als auch des geschlossenen Regelkreises abgelesen werden können. Insofern eignet sich dieses Diagramm sehr gut zur Synthese von Regelkreisen für Führungsverhalten.

8.3.4 Reglerentwurf mit dem Wurzelortskurvenverfahren

8.3.4.1 Der Grundgedanke

Der Reglerentwurf mit Hilfe des Wurzelortskurvenverfahrens schließt unmittelbar an die Überlegungen von Abschnitt 8.3.1.1 an. Dort wurden für den geschlossenen Regelkreis mit einem dominierenden Polpaar die Forderungen an die Überschwingweite, die Anstiegszeit und die Ausregelzeit umgesetzt in Bedingungen für den Dämpfungsgrad D und die Eigenfrequenz ω_0 der zugehörigen Übertragungsfunktion $G_W(s)$. Mit D und ω_0 liegen aber über Bild 8.3.2 unmittelbar die Pole der Übertragungsfunktion $G_W(s)$ fest. Es muß nun eine Übertragungsfunktion $G_0(s)$ des offenen Regelkreises so bestimmt werden, daß der geschlossene Regelkreis ein dominierendes Polpaar an der gewünschten Stelle erhält, die durch die Werte ω_0 und D vorgegeben ist. Einen solchen Ansatz bezeichnet man auch als *Polvorgabe*.

Mit dem Wurzelortskurvenverfahren besitzt man bekanntlich ein graphisches Verfahren, mit dem eine Aussage über die Lage der Pole des geschlossenen Regelkreises gemacht werden kann. Es bietet sich an, das gewünschte dominierende Polpaar zusammen mit der Wurzelortskurve (WOK) des fest vorgegebenen Teils des Regelkreises in die komplexe s-Ebene einzuzeichnen und durch Hinzufügen von Pol- und Nullstellen in den offenen Regelkreis die WOK so zu verformen, daß zwei ihrer Äste bei einer bestimmten Verstärkung K_0 das gewünschte dominierende, konjugiert komplexe Polpaar schneiden. Bild 8.3.25 zeigt, wie man

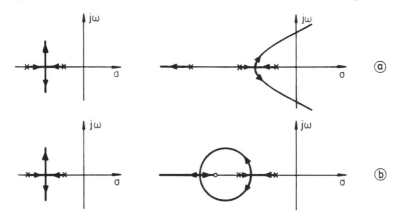

Bild 8.3.25. Verbiegen der WOK (a) nach rechts durch einen zusätzlichen Pol, (b) nach links durch eine zusätzliche Nullstelle im offenen Regelkreis

prinzipiell durch Hinzufügen eines Pols die WOK nach rechts und durch Hinzufügen einer Nullstelle die WOK nach links "verformen" kann.

8.3.4.2 Beispiele für den Reglerentwurf mit Hilfe des Wurzelortskurvenverfahrens

Die prinzipielle Vorgehensweise bei der Regelkreissynthese mit Hilfe des Wurzelortskurvenverfahrens soll nachfolgend anhand zweier Beispiele erläutert werden.

Beispiel 8.3.4:

Gegeben ist eine Regelstrecke mit der Übertragungsfunktion

$$G_S(s) = \frac{1}{s(s+3)(s+5)} \, . \tag{8.3.55}$$

Für diese Regelstrecke soll ein Regler so entworfen werden, daß die Übergangsfunktion $h_W(t)$ des geschlossenen Regelkreises folgende Eigenschaften besitzt

$$e_{max} \leq 16\% \text{ und } T_{a,50} = 0{,}6 \text{ s} \, .$$

Zunächst werden diese Forderungen mit Hilfe der Bilder 8.3.3 und 8.3.4 in Bedingungen für D und ω_0 übersetzt. Man erhält

$$D \geqslant 0{,}5 \quad \text{und} \quad \omega_0 \geqslant \frac{1{,}85}{0{,}6\,s} = 3{,}1\,\text{s}^{-1}\,.$$

Um diese Bedingungen geometrisch deuten zu können, betrachtet man Bild 8.3.26, wo ein konjugiert komplexes Polpaar

$$s_{a,b} = -D\omega_0 \pm j\omega_0\sqrt{1-D^2}$$

eingetragen ist. Der Abstand d^* der beiden Pole $s_{a,b}$ vom Ursprung beträgt

$$d^* = \sqrt{\omega_0^2 D^2 + (1-D^2)\,\omega_0^2} = \omega_0\,. \tag{8.3.56}$$

Für den Winkel α gilt

$$\cos\alpha = \frac{\omega_0 D}{\omega_0} = D \tag{8.3.57a}$$

oder

$$\alpha = \arccos D\,, \tag{8.3.57b}$$

wobei im vorliegenden Fall mit $D \geqslant 0{,}5$ die Bedingung $\alpha \geqslant 60°$ gilt. Der Dämpfungsgrad D beschreibt somit den Winkel α, die Frequenz ω_0 den Abstand d^* des dominierenden Polpaares vom Ursprung.

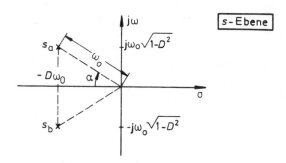

Bild 8.3.26. Konjugiert komplexes Polpaar in der s-Ebene

Bei der Synthese wird man versuchen, den minimal erforderlichen Dämpfungsgrad nicht unnötig zu erhöhen, weil eine solche Maßnahme für eine gegebene Eigenfrequenz ω_0 auch eine Vergrößerung der Anstiegszeit $T_{a,50}$ bewirkt, wie leicht auch aus Bild 8.3.4 hervorgeht. Die Erhöhung der Eigenfrequenz ω_0 bringt eine Vergrößerung der Regelgeschwindigkeit mit sich. Allerdings sollte auch dieser Parameter nicht unnötig über das erforderliche Maß hinaus vergrößert werden, da sonst eventuell die Dominanz des Polpaares verloren geht.

Bild 8.3.27 zeigt die WOK des geschlossenen Regelkreises bei Verwendung eines P-Reglers. Dort sind gestrichelt auch die möglichen Lagen des dominierenden Polpaares auf den beiden Halbgeraden H_1 und H_2 eingetragen. Man erkennt sofort, daß eine Synthese mit einem reinen P-Regler (Änderung der Verstärkung K_0) nicht möglich ist, da die WOK die beiden Halbgeraden H_1 und H_2 für die möglichen Pollagen nicht schneidet. Ebenso wird deutlich, welche Maßnahmen man ergrei-

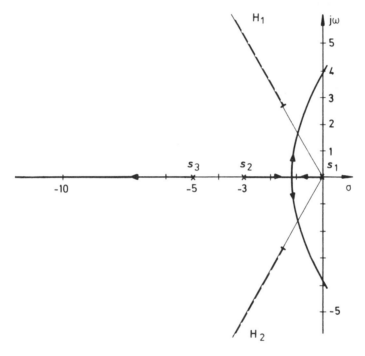

Bild 8.3.27. WOK von $G_W(s)$ (Regelstrecke mit P-Regler) und mögliche Lage des dominierenden Polpaares (gestrichelt)

fen kann, damit die beiden in Frage kommenden Äste der WOK die Halbgeraden $H_{1,2}$ schneiden. Verlegt man nämlich die beiden Pole $s_2 = -3$ und $s_3 = -5$ weiter nach links, so wird sich der Wurzelschwerpunkt, mit ihm das ganze "Asymptotengerüst" und schließlich auch die gesamte WOK nach links verschieben, ohne daß sich dadurch qualitativ die Struktur des Systems ändert. Eine Möglichkeit, dies mit einem einfachen phasenanhebenden Übertragungsglied durchzuführen, besteht darin, den Pol $s_2 = -3$ durch eine Nullstelle zu kompensieren und einen Pol $s_4 = -10$ einzuführen. Damit erhält man als Übertragungsfunktion des Reglers

$$G_R(s) = K_R \frac{1 + s/3}{1 + s/10} = 3{,}33 \, K_R \frac{s + 3}{s + 10} \qquad (8.3.58)$$

sowie als Übertragungsfunktion des korrigierten offenen Regelkreises

$$G_0(s) = K_R \, 3{,}33 \, \frac{1}{s(s+10)(s+5)} \; . \qquad (8.3.59)$$

Die WOK des zugehörigen geschlossenen Regelkreises zeigt Bild 8.3.28. Sie schneidet die Halbgerade H_1 im Punkt s_k. Die zu diesem Punkt

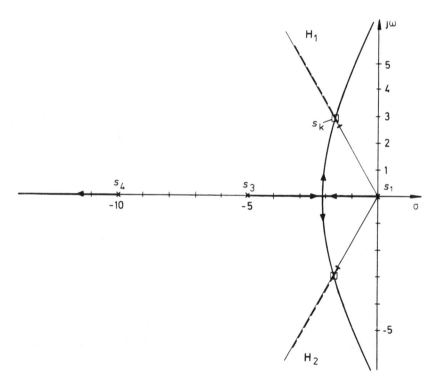

Bild 8.3.28. WOK von $G_W(s)$ mit korrigiertem Regler nach Gl. (8.3.58)

gehörige Regelverstärkung ermittelt man zweckmäßigerweise graphisch (über die Abstände zu den 3 Polen) aus Gl. (7.2.17)

$$k_0 = K_R \, 3{,}33 = |s_k - 0| \, |s_k + 5| \, |s_k + 10| = 3{,}3 \cdot 4{,}4 \cdot 8{,}8$$

zu

$$K_R = 38{,}4 \; .$$

Es sei darauf hingewiesen, daß die vollständige Kompensation (Kürzung) des Poles $s_2 = -3$ durch eine Nullstelle nicht exakt zu verwirklichen ist, da die Kenngrößen einer Regelstrecke entweder nie so genau bekannt sind oder sich in gewissen Grenzen auch verändern können. Dadurch weicht u. U. die WOK in der Umgebung des kompensierten Pols vom idealen Verlauf entsprechend Bild 8.3.28 ab, jedoch ändert sich der Schnittpunkt mit den beiden Halbgeraden dadurch nicht. ∎

Man erkennt anhand dieses Beispiels, daß das Wurzelortskurvenverfahren gut geeignet ist, um sich schnell einen ersten Überblick über die prinzipiell möglichen Korrekturmaßnahmen zu verschaffen. Dazu reicht oftmals die Kenntnis der Asymptoten bereits aus.

Das Wurzelortskurvenverfahren ist besonders auch für die Fälle geeignet, bei denen mit einem Regler eine instabile Regelstrecke stabilisiert werden soll. Dies soll im folgenden an einem weiteren Beispiel erläutert werden.

Beispiel 8.3.5:

Gegeben sei eine instabile Regelstrecke mit der Übertragungsfunktion

$$G_S(s) = \frac{1}{(s+1)(s+5)(s-1)}. \qquad (8.3.60)$$

Es liegt zunächst nahe, den Pol $s_1 = 1$ durch eine entsprechende Nullstelle zu kompensieren. Dies könnte man beispielsweise durch ein Allpaßglied 1. Ordnung mit der Übertragungsfunktion

$$G_R(s) = \frac{s-1}{s+1}$$

erreichen. Aus den zuvor genannten Gründen gelingt aber diese Kompensation der instabilen Polstelle durch eine Nullstelle praktisch nie vollständig, so daß gerade aus Gründen der Stabilität hierauf unbedingt verzichtet werden muß.

Eine andere Möglichkeit besteht nun darin, die instabile Regelstrecke mit einer geeigneten Rückkopplung zu versehen, um so den ursprünglich instabilen Pol im geschlossenen Regelkreis in die linke s-Halbebene zu verlagern. Würde man die vorgegebene Regelstrecke mit einem P-Regler zusammenschalten, so liefert dies die WOK nach Bild 8.3.29. Daraus ist aber ersichtlich, daß der P-Regler nicht in der Lage ist, den Regelkreis zu stabilisieren, da die beiden rechten, nach unendlich laufenden Äste der WOK für beliebige Verstärkung stets in der rechten

s-Halbebene verbleiben. Verwendet man jedoch einen Regler, der eine doppelte Nullstelle bei $s = -1$, sowie einen Pol bei $s = 0$ besitzt, so wird die Polstelle bei $s = s_2 = -1$ durch eine Nullstelle ersetzt. Dadurch wird die WOK gemäß Bild 8.3.30 nach links verformt.

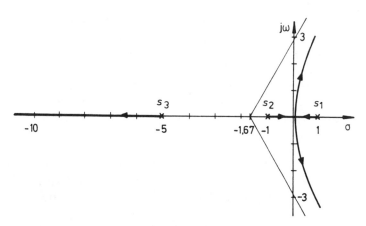

Bild 8.3.29. WOK des Regelkreises bestehend aus der instabilen Regelstrecke und einem P-Regler

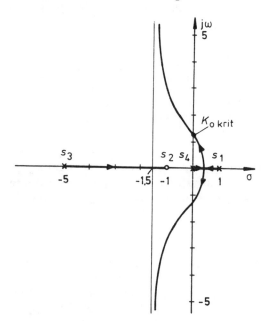

Bild 8.3.30. WOK des Regelkreises bestehend aus der instabilen Regelstrecke und einem PID-Regler

Diese Pol-Nullstellenverteilung läßt sich durch einen PID-Regler mit der Übertragungsfunktion

$$G_R(s) = K_R \frac{(s+1)^2}{s} = K_R(2 + \frac{1}{s} + s)$$

$$= 2K_R(1 + \frac{1}{0,5s} + 0,5s)$$

auf einfache Weise realisieren. Aus Bild 8.3.30 ist ersichtlich, daß ab einer gewissen Verstärkung K_{0krit} der geschlossene Regelkreis stabil wird, weil dann alle Pole desselben in der linken s-Halbebene liegen.

Da die Stabilität des Systems durch die Pole in der linken s-Halbebene nicht beeinflußt wird, ist eine Kompensation derselben möglich. Selbst wenn diese Kompensation nicht vollständig möglich wäre, z. B. bei eventuell auftretenden Parameteränderungen der Regelstrecke, bliebe die Stabilität des Systems erhalten. Aus demselben Grund sollte - wie bereits oben erwähnt - allerdings die Kompensation von Polen in der rechten s-Halbebene unbedingt unterbleiben. ∎

8.4 Analytische Entwurfsverfahren

Nachfolgend sollen analytische Entwurfsverfahren behandelt werden, die durch streng systematisches Vorgehen direkt zur Lösung der Syntheseaufgabe führen. Im Gegensatz zu diesen *direkten* Entwurfsverfahren stellen die bisher behandelten Methoden, wie beispielsweise das Frequenzkennlinien- oder das Wurzelortskurven-Verfahren, *indirekte* Entwurfsverfahren dar, die mehr auf einem systematischen Probieren beruhen (z. B. Wiederholung eines bestimmten Entwurfsschrittes). Dieses Vorgehen hängt stark von der Erfahrung und dem Geschick des Benutzers ab. Bei den bisher betrachteten Entwurfsverfahren wurde stets vom offenen Regelkreis ausgegangen. Dieser wurde dann durch Hinzufügen verschiedener Reglerbausteine wie z. B. phasenanhebender und phasenabsenkender Übertragungsglieder so lange modifiziert, bis der geschlossene Regelkreis das gewünschte Verhalten aufwies.

Bei den direkten Entwurfsverfahren wird hingegen stets vom Verhalten des geschlossenen Regelkreises ausgegangen. Meist wird eine gewünschte Führungsübertragungsfunktion $G_W(s) \equiv K_W(s)$ vorgegeben. Im allgemeinen erfolgt dies aufgrund von Gütespezifikationen, die z. B. an den Verlauf der entsprechenden Übergangsfunktion $h_W(t)$ gestellt werden. Für eine Reihe von geeigneten Übergangsfunktionen $h_W(t)$ liegen nun in tabellarischer Form die Zähler- und Nennerpolynome der zugehörigen Übertragungsfunktion $K_W(s)$ bzw. deren Pol- und Nullstellenverteilung vor. Bei bekanntem Verhalten der Regelstrecke läßt sich dann der erforderliche Regler direkt entwerfen.

Die auf diese Weise entworfenen Regler müssen nicht unbedingt eine optimale Lösung des Syntheseproblems darstellen; sie garantieren jedoch die Einhaltung der gestellten Gütespezifikationen wie Überschwingweite, Ausregelzeit usw. Nachteil dieser Verfahren ist, daß sie bei Systemen mit Totzeit nicht anwendbar sind.

8.4.1 Vorgabe des Verhaltens des geschlossenen Regelkreises

Die gewünschte Führungsübertragungsfunktion des Regelkreises sei festgelegt durch

$$K_W(s) = \frac{\alpha(s)}{\beta(s)} = \frac{\alpha_0 + \alpha_1 s + \ldots + \alpha_v s^v}{\beta_0 + \beta_1 s + \ldots + \beta_u s^u}, \quad u > v, \qquad (8.4.1)$$

wobei $\alpha(s)$ und $\beta(s)$ Polynome in s darstellen. Bei den nachfolgend behandelten Entwurfsverfahren wird nun stets die Pol-Nullstellen-Verteilung von $K_W(s)$ so gewählt, daß die an die Führungsübergangsfunktion $h_W(t)$ gestellten Gütemaße erfüllt werden. Es liegt zunächst nahe, zu diesem Zweck eine Rechnersimulation für $K_W(s)$ zu verwenden, bei der eine bestimmte Pol-Nullstellen-Verteilung in der linken s-Halbebene zugrundegelegt wird, deren Parameter dann solange variiert werden, bis $h_W(t)$ das gewünschte Verhalten zeigt. Häufig ist jedoch eine derartige, detaillierte Untersuchung gar nicht erforderlich, insbesondere, wenn die Führungsübertragungsfunktion des Regelkreises keine Nullstellen aufweist, und wenn - wegen der Forderung $K_W(0) \equiv 1$ bei Führungsverhalten - gerade $\alpha_0 = \beta_0$ wird und somit im einfachsten Falle

$$K_W(s) = \frac{\beta_0}{\beta_0 + \beta_1 s + \ldots + \beta_u s^u} \qquad (8.4.2)$$

gilt. Für einen Regelkreis, dessen Führungsübertragungsfunktion durch Gl. (8.4.2) beschrieben werden kann, existieren verschiedene Möglichkeiten, sogenannte *Standard-Formen*, um die Übergangsfunktion $h_W(t)$ sowie die Polverteilung von $K_W(s)$ bzw. die Koeffizienten des Nennerpolynoms $\beta(s)$ aus tabellarischen Darstellungen zu entnehmen.

Eine erste Möglichkeit ist, als Polverteilung einen reellen Mehrfachpol bei $s = -\omega_0$ anzunehmen. Hier und im folgenden ist ω_0 jeweils eine spezielle Bezugsfrequenz, nicht die Eigenfrequenz. Damit erhält man als Übertragungsfunktion für das gewünschte Führungsverhalten

$$K_W(s) = \frac{\omega_0^u}{(s+\omega_0)^u} . \quad (8.4.3)$$

Dies entspricht einer Hintereinanderschaltung von u PT_1-Gliedern mit gleicher Zeitkonstante $T = 1/\omega_0$. Diese Darstellung wird auch als *Binomial-Form* bezeichnet. Die zu den verschiedenen Ordnungen u gehörenden Standard-Polynome $\beta(s)$ sind in Tabelle 8.4.1 dargestellt [8.8]. Wie die Darstellung in Tabelle 8.4.1 weiterhin zeigt, wird die zeitnormierte Übergangsfunktion $h_W(\omega_0 t)$ mit steigender Systemordnung u immer langsamer. Ein Reglerentwurf entsprechend dieser Binomial-Form kommt daher nur dann in Betracht, wenn die Übergangsfunktion h_W kein Überschwingen aufweisen soll. Ansonsten wird diese Standard-Form meist für Vergleichszwecke benutzt.

Eine weitere Möglichkeit einer Standard-Form für $K_W(s)$ nach Gl. (8.4.2) stellt die *Butterworth-Form* dar. Bei dieser Form sind die u Pole von $K_W(s)$ in der linken s-Halbebene in gleichmäßiger Teilung auf einem Kreis mit dem Radius ω_0 um den Ursprung als Mittelpunkt angeordnet. Tabelle 8.4.1 enthält die zugehörigen Standard-Polynome $\beta(s)$ sowie die entsprechenden zeitnormierten Übergangsfunktionen $h_W(\omega_0 t)$.

Zahlreiche weitere Möglichkeiten zur Entwicklung von Standard-Formen für Gl. (8.4.2) bieten die in Tabelle 8.2.1 aufgeführten Integralkriterien. Beispielsweise liefert das Kriterium für die minimale zeitbeschwerte betragslineare Regelfläche (I_4) die ebenfalls in Tabelle 8.4.1 dargestellten Resultate ($\int_0^\infty |e|t dt$-*Form*). Weiterhin wird häufig auch die minimale Abklingzeit t_ε als Kriterium benutzt. Tabelle 8.4.1 enthält daher für die minimale Abklingzeit auf einen Wert von $\varepsilon = 5\%$ auch die entsprechende $t_{5\%}$-*Abklingzeit-Form*. Je nach dem speziellen Anwendungsfall kann aus den in Tabelle 8.4.1 angegebenen Standard-Formen die gewünschte Standard-Form für einen Reglerentwurf zugrunde gelegt werden.

Für die Polfestlegung in Gl. (8.4.2) hat sich weiterhin auch ein Vorschlag von W. Weber [8.9] bewährt, bei dem die gewünschte Führungsübertragungsfunktion

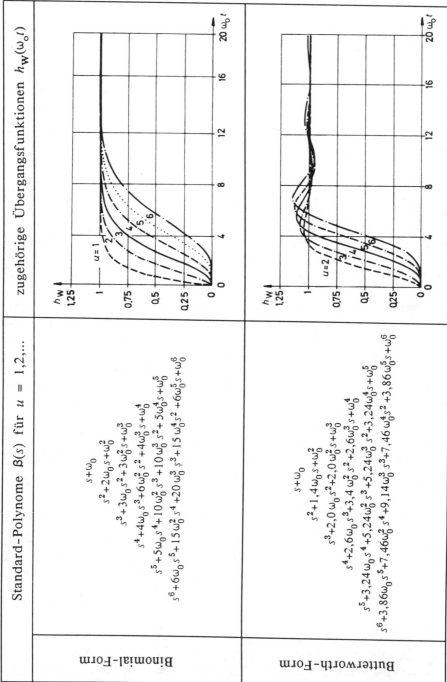

Tabelle 8.4.1. Standard-Polynome $B(s)$ für Gl. (8.4.2) und zugehörige Übergangsfunktionen für Regelsysteme mit verschiedener Ordnung u

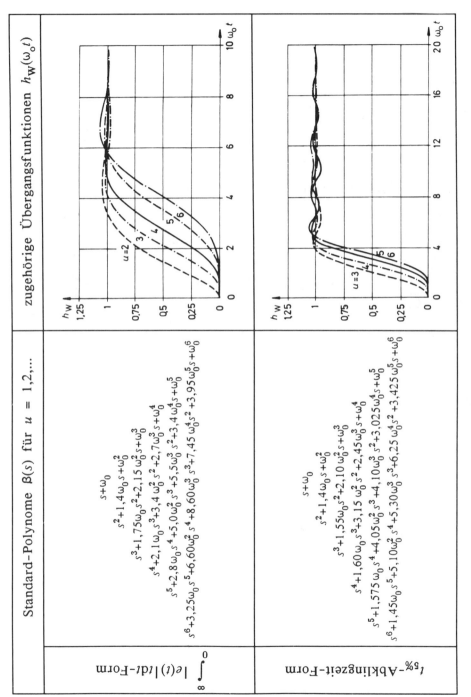

Fortsetzung von Tabelle 8.4.1

$$K_W(s) = \frac{5^k(1+\kappa^2)\omega_o^{k+2}}{(s+\omega_0 + j\kappa\omega_0)(s+\omega_0 - j\kappa\omega_0)(s+5\omega_0)^k} \tag{8.4.4}$$

durch einen reellen k-fachen Pol ($k = u-2$) und ein komplexes Polpaar beschrieben wird. Tabelle 8.4.2 enthält für verschiedene Werte von k und κ die zeitnormierten Übergangsfunktionen $h_W(\omega_0 t)$. Durch geeignete Wahl von k, κ und ω_0 läßt sich für zahlreiche Anwendungsfälle meist eine Führungsübertragungsfunktion finden, die die gewünschten Gütemaße im Zeitbereich erfüllt.

Tabelle 8.4.2. Übertragungsverhalten bei Vorgabe eines komplexen Polpaares und einem reellen k-fachen Pol für Gl. (8.4.4)

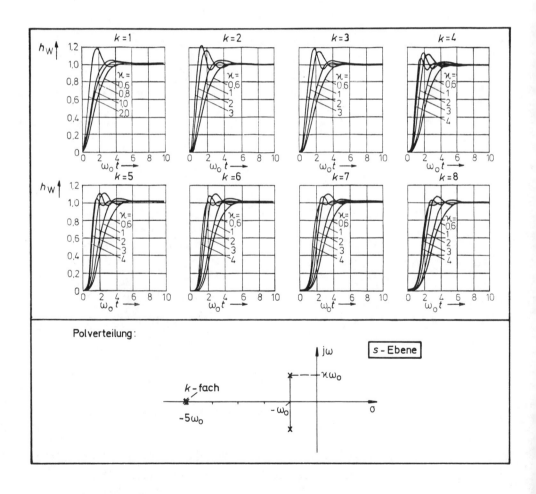

8.4.2 Das Verfahren nach Truxal-Guillemin [8.10]

Bei dem im Bild 8.4.1 dargestellten Regelkreis sei das Verhalten der Regelstrecke durch die gebrochen rationale Übertragungsfunktion

$$G_S(s) = \frac{d_0 + d_1 s + d_2 s^2 + ... + d_m s^m}{c_0 + c_1 s + c_2 s^2 + ... + c_n s^n} = \frac{D(s)}{C(s)} \quad (8.4.5)$$

gegeben. Dabei sollen das Zähler- und Nennerpolynom $D(s)$ und $C(s)$ keine gemeinsamen Wurzeln besitzen; weiterhin sei $G_S(s)$ auf $c_n = 1$ normiert, und es gelte $m < n$.

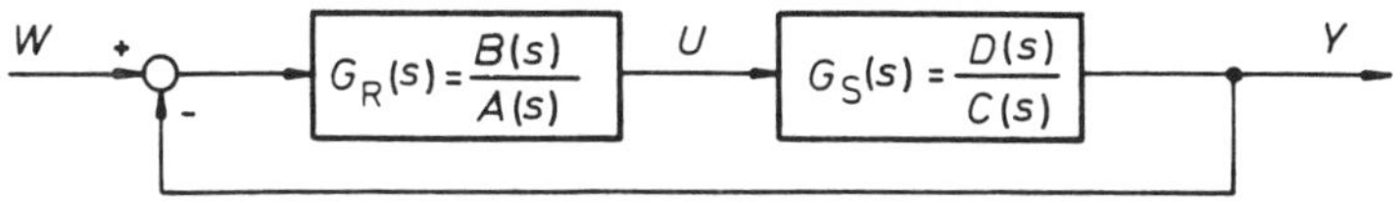

Bild 8.4.1. Blockschaltbild des zu entwerfenden Regelkreises

Zunächst wird angenommen, daß $G_S(s)$ stabil sei und minimales Phasenverhalten besitze. Für den zu entwerfenden Regler wird die Übertragungsfunktion

$$G_R(s) = \frac{b_0 + b_1 s + b_2 s^2 + ... + b_w s^w}{a_0 + a_1 s + a_2 s^2 + ... + a_z s^z} = \frac{B(s)}{A(s)} \quad (8.4.6)$$

angesetzt und ebenfalls normiert mit $a_z = 1$. Aus Gründen der Realisierbarkeit des Reglers muß $w \leq z$ gelten. Der Regler soll nun so entworfen werden, daß sich der geschlossene Regelkreis entsprechend einer gewünschten, vorgegebenen Führungsübertragungsfunktion

$$K_W(s) = \frac{\alpha_0 + \alpha_1 s + ... + \alpha_v s^v}{\beta_0 + \beta_1 s + ... + \beta_u s^u} = \frac{\alpha(s)}{\beta(s)} \quad u > v \quad (8.4.7)$$

verhält, wobei $K_W(s)$ unter der Bedingung der Realisierbarkeit des Reglers frei wählbar sein soll. Aus der Führungsübertragungsfunktion des geschlossenen Regelkreises

$$G_W(s) = \frac{G_R(s)\, G_S(s)}{1 + G_R(s)\, G_S(s)} \stackrel{!}{=} K_W(s) \quad (8.4.8)$$

erhält man die Reglerübertragungsfunktion

$$G_R(s) = \frac{1}{G_S(s)} \frac{K_W(s)}{1 - K_W(s)} \qquad (8.4.9)$$

oder mit den oben angegebenen Zähler- und Nennerpolynomen

$$G_R(s) = \frac{B(s)}{A(s)} = \frac{C(s)\,\alpha(s)}{D(s)\,[\beta(s) - \alpha(s)]} \ . \qquad (8.4.10)$$

Die *Realisierbarkeitsbedingung* für den Regler

$$\text{Grad } B(s) = w = n + v \leqslant \text{Grad } A(s) = z = u + m$$

liefert somit

$$u - v \geqslant n - m \ . \qquad (8.4.11)$$

Der Polüberschuß $(u-v)$ der gewünschten Übertragungsfunktion $K_W(s)$ für das Führungsverhalten des geschlossenen Regelkreises muß also größer oder gleich dem Polüberschuß $(n-m)$ der Regelstrecke sein. Im Rahmen dieser Forderung ist die eigentliche Ordnung von $K_W(s)$ zunächst frei wählbar. Nach Gl. (8.4.9) enthält der Regler die reziproke Übertragungsfunktion $1/G_S(s)$ der Regelstrecke; es liegt hier also eine vollständige Kompensation der Regelstrecke vor. Dies läßt sich auch in einem Blockschaltbild veranschaulichen, wenn man in Gl. (8.4.9) $K_W(s)$ explizit als "Modell" einführt (Bild 8.4.2). Bei der physikalischen Realisierung des Reglers $G_R(s)$ ist natürlich von Gl. (8.4.10) auszugehen, da ein direkter Aufbau von $1/G_S(s)$ nicht möglich ist.

Beispiel 8.4.1:

Gegeben sei eine Regelstrecke mit der Übertragungsfunktion

$$G_S(s) = \frac{5}{s(1+1,4s+s^2)} \ . \qquad (8.4.12)$$

Der Polüberschuß der Regelstrecke ist dabei $n - m = 3$. Nach der Beziehung (8.4.11) muß daher der Polüberschuß der gewünschten Führungsübertragungsfunktion $K_W(s)$

$$u - v \geqslant 3$$

sein. ∎

Die Koeffizienten einer Übertragungsfunktion $K_W(s)$, die der Realisierbarkeitsbedingung (8.4.11) gehorcht, sind allerdings nicht ganz beliebig wählbar. Praktische *Beschränkungen* bei der Wahl von $K_W(s)$

bilden gewöhnlich der maximale Bereich der Stellgröße, Parameterfehler bei der eventuell ungenauen Angabe von $1/G_S(s)$ sowie das Meßrauschen im Regelsignal, das sich über den Regler störend auf das Stellsignal auswirken kann.

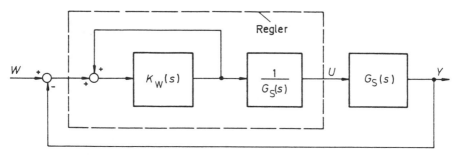

Bild 8.4.2. Kompensation der Regelstrecke

Bei dem ursprünglich von Guillemin angegebenen Verfahren war der Reglerentwurf noch so durchzuführen, daß $G_R(s)$ nur negativ reelle Polstellen aufwies, um dadurch eine Realisierung durch passive RC-Netzwerke zu gewährleisten. Darauf ist man selbstverständlich heute nicht mehr angewiesen. Aufgrund der modernen Schaltungstechnik mit Operationsverstärkern lassen sich nahezu beliebige Übertragungsfunktionen realisieren. Daher kann man im Rahmen der Realisierbarkeit gemäß Gl. (8.4.11) und bei Beachtung der technischen Beschränkungen in der Stellgröße die Pol-Nullstellen-Verteilung von $K_W(s)$ weitgehend beliebig festlegen. Das Vorgehen beim Entwurf von $G_R(s)$ sei anhand des nachfolgenden Beispiels gezeigt.

Beispiel 8.4.2:

Für eine proportional wirkende Regelstrecke mit der Übertragungsfunktion

$$G_S(s) = \frac{1}{(1+s)^2(1+5s)} = \frac{1}{1+7s+11s^2+5s^3} = \frac{D(s)}{C(s)} \qquad (8.4.13)$$

sei ein im Sinne der minimalen zeitbeschwerten betragslinearen Regelfläche (I_4) optimaler Regler nach dem zuvor beschriebenen Verfahren so zu entwerfen, daß die Anstiegszeit $T_{a,50} = 2{,}4s$ wird.

Zunächst folgt aus der Realisierbarkeitsbedingung, Gl. (8.4.11), und wegen $n - m = 3 - 0 = 3$, daß der Polüberschuß der gewünschten Führungsübertragungsfunktion $K_W(s)$

$$u - v \geq 3$$

sein muß. Bei Zugrundelegung der Tabelle 8.4.1 erhält man mit der $\int |e(t)| t\, dt$-Form für $u = 3$ und somit für $v = 0$ das Standard-Polynom

$$\beta(s) = s^3 + 1{,}75\omega_0 s^2 + 2{,}15\omega_0^2 s + \omega_0^3 \ . \tag{8.4.14}$$

Aus der zugehörigen zeitnormierten Übergangsfunktion $h_W(\omega_0 t)$ folgt ebenfalls aus Tabelle 8.4.1 die normierte Anstiegszeit

$$\omega_0 T_{a,50} = 2{,}4 \ ,$$

und damit wird wegen der geforderten Anstiegszeit $T_{a,50} = 2{,}4\,s$ die Bezugsfrequenz $\omega_0 = 1\,\text{s}^{-1}$. Gl. (8.4.14) lautet nun

$$\beta(s) = s^3 + 1{,}75 s^2 + 2{,}15 s + 1 \ .$$

Da bei der gewählten Standardform für $K_W(s)$ das Zählerpolynom $\alpha(s) = 1$ wird, folgt als Übertragungsfunktion des Kompensationsreglers gemäß Gl. (8.4.10)

$$G_R(s) = \frac{C(s)\,\alpha(s)}{D(s)\,[\beta(s)-\alpha(s)]} = \frac{1 + 7s + 11s^2 + 5s^3}{1 + 2{,}15s + 1{,}75s^2 + s^3 - 1}$$

oder

$$G_R(s) = \frac{1 + 7s + 11s^2 + 5s^3}{s(2{,}15 + 1{,}75s + s^2)} \ .$$

Dieser Regler besitzt also einen I-Anteil. Das Regelverhalten ist im Bild 8.4.3 dargestellt. ∎

Würde man als weiteres Beispiel anstelle von Gl. (8.4.13) die integralwirkende Regelstrecke mit der Übertragungsfunktion gemäß Gl. (8.4.12) wählen, dann würde sich - sofern $K_W(s)$ gleich sein soll - als Übertragungsfunktion des Reglers

$$G_R(s) = \frac{1 + 1{,}4s + s^2}{(2{,}15 + 1{,}75s + s^2)5} = \frac{1 + 1{,}4s + s^2}{10{,}75 + 8{,}75s + 5s^2}$$

ergeben, also ein Regler ohne I-Anteil. Für beide, sehr unterschiedlichen Regelstrecken läßt sich somit durch dieses Syntheseverfahren dasselbe Führungsverhalten erzwingen, sofern der zulässige Stellbereich des Reglers nicht überschritten wird.

Bei den bisherigen Überlegungen wurde vorausgesetzt, daß $G_S(s)$ stabil sei und minimales Phasenverhalten besitze. Für Regelstrecken, die diese Voraussetzungen nicht erfüllen, ist das hier beschriebene Verfahren nur

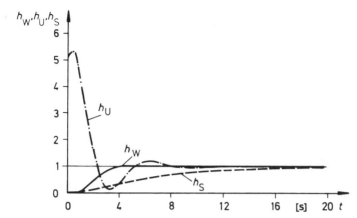

Bild 8.4.3. Regelverhalten bei dem untersuchten Beispiel: $h_W(t)$ Übergangsfunktion der Regelgröße für Führungsverhalten, $h_U(t)$ Übergangsfunktion der zugehörigen Stellgröße, $h_S(t)$ Übergangsfunktion der ungeregelten Regelstrecke

bedingt anwendbar; das Verfahren muß dann in folgender Form erweitert werden:

Es sollte keine direkte Kompensation der in der rechten s-Halbebene gelegenen Pole und Nullstellen von $G_S(s)$ durch die Reglerübertragungsfunktion $G_R(s)$ stattfinden, da sonst bereits bei einer kleinen Veränderung der Lage dieser Pol-Nullstellenverteilung Stabilitätsprobleme auftreten. Daher kann in diesen Fällen die gewünschte Führungsübertragungsfunktion $K_W(s)$ nicht mehr beliebig gewählt werden.

Bei einer Regelstrecke mit *nichtminimalem Phasenverhalten* muß $K_W(s)$ so festgelegt werden, daß die Nullstellen von $K_W(s)$ die in der rechten s-Halbebene gelegenen Nullstellen von $G_S(s)$ enthalten. Bei einer *instabilen* Regelstrecke muß hingegen die Übertragungsfunktion $1 - K_W(s)$ als Nullstellen die Werte der in der rechten s-Halbebene gelegenen Pole von $G_S(s)$ besitzen. Dadurch wird die Wahl von $K_W(s)$ natürlich wesentlich eingeschränkt. Dies sei abschließend anhand je eines Beispiels gezeigt.

Beispiel 8.4.3:

Für eine Allpaß-Regelstrecke mit der Übertragungsfunktion

$$G_S(s) = \frac{1 - Ts}{1 + Ts}$$

soll ein Regler so entworfen werden, daß der geschlossene Regelkreis der gewünschten Führungsübertragungsfunktion

$$G_W(s) \equiv K_W(s) = \frac{1}{1 + T_1 s}$$

gehorcht. Die Anwendung von Gl. (8.4.10) liefert als Reglerübertragungsfunktion

$$G_R(s) = \frac{1 + Ts}{1 - Ts} \frac{1}{T_1 s} .$$

Dieser Regler bewirkt eine direkte Kompensation (Kürzung) der Nullstelle der Regelstrecke. Dies ist jedoch - wie bereits ausgeführt wurde - unerwünscht. Daraus folgt, daß die zuvor gewählte Übertragungsfunktion $K_W(s)$ nicht zulässig ist. $K_W(s)$ wird daher entsprechend obiger Diskussion in folgender, abgeänderter Form gewählt:

$$K_W(s) = \frac{1 - Ts}{(1 + T_1 s)^2} .$$

Mit Gl. (8.4.10) erhält man nun die Reglerübertragungsfunktion

$$G_R(s) = \frac{1 + Ts}{s\,[(2T_1 + T) + sT_1^2]} .$$

Aufgrund der Wahl von $K_W(s)$ weist also der geschlossene Regelkreis ebenfalls Allpaßverhalten auf. Dies wirkt sich umso stärker aus, je kleiner die Zeitkonstante T_1 gewählt wird. Bild 8.4.4 zeigt das Verhalten dieses Regelkreises.

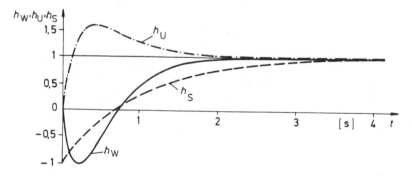

Bild 8.4.4. Regelverhalten bei dem untersuchten Beispiel: $h_W(t)$ Übergangsfunktion der Regelgröße für Führungsverhalten, $h_U(t)$ Übergangsfunktion der zugehörigen Stellgröße, $h_S(t)$ Übergangsfunktion der ungeregelten Regelstrecke (T=1s; T_1=0,5s)

Beispiel 8.4.4:

Die Übertragungsfunktion einer instabilen Regelstrecke

$$G_S(s) = \frac{1}{1 - sT}$$

sei gegeben. Gesucht ist ein Regler $G_R(s)$, bei dem $K_W(s)$ die Realisierbarkeitsbedingung $u - v \geq 1$ erfüllt, sowie $1 - K_W(s)$ als Nullstelle den Wert des instabilen Pols bei $s = +1/T$ enthält. Es muß also der Ansatz

$$1 - K_W(s) = \frac{\beta(s) - \alpha(s)}{\beta(s)} = \frac{(1 - sT)P(s)}{\beta(s)}$$

gelten, wobei $P(s)$ so zu wählen ist, daß

$$\text{Grad }[(1-sT)P(s)] = \text{Grad } \beta(s)$$

wird. Im vorliegenden Fall soll $K_W(s)$ so gewählt werden, daß Grad $\beta(s) = u = 2$ wird. Daraus folgt dann Grad $P(s) = 1$.

Damit $K_W(s)$ stabiles Verhalten aufweist, wird der Ansatz

$$P(s) = -T_1 s$$

gemacht. Damit erhält man

$$\beta(s) - \alpha(s) = (1 - Ts)(-T_1 s)$$

und bei Beachtung der Realisierbarkeitsbedingungen folgt hieraus

$$(\beta_0 - \alpha_0) + (\beta_1 - \alpha_1)s + \beta_2 s^2 = -T_1 s + T_1 T s^2 .$$

Der Koeffizientenvergleich liefert dann mit der Bezugsgröße $\beta_2 = 1$

$$\beta_0 - \alpha_0 = 0 , \quad \beta_1 - \alpha_1 = -T_1 \quad \text{und} \quad T_1 T = 1 .$$

Somit wird

$$T_1 = \frac{1}{T} \quad \text{und} \quad \beta_0 = \alpha_0 .$$

Die noch frei wählbaren Parameter β_0 und β_1 werden nun so festgelegt, daß $K_W(s)$ - unter Berücksichtigung eines akzeptablen Stellverhaltens - eine bestimmte Dämpfung und Eigenfrequenz erhält. Ohne darauf im einzelnen einzugehen, werden im vorliegenden Fall

$$\beta_0 = 1 \quad \text{und} \quad \beta_1 = T_1 = \frac{1}{T}$$

gewählt. Damit folgt

$$\alpha_0 = 1 \quad \text{und} \quad \alpha_1 = 2T_1 = \frac{2}{T}.$$

Mit diesen Größen ist nun die gewünschte Führungsübertragungsfunktion des geschlossenen Regelkreises durch die Beziehung

$$K_W(s) = \frac{1 + (2/T)s}{1 + (1/T)s + s^2}$$

festgelegt und es gilt

$$1 - K_W(s) = \frac{(1-Ts)(-s/T)}{1 + (1/T)s + s^2}.$$

Die Voraussetzungen für den Reglerentwurf sind damit erfüllt, und als Übertragungsfunktion des Reglers erhält man gemäß Gl. (8.4.9) oder Gl. (8.4.10).

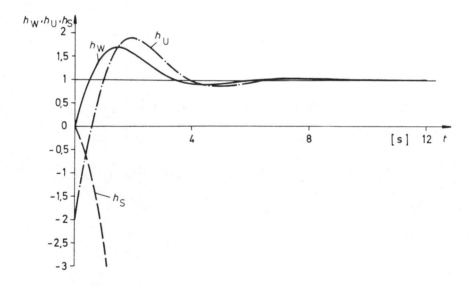

Bild 8.4.5. Regelverhalten bei dem untersuchten Beispiel: $h_W(t)$ Übergangsfunktion der Regelgröße, $h_U(t)$ Übergangsfunktion der zugehörigen Stellgröße, $h_S(t)$ Übergangsfunktion der ungeregelten Regelstrecke

$$G_R(s) = \frac{1 + (2/T)s}{-(1/T)s} = -2(1 + \frac{T}{2}\frac{1}{s}) .$$

Offensichtlich liefert dieser Entwurf einen PI-Regler, der für $w(t) = \sigma(t)$ durch seine negative Verstärkung einen positiven Verlauf der Regelgröße bewirkt. Das Übertragungsverhalten dieses Regelkreises ist im Bild 8.4.5 für $T = 1s$ dargestellt. Bei Berücksichtigung eines akzeptablen Stellverhaltens läßt sich allerdings die relativ große maximale Überschwingweite nicht vermeiden. ∎

8.4.3 Ein algebraisches Entwurfsverfahren [8.9; 8.11]

8.4.3.1 Der Grundgedanke

Bei dem nachfolgend behandelten Verfahren soll entsprechend Bild 8.4.1 für eine durch Gl. (8.4.5) beschriebene Regelstrecke ein Regler gemäß Gl. (8.4.6) so entworfen werden, daß der geschlossene Regelkreis sich nach einer gewünschten, vorgegebenen Führungsübertragungsfunktion entsprechend Gl. (8.4.7) verhält. Dabei wird allerdings die Ordnung von Zähler- und Nennerpolynom der Reglerübertragungsfunktion gleich groß gewählt ($w = z$).

Die Pole des geschlossenen Regelkreises sind die Wurzeln der charakteristischen Gleichung, die man aus

$$1 + G_R(s) G_S(s) = 0$$

unter Berücksichtigung der in den Gln. (8.4.5) und (8.4.6) definierten Polynome zu

$$\beta(s) = A(s) C(s) + B(s) D(s) = 0 \qquad (8.4.15a)$$

erhält. Daraus folgt mit Gl. (8.4.7)

$$\beta(s) = \beta_0 + \beta_1 s + \ldots + \beta_u s^u = \beta_u \prod_{i=1}^{u} (s - s_i) = 0 . \qquad (8.4.15b)$$

Dieses Polynom besitzt die Ordnung $u = z+n$; seine Koeffizienten hängen von den Parametern der Regelstrecke und des Reglers ab und sind lineare Funktionen der gesuchten Reglerparameter. Der erste Koeffizient lautet

$$\beta_0 = a_0 c_0 + b_0 d_0 , \qquad (8.4.16a)$$

der letzte wegen $m < n$ und $a_z = c_n = 1$

$$\beta_u = a_z c_n = 1 . \qquad (8.4.16b)$$

Eine allgemeine Darstellung läßt sich mit

$$\begin{aligned}\beta_i &= b_0 d_i + b_1 d_{i-1} + \ldots + b_w d_{i-w} \\ &\quad + a_0 c_i + a_1 c_{i-1} + \ldots + a_z c_{i-z}\end{aligned} \qquad (8.4.16c)$$

angeben, wobei $d_k = 0$ für $k < 0$ und $k > m$
und $c_k = 0$ für $k < 0$ und $k > n$,
sowie $w = z$ nach Voraussetzung gilt.

Die Koeffizienten β_i ergeben sich andererseits aus den negativen Polen $-s_i$ durch den Vietaschen Wurzelsatz. Für den ersten, zweitletzten und letzten Koeffizienten von $\beta(s)$ gilt beispielsweise

$$\beta_0 = \prod_{i=1}^{u} (-s_i) \qquad (8.4.17a)$$

$$\beta_{u-1} = \sum_{i=1}^{u} (-s_i) \qquad (8.4.17b)$$

$$\beta_u = 1 . \qquad (8.4.17c)$$

Während sich also die Koeffizienten β_i gemäß Gl. (8.4.17) unmittelbar aus den vorgegebenen Polen des geschlossenen Regelkreises ergeben, sind in den Koeffizienten β_i der Gl. (8.4.16) noch die gesuchten Reglerparameter enthalten. Ein Koeffizientenvergleich liefert die eigentlichen *Synthesegleichungen*, nämlich ein lineares Gleichungssystem für die $2z+1$ unbekannten Reglerkoeffizienten $a_0, \ldots, a_{z-1}, b_0, b_1, \ldots, b_z$. Die Zahl der Gleichungen ist $u = z+n$. Daraus ergibt sich als Bedingung für die eindeutige Auflösbarkeit die Ordnung des Reglers zu $z = n-1$.

Bei näherer Untersuchung zeigt sich jedoch, daß ein so entworfener Regler bei weitem nicht allen Einsatzfällen gerecht wird. Durch seinen relativ kleinen Verstärkungsfaktor kann sich bei Störungen eine bleibende Regelabweichung ergeben. Dies muß beim Entwurf berücksichtigt werden. Für Regelstrecken mit integralem Verhalten genügt die Reglerordnung $z = n-1$; bei Regelstrecken mit proportionalem Verhalten oder wenn Störgrößen am Eingang integraler Regelstrecken berücksichtigt werden müssen, sollte die Verstärkung des Reglers beeinflußbar sein, so daß insbesondere auch ein integrales Verhalten des Reglers erreicht werden kann. Dies geschieht dadurch, daß man die Reglerordnung um 1 erhöht, d. h. $z = n$ setzt, so daß das Gleichungssystem unterbestimmt wird. Der so erzielte zusätzliche Freiheitsgrad erlaubt nun eine freie Wahl der Reglerverstärkung K_R, die zweckmäßig als reziproker Verstärkungsfaktor eingeführt wird:

$$\frac{1}{K_R} = c_R = \frac{a_0}{b_0}.$$ (8.4.18)

Allerdings erhöht sich damit auch die Ordnung des geschlossenen Regelkreises; sie ist jetzt doppelt so groß wie die Ordnung der Regelstrecke.

8.4.3.2 Berücksichtigung der Nullstellen des geschlossenen Regelkreises

Bei dem im vorherigen Abschnitt beschriebenen Vorgehen ergeben sich die Nullstellen der Führungsübertragungsfunktion

$$K_W(s) \stackrel{!}{=} G_W(s) = \frac{B(s)\,D(s)}{A(s)\,C(s) + B(s)\,D(s)}$$ (8.4.19)

von selbst. Zwar können die Nullstellen der Regelstrecke, also die Wurzeln von $D(s)$, bei der Wahl der Polverteilung berücksichtigt und eventuell kompensiert werden, das Polynom $B(s)$ entsteht aber erst beim Reglerentwurf und muß nachträglich beachtet werden. Dies geschieht am einfachsten dadurch, daß man vor den geschlossenen Regelkreis, also in die Wirkungslinie der Führungsgröße, ensprechend Bild 8.4.6a ein Korrekturglied (Vorfilter) mit der Übertragungsfunktion

$$G_K(s) = \frac{c_K}{B_K(s)}$$

schaltet, mit dem sich die Nullstellen des Reglers und der Regelstrecke kompensieren lassen. Dies läßt sich aus Stabilitätsgründen allerdings nur für Nullstellen durchführen, deren Realteil negativ ist. Bezeichnet man die Teilpolynome von $B(s)$ und $D(s)$, deren Wurzeln in der linken s-Halbebene liegen mit $B^+(s)$ und $D^+(s)$ sowie die Teilpolynome, deren Wurzeln in der rechten s-Halbebene bzw. auf der imaginären Achse liegen entsprechend mit $B^-(s)$ und $D^-(s)$, so lassen sich die Zählerpoly-

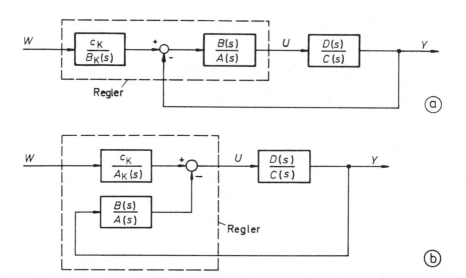

Bild 8.4.6. Kompensation der Reglernullstellen (a) mit Regler im Vorwärtszweig und (b) mit Regler im Rückkopplungszweig

nome $B(s)$ und $D(s)$ wie folgt aufspalten:

$$B(s) = B^-(s)\, B^+(s) \tag{8.4.20}$$

$$D(s) = D^-(s)\, D^+(s) \tag{8.4.21}$$

mit

$$B^-(s) = \sum_{i=0}^{w^-} b_i^- s^i \tag{8.4.22a}$$

$$w = w^+ + w^-$$

$$B^+(s) = \sum_{i=0}^{w^+} b_i^+ s^i \tag{8.4.22b}$$

bzw.

$$D^-(s) = \sum_{i=0}^{m^-} d_i^- s^i \tag{8.4.23a}$$

$$m = m^+ + m^-$$

$$D^+(s) = \sum_{i=0}^{m^+} d_i^+ s^i. \tag{8.4.23b}$$

Für den Fall, daß $B(s)$ und $C(s)$ sowie $A(s)$ und $D(s)$ teilerfremd sind, also im geschlossenen Regelkreis der Regler weder Pol- noch Nullstellen der Regelstrecke kompensiert, läßt sich das Nennerpolynom der Übertragungsfunktion des Korrekturgliedes wie folgt bestimmen:

$$B_K(s) = B^+(s)\, D^+(s)\ . \tag{8.4.24}$$

Damit erhält man als Führungsübertragungsfunktion

$$\begin{aligned}G_W(s) &= \frac{c_K}{B_K(s)}\,\frac{B(s)\,D(s)}{A(s)\,C(s)+B(s)\,D(s)} \\ &= \frac{c_K\,B^-(s)\,D^-(s)}{A(s)\,C(s)+B(s)\,D(s)}\ .\end{aligned} \tag{8.4.25}$$

Wenn sowohl der Regler als auch die Regelstrecke minimalphasiges Verhalten und deren Übertragungsfunktionen keine Nullstellen auf der imaginären Achse aufweisen, lassen sich sämtliche Nullstellen des geschlossenen Regelkreises kompensieren, so daß man anstelle von Gl. (8.4.25) die Beziehung

$$G_W(s) = \frac{c_K}{A(s)\,C(s)+B(s)\,D(s)} \tag{8.4.26}$$

erhält. Soll der geschlossene Regelkreis auch vorgegebene Nullstellen enthalten, so ist in der Übertragungsfunktion $G_K(s)$ des Korrekturgliedes ein entsprechendes Zählerpolynom vorzusehen. Der Zählerkoeffizient c_K des Korrekturgliedes dient dazu, den Verstärkungsfaktor K_W der Führungsübertragungsfunktion $G_W(s)$ gleich 1 zu machen. Aus Gl. (8.4.25) folgt hierfür

$$K_W = G_W(0) = c_K\,\frac{b_0^-\, d_0^-}{a_0 c_0 + b_0 d_0} = 1\ . \tag{8.4.27}$$

Der Nennerausdruck stellt den ersten Koeffizienten β_0 des charakteristischen Polynoms $\beta(s)$ dar, und somit gilt mit Gl. (8.4.27)

$$c_K = \frac{\beta_0}{b_0^-\, d_0^-}\ . \tag{8.4.28}$$

Im Falle eines Reglers mit I-Anteil wird $a_0 = 0$ und nach Gl. (8.4.18) $c_R = 0$. Mit den Gln. (8.4.27) und (8.4.20) bis (8.4.23) folgt direkt

$$c_K = b_0^+\, d_0^+\ . \tag{8.4.29}$$

Wird der Regler gemäß Bild 8.4.6b in den *Rückkopplungszweig* des Regelkreises geschaltet, so ändert das am Eigenverhalten des so entstandenen Systems gegenüber dem der Konfiguration nach Bild 8.4.6a nichts, denn das Nennerpolynom der Übertragungsfunktion und somit die charakteristische Gleichung des geschlossenen Regelkreises bleiben erhalten. Allerdings erscheinen nun nicht mehr die Nullstellen der Übertragungsfunktion des Reglers, sondern deren Polstellen als Nullstellen in der Übertragungsfunktion des geschlossenen Regelkreises. Es gelten jetzt analoge Überlegungen bei der Bestimmung des Nennerpolynoms $A_K(s)$ in der Übertragungsfunktion des Korrekturgliedes. Dieses Polynom berechnet sich zu

$$A_K(s) = A^+(s)\, D^+(s)\,, \tag{8.4.30}$$

wobei das Polynom $A^+(s)$ die Pole des Reglers und $D^+(s)$ die Nullstellen der Regelstrecke in der linken s-Halbebene enthält. Die Führungsübertragungsfunktion

$$G_W(s) = \frac{c_K\, A^-(s)\, D^-(s)}{A(s)\, C(s) + B(s)\, D(s)} \tag{8.4.31}$$

stimmt für den Fall eines stabilen Reglers und einer minimalphasigen Regelstrecke mit der Gl. (8.4.26) überein.

Die Konstante c_K für einen proportional wirkenden Regler ist

$$c_K = \frac{\beta_0}{a_0^-\, d_0^-}\,. \tag{8.4.32}$$

Es soll ausdrücklich darauf hingewiesen werden, daß für einen integrierenden Regler im Rückkopplungszweig keine Führungsregelung realisierbar ist.

8.4.3.3 Lösung der Synthesegleichungen

Das durch Gl. (8.4.16c) beschriebene Gleichungssystem kann leicht in Matrix-Schreibweise dargestellt werden. Dabei werden die gesuchten Reglerparameter in einem Parametervektor zusammengefaßt. Die Matrix der Regelstreckenparameter ist in den beiden betrachteten Fällen (Reglerordnung $z = n-1$ und $z = n$) gleich aufgebaut.

Für *integrale Regelstrecken* ($c_0 = 0$) mit der Reglerordnung $z = n-1$ und Normierung $c_n = 1$ lautet damit das Synthese-Gleichungssystem:

$$\begin{bmatrix} d_0 & & & & & | & 0 & & & & & \\ d_1 & d_0 & & 0 & & | & c_1 & 0 & & 0 & & \\ d_2 & d_1 & d_0 & & & | & c_2 & c_1 & 0 & & & \\ \vdots & \vdots & & \ddots & & | & \vdots & \vdots & & \ddots & & \\ & & & & \ddots & | & c_{n-2} & c_{n-3} & \cdots & c_1 & 0 & \\ d_{n-1} & d_{n-2} & & d_1 & d_0 & | & c_{n-1} & c_{n-2} & \cdots & c_2 & c_1 \\ \hline 0 & d_{n-1} & d_{n-2} & \cdots & d_1 & | & 1 & c_{n-1} & c_{n-2} & \cdots & c_2 \\ & & d_{n-1} & \cdots & d_2 & | & & 1 & c_{n-1} & \cdots & c_3 \\ \vdots & & & \ddots & \vdots & | & & & \ddots & & \vdots \\ & 0 & & & \vdots & | & & 0 & & \ddots & c_{n-1} \\ 0 & & & & d_{n-1} & | & & & & & 1 \end{bmatrix} \begin{bmatrix} b_0 \\ b_1 \\ b_2 \\ \vdots \\ b_{n-2} \\ b_{n-1} \\ a_0 \\ a_1 \\ \vdots \\ a_{n-3} \\ a_{n-2} \end{bmatrix} = \begin{bmatrix} \beta_0 \\ \beta_1 \\ \beta_2 \\ \vdots \\ \beta_{n-2} \\ \beta_{n-1} \\ \beta_n \\ \beta_{n+1} \\ \vdots \\ \beta_{2n-3} \\ \beta_{2n-2} \end{bmatrix} - \begin{bmatrix} 0 \\ 0 \\ 0 \\ \vdots \\ 0 \\ 0 \\ c_1 \\ c_2 \\ \vdots \\ c_{n-2} \\ c_{n-1} \end{bmatrix}$$

und (8.4.33a)

$$a_{n-1} = \beta_u. \quad (8.4.33b)$$

In dieser Beziehung wurde ein nicht mit den Reglerkoeffizienten verknüpfter Vektor $[0 \ldots 0 \ c_1 \ldots c_{n-1}]^T$ von der Matrix der linken Seite abgespalten und auf die rechte Seite gebracht, die als wesentlichen Teil die Koeffizienten des Polynoms β(s) mit der gewünschten (vorgegebenen) Polverteilung enthält.

Für *Regelstrecken mit proportionalem Verhalten* oder bei Störungen am Eingang integraler Regelstrecken, wo die Reglerordnung aus Gründen des Störverhaltens um 1 auf $z = n$ erhöht wird, gelten mit den Gln. (8.4.18) und (8.4.16a) folgende Beziehungen:

$$a_0 = c_R b_0 \quad (8.4.34)$$

$$b_0 = \frac{\beta_0}{d_0 + c_R c_0}. \quad (8.4.35)$$

Außerdem gilt das Synthese-Gleichungssystem:

$$\begin{bmatrix} d_0 & & & | & c_0 & & & \\ d_1 & d_0 & 0 & | & c_1 & c_0 & 0 & \\ d_2 & d_1 & d_0 & | & c_2 & c_1 & c_0 & \\ \vdots & & \ddots & | & \vdots & & \ddots & c_0 \\ d_{n-1} & d_{n-2} & \cdots d_1 & d_0 & | & c_{n-1} c_{n-2} & \cdots & c_1 \\ \hline 0 & d_{n-1} d_{n-2} & d_1 & | & 1 & c_{n-1} & \cdots & c_2 \\ & & & | & & 1 & & \vdots \\ \vdots & & & | & & & \ddots & \\ 0 & & & | & 0 & & \ddots & c_{n-1} \\ 0 & & d_{n-1} & | & & & & 1 \end{bmatrix} \begin{bmatrix} b_1 \\ b_2 \\ b_3 \\ \vdots \\ b_n \\ \hline a_1 \\ a_2 \\ \vdots \\ a_{n-1} \end{bmatrix} = \begin{bmatrix} \beta_1 \\ \beta_2 \\ \beta_3 \\ \vdots \\ \beta_n \\ \hline \beta_{n+1} \\ \vdots \\ \beta_{2n-1} \end{bmatrix} - b_0 \begin{bmatrix} d_1 + c_R c_1 \\ d_2 + c_R c_2 \\ \vdots \\ d_{n-1} + c_R c_{n-1} \\ c_R \\ \hline 0 \\ \vdots \\ 0 \end{bmatrix} - \begin{bmatrix} 0 \\ 0 \\ \vdots \\ 0 \\ c_0 \\ \hline c_1 \\ \vdots \\ c_{n-1} \end{bmatrix}$$

und
$$a_n = \beta_u . \quad (8.4.36b)$$

(8.4.36a)

Die Matrizen der linken Seite der Gln. (8.4.33a) und (8.4.36a) sind für $c_0 = 0$ jeweils gleich. Es läßt sich einfach zeigen, daß diese Matrix regulär ist. Damit sind die Synthesegleichungen eindeutig lösbar. Die Lösung kann bei Systemen niedriger Ordnung von Hand durchgeführt werden. Bei Systemen höherer Ordnung ist der Einsatz einer Digitalrechenanlage erforderlich.

8.4.3.4 Anwendung des Verfahrens

Beispiel 8.4.5:

Eine integrale Regelstrecke habe die Übertragungsfunktion

$$G_S(s) = 0{,}25 \, \frac{1 + 5s}{s(1 + 0{,}25\,s)} = \frac{1 + 5s}{4s + s^2} \, .$$

Da nicht mit Störungen am Eingang der Regelstrecke gerechnet wird, lassen sich die Reglerkoeffizienten nach Gl. (8.4.33a, b) bestimmen.

Nach Abschnitt 8.4.3.1 erhält man für diese Regelstrecke 2. Ordnung die Reglerordnung zu $z = n-1 = 1$. Der geschlossene Regelkreis besitzt somit die Ordnung $u = z+n = 3$. Die Übergangsfunktion dieses Regelkreises soll der Binomialform gemäß Tabelle 8.4.1 entsprechen, wobei $t_{50} \approx 2{,}5\,s$ eingehalten werden soll. Dies entspricht etwa dem Wert $\omega_0 \approx 1\,s^{-1}$. Das zugehörige charakteristische Polynom

$$\beta(s) = (1+s)^3 = 1 + 3s + 3s^2 + s^3$$

und Gl. (8.4.33a, b) liefern die Synthesegleichung

$$\begin{bmatrix} 1 & 0 & | & 0 \\ 5 & 1 & | & 4 \\ \hline 0 & 5 & | & 1 \end{bmatrix} \begin{bmatrix} b_0 \\ b_1 \\ \hline a_0 \end{bmatrix} = \begin{bmatrix} 1 \\ 3 \\ \hline 3 \end{bmatrix} - \begin{bmatrix} 0 \\ 0 \\ \hline 4 \end{bmatrix}$$

mit $\quad a_1 = 1$,

aus deren Lösung sich die Reglerkoeffizienten

$$a_0 = -\frac{9}{19}\,, \quad a_1 = 1\,,$$
$$b_0 = 1\,, \quad b_1 = -\frac{2}{19}\,,$$

ergeben. Die gesuchte Übertragungsfunktion des Reglers lautet damit:

$$G_R(s) = \frac{1 - \frac{2}{19}s}{-\frac{9}{19} + s}\,.$$

Wie hieraus ersichtlich, führt dieser Entwurf zu einem instabilen Regler, der darüber hinaus noch nichtminimalphasiges Verhalten aufweist. Die Übertragungsfunktion

$$G_{W1}(s) = \frac{(1 - \frac{2}{19}s)(1 + 5s)}{(1+s)^3}$$

des geschlossenen Regelkreises enthält im Zählerpolynom neben der Nullstelle der Regelstrecke eben auch diese Nullstelle des Reglers in der rechten s-Halbebene. Entsprechend den Überlegungen in Abschnitt 8.4.3.2 läßt sich diese Nullstelle aus Stabilitätsgründen nicht mit einem Korrekturglied kompensieren. Dies wäre auch gar nicht so sehr erforderlich, da die Nullstelle der Regelstrecke dominiert und somit einen sehr viel stärkeren Einfluß auf den Verlauf der Übergangsfunktion des geschlossenen Regelkreises hat (vgl. Bild 8.4.7). Das Nennerpolynom B_K in der Übertragungsfunktion $G_K(s)$ des Korrekturgliedes bestimmt sich somit zu

$$B_K(s) = D^+(s)\, B^+(s) = 1 + 5s\,.$$

Die Gesamtübertragungsfunktion des Regelkreises einschließlich des Korrekturgliedes

$$G_W(s) = \frac{1 - \frac{2}{19} s}{(1 + s)^3}$$

enthält nun zwar immer noch im Zählerpolynom die Nullstelle der Übertragungsfunktion des Reglers, wie aus Bild 8.4.7 jedoch ersichtlich ist, zeigt die entsprechende Übergangsfunktion $h_W(t)$ keine große Abweichung von der Übergangsfunktion $h_M(t)$ des vorgegebenen Vergleichssystems

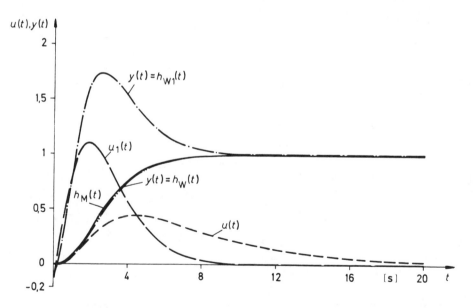

Bild 8.4.7. Übergangsfunktion der Regelgröße $y(t)$ für die Fälle: (a) ohne Korrekturglied $y(t) = h_{W_1}(t)$, (b) mit Korrekturglied $y(t) = h_W(t)$, sowie den zugehörigen Stellgrößen $u_1(t)$ und $u(t)$ und der Übergangsfunktion des Vergleichssystems $y(t) = h_M(t)$

$$K_W(s) = \frac{1}{(1+s)^3}.$$

Auffallend ist, daß die Übergangsfunktion $h_{W_1}(t)$ des Regelkreises ohne Korrekturglied mit ihrer großen Überschwingweite so gut wie keine Ähnlichkeit mit den anderen Übergangsfunktionen aufweist, obwohl alle drei Systeme das gleiche Eigenverhalten besitzen. Hier macht sich also der dominierende Einfluß der Nullstelle $s_N = -0{,}2$ in der Übertragungsfunktion der Regelstrecke bemerkbar. ∎

Beispiel 8.4.6:

Gegeben sei eine Regelstrecke 3. Ordnung mit der Übertragungsfunktion

$$G_S(s) = \frac{1}{(1+s)^2(1+5s)} = \frac{0{,}2}{0{,}2 + 1{,}4s + 2{,}2s^2 + s^3} = \frac{d_0}{C(s)}.$$

Die Übergangsfunktion $h_S(t)$ dieser Regelstrecke ist in Bild 8.4.8 dargestellt. Nun soll ein Regler so entworfen werden, daß die Übergangsfunktion $h_W(t)$ des geschlossenen Regelkreises eine gewünschte Form aufweist, die aus Tabelle 8.4.2 ausgesucht wird. Im vorliegenden Fall einer PT_n-Regelstrecke muß die Ordnung m des Reglers gleich der Ordnung n der Regelstrecke, also

$$z = n,$$

gewählt werden. Damit erhält man eine Führungsübertragungsfunktion $G_W(s)$ 6. Ordnung. Die gewünschte Übertragungsfunktion gemäß Gl. (8.4.4), die die Grundlage für Tabelle 8.4.2 bildet. besitzt genau dann die geforderte Gesamtordnung $z + n = 6$, wenn

$$k = 4$$

gewählt wird. Für den Fall soll weiterhin die Form der Übergangsfunktion mit

$$\kappa = 4$$

(siehe Tabelle 8.4.2) festgelegt werden. Der letzte noch nicht festgelegte Parameter der angestrebten Übertragungsfunktion $K_W(s)$ ist die Frequenz ω_0. Alle Übergangsfunktionen in Tabelle 8.4.2 sind auf diese Frequenz normiert, so daß man den Zeitmaßstab noch wählen kann. Somit läßt sich durch geeignete Wahl von ω_0 das in Tabelle 8.4.2 normiert dargestellte Übergangsverhalten auf den gewünschten Zeitmaßstab übertragen. Für einen Wert $\omega_0 = 0{,}4\text{s}^{-1}$ würde sich z. B. eine Anstiegszeit $T_{a,50} \approx 1{,}6\text{s}$ ergeben, für $\omega_0 = 2\text{s}^{-1}$ wäre $T_{a,50} \approx 0{,}32\text{s}$. Wählt man jedoch für ω_0 einen sehr großen Wert, um eine geringe Anstiegszeit zu

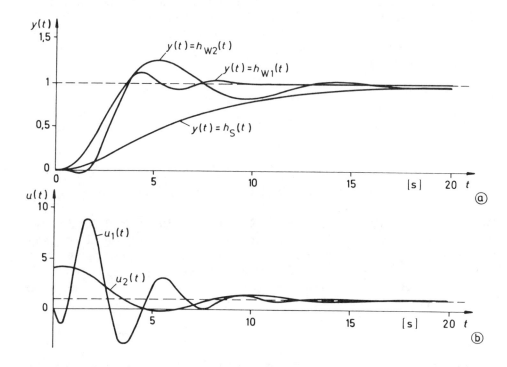

Bild 8.4.8. (a) Übergangsfunktionen der Regelgröße $y(t)$ im ungeregelten Fall $y(t) = h_S(t)$ sowie im geregelten Fall für den entworfenen Kompensationsregler $y(t) = h_{W1}(t)$ und den optimalen PI-Regler $y(t) = h_{W2}(t)$; (b) Verlauf der zu $h_{W1}(t)$ und $h_{W2}(t)$ gehörenden Stellgrößen $u_1(t)$ und $u_2(t)$

erhalten, dann liefert dies als Ergebnis des Reglerentwurfs die Koeffizienten des Reglers in so unterschiedlichen Größenordnungen, daß dieser Regler praktisch nicht realisierbar wäre. Es soll daher hier

$$\omega_0 = 0{,}4\text{s}^{-1}$$

gewählt werden. Mit den hier festgelegten Werten für k, κ und ω_0 erhält man für die gewünschte Führungsübertragungsfunktion nach Ausmultiplikation in Gl. (8.4.4) schließlich

$$K_W(s) = \frac{43,52}{43,52 + 99,84s + 106,88s^2 + 72,96s^3 + 33,12s^4 + 8,8s^5 + s^6} = \frac{\beta_0}{\beta(s)}.$$

Zur Berechnung der Koeffizienten der nach Gl. (8.4.6) beschriebenen Reglerübertragungsfunktion $G_R(s)$ liefern zunächst die Gln. (8.4.34) und (8.4.35)

$$b_0 = \frac{\beta_0}{d_0(1 + c_R \frac{c_0}{d_0})} = 217,6 \frac{1}{1 + c_R}$$

und

$$a_0 = c_R b_0 = 217,6 \frac{c_R}{1 + c_R}.$$

Die Bestimmung der restlichen Reglerkoeffizienten erfolgt nun nach Gl. (8.4.36a)

$$\begin{bmatrix} 0,2 & 0 & 0 & | & 0,2 & 0 \\ 0 & 0,2 & 0 & | & 1,4 & 0,2 \\ 0 & 0 & 0,2 & | & 2,2 & 1,4 \\ \hline 0 & 0 & 0 & | & 1 & 2,2 \\ 0 & 0 & 0 & | & 0 & 1 \end{bmatrix} \begin{bmatrix} b_1 \\ b_2 \\ b_3 \\ \hline a_1 \\ a_2 \end{bmatrix} = \begin{bmatrix} 99,84 \\ 106,88 \\ 72,96 \\ \hline 33,12 \\ 8,8 \end{bmatrix} - 217,6 \cdot \frac{1}{1+c_R} \begin{bmatrix} 1,4\, c_R \\ 2,2\, c_R \\ c_R \\ \hline 0 \\ 0 \end{bmatrix} - \begin{bmatrix} 0 \\ 0 \\ 0,2 \\ \hline 1,4 \\ 2,2 \end{bmatrix}.$$

Die Lösung dieses Synthese-Gleichungssystems liefert - angefangen von der untersten Zeile - die Reglerkoeffizienten

$$a_2 = 6,6 \;;\; a_1 = 17,2 \;;$$

$$b_3 = 128,4 - 1088 \frac{c_R}{1 + c_R};$$

$$b_2 = 407,4 - 2393,6 \frac{c_R}{1 + c_R};$$

$$b_1 = 482 - 1523,2 \frac{c_R}{1 + c_R}.$$

Wählt man den reziproken Verstärkungsfaktor gemäß Gl. (8.4.18) zu

$$c_R = 0,2 \quad \text{für} \quad K_R = 5,$$

um Koeffizienten zu erhalten, die größenordnungsmäßig etwa gleich sind, so ergibt sich als praktisch realisierbare Reglerübertragungsfunktion

$$G_R(s) = \frac{181{,}33 + 228{,}13s + 8{,}467s^2 - 52{,}93s^3}{36{,}26 + 17{,}2s + 6{,}6s^2 + s^3} =$$

$$= \frac{-52{,}93(s-2{,}468)(s+1{,}154+j0{,}236)(s+1{,}154-j0{,}236)}{(s+4{,}573)(s+1{,}013+j2{,}627)(s+1{,}013-j2{,}627)}.$$

Nach Gl. (8.4.28) ergibt sich für den Koeffizienten c_k des Korrekturgliedes

$$c_k = \frac{\beta_0}{b_0^- d_0^-} = \frac{43{,}52}{2{,}468 \cdot 52{,}93 \cdot 1} = 0{,}3331.$$

Hiermit erhält man die Übertragungsfunktion des Korrekturgliedes

$$G_K = \frac{0{,}3331}{0{,}2(s+1{,}154+j0{,}236)(s+1{,}154-j0{,}236)} = \frac{1{,}67}{1{,}39 + 2{,}31s + s^2}.$$

Die Übergangsfunktion der Regelgröße $y(t) = h_{W_1}(t)$ des geschlossenen Regelkreises ist ebenfalls im Bild 8.4.8 dargestellt. Zum Vergleich dazu zeigt dieses Bild auch die entsprechende Übergangsfunktion $y(t) = h_{W_2}(t)$ des geschlossenen Regelkreises bei Verwendung eines PI-Reglers, dessen Parameter im Sinne des Gütekriteriums der minimalen quadratischen Regelfläche gemäß Kapitel 8.2.2 optimiert wurden. Sowohl die Überschwingweite als auch die Anstiegszeit (im Wendepunkt) und Ausregelzeit dieses Regelkreises mit PI-Regler sind deutlich schlechter als bei dem oben entworfenen Regler. Aus dem Verlauf der Stellgrößen $u_1(t)$ bzw. $u_2(t)$ ist jedoch ersichtlich, daß eine geringere Anstiegszeit im allgemeinen durch eine größere Stellamplitude erkauft werden muß. Wegen der stets vorhandenen Beschränkung der Stellgröße können von der praktischen Seite her häufig zu hohe Anforderungen an die gewünschte Übertragungsfunktion $K_W(s)$ des Regelkreises nicht realisiert werden. ■

8.5 Reglerentwurf für Führungs- und Störungsverhalten

8.5.1 Struktur des Regelkreises

Für den Entwurf von Reglern bei vorgegebener Übertragungsfunktion $G_S(s)$ der Regelstrecke und bei geforderter Führungsübertragungsfunktion $G_W(s) \stackrel{!}{=} K_W(s)$ wurden in den vorangegangenen Abschnitten verschiedene Syntheseverfahren beschrieben. Berücksichtigt man zusätzlich Störungen, die bei technisch realisierten Regelsystemen immer vorhanden sind, und will man darüber hinaus Einfluß auf das Störverhalten ausüben, so ist die Verwendung eines weiteren Regelkreiselementes, im folgenden als *Vorfilter* mit der Übertragungsfunktion $G_V(s)$ bezeichnet, notwendig. Die sich dabei ergebende Struktur des Regelkreises zeigt Bild 8.5.1. Weiterhin müssen verschiedene Angriffspunkte der einwir-

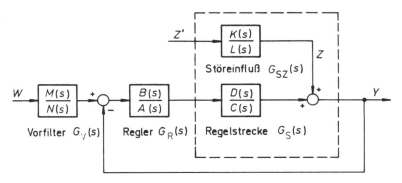

Bild 8.5.1. Regelkreis für Führungs- und Störverhalten

kenden Störungen berücksichtigt werden, da sich Störungen am Eingang oder am Ausgang der Regelstrecke unterschiedlich auf die Regelgröße auswirken.

Für die Synthese von Regler und Vorfilter werden folgende Übertragungsfunktionen eingeführt:

$$G_V(s) = \frac{M(s)}{N(s)} = \frac{m_0 + m_1 s + \ldots + m_x s^x}{n_0 + n_1 s + \ldots + n_y s^y}, \quad y \geq x; \qquad (8.5.1)$$

$$G_R(s) = \frac{B(s)}{A(s)} = \frac{b_0 + b_1 s + \ldots + b_w s^w}{a_0 + a_1 s + \ldots + a_z s^z}, \quad z \geq w; \qquad (8.5.2)$$

$$G_S(s) = \frac{D(s)}{C(s)} = \frac{d_0 + d_1 s + \ldots + d_m s^m}{c_0 + c_1 s + \ldots + c_n s^n} \quad , \quad n > m \quad . \tag{8.5.3}$$

Legt man als *Forderung* für den Regelkreis die gewünschte Führungsübertragungsfunktion

$$K_W(s) = \frac{\alpha(s)}{\beta(s)} = \frac{\alpha_0 + \alpha_1 s + \ldots + \alpha_v s^v}{1 + \beta_1 s + \ldots + \beta_u s^u} \quad , \quad u > v \tag{8.5.4}$$

und die gewünschte Störungsübertragungsfunktion

$$K_Z(s) = \frac{\gamma(s)}{\sigma(s)} = \frac{\gamma_0 + \gamma_1 s + \ldots + \gamma_q s^q}{1 + \sigma_1 s + \ldots + \sigma_p s^p} \quad , \quad p \geq q \tag{8.5.5}$$

fest, so soll bei sprungförmigen Führungs- und Störgrößen keine bleibende Regelabweichung auftreten. Somit muß gelten:

$$K_W(0) = \lim_{s \to 0} \frac{\alpha(s)}{\beta(s)} = 1 \quad , \quad \text{d. h.} \quad \alpha_0 = 1 \tag{8.5.6}$$

und

$$K_Z(0) = \lim_{s \to 0} \frac{\gamma(s)}{\sigma(s)} = 0 \quad , \quad \text{d. h.} \quad \gamma_0 = 0 \quad . \tag{8.5.7}$$

Für die Synthese des Regelkreises wird weiterhin gefordert, die Zähler- und Nennerpolynome von $K_W(s)$ und $K_Z(s)$ von möglichst niedrigem Grad und nach festlegbaren Kriterien zu wählen.

8.5.2. Der Reglerentwurf

Die Führungsübertragungsfunktion ist gegeben durch

$$G_W(s) = \frac{Y(s)}{W(s)} = \frac{G_V(s) \, G_R(s) \, G_S(s)}{1 + G_R(s) \, G_S(s)} \stackrel{!}{=} K_W(s) \quad . \tag{8.5.8}$$

Die Störungsübertragungsfunktion läßt sich errechnen als

$$G_Z(s) = \frac{Y(s)}{Z(s)} = \frac{G_{SZ}(s)}{1 + G_R(s) \, G_S(s)} \stackrel{!}{=} K_Z(s) \quad . \tag{8.5.9}$$

Aus Gl. (8.5.9) folgt dann für die Übertragungsfunktion des Reglers

$$G_R(s) = \frac{G_{SZ}(s) - K_Z(s)}{G_S(s) K_Z(s)} \ . \tag{8.5.10}$$

Für Störungen am *Eingang* der Regelstrecke gilt $G_{SZ}(s) = G_S(s)$, und damit erhält man mit Gl. (8.5.10) als Übertragungsfunktion des Reglers

$$G_R(s) = \frac{D(s)\,\sigma(s) - \gamma(s)\,C(s)}{D(s)\,\gamma(s)} \ . \tag{8.5.11}$$

Störungen am *Ausgang* der Regelstrecke werden mit $G_{SZ} = 1$ in Gl. (8.5.10) berücksichtigt. In diesem Fall ist die Übertragungsfunktion des Reglers für Störungen am Ausgang der Regelstrecke gegeben durch

$$G_R(s) = \frac{C(s)\,[\sigma(s) - \gamma(s)]}{D(s)\,\gamma(s)} = \frac{1}{G_S(s)} \frac{\sigma(s) - \gamma(s)}{\gamma(s)} \ . \tag{8.5.12}$$

8.5.2.1 Reglerentwurf für Störungen am Eingang der Regelstrecke

Betrachtet man Gl. (8.5.11), so ist - falls sich durch die Subtraktion keine Terme gleicher Potenz aufheben - der Grad w des Zählerpolynoms entweder durch $m + p$ oder durch $q + n$ gegeben. Der Grad z des Nennerpolynoms ist mit $m + q$ festgelegt. Aus Gründen der Realisierbarkeit des Reglers müßte wegen $z \geq w$ gelten:

$$q \geq p \quad \text{und} \quad m \geq n \ .$$

Da diese Bedingungen jedoch wegen der Gln. (8.5.3) und (8.5.5) nicht eingehalten werden können, müssen im Zählerpolynom der Gl. (8.5.11)

$$D(s)\,\sigma(s) - \gamma(s)\,C(s)$$

die entsprechenden Glieder höherer Potenzen in s zum Verschwinden gebracht werden. Dies ist nur möglich, wenn

$$m + p = q + n \quad \text{oder} \quad n - m = p - q \tag{8.5.13}$$

gewählt wird. Dies läßt sich in allgemeiner Form durch Ausmultiplikation der Teilpolynome des Zählers von Gl. (8.5.11) leicht nachweisen. Dabei erhält man beim Nullsetzen der entsprechenden Glieder höherer Potenzen in s die Synthesegleichungen für den Reglerentwurf. Diese

Beziehungen aus den Koeffizienten von $G_S(s)$ und $K_Z(s)$ lassen sich systematisch für unterschiedliche Systemordnungen aufstellen. Darauf soll hier jedoch nicht im Detail eingegangen werden, vielmehr wird dies später anhand einiger Beispiele exemplarisch gezeigt.

Aus Gl. (8.5.13) geht hervor, daß der Polüberschuß sowohl der Regelstreckenübertragungsfunktion als auch der Störungsübertragungsfunktion gleich sein muß. Weiterhin ist ersichtlich, daß aus Realisierbarkeitsgründen im Zählerpolynom von Gl. (8.5.11) genau

$$(m+p) - (m+q) = p - q = n - m$$

Glieder der höchsten Potenz in s verschwinden müssen, d. h. kompensiert werden müssen. Daraus ergibt sich für den Grad des Zähler- und des Nennerpolynoms der Reglerübertragungsfunktion

$$w = z = (m+p) - (p-q) = m + q \; .$$

Da $n-m$ Glieder höchster Ordnung im Zählerpolynom von Gl. (8.5.11) kompensiert werden müssen, und der Grad des Polynoms $\gamma(s)$ minimal werden soll, muß der Grad dieses Polynoms zu

$$q = n - m \qquad (8.5.14)$$

gewählt werden. Damit folgt mit Gl. (8.5.13) weiterhin

$$p = q + n - m = 2\,(n-m) \; . \qquad (8.5.15)$$

Den zuvor festgelegten Grad des Zähler- und Nennerpolynoms von $G_R(s)$ erhält man somit schließlich mit Gl. (8.5.14) zu

$$w = z = m + q = n \; . \qquad (8.5.16)$$

Nachfolgend soll nun anhand einiger einfacher Beispiele das Vorgehen beim Reglerentwurf anschaulich gezeigt werden.

Beispiel 8.5.1:

Als Übertragungsfunktion der Regelstrecke sei

$$G_S(s) = \frac{D(s)}{C(s)} = \frac{d_0 + d_1 s}{c_0 + c_1 s + c_2 s^2}$$

mit $n = 2$ und $m = 1$ gegeben. Gemäß den Gln. (8.5.14) und (8.5.15) besitzen die Polynome $\sigma(s)$ und $\gamma(s)$ jeweils den Grad

$$p = 2(2-1) = 2$$
und
$$q = 2 - 1 = 1 \, .$$

Als Störungsübertragungsfunktion ergibt sich somit

$$K_Z(s) = \frac{\gamma_1 s}{1 + \sigma_1 s + \sigma_2 s^2} = \frac{\gamma(s)}{\sigma(s)} \, .$$

Setzt man nun die Polynome $\gamma(s)$ und $\sigma(s)$ in Gl. (8.5.11) ein, so folgt formal als Reglerübertragungsfunktion

$$G_R(s) = \frac{d_0 + s(d_0\sigma_1 + d_1 - \gamma_1 c_0) + s^2(d_0\sigma_2 + d_1\sigma_1 - \gamma_1 c_1) + s^3(d_1\sigma_2 - \gamma_1 c_2)}{d_0\gamma_1 s + d_1\gamma_1 s^2} \, .$$

Mit $\gamma_1 = \sigma_2 d_1/c_2$ verschwindet das höchste Glied im Zählerpolynom von $G_R(s)$, und man erhält als realisierbare Reglerübertragungsfunktion in zusammengefaßter Schreibweise

$$G_R(s) = \frac{b_0 + b_1 s + b_2 s^2}{a_1 s + a_2 s^2}$$

und als Störungsübertragungsfunktion

$$K_Z(s) = \frac{\dfrac{\sigma_2 d_1}{c_2} s}{1 + \sigma_1 s + \sigma_2 s^2} \, .$$

An diesem Beispiel wird deutlich, daß das Störungsübertragungsverhalten nicht frei wählbar ist, sondern nur die Eigendynamik des Störungseinflusses, also die Pole der Störungsübertragungsfunktion. Die Koeffizienten des Zählerpolynoms $\gamma(s)$ sind in diesem Fall abhängig von denen des Nennerpolynoms $\sigma(s)$. ∎

Beispiel 8.5.2:

Ähnlich wie im vorherigen Beispiel wird hier eine Regelstrecke zweiter Ordnung, allerdings mit dem Polüberschuß $n - m = 2$ betrachtet, also

$$G_S(s) = \frac{D(s)}{C(s)} = \frac{d_0}{c_0 + c_1 s + c_2 s^2} \;.$$

Der Grad von Zähler- und Nennerpolynom der Störungsübertragungsfunktion ergibt sich mit den Gln. (8.5.14) und (8.5.15) zu

$$q = n - m = 2 \quad \text{und} \quad p = 2(n-m) = 4 \;.$$

Es ist also eine Störungsübertragungsfunktion der Form

$$K_Z(s) = \frac{\gamma_1 s + \gamma_2 s^2}{1 + \sigma_1 s + \sigma_2 s^2 + \sigma_3 s^3 + \sigma_4 s^4}$$

anzusetzen. Nach Gl. (8.5.16) wird der Grad des Zähler- und Nennerpolynoms der Reglerübertragungsfunktion

$$w = z = m + q = n = 2 \;.$$

Andererseits liefert aber Gl. (8.5.11) formal die Reglerübertragungsfunktion

$$G_R(s) = \frac{b_0 + b_1 s + b_2 s^2 + (d_0 \sigma_3 - \gamma_1 c_2 - \gamma_2 c_1) s^3 + (d_0 \sigma_4 - \gamma_2 c_2) s^4}{d_0 \gamma_1 s + d_0 \gamma_2 s^2} \;.$$

Aus Gründen der Realisierbarkeit müssen jedoch im Zählerpolynom dieser Beziehung $n - m = 2$ Glieder der höchsten Potenzen in s verschwinden. Daraus folgen als Bedingungen für die Festlegung der Störungsübertragungsfunktion

$$\gamma_2 = \frac{d_0 \sigma_4}{c_2}$$

und

$$\gamma_1 = \frac{d_0 \sigma_3 c_2 - d_0 \sigma_4 c_1}{c_2^2} \;.$$

∎

8.5.2.2 Reglerentwurf für Störungen am Ausgang der Regelstrecke

Ausgehend von Gl. (8.5.12) lassen sich ähnliche Beziehungen wie im vorherigen Abschnitt aufstellen. Der Grad des Zählerpolynoms der

Reglerübertragungsfunktion ist in diesem Fall entweder durch $n + p$ oder durch $q + n$ gegeben. Damit die aus Gründen der Realisierbarkeit des Reglers erforderliche Kompensation überzähliger Terme im Zählerpolynom der Gl. (8.5.12) möglich ist, muß gelten:

$$p = q \; . \tag{8.5.17}$$

Daß $p = q$ sein muß, wird auch dadurch verständlich, daß die Störung unmittelbar am Ausgang der Regelstrecke einwirkt und somit die Störübertragungsfunktion stets sprungfähiges Verhalten aufweist. Es müssen also wiederum $(n+p) - (m+q) = n - m$ Glieder der höchsten Potenz in s im Zählerpolynom von Gl. (8.5.12) kompensiert werden. Somit ist der Grad von Zähler- und Nennerpolynom von $G_R(s)$ mit

$$w = z = (q+n) - (n-m) = m + q$$

festgelegt. Da im Zählerpolynom von Gl. (8.5.12) $n - m$ Glieder höchster Ordnung kompensiert werden müssen, und der Grad des Polynoms $\gamma(s)$ minimal werden soll, muß der Grad desselben zu

$$q = n - m \tag{8.5.18}$$

gewählt werden. Damit folgt mit Gl. (8.5.17)

$$p = n - m \; . \tag{8.5.19}$$

Der zuvor festgelegte Grad der Polynome der Reglerübertragungsfunktion $G_R(s)$ wird dann schließlich mit Gl. (8.5.18)

$$w = z = m + q = n \; . \tag{8.5.20}$$

Wie man aus Gl. (8.5.12) sehen kann, werden die Pole der Regelstreckenübertragungsfunktion gegen die Nullstellen der Reglerübertragungsfunktion gekürzt. Variieren die Regelstreckenparameter nur geringfügig, so kommt es bei instabilen Regelstrecken auch zu einem instabilen Verhalten des Regelkreises. Bei instabilen Regelstrecken wird $\gamma(s)$ daher so gewählt, daß es die instabilen Terme $C^-(s)$ mit dem Grad n^- enthält, also

$$\gamma(s) = C^-(s) \, \psi(s) \; .$$

Somit hat die Reglerübertragungsfunktion $G_R(s)$ die Form

$$G_R(s) = \frac{C^+(s) \, [\sigma(s) - C^-(s) \psi(s)]}{D(s) \, \psi(s)} \; ,$$

wobei $C^+(s)$ den Anteil des Polynoms $C(s)$ mit Nullstellen in der linken s-Halbebene darstellt.

Das Polynom $\psi(s)$ mit dem Grad λ ist hier so zu wählen, daß das Polynom $\sigma(s) - C^-(s)\,\psi(s)$ selbst nur Nullstellen in der linken s-Halbebene enthält. Die Ordnung der Störungsübertragungsfunktion ist durch $p = n^- + \lambda$ gegeben, da im Zählerpolynom $n - n^- + p - m - \lambda$ Terme höherer Potenzen in s aus Realisierbarkeitsgründen kompensiert werden müssen. Die Reglerübertragungsfunktion hat dann die Ordnung $m + \lambda$. Ein ausführliches Beispiel zum Regelkreisentwurf für eine instabile Regelstreckenübertragungsfunktion ist in Abschnitt 8.5.4.2 zu finden. Das Vorgehen beim Reglerentwurf soll hier anhand einiger einfacher Beispiele stabiler Regelstreckenübertragungsfunktionen nachfolgend anschaulich gezeigt werden.

Beispiel 8.5.3:

Wählt man wiederum eine Regelstrecke zweiter Ordnung mit der Übertragungsfunktion

$$G_S(s) = \frac{d_0 + d_1 s}{c_0 + c_1 s + c_2 s^2}$$

und dem Polüberschuß $n - m = 1$, so wird mit den Gln. (8.5.18) und (8.5.19) $q = p = 1$. Als Störungsübertragungsfunktion $K_Z(s)$ folgt damit gemäß den Gln. (8.5.5) und (8.5.7)

$$K_Z(s) = \frac{\gamma_1 s}{1 + \sigma_1 s}.$$

Eingesetzt in Gl. (8.5.12) entsteht dann formal die Reglerübertragungsfunktion

$$G_R(s) = \frac{c_0 + s\,[c_1 + c_0(\sigma_1 - \gamma_1)] + s^2\,[c_2 + c_1(\sigma_1 - \gamma_1)] + s^3 c_2(\sigma_1 - \gamma_1)}{d_0 \gamma_1 s + d_1 \gamma_1 s^2}.$$

Mit der Realisierbarkeitsbedingung $\sigma_1 = \gamma_1$ erhält man als realisierbare Übertragungsfunktion des Reglers

$$G_R(s) = \frac{c_0 + c_1 s + c_2 s^2}{d_0 \sigma_1 s + d_1 \sigma_1 s^2}$$

und für die Störungsübertragungsfunktion

$$K_Z(s) = \frac{\sigma_1 s}{1 + \sigma_1 s}.$$ ∎

Beispiel 8.5.4:

Bei einer Regelstrecke mit der Übertragungsfunktion

$$G_S(s) = \frac{d_0}{c_0 + c_1 s + c_2 s^2}$$

ist $n - m = 2$ und somit $p = q = 2$. Daraus folgt als Störungsübertragungsfunktion

$$K_Z(s) = \frac{\gamma_1 s + \gamma_2 s^2}{1 + \sigma_1 s + \sigma_2 s^2}.$$

Die Realisierbarkeitsbedingungen für die Reglerübertragungsfunktion

$$G_R(s) = \frac{b_0 + b_1 s + b_2 s^2 + [c_1(\sigma_2 - \gamma_2) + c_2(\sigma_1 - \gamma_1)]s^3 + (\sigma_2 - \gamma_2)s^4}{d_0 \gamma_1 s + d_0 \gamma_2 s^2}$$

lautet dann

und
$$\gamma_2 = \sigma_2$$
$$\gamma_1 = \sigma_1 .$$

Das ergibt eine realisierbare Reglerübertragungsfunktion der Form

$$G_R(s) = \frac{b_0 + b_1 s + b_2 s^2}{d_0 \gamma_1 s + d_0 \gamma_2 s^2}.$$ ∎

Zusammenfassend kann man feststellen, daß die Ordnung der Störungsübertragungsfunktion vom Angriffsort der Störung und vom Polüberschuß $(n-m)$ der Übertragungsfunktion der Regelstrecke abhängig ist. Wählt man die Eigendynamik von $K_Z(s)$, so sind die Nullstellen von $K_Z(s)$ durch die Realisierbarkeitsbedingungen für den Regler festgelegt.

8.5.3. Entwurf des Vorfilters

Ausgangspunkt für die Synthese der Übertragungsfunktion $G_V(s)$ des Vorfilters sind die Gln. (8.5.8) und (8.5.9). Aus diesen Gleichungen folgt unmittelbar

$$G_V(s) = \frac{G_{SZ}(s) K_W(s)}{G_R(s) G_S(s) K_Z(s)} . \qquad (8.5.21)$$

Greift die Störung am *Eingang* der Regelstrecke an, so ist $G_{SZ}(s) = G_S(s)$ und damit wird

$$G_V(s) = \frac{K_W(s)}{G_R(s) K_Z(s)} . \qquad (8.5.22)$$

Bei Störungen am *Ausgang* der Regelstrecke gilt hingegen wegen $G_{SZ}(s) = 1$

$$G_V(s) = \frac{K_W(s)}{G_R(s) G_S(s) K_Z(s)} . \qquad (8.5.23)$$

8.5.3.1 Entwurf des Vorfilters für Störungen am Eingang der Regelstrecke

Mit Gl. (8.5.22) erhält man als Übertragungsfunktion des Vorfilters

$$G_V(s) = K_W(s) \frac{1}{G_R(s)} \frac{1}{K_Z(s)} = \frac{\alpha(s)\, A(s)\, \sigma(s)}{\beta(s)\, B(s)\, \gamma(s)} .$$

Berücksichtigt man, daß mit den Gln. (8.5.2) und (8.5.11)

$$A(s) = D(s)\gamma(s)$$

ist, so läßt sich die Übertragungsfunktion des Vorfilters auch in der Form

$$G_V(s) = \frac{\alpha(s)\, D(s)\, \sigma(s)}{\beta(s)\, B(s)} = \frac{M(s)}{N(s)} \qquad (8.5.24)$$

schreiben.

Zur Bestimmung des Grades v und u der Polynome $\alpha(s)$ und $\beta(s)$ wird die Realisierbarkeitsbedingung von $G_V(s)$ untersucht. Demnach erhält man mit den Ergebnissen aus Abschnitt 8.5.2.1, also $p = 2(n-m)$ und $w = n$, die Bedingung $u + n \geq v + m + 2(n-m)$, oder

$$u \geq n - m + v . \qquad (8.5.25)$$

Nach Gl. (8.5.24) ist der Grad des Zählerpolynoms $M(s)$ und des Nennerpolynoms $N(s)$ damit zu

$$x = m + v + 2(n-m) = 2n - m + v \qquad (8.5.26)$$

und

$$y = n + u \qquad (8.5.27)$$

festgelegt, sofern $M(s)$ und $N(s)$ teilerfremd sind. Wird z. B. die Zählerordnung der Führungsübertragungsfunktion, wie in den folgenden Beispielen mit $v = 0$ angesetzt, so gilt:

$$u \geq n - m .$$

Ist $v > 0$, so kann $\alpha(s)$ benutzt werden, um nicht vermeidbare Nullstellen der Reglerübertragungsfunktion in der rechten s-Halbebene zu kompensieren, die sonst beim Entwurf zu einem instabilen Vorfilter führen würden. Allerdings bleibt das durch den Regler bedingte nichtminimalphasige Verhalten des Regelkreises erhalten.

Beispiel 8.5.5:

In Beispiel 8.5.1 wurde für die Übertragungsfunktion der Regelstrecke

$$G_S(s) = \frac{D(s)}{C(s)} = \frac{d_0 + d_1 s}{c_0 + c_1 s + c_2 s^2}$$

die Störungsübertragungsfunktion

$$K_Z(s) = \frac{\gamma(s)}{\sigma(s)} = \frac{\gamma_1 s}{1 + \sigma_1 s + \sigma_2 s^2}$$

festgelegt. Für den Regler ergab sich damit eine Übertragungsfunktion der Form

$$G_R(s) = \frac{B(s)}{A(s)} = \frac{b_0 + b_1 s + b_2 s^2}{a_1 s + a_2 s^2} .$$

Nach Gl. (8.5.24) läßt sich das Vorfilter $G_V(s)$ als

$$G_V(s) = \frac{\alpha(s) D(s)}{\beta(s) B(s)} \sigma(s)$$

berechnen. Mit $v = 0$ und $u = 1$ wird

$$K_W(s) = \frac{\alpha(s)}{\beta(s)} = \frac{1}{1 + \beta_1 s}$$

gewählt. Damit ist für das Vorfilter der Grad von Zähler- und Nennerpolynom mit $x = y = 3$ festgelegt. Nach Einsetzen der Ergebnisse aus Beispiel 8.5.1 in Gl. (8.5.24) lautet die Übertragungsfunktion des Vorfilters in der allgemeinen Form

$$G_V(s) = \frac{m_0 + m_1 s + m_2 s^2 + m_3 s^3}{n_0 + n_1 s + n_2 s^2 + n_3 s^3}.$$

■

Beispiel 8.5.6:

Legt man nun, wie in Beispiel 8.5.2, einen Polüberschuß der Übertragungsfunktion der Regelstrecke von $n - m = 2$ zugrunde, und werden die Ergebnisse für $K_Z(s)$ und $G_R(s)$ berücksichtigt, so kann für $v = 0$ die Führungsübertragungsfunktion

$$K_W(s) = \frac{1}{1 + \beta_1 s + \beta_2 s^2}$$

gewählt werden. Als Folge davon entsteht unter Berücksichtigung der Gln. (8.5.24), (8.5.26) und (8.5.27) die Vorfilter-Übertragungsfunktion in der allgemeinen Form

$$G_V(s) = \frac{m_0 + m_1 s + m_2 s^2 + m_3 s^3 + m_4 s^4}{n_0 + n_1 s + n_2 s^2 + n_3 s^3 + n_4 s^4}.$$

■

8.5.3.2 Entwurf des Vorfilters für Störungen am Ausgang der Regelstrecke

Ähnlich wie im Abschnitt 8.5.1 erhält man auch hier aus Gl. (8.5.23)

$$G_V(s) = \frac{A(s) C(s) \sigma(s) \alpha(s)}{B(s) D(s) \gamma(s) \beta(s)} = \frac{M(s)}{N(s)}.$$

Berücksichtigt man die Gln. (8.5.2) und (8.5.11), so erhält man mit

$$A(s) = D(s)\gamma(s)$$

aus obiger Beziehung

$$G_V(s) = \frac{C(s)\sigma(s)\alpha(s)}{B(s)\beta(s)} \ . \tag{8.5.28}$$

Die Aufgabenstellung besteht hier zu Beginn wiederum darin, den Grad u und v der Polynome $\alpha(s)$ und $\beta(s)$ so festzulegen, daß das Vorfilter realisierbar wird. Betrachtet man die Polynome $M(s)$ und $N(s)$ und berücksichtigt dabei die Ergebnisse aus Abschnitt 8.5.1.2, so gilt

$$n + u \geqslant n + n - m + v \ .$$

Daraus folgt wie im vorhergehenden Fall

$$u \geqslant n - m + v \ . \tag{8.5.29}$$

Aus Gl. (8.5.28) erhält man dann schließlich für den Grad der Zähler- und Nennerpolynome $M(s)$ und $N(s)$ von $G_V(s)$

und
$$x = 2n - m + v \tag{8.5.30a}$$
$$y = n + u \ , \tag{8.5.30b}$$

sofern $M(s)$ und $N(s)$ teilerfremd sind. Entstehen beim Entwurf von $N(s)$ instabile Pole, dann kann wie im Falle von Störungen am Eingang der Regelstrecke vorgegangen werden, indem der Grad v des Zählerpolyoms von $K_W(s)$ um die Anzahl der zu kompensierenden Terme erhöht wird.

Für den Fall instabiler Regelstrecken mit $C(s) = C^+(s)C^-(s)$ mit den instabilen Anteilen $C^-(s)$ und dem Nennerpolynom $\gamma(s) = C^-(s)\psi(s)$ der Störungsübertragungsfunktion $K_Z(s)$ errechnet sich die Übertragungsfunktion des Vorfilters mit der in Abschnitt 8.5.2.2 festgelegten Reglerübertragungsfunktion

$$G_R(s) = \frac{C^+(s)[\sigma(s) - C^-(s)\psi(s)]}{D(s)\psi(s)} = \frac{B(s)}{A(s)}$$

zu

$$G_V(s) = \frac{C^+(s)\sigma(s)a(s)}{B(s)\beta(s)} \ . \tag{8.5.31}$$

Beispiel 8.5.7:

Hier wird wiederum, wie im Beispiel 8.5.3 als Übertragungsfunktion der Regelstrecke

$$G_S(s) = \frac{D(s)}{C(s)} = \frac{d_0 + d_1 s}{c_0 + c_1 s + c_2 s^2}$$

gewählt. Berücksichtigt man die dabei erhaltenen Ergebnisse

$$K_Z(s) = \frac{\gamma(s)}{\sigma(s)} = \frac{\gamma_1 s}{1 + \sigma_1 s}$$

und

$$G_R(s) = \frac{B(s)}{A(s)} = \frac{b_0 + b_1 s + b_2 s^2}{a_1 s + a_2 s^2},$$

dann kann man für $v = 0$ die Führungsübertragungsfunktion mit Hilfe der Gl. (8.5.29) zu

$$K_W(s) = \frac{\alpha(s)}{\beta(s)} = \frac{1}{1 + \beta_1 s}$$

festlegen. Eingesetzt in Gl. (8.5.28) folgt dann die Übertragungsfunktion des Vorfilters in allgemeiner Form

$$G_V(s) = \frac{m_0 + m_1 s + m_2 s^2 + m_3 s^3}{n_0 + n_1 s + n_2 s^2 + n_3 s^3}. \quad \blacksquare$$

Beispiel 8.5.8:

Ähnlich wie in Beispiel 8.5.4 wird hier der Polüberschuß der Übertragungsfunktion der Regelstrecke mit $n - m = 2$ festgelegt. Mit

$$K_Z(s) = \frac{\gamma_1 s + \gamma_2 s^2}{1 + \sigma_1 s + \sigma_2 s^2}$$

und

$$G_R(s) = \frac{b_0 + b_1 s + b_2 s^2}{a_1 s + a_2 s^2}$$

folgt bei Wahl von $v = 0$ und unter Anwendung der Gl. (8.5.29) als

Übertragungsfunktion des Vorfilters

$$G_V(s) = \frac{m_0 + m_1 s + m_2 s^2 + m_3 s^3 + m_4 s^4}{n_0 + n_1 s + n_2 s^2 + n_3 s^3 + n_4 s^4} \; . \quad \blacksquare$$

8.5.4 Anwendung des Verfahrens

Die in den vorangegangenen Abschnitten angegebenen Synthesebeziehungen für den Reglerentwurf sollen abschließend noch auf ein bereits im Kapitel 8.4.2 eingeführtes Beispiel einer instabilen Regelstrecke mit der Übertragungsfunktion

$$G_S(s) = \frac{D(s)}{C(s)} = \frac{1}{1-sT} \; , \quad T = 1\text{s}$$

angewendet werden (Beispiel 8.4.4).

8.5.4.1 Störung am Eingang der Regelstrecke

Wird eine Störung am Eingang der Regelstrecke angenommen, so ist der Grad von Zähler- und Nennerpolynom der noch festzulegenden Störungsübertragungsfunktion gemäß den Gln. (8.5.14) und (8.5.15) mit $q = 1$ und $p = 2$ gegeben. Die Störungsübertragungsfunktion ergibt sich somit als

$$K_Z(s) = \frac{\gamma(s)}{\sigma(s)} = \frac{\gamma_1 s}{1 + \sigma_1 s + \sigma_2 s^2} \; .$$

Die Reglerübertragungsfunktion errechnet sich dann formal nach Gl. (8.5.11) zu

$$G_R(s) = \frac{B(s)}{A(s)} = \frac{1 + (\sigma_1 - \gamma_1)s + (\sigma_2 + \gamma_1 T)s^2}{\gamma_1 s} \; .$$

Als Realisierbarkeitsbedingung für den Regler folgt hieraus

$$\gamma_1 = -\frac{\sigma_2}{T} \; .$$

Damit ergibt sich für den Regler die realisierbare Übertragungsfunktion

$$G_R(s) = \frac{1 + (\sigma_1 + \frac{\sigma_2}{T})s}{-\frac{\sigma_2}{T}s}.$$

Weiterhin liefert obige Beziehung für γ_1 die Störungsübertragungsfunktion

$$K_Z(s) = \frac{-\frac{\sigma_2}{T}s}{1 + \sigma_1 s + \sigma_2 s^2}.$$

Beim Entwurf des Vorfilters für Störungen am Eingang der Regelstrecke wird nun so vorgegangen, daß mit Hilfe der Gl. (8.5.25) die Ordnung der Führungsübertragungsfunktion festgelegt wird. Für das Führungsverhalten wird $u = 2$ und $v = 0$ gewählt. Demnach ist die Struktur der Führungsübertragungsfunktion durch

$$K_W(s) = \frac{\alpha(s)}{\beta(s)} = \frac{1}{1 + \beta_1 s + \beta_2 s^2}$$

vorgegeben. Die Reglersynthese soll so erfolgen, daß das Führungsverhalten durch ca. 10% Überschwingen und durch eine Ausregelzeit $t_{3\%} \approx 3s$ festgelegt wird. Im vorliegenden Fall eines Systems 2. Ordnung werden diese Forderungen gemäß den Bildern 8.3.3 und 8.3.5 für die Eigenfrequenz $\omega_0 = 2\ s^{-1}$ und den Dämpfungsgrad $D = 0,6$ erreicht. Somit ergibt sich als entsprechende Führungsübertragungsfunktion

$$K_W(s) = \frac{1}{1 + 0,6s + 0,25s^2}.$$

Wählt man für das Eigenverhalten des Regelkreises im Störungsfall die gleichen Koeffizienten, also

$$\sigma(s) = \beta(s),$$

so folgt als Störungsübertragungsfunktion

$$K_Z(s) = \frac{-0,25s}{1 + 0,6s + 0,25s^2}$$

und als Reglerübertragungsfunktion

$$G_R(s) = \frac{1 + 0,85s}{-0,25s}.$$

Der Entwurf des Vorfilters, das durch die Beziehung

$$G_V(s) = \frac{D(s)\alpha(s)\sigma(s)}{B(s)\beta(s)}$$

gegeben ist, vereinfacht sich bei der Vorgabe von $\beta(s) = \sigma(s)$ zu

$$G_V(s) = \frac{D(s)\alpha(s)}{B(s)} = \frac{1}{1 + 0{,}85s}.$$

Die verschiedenen Übergangsfunktionen, die den Einfluß sprungförmiger Führungsgrößen und Störgrößen zeigen, sind im Bild 8.5.2 dargestellt.

8.5.4.2 Störung am Ausgang der Regelstrecke

Wird nun der Regelkreis für Störungen am Ausgang der Regelstrecke ausgelegt, so ist bei instabiler Regelstrecke die in Abschnitt 8.5.2.2 abgeleitete Reglerübertragungsfunktion

$$G_R(s) = \frac{C^+(s)\,[\sigma(s) - C^-(s)\,\psi(s)]}{D(s)\,\psi(s)}$$

maßgebend. Mit

$$C^+(s) = 1, \quad C^-(s) = 1 - sT$$

und dem Ansatz

$$\psi(s) = a + bs$$

ergibt sich dann, wenn wie im vorhergehenden Fall

$$\sigma(s) = \beta(s)$$

angesetzt wird,

$$G_R(s) = \frac{1 - a + (\beta_1 - b + aT)s + (\beta_2 + bT)s^2}{(a + bs)}.$$

Als Realisierungsbedingung für den Regler folgt daraus

$$b = -\frac{\beta_2}{T}$$

und der Einfachheit halber $a = 0$.

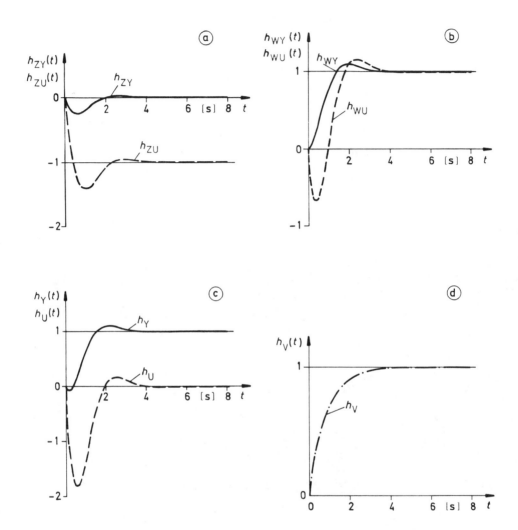

Bild 8.5.2. Übergangsfunktionen bei Auslegung des Regelkreises auf sprungförmige Störungen $z = \sigma(t)$ am *Eingang* der Regelstrecke:
(a) Regelgröße $h_{ZY}(t)$ und Stellgröße $h_{ZU}(t)$ für $z = \sigma(t)$
(b) Regelgröße $h_{WY}(t)$ und Stellgröße $h_{WU}(t)$ für sprungförmige Erregung der Führungsgröße $w = \sigma(t)$
(c) Regelgröße $h_Y(t)$ und Stellgröße $h_U(t)$ für gleichzeitiges $z = \sigma(t)$ und $w = \sigma(t)$
(d) Übergangsfunktion $h_V(t)$ des Vorfilters

Damit ist die Übertragungsfunktion des Reglers als

$$G_R(s) = \frac{1 + (\beta_1 + \frac{\beta_2}{T})s}{-\frac{\beta_2}{T}s} = \frac{1 + 0{,}85s}{-0{,}25s}$$

festgelegt, und die Störungsübertragungsfunktion ist dann durch

$$K_Z(s) = \frac{\psi(s)C^-(s)}{\sigma(s)} = \frac{-\frac{\beta_2}{T}s + \beta_2 s^2}{1 + \beta_1 s + \beta_2 s^2}$$

gegeben.

Die Übertragungsfunktion des Vorfilters läßt sich nach Gl. (8.5.23) zu

$$G_V(s) = \frac{A(s)C(s)\sigma(s)\alpha(s)}{B(s)D(s)\gamma(s)\beta(s)}$$

berechnen. Mit den gemachten Annahmen

$$K_W(s) = \frac{\alpha(s)}{\beta(s)} = \frac{1}{1 + \beta_1 s + \beta_2 s^2},$$

$$\sigma(s) = \beta(s)$$

$$\gamma(s) = C^-(s)\psi(s),$$

$$A(s) = D(s)\psi(s)$$

vereinfacht sich diese Beziehung zu

$$G_V(s) = \frac{1}{B(s)} = \frac{1}{1 + (\beta_1 + \frac{\beta_2}{T})s} = \frac{1}{1 + 0{,}85s}.$$

Die zu diesem Fall gehörenden Übergangsfunktionen sind im Bild 8.5.3 dargestellt.

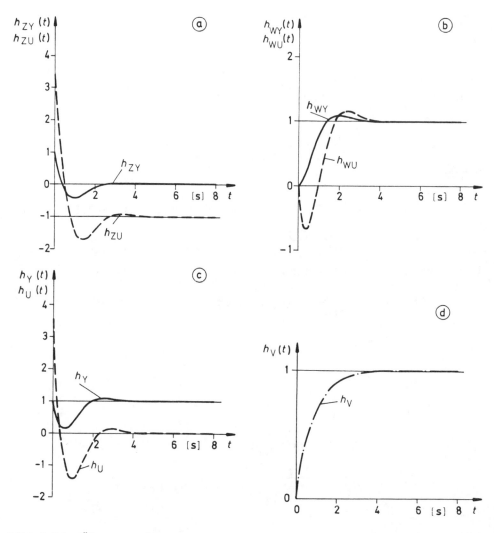

Bild 8.5.3. Übergangsfunktionen bei Auslegung des Regelkreises auf sprungförmige Störungen $z = \sigma(t)$ am *Ausgang* der Regelstrecke:
(a) Regelgröße $h_{ZY}(t)$ und Stellgröße $h_{ZU}(t)$ für $z = \sigma(t)$
(b) Regelgröße $h_{WY}(t)$ und Stellgröße $h_{WU}(t)$ für sprungförmige Erregung der Führungsgröße $w = \sigma(t)$
(c) Regelgröße $h_Y(t)$ und Stellgröße $h_U(t)$ für gleichzeitiges $z = \sigma(t)$ und $w = \sigma(t)$
(d) Übergangsfunktion $h_V(t)$ des Vorfilters

8.6 Verbesserung des Regelverhaltens durch Entwurf vermaschter Regelsysteme

8.6.1 Problemstellung

Die bisher behandelten einschleifigen Regelkreise können auch bei optimaler Auslegung besonders hohe Anforderungen bezüglich maximaler Überschwingweite e_{max}, Anstiegszeit T_a und Ausregelzeit t_ε bei Regelstrecken höherer Ordnung und eventuell vorhandener Totzeit nicht erfüllen, insbesondere dann, wenn große Störungen auftreten und zwischen Stell- und Meßglied große Verzögerungen auftreten. Eine Verbesserung des Regelverhaltens läßt sich jedoch erzielen, wenn die Signalwege zwischen Stelleingriff und Störung verkürzt werden, oder wenn Störungen bereits vor ihrem Eintritt in eine Regelstrecke weitgehend durch eine getrennte *Vorregelung* kompensiert werden, wozu allerdings die Störungen meßbar und über ein Stellglied beeinflußbar sein müssen. Eine Verkürzung der Signalwege innerhalb eines Regelsystems führt zu einer strukturellen Erweiterung des Grundregelkreises und damit zu einem vermaschten Regelsystem.

Nachfolgend werden einige der wichtigsten Grundstrukturen vermaschter Regelsysteme behandelt. Für die Auswahl der jeweils geeignetsten Struktur sind neben der Art und dem Eingriffsort der Hauptstörgrößen besonders anlagenspezifische sowie ökonomische Gesichtspunkte maßgebend, wie z. B. zusätzliche Installation von Stell- und Meßgliedern. Eine Entscheidung hängt somit weitgehend vom speziellen Anwendungsfall ab.

8.6.2 Störgrößenaufschaltung

Die Störgrößenaufschaltung entspricht einer dem Grundregelkreis überlagerten Steuerung mit dem Ziel, die Störung weitgehend durch ein Steuerglied mit der Übertragungsfunktion $G_{sti}(s)$ ($i = 1,2,...$) zu kompensieren, bevor sie sich voll auf die Regelgröße y auswirkt. Diese Schaltung läßt sich natürlich nur dann realisieren, wenn die Störung am Eingang der Regelstrecke meßbar ist. Hinsichtlich der Aufschaltung der Störung werden im weiteren zwei Fälle unterschieden. Es seien hierbei

$$G_R(s) = \frac{B(s)}{A(s)} ; \quad G_{sti}(s) = \frac{B_{sti}(s)}{A_{sti}(s)}$$

$$G_S(s) = \frac{D(s)}{C(s)} ; \quad G_{SZ}(s) = \frac{D_Z(s)}{C_Z(s)} .$$

8.6.2.1 Störgrößenaufschaltung auf den Regler

Entsprechend Bild 8.6.1 wird die Störung z über das Steuerglied mit der Übertragungsfunktion $G_{st1}(s)$ dem Regler aufgeschaltet, der durch seinen Stelleingriff den Einfluß der Störung zu kompensieren versucht.

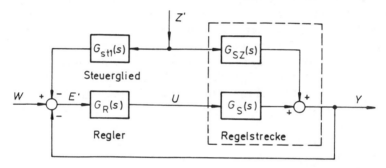

Bild 8.6.1. Blockschaltbild der Störgrößenaufschaltung auf den Regler

Aus dem Blockschaltbild folgt für die Regelgröße unmittelbar im Bildbereich

$$Y(s) = [W(s) - Y(s) - Z'(s)G_{st1}(s)]G_R(s)G_S(s) + Z'(s)G_{SZ}(s) . \quad (8.6.1)$$

Durch Umformung erhält man hieraus

$$Y = \frac{G_{SZ} - G_{st1}G_R G_S}{1 + G_R G_S} Z' + \frac{G_R G_S}{1 + G_R G_S} W , \quad (8.6.2a)$$

bzw.

$$Y = \frac{A_{st1} A C D_Z - B_{st1} B D C_Z}{A_{st1} C_Z (A C + B D)} Z' + \frac{B D}{A C + B D} W , \quad (8.6.2b)$$

wobei der kürzeren Schreibform wegen auf die Argumentschreibweise im weiteren verzichtet werden soll. Aus den Teilübertragungsfunktionen von Gl. (8.6.2b) ist zu erkennen, daß die charakteristische Gleichung

$$A_{st1} C_Z (A\,C + B\,D) = 0 \qquad (8.6.3a)$$

bezüglich des Störverhaltens und

$$A\,C + B\,D = 0 \qquad (8.6.3b)$$

bezüglich des Führungsverhaltens lautet.

Da im Idealfall für die Störungsübertragungsfunktion Gl. (8.1.2) gilt, wäre die Störung vollständig kompensiert für

$$G_{SZ} = G_{st1} G_R G_S \,, \qquad (8.6.4)$$

woraus sich die Übertragungsfunktion des Steuergliedes zu

$$G_{st1} = \frac{G_{SZ}}{G_R G_S} = \frac{A\,C\,D_Z}{B\,D\,C_Z} \qquad (8.6.5)$$

ergibt. Dieser Ansatz läßt sich für einen sprungfähigen Regler nur dann verwirklichen, wenn der Polüberschuß von G_S nicht größer als von G_{SZ} ist. Anderenfalls ist keine vollständige Kompensation möglich. Das Polynom $B\,D\,C_Z$ muß außerdem ein Hurwitz-Polynom sein.

Für den häufigen Fall, daß Stör- und Stellverhalten der Regelstrecke gleich sind, also speziell für $G_{SZ} = G_S$, folgt als Übertragungsfunktion des Steuergliedes

$$G_{st1} = \frac{1}{G_R} = \frac{A}{B}\,. \qquad (8.6.6)$$

Da die völlige Beseitigung einer Störung in einer Regelstrecke mit P-Verhalten nur durch einen Regler mit I-Verhalten möglich ist, müßte entsprechend Gl. (8.6.6) die Übertragungsfunktion des Steuergliedes ideales D-Verhalten aufweisen. Besitzt der Regelkreis z. B. einen PI-Regler, dann wird das Steuerglied als DT_1-Glied, also als Vorhalteglied, entworfen.

Meist läßt sich der Entwurf des Steuergliedes nach Gl. (8.6.5) oder Gl. (8.6.6) nicht ideal verwirklichen, so z. B. weil G_R neben dem reinen I-Verhalten auch noch Verzögerungen besitzt. Auch in diesen Fällen ist die Verwendung eines Vorhaltegliedes für G_{st1} empfehlenswert. Immerhin bewirkt die nachgebende Aufschaltung zu Beginn des Auftretens einer Störgröße deren Kompensation durch die Stellgröße. Der Einfluß der Störgrößenaufschaltung über das DT_1-Glied geht dann mit fortschreitender Zeit zurück, jedoch hat inzwischen auch der

Regler einen derartigen Stelleingriff vorgenommen, daß die Regelabweichung nur noch gering ist.

8.6.2.2 Störgrößenaufschaltung auf die Stellgröße

Die Störgrößenaufschaltung auf die Stellgröße bzw. das Stellglied ist im Bild 8.6.2 dargestellt. Hieraus folgt wiederum für die Regelgröße

$$Y = [(W-Y)G_R - Z'G_{st2}]G_S + Z'G_{SZ}$$

und nach Umformung

bzw.

$$Y = \frac{G_{SZ} - G_{st2}G_S}{1 + G_R G_S} Z' + \frac{G_R G_S}{1 + G_R G_S} W \; . \tag{8.6.7a}$$

$$Y = \frac{A(A_{st2}C\,D_Z - B_{st2}D\,C_Z)}{A_{st2}C_z(A\,C + B\,D)} Z' + \frac{B\,D}{A\,C + B\,D} W \; . \tag{8.6.7b}$$

Die sich ergebenden charakteristischen Gleichungen sind die gleichen, wie im Fall der Störgrößenaufschaltung auf den Regler. Für eine ideale

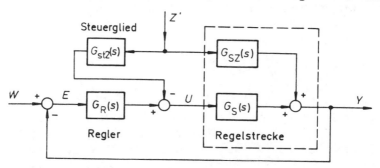

Bild 8.6.2. Blockschaltbild der Störgrößenaufschaltung auf die Stellgröße

Störungskompensation folgt aus Gl. (8.6.7)

$$G_{SZ} = G_{st2}G_S \; , \tag{8.6.8}$$

woraus sich die Übertragungsfunktion des Steuergliedes zu

$$G_{st2} = \frac{G_{SZ}}{G_S} = \frac{C\,D_Z}{D\,C_Z} \tag{8.6.9}$$

ergibt. Betrachtet man wiederum den Spezialfall $G_{SZ} = G_S$, bei dem die Störung z direkt am Eingang des Gliedes mit der Übertragungsfunktion G_S angreift, dann wird $G_{st2} = 1$. Die Störung wird also am Eintrittsort in die Regelstrecke vollständig kompensiert.

Ähnlich wie bei Gl. (8.6.5) ist die Realisierung eines Steuergliedes nach Gl. (8.6.9) nicht möglich, wenn

$$[\text{Grad } D_Z + \text{Grad } C] > [\text{Grad } C_Z + \text{Grad } D] \qquad (8.6.10)$$

mit $G_{SZ} = D_Z/C_Z$ und $G_S = D/C$ gilt, da G_{st2} dann durch PD-Glieder realisiert werden müßte. Auch im Falle, daß G_S nichtminimales Phasenverhalten aufweist oder G_{SZ} instabil ist, läßt sich Gl. (8.6.9) nicht realisieren, da sich hierbei ein instabiles Steuerglied ergibt. In den Fällen, in denen eine dynamische Kompensation gemäß Gl. (8.6.9) nicht möglich ist, begnügt man sich mit einer statischen Kompensation mit einem P-Glied

$$G_{st2} = \frac{K_{SZ}}{K_S}, \qquad (8.6.11)$$

wobei K_{SZ} und K_S die Verstärkungsfaktoren der Übertragungsfunktionen G_{SZ} und G_S darstellen.

Bild 8.6.3 zeigt Störgrößenaufschaltungen auf den Regler sowie die Stellgröße am Beispiel der Temperaturregelung eines Dampfüberhitzers (Ü). Regelgröße ist die Dampftemperatur am Überhitzeraustritt. Stell-

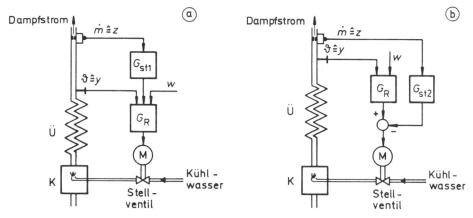

Bild 8.6.3. Beispiele für Störgrößenaufschaltungen auf den Regler (a) und das Stellglied (b) bei einer Temperaturregelung eines Dampfüberhitzers

größe ist der Kühlwasserstrom im Einspritzkühler (K). Schwankungen des Dampfstromes wirken als Störungen auf die Dampftemperatur. Der Dampfstrom (Störgröße z) wird gemessen und über das Steuerglied G_{st1} oder G_{st2} dem Regler oder der Stellgröße aufgeschaltet.

8.6.3 Regelsystem mit Hilfsregelgröße

Häufig kann bei Regelstrecken mit ausgeprägtem Verzögerungsverhalten neben der eigentlichen Regelgröße y eine Zwischengröße gemessen und als Hilfsregelgröße y_H benutzt werden. Der Hilfsregelkreis besteht dann gemäß Bild 8.6.4 aus dem ersten Regelstreckenabschnitt mit der Über-

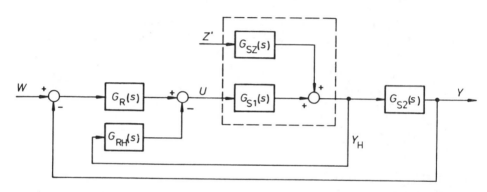

Bild 8.6.4. Blockschaltbild eines Regelsystems mit Hilfsregelgröße y_H

tragungsfunktion $G_{S1}(s)$ und dem Hilfsregler mit der Übertragungsfunktion $G_{RH}(s)$. Für die Regelgröße folgt unmittelbar aus Bild 8.6.4

$$Y = \left\{ [(W-Y)G_R - \frac{Y}{G_{S2}} G_{RH}] G_{S1} + Z' G_{SZ} \right\} G_{S2} \quad (8.6.12)$$

und umgeformt

$$Y = \frac{G_{SZ} G_{S2}}{1+(G_R G_{S2}+G_{RH}) G_{S1}} Z' + \frac{G_R G_{S1} G_{S2}}{1+(G_R G_{S2}+G_{RH}) G_{S1}} W \quad (8.6.13a)$$

bzw.

$$Y = \frac{A\ C_1 D_2 D_Z}{C_Z [A\ C_2(C_1 A_H + D_1 B_H) + D_1 D_2 B\ A_H]} Z' +$$

$$+ \frac{B\ D_1 D_2 A_H}{A\ C_2(C_1 A_H + D_1 B_H) + D_1 D_2 B\ A_H} W \quad (8.6.13b)$$

mit
$$G_{RH} = \frac{B_H}{A_H} \; ; \quad G_{S1} = \frac{D_1}{C_1} \; ; \quad G_{S2} = \frac{D_2}{C_2} \; .$$

Die charakteristische Gleichung bezüglich des Störverhaltens lautet

$$C_Z[A \; C_2(C_1A_H + D_1B_H) + D_1D_2B \; A_H] = 0 \qquad (8.6.14a)$$

und bezüglich des Führungsverhaltens

$$A \; C_2(C_1A_H + D_1B_H) + D_1D_2B \; A_H = 0 \; . \qquad (8.6.14b)$$

Aus dieser Beziehung ist ersichtlich, daß die Aufschaltung einer Hilfsregelgröße das Stabilitätsverhalten des Regelsystems beeinflußt.

Bei günstiger Wahl von G_{RH} läßt sich einerseits eine Störungsreduktion auf den zweiten Regelstreckenteil (G_{S2}) sowie eine Verbesserung des Verhaltens des Hauptregelkreises erzielen. Dabei sollte der Abgriffsort für y_H hinter dem Eintrittsort der Störung, jedoch möglichst nahe dem Regelstreckeneingang gelegen sein. Enthält der erste Regelstreckenabschnitt nur geringere Verzögerungen, dann genügt meist schon für die Wahl von G_{RH} ein einfaches P-Glied. Häufig kann sogar der Hilfsregler eingespart werden, wenn die Hilfsregelgröße direkt über ein PT_1-Glied auf den Eingang des Hauptreglers aufgeschaltet wird.

Bild 8.6.5 zeigt als Beispiel eines Regelsystems mit Hilfsregelgröße wiederum die Temperaturregelung eines Dampfüberhitzers, bei dem als Hilfsregelgröße die Dampftemperatur am Überhitzereintritt gemessen wird.

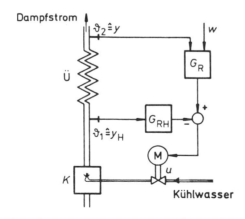

Bild 8.6.5. Beispiel einer Regelschaltung mit Hilfsregelgröße y_H

8.6.4 Kaskadenregelung

Die Kaskadenregelung kann als Sonderfall des Regelverfahrens mit Hilfsregelgröße betrachtet werden. Hierbei wirkt entsprechend Bild 8.6.6 der Hauptregler mit der Übertragungsfunktion G_{R2} nicht direkt auf das Stellglied, sondern liefert den Sollwert für den unterlagerten Hilfsregler mit der Übertragungsfunktion G_{R1}. Dieser Hilfsregler bildet zusammen mit dem ersten Regelstreckenteil (G_{S1}) einen Hilfsregelkreis, der dem Hauptregelkreis unterlagert ist. Störungen im ersten Regelstreckenteil werden durch den Hilfsregler bereits soweit ausgeregelt, daß sie im zweiten Regelstreckenteil gar nicht oder nur stark reduziert bemerkbar sind. Der Hauptregler muß dann nur noch geringfügig eingreifen.

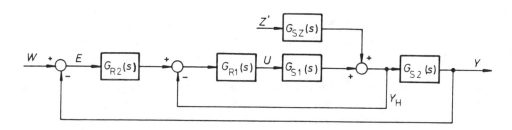

Bild 8.6.6. Blockschaltbild einer Kaskadenregelung

Werden in einer Regelstrecke mehrere Hilfsregelgrößen gemessen und in unterlagerten Hilfsregelkreisen verarbeitet, so spricht man von Mehrfachkaskaden. Diese Regelungsstrukturen weisen bereits eine gewisse Ähnlichkeit mit den modernen Zustandsregelungen (s. Band "Regelungstechnik II") auf, sofern man die dort zurückgekoppelten Zustandsgrößen als Hilfsregelgrößen interpretiert.

Die analytische Behandlung liefert für die im Bild 8.6.6 dargestellte Kaskadenregelung als Regelgröße

$$Y = \left\{ [(W-Y)G_{R2} - \frac{Y}{G_{R2}}] G_{R1} G_{S1} + Z' G_{SZ} \right\} G_{S2} \qquad (8.6.15)$$

und umgeformt

$$Y = \frac{G_{SZ} G_{S2}}{1 + G_{R1} G_{S1}(1 + G_{R2} G_{S2})} Z' + \frac{G_{R1} G_{R2} G_{S1} G_{S2}}{1 + G_{R1} G_{S1}(1 + G_{R2} G_{S2})} W \qquad (8.6.16a)$$

bzw.

$$Y = \frac{A_1 A_2 C_1 D_2 D_Z}{C_Z [A_1 A_2 C_1 C_2 + B_1 D_1 (A_2 C_2 + B_2 D_2)]} Z'+$$

$$+ \frac{B_1 B_2 D_1 D_2}{A_1 A_2 C_1 C_2 + B_1 D_1 (A_2 C_2 + B_2 D_2)} W \qquad (8.6.16b)$$

mit
$$G_{R1} = \frac{B_1}{A_1} \;;\quad G_{R2} = \frac{B_2}{A_2} \;.$$

Bildet man die charakteristische Gleichung bezüglich des Störverhaltens

$$C_Z [A_1 A_2 C_1 C_2 + B_1 D_1 (A_2 C_2 + B_2 D_2)] = 0 \qquad (8.6.17a)$$

und bezüglich des Führungsverhaltens

$$A_1 A_2 C_1 C_2 + B_1 D_1 (A_2 C_2 + B_2 D_2) = 0 \;, \qquad (8.5.17b)$$

so ist ersichtlich, daß das Stabilitätsverhalten durch den unterlagerten Hilfsregelkreis voll beeinflußt wird. Faßt man in Gl. (8.6.16a) das Führungsverhalten des Hilfsregelkreises zu

$$G_H = \frac{G_{R1} G_{S1}}{1 + G_{R1} G_{S1}} \qquad (8.6.18)$$

zusammen, dann kann Gl. (8.6.16a) in die Form

$$Y = \frac{G_{S2}}{1 + G_{R2} G_H G_{S2}} \frac{G_{SZ}}{1 + G_{R1} G_{S1}} Z' + \frac{G_{R2} G_H G_{S2}}{1 + G_{R2} G_H G_{S2}} W \qquad (8.6.19)$$

gebracht werden, aus der sich direkt das Blockschaltbild eines einschleifigen Regelsystems gemäß Bild 8.6.7 angeben läßt, das genau dasselbe System wie Bild 8.6.6 beschreibt. Aus dieser Darstellung ist leicht ersichtlich, daß der Hilfsregelkreis (G_H) als Teilübertragungsglied des

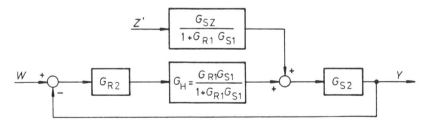

Bild 8.6.7. Umgeformtes Blockschaltbild der Kaskadenregelung

Grundregelkreises betrachtet werden kann. Somit kann der Entwurf einer Kaskadenregelung in folgenden beiden Schritten durchgeführt werden:

1. Auslegung des Hilfsregelkreises, d. h. Bemessung der Reglerübertragungsfunktion G_{R1} für eine vorgegebene Teilstreckenübertragungsfunktion G_{S1} für Störverhalten, z. B. unter Verwendung der Einstellregeln nach Ziegler und Nichols.

2. Auslegung der Übertragungsfunktion G_{R2} des Hauptreglers für die "Regelstreckenübertragungsfunktion" $G_H G_{S2}$, z. B. nach dem Frequenzkennlinien-Verfahren oder wieder nach Ziegler und Nichols.

Bild 8.6.8 zeigt abschließend noch zwei Beispiele für ausgeführte Kaskadenschaltungen.

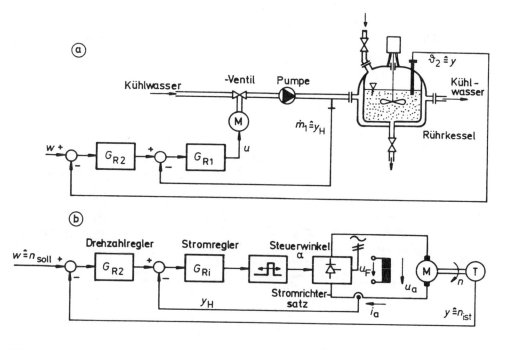

Bild 8.6.8. Beispiele für Kaskadenregelungen: (a) Temperaturregelung eines Rührwerksbehälters, (b) Drehzahlregelung eines Gleichstrommotors über eine unterlagerte Stromregelung des Motors

8.6.5 Regelsystem mit Hilfsstellgröße

Einer Störung in einem Regelkreis kann auch dadurch entgegengewirkt werden, daß zwischen dem Stellglied des Hauptregelkreises und der Regelgröße (Meßort) ein zusätzliches Stellglied (Hilfsstellgröße u_H) angebracht wird, das meist auch von einem zusätzlichen Hilfsregler (G_{RH}) beaufschlagt wird. Bild 8.6.9 zeigt das zugehörige Blockschaltbild.

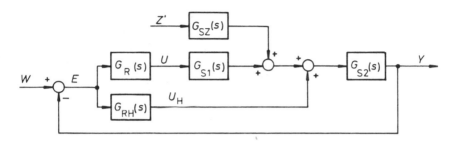

Bild 8.6.9. Blockschaltbild eines Regelsystems mit Hilfsstellgröße u_H

Hieraus folgt unmittelbar für die Regelgröße

$$Y = [(W-Y)G_R G_{S1} + Z' G_{SZ} + (W-Y)G_{RH}]G_{S2} \quad (8.6.20)$$

und umgeformt

$$Y = \frac{G_{SZ}G_{S2}}{1+(G_R G_{S1}+G_{RH})G_{S2}}Z' + \frac{G_{S2}(G_{RH}+G_R G_{S1})}{1+(G_R G_{S1}+G_{RH})G_{S2}}W \quad (8.6.21a)$$

bzw.

$$Y = \frac{A\ C_1 D_2 A_H D_Z}{C_Z[A\ C_1(C_2 A_H + D_2 B_H) + B\ D_1 D_2 A_H]}Z' +$$

$$+ \frac{D_2(B\ D_1 A_H + A\ C_1 B_H)}{A\ C_1(C_2 A_H + D_2 B_H) + B\ D_1 D_2 A_H} W \ . \quad (8.6.21b)$$

Bildet man die charakteristische Gleichung bezüglich des Störverhaltens

$$C_Z[A\ C_1(C_2 A_H + D_2 B_H) + B\ D_1 D_2 A_H] = 0 \quad (8.6.22a)$$

und bezüglich des Führungsverhaltens

$$A\ C_1(C_2 A_H + D_2 B_H) + B\ D_1 D_2 A_H = 0\ , \quad (8.6.22b)$$

so erkennt man, daß die Stabilität des Hauptregelkreises durch die Hinzunahme der Hilfsstellgröße u_H beeinflußt wird. Bei der Wahl des Eingriffsortes der Hilfsstellgröße sollte darauf geachtet werden, daß der zweite Regelstreckenteil (G_{S2}) möglichst geringe Verzögerung aufweist, da dann der Hilfsregler wesentlich schneller einer Störung entgegenwirken kann. Zu beachten ist, daß die Hilfsstellgröße im stationären Zustand zu Null werden muß, wenn aus anlagenbedingten Gründen der Beharrungszustand nur durch die Hauptstellgröße u eingestellt werden soll. Dies ist möglich, wenn für G_{RH} ein DT_1-Glied verwendet wird.

Der Nachteil der Regelschaltung mit Hilfsstellgröße liegt im höheren technischen Aufwand, der beim Einbau eines zusätzlichen Stellgliedes größer ist als bei einem zusätzlichen Meßglied, das eventuell ohnehin schon zur Überwachung des Prozesses vorhanden ist.

9 IDENTIFIKATION VON REGELKREISGLIEDERN MITTELS DETERMINISTISCHER SIGNALE

9.1 Theoretische und experimentelle Identifikation

Im Kapitel 2 wurde bereits auf die beiden Möglichkeiten zur Kennwertermittlung oder Identifikation von Regelkreisgliedern, dem theoretischen und experimentellen Vorgehen, hingewiesen. Bei dem *theoretischen* Vorgehen erfolgt die Bildung des gesuchten mathematischen Modells anhand der in den Regelkreisgliedern sich abspielenden Elementarvorgänge unter Verwendung technischer Daten und physikalischer Grundgesetze. Dieser theoretische Zweig der Identifikation stellt heute bereits ein geschlossenes Arbeitsgebiet dar, das oft auch durch den Begriff der *Systemdynamik* gekennzeichnet wird.

Der Hauptvorteil der *theoretischen Identifikation* besteht darin, daß das zu analysierende Regelkreisglied noch gar nicht tatsächlich existieren muß. Insofern besitzt die theoretische Identifikation eine ganz wesentliche Bedeutung bereits im Entwurfsstadium bzw. in der Planungsphase eines Regelsystems. Die dabei erhaltenen Lösungen sind allgemein gültig und können somit auch auf weitere gleichartige Anwendungsfälle (z. B. mit anderen Dimensionen) übertragen werden. Sie liefern weiterhin eine tiefere Einsicht in die inneren Zusammenhänge eines Regelsystems. Einfache Beispiele für diese theoretische Modellbildung wurden bereits im Abschnitt 3.1 behandelt. Allerdings führt die theoretische Identifikation bei etwas komplizierteren Regelkreisgliedern meist aber auf sehr umfangreiche mathematische Modelle, die für eine weitere Anwendung, z. B. für eine Simulation des Systems oder für einen Reglerentwurf häufig nicht mehr geeignet sind. Die Vereinfachungen des mathematischen Modells, die dann getroffen werden müssen, lassen sich leider im Entwurfsstadium meist nur schwer bestätigen. Ein weiterer Nachteil der theoretischen Identifikation besteht noch in der Unsicherheit der Erfassung der inneren und äußeren Einflüsse beim Aufstellen der physikalischen Bilanzgleichungen, mit denen die in einem Regelkreisglied sich abspielenden Elementarvorgänge beschrieben werden.

Da - wie früher bereits beschrieben - die *experimentelle Identifikation* nur die Messung der Ein- und Ausgangssignale zur Ermittlung eines mathematischen Modells des zu identifizierenden Regelsystems verwendet, kann sie sehr einfach und schnell auf der Basis von Meßergebnissen durchgeführt werden. Hierbei sind keine detaillierten Spezialkenntnisse des zu untersuchenden Regelsystems erforderlich. Als Ergebnis der experimentellen Identifikation erhält man meist einfache Modelle, die jedoch das untersuchte Regelsystem hinreichend genau beschreiben, wobei oft die Genauigkeit noch wählbar ist. Der Hauptnachteil der experimentellen Identifikation besteht darin, daß das zu analysierende Regelsystem bereits existieren muß und somit im Entwurfsstadium keine Vorausberechnung erfolgen kann. Weiterhin sind die Ergebnisse meist nur beschränkt übertragbar. Daher ist es oft zweckmäßig, eine experimentelle Identifikation mit einer theoretischen zu verbinden, um zumindest alle a priori-Kenntnisse über das zu identifizierende Regelsystem, z. B. gewisse Kenntnisse über dessen Struktur, bei der experimentellen Analyse verwenden zu können.

9.2 Formulierung der Aufgabe der experimentellen Identifikation

Die experimentelle Identifikation eines Regelsystems umfaßt zwei wesentliche Teilvorgänge, die Messung und deren numerische (oder grapho-analytische) Auswertung mit dem Ziel einer Modellerstellung. Ausgangspunkt der experimentellen Identifikation sind also die zusammengehörigen Messungen (oder Datensätze) des zeitlichen Verlaufs der Ein- und Ausgangsgrößen eines Regelsystems, anhand derer das mathematische Modell für das statische und dynamische Verhalten desselben hergeleitet werden kann. Alle hierfür infrage kommenden Verfahren zur experimentellen Systemanalyse werden gewöhnlich in folgenden vier Stufen durchgeführt:

1. Signalanalyse:

Diese Stufe umfaßt zunächst die Festlegung eines geeigneten Testsignals zur Erregung der Eingangsgröße des Regelkreisgliedes. Bildet man zu einem gegebenen Signal, das durch die Zeitfunktion $f(t)$ beschrieben wird, die $\mathcal{L}$-Transformierte $F(s)$ und wählt dabei $s = j\omega$, so erhält man als spektrale Darstellung dieses Signals

$$F(j\omega) = A(\omega)\, e^{j\varphi(\omega)}, \qquad (9.2.1)$$

wobei $A(\omega)$ das *Amplitudendichtespektrum* und $\varphi(\omega)$ das *Phasendichtespektrum* desselben beschreiben. Bei der Festlegung eines für die experimentelle Identifikation geeigneten *Testsignals* zur Erregung der Eingangsgröße eines Regelkreisgliedes sollte beachtet werden, daß das zu identifizierende System durch dieses Signal über seinen gesamten

Frequenzbereich hinreichend erregt wird. Die Auswahl eines geeigneten Testsignals $u(t)$ kann beispielsweise anhand von Tabelle 9.2.1 erfolgen.

Bei einer Messung nur zu diskreten Zeitpunkten muß auch die Abtastzeit festgelegt werden. Die größte noch zulässige Abtastzeit wird dabei durch das Shannonsche Abtasttheorem [9.1] bestimmt. Eine weitere Aufgabe der Signalanalyse besteht in der Festlegung der erforderlichen Meßzeit. Die obere Grenze hierfür ist gewöhnlich durch die beschränkte Stationarität eines realen Systems, also auch durch das Auftreten von Drifterscheinungen gegeben. Die erforderliche Meßzeit bei Verwendung deterministischer Testsignale wird durch das Erreichen des neuen stationären Zustandes der Systemausgangsgröße bestimmt. Treten zusätzliche Störsignalkomponenten im Ausgangssignal auf, dann wird die Meßzeit durch die erforderliche Mittelung gleichartiger Messungen gegeben. Mit zunehmendem Verhältnis von Stör- zu Nutzsignal wird die Meßzeit natürlich größer. In einem solchen Fall ist es dann zweckmäßiger, statistische Analyseverfahren zu verwenden [9.2; 9.3], die aber erst im Band "Regelungstechnik III" behandelt werden.

Die Durchführung der Signalanalyse kann im *"off-line"*- oder *"on-line"*-Betrieb erfolgen. Beim off-line-Betrieb werden alle Meßwerte zunächst nur registriert oder gespeichert und erst zu einem späteren Zeitpunkt, z. B. mit Hilfe einer Rechenanlage, ausgewertet. Beim on-line-Betrieb werden die Meßwerte, so wie sie anfallen, also sofort in Realzeit weiterverarbeitet. Eine Speicherung oder Aufzeichnung der Meßwerte ist somit nicht unbedingt erforderlich, jedoch für Kontrollzwecke meist ratsam.

2. Festlegung des Modellansatzes:

In den Kapiteln 3 und 4 wurden die wichtigsten Beschreibungsmöglichkeiten für mathematische Modelle von Regelsystemen behandelt. Je nach der weiteren Verwendung eines mathematischen Modells muß nun in dieser zweiten Stufe der experimentellen Identifikation ein bestimmter Modellansatz festgelegt werden. Bei dieser Entscheidung werden zweckmäßigerweise alle über das System vorhandenen a priori-Kenntnisse mit verwendet. Wird z. B. bei einem linearen Modellansatz die Ordnung der zugehörigen Differentialgleichung zunächst zu hoch oder zu niedrig gewählt, dann kann mit Hilfe eines Gütekriteriums eine optimale Abschätzung erfolgen, sofern die Analyse mit mehreren Modellansätzen durchgeführt wird.

Tabelle 9.2.1. Amplitudenspektren einiger wichtiger deterministischer Testsignale für $\omega > 0$

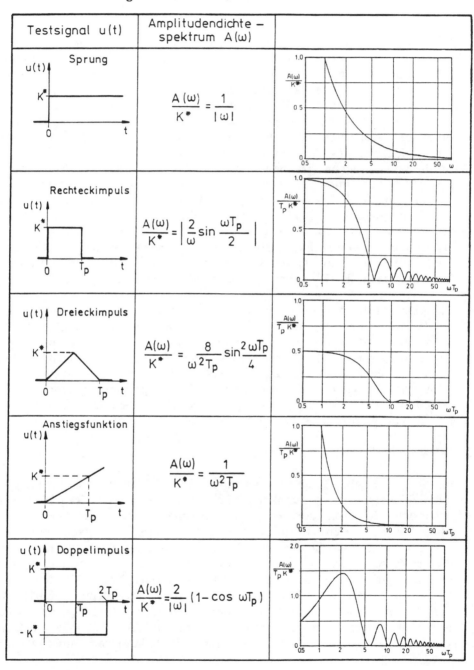

3. Wahl eines Gütekriteriums:

In vielen Fällen beruhen die Analyseverfahren darauf, einen bestimmten *Modellfehler* oder ein Funktional desselben zu minimieren. Als Modellfehler wird hierbei meist die Abweichung zwischen System- und Modellverhalten definiert. Von den zahlreichen für die Identifikation vorgeschlagenen Gütekriterien haben sich insbesondere jene bewährt, bei denen eine quadratische Funktion des Modellfehlers verwendet wird. Bei verschiedenen Verfahren der deterministischen experimentellen Identifikation verzichtet man jedoch auf die Wahl einer geeigneten, mathematisch formulierbaren Gütevorschrift zur Beurteilung der Übereinstimmung von System- und Modellverhalten; vielmehr begnügt man sich häufig mit einer rein subjektiven Beurteilung der entsprechenden Signalverläufe.

4. Rechenvorschrift:

Liegen der Modellansatz und das Gütekriterium fest, so unterscheiden sich die einzelnen Analyseverfahren nur noch in der Art der numerischen Lösung (*Numerik*) der durch das Gütekriterium beschriebenen Optimierungsaufgabe. Diese Aufgabe besteht nun darin, für den gewählten Modellansatz bzw. für verschiedene mögliche Modellansätze die Parameter des mathematischen Modells mit Hilfe eines numerischen Verfahrens so zu bestimmen, daß das Gütekriterium erfüllt wird.

Bild 9.2.1 zeigt ein Blockschaltbild, in dem die hier beschriebenen Stufen der experimentellen Systemanalyse dargestellt sind. Daraus geht hervor, daß die im Parametervektor p zusammengefaßten Modellparameter durch den Rechenalgorithmus so lange verändert werden, bis das Gütekriterium über ein Funktional des Modellfehlers $e^* = y - y_m$ für einen bestimmten Modellansatz erfüllt ist. Der Vorgang kann mit anderen Modellansätzen - wenn erforderlich - wiederholt werden. Da auf diese Art indirekt die Parameter eines Modells mit Hilfe des Ein- und Ausgangssignals "gemessen" werden, erscheint es gerechtfertigt, die experimentelle Identifikation als eine Erweiterung der klassischen Meßtechnik anzusehen.

Allgemein anwendbare Verfahren zur experimentellen Identifikation, die auch das unter Umständen stark nichtlineare Verhalten von Regelsystemen berücksichtigen, liegen bisher noch nicht vor. Daher soll im folgenden die Behandlung auf Verfahren beschränkt bleiben, die nur bei linearen Regelsystemen anwendbar sind. Bei diesen Verfahren wird das Eingangssignal $u(t)$ des zu untersuchenden Regelsystems durch ein

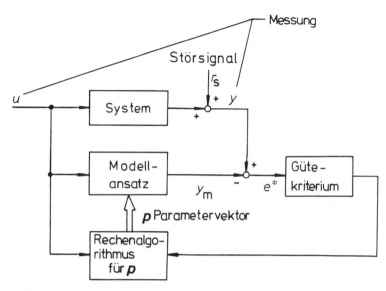

Bild 9.2.1. Darstellung der vier Stufen der experimentellen Systemanalyse

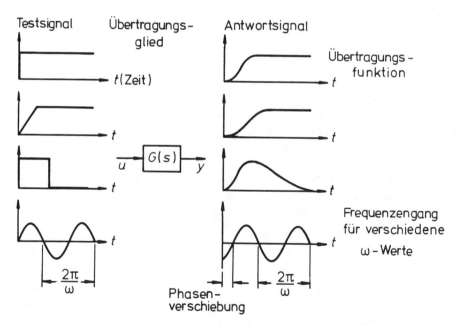

Bild 9.2.2. Einige deterministische Testsignale zur Kennwertermittlung

bestimmtes Testsignal, z. B. mit sprung-, rampen-, rechteckimpuls- oder sinusförmiger Charakteristik (vgl. Bild 9.2.2), erregt und die Reaktion des zugehörigen Ausgangssignals $y(t)$ gemessen. Die Auswertung dieser beiden Signale ermöglicht - wie zuvor beschrieben - die Ermittlung eines mathematischen Modells, z. B. in Form einer allgemeinen, gebrochen rationalen Übertragungsfunktion entsprechend Gl. (4.2.2). Dies kann wieder auf zwei prinzipiell verschiedenen Wegen erzielt werden, nämlich durch eine Approximation repräsentativer Charakteristiken, z. B. der Übergangsfunktion $h(t)$ oder des Frequenzganges $G(j\omega)$, also im Zeit- oder Frequenzbereich. Dabei zeigt sich, daß speziell für aperiodische Übergangsfunktionen die Identifikation im Zeitbereich vergleichsweise schnell und ohne zu großen Aufwand durchgeführt werden kann. Wesentlich allgemeiner anwendbar sind jedoch die Verfahren im Frequenzbereich, die dazu auch eine höhere Genauigkeit der Systemanalyse ermöglichen.

9.3 Identifikation im Zeitbereich

Nahezu alle bisher in der Literatur vorgeschlagenen Verfahren zur Identifikation im Zeitbereich gehen von dem vorgegebenen Verlauf der Übergangsfunktion $h(t)$ aus. In vielen Fällen kann aber die Übergangsfunktion nicht direkt gemessen werden, z. B. weil manche Prozesse durch eine länger anhaltende sprungförmige Verstellung der Eingangsgröße zu sehr im normalen Betriebsablauf gestört werden oder weil viele Stellglieder auch keine sprungförmigen Änderungen zulassen. Daher muß oft vor der eigentlichen Ermittlung der Systemparameter die Übergangsfunktion $h(t)$ aus den Ein- und Ausgangssignalen $u(t)$ bzw. $y(t)$ zuerst berechnet werden.

9.3.1 Bestimmung der Übergangsfunktion aus Meßwerten

9.3.1.1 Rechteckimpuls als Eingangssignal

Wie im Bild 9.3.1a dargestellt, läßt sich eine Rechteckimpulsfunktion mit der Impulsbreite T_p und der Impulshöhe K^* aus der Überlagerung zweier um T_p verschobener Sprungfunktionen, von denen die zweite negatives Vorzeichen aufweist, herleiten. Aus dieser Überlegung folgt direkt als Bestimmungsgleichung für die gesuchte Übergangsfunktion die

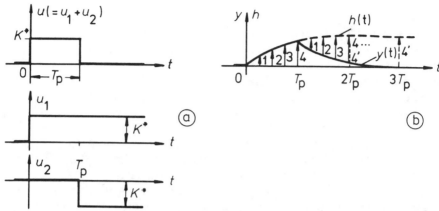

Bild 9.3.1. Zusammensetzung eines Rechteckimpuls-Testsignals aus zwei Sprungfunktionen (a) und Ermittlung von $h(t)$ aus dem vorgegebenen Verlauf von $y(t)$ (b)

Beziehung

$$h(t) = \frac{1}{K^*} y(t) + h(t - T_p) , \qquad (9.3.1)$$

die sich, wie im Bild 9.3.1b gezeigt, leicht graphisch oder numerisch realisieren läßt.

9.3.1.2 Rampenfunktion als Eingangssignal

Eine Rampenfunktion kann entsprechend Bild 9.3.2 aus der Überlagerung zweier Anstiegsfunktionen zusammengesetzt werden. Diese Anstiegsfunktionen kann man sich auch aus der Integration zweier um die Zeit T_p gegeneinander verschobener Sprungfunktionen der Höhe K^* bzw. $-K^*$ entstanden denken. Unter der Voraussetzung eines linearen Systemverhaltens darf die Integration von der Eingangsseite auf die Ausgangsseite vertauscht werden, wodurch dann durch Differentiation

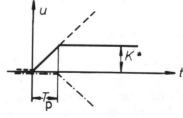

Bild 9.3.2. Rampenfunktion als Testsignal

des Ausgangssignals $y(t)$ über die Beziehung

$$K^*h(t) - K^*h(t-T_p) = T_p \frac{dy}{dt} \qquad (9.3.2)$$

schließlich die gesuchte Übergangsfunktion durch

$$h(t) = \frac{T_p}{K^*} \frac{dy}{dt} + h(t-T_p) \qquad (9.3.3)$$

numerisch oder graphisch - wie im Abschnitt 9.3.1.1 angedeutet - sukzessiv sich ermitteln läßt.

9.3.1.3 Beliebiges deterministisches Eingangssignal

Wie bereits im Abschnitt 3.2.3 erwähnt, stellt das Duhamelsche Faltungsintegral entsprechend Gl. (3.2.7) einen allgemeinen Zusammenhang zwischen dem Ein- und Ausgangssignal $u(t)$ und $y(t)$ sowie der Gewichtsfunktion $g(t)$ eines Übertragungssystems dar. Sind demnach die Signalverläufe von $u(t)$ und $y(t)$ bekannt, so läßt sich durch eine numerische Entfaltung der Gl. (3.2.7) die Gewichtsfunktion $g(t)$ punktweise ermitteln. Ausgehend von Gl. (3.2.7) erhält man durch Vertauschen der Argumente

$$y(t) = \int_0^t u(t-\tau) g(\tau) d\tau \ . \qquad (9.3.4)$$

Diese Beziehung wird durch eine Stufenapproximation näherungsweise in die Summe

$$y(t) = \sum_{\nu=0}^{k} u(t-\nu\Delta\tau) g(\nu\Delta\tau) \Delta\tau \qquad (9.3.5)$$

übergeführt, wobei die konstante Schrittweite $\Delta\tau$ einen hinreichend kleinen Wert annehmen sollte. Wird nun auch für t bei der numerischen Berechnung die Schrittweite $\Delta\tau$ gewählt ($t = 0, \Delta\tau, 2\Delta\tau,..., k\Delta\tau$), so erhält man aus Gl. (9.3.5) folgendes System von $k+1$ Gleichungen mit den $k+1$ Unbekannten $g(0),..., g(k\Delta\tau)$

$$\begin{aligned} y(0) &= u(0) \ g(0)\Delta\tau \\ y(\Delta\tau) &= u(\Delta\tau) \ g(0)\Delta\tau + u(0) \ g(\Delta\tau)\Delta\tau \\ &\vdots \\ y(k\Delta\tau) &= u(k\Delta\tau) \ g(0)\Delta\tau + ... + u(0) \ g(k\Delta\tau)\Delta\tau \ . \end{aligned} \qquad (9.3.6)$$

Durch eine Normierung der Zeitachse und der Gewichtsfolge auf die Schrittweite $\Delta\tau$ gemäß Bild 9.3.3 geht Gl. (9.3.5) über in die *Faltungssumme*

$$y(k) = \sum_{\nu=0}^{k} u(k-\nu)\, g(\nu)\,, \qquad (9.3.7)$$

und Gl. (9.3.6) kann für die diskreten Zeitpunkte k in die vektorielle

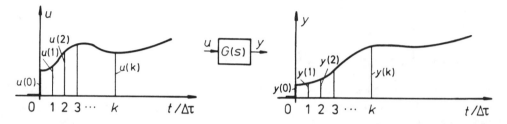

Bild 9.3.3. Beliebiges deterministisches Eingangssignal als Testsignal

Darstellung

$$\begin{bmatrix} y(0) \\ y(1) \\ \vdots \\ y(k) \end{bmatrix} = \begin{bmatrix} u(0) & 0 & \cdots & 0 \\ u(1) & u(0) & & \\ \vdots & & \ddots & \vdots \\ u(k) & u(k-1) & \cdots & u(0) \end{bmatrix} \cdot \begin{bmatrix} g(0) \\ g(1) \\ \vdots \\ g(k) \end{bmatrix} \qquad (9.3.8)$$

$$\mathbf{y}(k) \quad = \quad \mathbf{U}(k) \quad\quad \mathbf{g}(k)$$

gebracht werden. Durch Inversion der Matrix $\mathbf{U}(k)$ ergibt sich die "entfaltete" *Gewichtsfolge* (als Approximation der Gewichtsfunktion) in der vektoriellen Darstellung

$$\mathbf{g}(k) = \mathbf{U}^{-1}(k)\, \mathbf{y}(k)\,. \qquad (9.3.9)$$

Über diese Entfaltungstechnik und die gemäß Gl. (3.2.6a) erforderliche Integration

$$h(t) = \int_{0}^{t} g(\tau)\, d\tau$$

erhält man schließlich mit Hilfe der Gewichtsfolge $g(k)$ die gesuchte Übergangsfunktion in zeitnormierter diskreter Darstellung

$$h(k) = \sum_{\nu=0}^{k} g(\nu) \;. \qquad (9.3.10)$$

Es sei noch darauf hingewiesen, daß bei den Berechnungsverfahren zur direkten Lösung linearer Gleichungssysteme (z. B. Gaußsches Verfahren, Verfahren nach Gauß-Banachiewicz, Verfahren nach Gauß-Jordan mit Pivotsuche oder Quadratwurzelverfahren nach Cholesky) gelegentlich numerische Schwierigkeiten wegen einer schlechten Kondition der zu invertierenden Matrix auftreten können.

9.3.2 Verfahren zur Identifikation anhand der Übergangsfunktion oder Gewichtsfunktion

Für die wichtigsten Klassen von Regelkreisgliedern mit verzögertem proportionalem und integralem Verhalten, also für sogenanntes PT_n- und IT_n-Verhalten sowie für einfaches schwingungsfähiges PT_2S-Verhalten (mit einem konjugiert komplexen Polpaar in der linken s-Halbebene) wurden in den vergangenen Jahren zahlreiche Analyseverfahren vorgeschlagen, um die Kennwerte einer gebrochenen rationalen Übertragungsfunktion mit und ohne Totzeit direkt aus einer vorgegebenen Übergangsfunktion oder Gewichtsfunktion zu ermitteln. Dabei spielen die grapho-analytischen Methoden, eine Kombination von graphischer und analytischer Auswertung, für die praktische Anwendung die wichtigste Rolle. Die meisten Verfahren sind für die direkte Auswertung der in der Praxis weitgehend auftretenden PT_n-Systeme zugeschnitten. Andererseits kann man sich aber IT_n-Systeme durch Integration aus PT_n-Systemen unmittelbar enstanden vorstellen. Dies bedeutet, daß nach Abspalten des Integralverhaltens - was graphisch sehr leicht durchzuführen ist - nur noch das verbleibende PT_n-Verhalten identifiziert werden muß.

9.3.2.1 Wendetangenten- und Zeitprozentkennwerte-Verfahren

Grundsätzlich geht man bei diesen Verfahren so vor, daß man versucht, eine vorgegebene Übergangsfunktion $h_0(t)$ durch bekannte einfache Übertragungsglieder anzunähern. Die Modellstruktur wird bei dieser Approximation im allgemeinen angenommen und die darin enthaltenen Kenngrößen werden dann aus dem Verlauf der Übergangsfunktion bestimmt. Bei diesen Verfahren werden entweder sogenannte

Zeitprozentkennwerte oder die Wendetangente von $h_0(t)$ benutzt. Als *Zeitprozentkennwerte* werden die Zeitpunkte t_m bezeichnet, in denen $h_0(t_m)/K$ einen bestimmten prozentualen Wert seines stationären Endwertes ($\triangleq$ 100%) erreicht hat, wobei K den Verstärkungsfaktor des Systems darstellt. Bei der Wendetangentenkonstruktion ergeben sich als Systemkennwerte die Verzugszeit T_u und die Anstiegszeit T_a.

Bei der früher meist benutzten einfachen Approximation nach Küpfmüller [9.4]

$$G(s) = \frac{K e^{-sT_t}}{1 + sT} \qquad (9.3.11)$$

werden die Parameter $T_t = T_u$ (Verzugszeit) und $T = T_a$ (Anstiegszeit) mittels einer Wendetangentenkonstruktion aus der Übergangsfunktion entsprechend Bild 9.3.4 bestimmt.

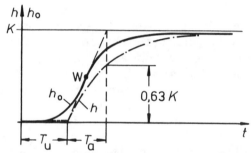

Bild 9.3.4. Küpfmüller-Approximation ($W \triangleq$ Wendepunkt von $h_0(t)$, $K \triangleq$ Verstärkungsfaktor)

Eine Verbesserung der Küpfmüller-Approximation wurde von Strejc [9.5] vorgeschlagen. Die Konstanten T_t und T werden dabei für Gl. (9.3.11) so bestimmt, daß - wie im Bild 9.3.5 dargestellt - die vorge-

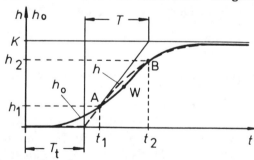

Bild 9.3.5. Zur Approximation nach Strejc

gebene Übergangsfunktion $h_0(t)$ in 2 Punkten $A(h_1;\ t_1)$ und $B(h_2;\ t_2)$ geschnitten wird. A und B werden zweckmäßig so gewählt, daß sie vor und hinter dem Wendepunkt der anzunähernden Übergangsfunktionen liegen. Der Verstärkungsfaktor K kann direkt aus dem stationären Endwert der Übergangsfunktion abgelesen werden. Mit der Approximation durch einen Modellansatz entsprechend Gl. (9.3.11) folgt für die Übergangsfunktion

$$h(t) = \begin{cases} 0 & \text{für } t < T_t \\ K\left[1 - e^{-(t-T_t)/T}\right] & \text{für } t \geqslant T_t \end{cases} \quad (9.3.12)$$

Daraus ergeben sich dann die Konstanten T und T_t aus den Koordinaten der beiden gewählten Punkte A und B nach den Beziehungen

$$T = \frac{t_2 - t_1}{\ln \frac{K-h_1}{K-h_2}} \quad (9.3.13)$$

$$T_t = T \ln(1 - \frac{h_\nu}{K}) + t_\nu\ ;\quad \nu = 1 \text{ oder } 2\ . \quad (9.3.14)$$

Diese Annäherung ist bereits wesentlich günstiger als die von Küpfmüller vorgeschlagene. Im allgemeinen wird jedoch die Annäherung einer Übergangsfunktion höherer Ordnung durch eine solche 1. Ordnung mit Totzeit nicht befriedigen, da die Abweichungen vor allem im Anlaufbereich zu stark sind.

Liegt eine gemessene Übergangsfunktion vor, so kann aus dem Verhältnis T_a/T_u der Wendetangentenkonstruktion (nach Bild 8.2.7) beurteilt werden, ob sie sich für eine *Approximation durch ein PT_2-Glied* mit der Übertragungsfunktion

$$G(s) = \frac{K}{(1+T_1s)(1+T_2s)} \quad (9.3.15)$$

eignet. Eine solche Approximation ist möglich, wenn $T_a/T_u \geqslant 9{,}64$ ist. Zwischen den Kenngrößen T_a und T_u einerseits und den Zeitkonstanten T_1 und T_2 andererseits besteht hierbei ein exakter Zusammenhang. Aus der zugehörigen Übergangsfunktion

$$h(t) = K\left[1 - \frac{T_1}{T_1-T_2}e^{-t/T_1} + \frac{T_2}{T_1-T_2}e^{-t/T_2}\right];\ T_1 \neq T_2 \quad (9.3.16)$$

Tabelle 9.3.1. Zusammenhang zwischen T_a bzw. T_u und T_1 bzw. T_2 für ein PT_2-Übertragungsglied

$\mu = T_2/T_1$	T_a/T_1	T_a/T_u
0,1	1,29	20,09
0,2	1,50	13,97
0,3	1,68	11,91
0,4	1,84	10,91
0,5	2,00	10,35
0,6	2,15	10,03
0,7	2,30	9,83
0,8	2,44	9,72
0,9	2,58	9,66
0,99	2,70	9,65
1,11	2,87	9,66
1,2	2,99	9,70
2,0	4,00	10,35
3,0	5,20	11,50
4,0	6,35	12,73
5,0	7,48	13,97
6,0	8,59	15,22
7,0	9,68	16,45
8,0	10,77	17,67
9,0	11,84	18,88
10,0	12,92	20,09

können die Wendetangente und somit auch die Größen

$$T_a = T_1 \cdot \left[\frac{T_2}{T_1}\right]^{\frac{T_2}{T_2-T_1}}$$

und

$$T_u = \frac{T_1 T_2}{T_2 - T_1} \ln \frac{T_2}{T_1} - T_a + T_1 + T_2$$

bestimmt werden. Mit $\mu = T_2/T_1$ folgt schließlich

$$\frac{T_a}{T_1} = \mu^{\frac{\mu}{\mu-1}} \tag{9.3.17}$$

$$\frac{T_\text{a}}{T_\text{u}} = \frac{1}{\mu^{\frac{-\mu}{\mu-1}}\left[1+\mu+\frac{\mu}{\mu-1}\ln\mu\right]-1}. \qquad (9.3.18)$$

Mit Hilfe der in Tabelle 9.3.1 dargestellten Werte bzw. des im Bild 9.3.6 dargestellten Nomogramms lassen sich aus vorgegebenem T_a/T_u die

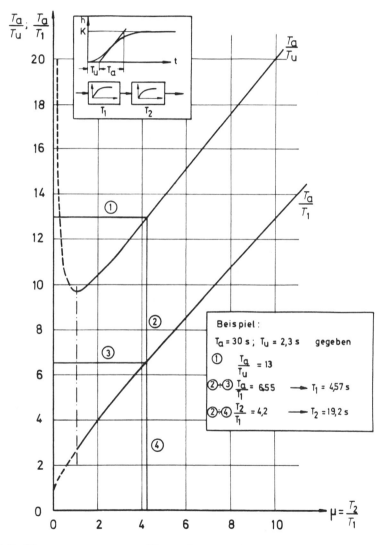

Bild 9.3.6. Nomogramm zur Umrechnung der Verzugszeit T_u und der Anstiegszeit T_a auf die Einzelzeitkonstanten T_1 und T_2

Größen T_1 und T_2 leicht berechnen.

Beispiel 9.3.1:

Bei einer gemessenen Übergangsfunktion wurden die Werte T_a = 23 s und T_u = 2 s abgelesen. Aus T_a/T_u = 11,5 folgt μ = 0,33 (oder μ = 3,0). Somit ergibt sich durch Interpolation aus Tabelle 9.3.1 T_a/T_1 = 1,7 (oder 5,2). Mit μ und T_a folgt schließlich $T_1 \approx$ 4,4 s und $T_2 \approx$ 13,3 s. ∎

In manchen Fällen können aperiodische Übergangsfunktionen auch durch eine reine Totzeit T_t und ein PT_2-Übertragungsglied gut approximiert werden.

Bei der *Approximation durch ein PT_3-Glied* kann man in ähnlicher Weise die Wendetangentenkonstruktion anwenden. Diese Zusammenhänge sind von Schwarze [9.6] untersucht worden. Dabei ergab sich, daß eine gute Annäherung durch

$$G(s) = \frac{K}{(1+T_1 s)(1+T_2 s)(1+T_3 s)} \qquad (9.3.19)$$

nur dann möglich ist, wenn $T_a/T_u \geq 4,59$ wird.

Ein Verfahren, das leicht anzuwenden ist und in vielen Fällen auch zu recht guten Approximationen führt, wurde von Thal-Larsen [9.7] entwickelt. Dabei wird eine *Approximation durch ein $PT_3 T_t$-Glied* mit

$$G(s) = \frac{K}{(1+T_1 s)(1+T_2 s)(1+T_3 s)} e^{-sT_t} \qquad (9.3.20)$$

verwendet. Unter der Voraussetzung $T_2 = T_3 = \mu T_1$ erhält man mit speziellen Zeitprozentkennwerten der Übergangsfunktion aus den von Thal-Larsen entwickelten Diagrammen schließlich die gewünschten Systemkennwerte. Das rein formale Vorgehen ist in Tabelle 9.3.2 dargestellt.

Beispiel 9.3.2:

Aus der im Bild 9.3.7 dargestellten Übergangsfunktion werden folgende Werte abgelesen:

$$t_{10} = 28,2 \text{ s}, \quad t_{40} = 56,6 \text{ s}, \quad t_{80} = 114 \text{ s}.$$

Tabelle 9.3.2. Praktische Durchführung der Kennwertermittlung nach Thal-Larsen

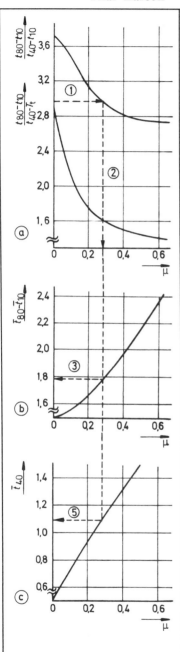

Die gemessene Übergangsfunktion $h_0(t)$ wird durch eine Übergangsfunktion 3. Ordnung mit den Zeitkonstanten T_1, $T_2 = T_3$ und der Totzeit T_t angenähert.
Die Werte $(t_{80}-t_{10})/(t_{40}-t_{10})$, $(t_{80}-t_{10})/(t_{40}-T_t)$, $(\overline{t}_{80}-\overline{t}_{10})$ sowie $\overline{t}_{40}$ sind in Abhängigkeit von μ in den Bildern (a) und (b) dargestellt, wobei gilt
$$\overline{t}_i = t_i/T \text{ und } \mu = T_2/T_1 .$$

Schritt 1:
Die Zeitprozentkennwerte t_{10}, t_{40} und t_{80} werden aus der gemessenen Übergangsfunktion abgelesen und der Quotient $(t_{80}-t_{10})/(t_{40}-t_{10})$ gebildet bzw. $(t_{80}-t_{10})/(t_{40}-T_t)$, sofern eine Totzeit berücksichtigt werden muß.

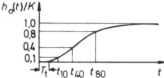

Schritt 2:
Mit den Werten aus Schritt 1 bestimmt man nach Bild (a) den Wert $T_2/T_1 = \mu$.

Schritt 3:
Mit den Werten für μ ist aus Bild (b) der Wert für $(\overline{t}_{80}-\overline{t}_{10})$ zu ermitteln.

Schritt 4:
Bestimmung von T_1 und $T_2 = T_3$ nach den Beziehungen:
$$T_1 = (t_{80}-t_{10})/(\overline{t}_{80}-\overline{t}_{10})$$
$$T_2 = T_3 = \mu T_1 .$$

Schritt 5:
Zur Kontrolle ist noch die Größe $\overline{t}_{40}$ mit μ zu bestimmen (Bild (c)), außerdem der Wert $t'_{40} = \overline{t}_{40} T_1$.

Schritt 6:
Falls t'_{40} und t_{40} nicht übereinstimmen, wird die Differenz $t_{40}-t'_{40}$ als Totzeit gedeutet.

Schritt 7:
Zur Auswahl und Kontrolle der optimalen Lösung ist für die Totzeit der Wert $(t_{80}-t_{10})/(t_{40}-T_t)$ ($\geqslant 1{,}385$) zu bilden und nach Bild (b) der Wert μ zu bestimmen. Dabei sollte stets die kleinstmögliche Totzeit gewählt werden, so daß μ noch abgelesen werden kann. Die optimale Lösung ergibt die beste Übereinstimmung mit dem μ-Wert aus Schritt 2.

Damit ergibt sich mit Tabelle 9.3.2 im Schritt 1:

$$(t_{80} - t_{10})/(t_{40} - t_{10}) = 3{,}02 \ .$$

Die Schritte 2 bis 5 liefern dann

und
$$\mu = 0{,}26$$
$$\bar{t}_{80} - \bar{t}_{10} = 1{,}73$$
sowie
$$\bar{t}_{40} = 1{,}05 \ .$$

Daraus errechnen sich die Werte

$$T_1 = (t_{80} - t_{10})/(\bar{t}_{80} - \bar{t}_{10}) \quad = 85{,}8/1{,}73 = 49{,}6 \text{ s}$$

$$T_2 = T_3 = \mu T_1 = 0{,}26 \cdot 49{,}6 = 12{,}9 \text{ s}$$

$$t'_{40} = \bar{t}_{40} \cdot T_1 = 1{,}05 \cdot 49{,}6 \quad = 52{,}0 \text{ s} \ .$$

Nach Schritt 6 ergibt sich eine Totzeit zu

$$T_t = t_{40} - t'_{40} = 56{,}6 - 52{,}0 = 4{,}6 \text{ s} \ .$$

Schritt 7 liefert mit

$$(t_{80} - t_{10})/(t_{40} - T_t) = 85{,}8/52{,}0 = 1{,}65$$

den Kontrollwert $\mu = 0{,}26$. Diese Lösung kann als optimal angesehen werden. Das Ergebnis ist ebenfalls im Bild 9.3.7 dargestellt.

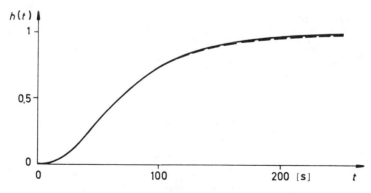

Bild 9.3.7. Zur Approximation nach Thal-Larsen für $(K = 1)$

Die *Approximation durch ein PT_n-Glied* mit gleichen Zeitkonstanten $T_1 = T_2 = ... = T_n$ und der Übertragungsfunktion

$$G(s) = \frac{K}{(1+Ts)^n} \qquad (9.3.21)$$

führt auch im Zeitbereich zu einfachen Beziehungen. Für die Übergangsfunktion eines solchen Übertragungsgliedes erhält man

$$h(t) = K \left\{ 1 - \left[\sum_{\nu=0}^{n-1} \frac{(t/T)^\nu}{\nu!} \right] e^{-t/T} \right\}. \qquad (9.3.22)$$

Die Durchführung einer Wendetangentenkonstruktion [9.5] liefert für $K = 1$ die Beziehungen

$$\frac{T_a}{T} = \frac{(n-1)!}{(n-1)^{n-1}} e^{n-1} \qquad (9.3.23)$$

und

$$\frac{T_u}{T} = n - 1 - \frac{(n-1)!}{(n-1)^{n-1}} \left[e^{n-1} - \sum_{\nu=0}^{n-1} \frac{(n-1)^\nu}{\nu!} \right]. \qquad (9.3.24)$$

Die zahlenmäßige Auswertung dieser Beziehungen ist für $n = 1$ bis 10 in Tabelle 9.3.3 dargestellt.

Tabelle 9.3.3. Auswertung der Gln. (9.3.23) und (9.3.24)

n	T_a/T	T_u/T	T_a/T_u	Graphische Darstellung
1	1	0	∞	
2	2,718	0,282	9,65	
3	3,695	0,805	4,59	
4	4,463	1,425	3,13	
5	5,119	2,100	2,44	
6	5,699	2,811	2,03	
7	6,226	3,549	1,75	
8	6,711	4,307	1,56	
9	7,164	5,081	1,41	
10	7,590	5,869	1,29	

Dieses Approximationsverfahren liefert in jedem Fall befriedigende Ergebnisse, wenn das Verhältnis der größten zur kleinsten Zeitkonstante des wirklichen Übertragungssystems nicht größer als 2 ist.

Da die Wendetangentenkonstruktion oft nicht hinreichend genau durchgeführt werden kann, wird man in vielen Fällen lieber genauer ablesbare *Zeitprozentkennwerte* benutzen. Auch dann läßt sich eine Approximation entsprechend Gl. (9.3.21) bzw. (9.3.22) verwirklichen [9.6]. Als Zeitprozentkennwerte t_m, z. B. t_{10}, t_{30}, t_{50}, t_{70} und t_{90}, wählt man die Zeitpunkte, zu denen 10%, 30%, ..., 90% des Endwertes $h(\infty)/K$ erreicht sind. Damit gelten für die Werte t_m, T und n die Gleichungen

$$\frac{100-m}{100} = \left[\sum_{\nu=0}^{n-1} \frac{(t_m/T)^\nu}{\nu!}\right] e^{-t_m/T} \quad (9.3.25)$$

z. B. mit m = 10, 30, 50, 70, 90 .

Diese Beziehungen ergeben sich unmittelbar aus Gl. (9.3.22) entsprechend der Definition der t_m-Werte. Hieraus lassen sich t_m/T und Quotienten davon, die von T abhängen, bestimmen. Für n = 1,2, ..., 10 wurden die Werte t_{10}/T, t_{20}/T, ..., t_{90}/T und die Quotienten t_{10}/t_{90}, t_{10}/t_{70}, t_{10}/t_{50}, t_{10}/t_{30}, t_{30}/t_{70} und t_{30}/t_{50} von Schwarze [9.6] berechnet und in Diagrammen dargestellt (Bild 9.3.8).

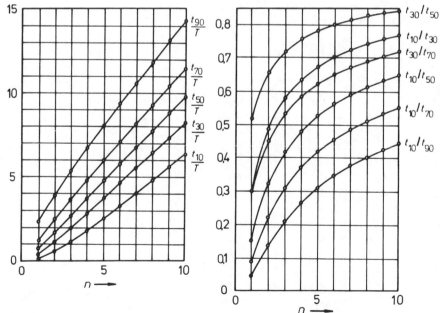

Bild 9.3.8. Zeitprozentkennwerte in Abhängigkeit von der Ordnung n

Anhand eines aus der gegebenen Übergangsfunktion ermittelten Quotienten t_{10}/t_{90}, t_{10}/t_{70} usw. allein kann die Ordnung n abgeschätzt werden. Hiermit wird dann aus einer der Kurven t_m/T die Größe T bestimmt. Die weiteren Werte werden nicht benötigt, können aber zur Kontrolle mit herangezogen werden.

Beispiel 9.3.3:

Aus einer Übergangsfunktion wurden die folgenden Werte abgelesen:

$t_{10} = 28,2$ s; $t_{30} = 47,5$ s; $t_{50} = 67$ s; $t_{70} = 93,5$ s; $t_{90} = 149$ s;

aus $t_{10}/t_{30} = 0,59$ folgt $\underline{n = 3}$

aus $t_{10}/T = 1,1$; $t_{30}/T = 1,91$; $t_{50}/T = 2,67$;

$t_{70}/T = 3,62$; $t_{90}/T = 5,32$

erhält man als Mittelwert $\underline{T = 25,9 \text{ s}}$. ∎

Sehr gute Ergebnisse liefert eine weitere Zeitprozent-Kennwertemethode, bei der die *Approximation mit einem* PT_n*-Glied mit zwei unterschiedlichen Zeitkonstanten*, also der Übertragungsfunktion

$$G(s) = \frac{K}{(1+Ts)(1+\mu Ts)^{n-1}} , \qquad (9.3.26)$$

im Bereich $n = 1, 2, ..., 6$ und $1/20 \leqslant \mu \leqslant 20$ durchgeführt wird [9.8]. Aus der von Gl. (9.3.26) ableitbaren Übergangsfunktion

$$h(t) = \mathcal{L}^{-1} \{G(s)/(Ks)\}$$

können für verschiedene Werte von n und μ die bezogenen Zeitprozentkennwerte t_m/T berechnet und in Diagrammen dargestellt werden. Es werden nun aus t_m/T wieder die von T unabhängigen Quotienten, z. B. t_m/t_{50} und t_m/t_{10} berechnet und ebenfalls in Diagrammen als Funktionen von n und μ dargestellt. Mit Hilfe dieser Diagramme und der aus der gegebenen Übergangsfunktion entnommenen Zeitprozentkennwerte t_m ($m = 10, 50, 90$ und 95) werden dann direkt die gesuchten Systemkennwerte n, μ und T bestimmt. Bezüglich der erforderlichen Diagramme muß auf die Originalarbeit [9.8] verwiesen werden.

Neben diesen wohl am weitesten ausgearbeiteten Approximationen sind zahlreiche weitere vorgeschlagen worden. So verwendet z. B. Radtke

[9.9] zur Approximation die Übertragungsfunktion

$$G(s) = \frac{K}{\prod_{i=1}^{n}(1+\frac{T}{i}s)} \quad , \quad i = 1,2,...,n \tag{9.3.27}$$

bei der die Zeitkonstanten nach einer harmonischen Reihe gestaffelt sind. Hudzovic [9.10] hat diesen Ansatz weiter verbessert und verwendet zur Approximation die Übertragungsfunktion

$$G(s) = \frac{K}{\prod_{i=0}^{n-1}(1+\frac{T}{1+i\cdot r}s)} \tag{9.3.28}$$

Für die Werte von $n = 1,2,...,7$ und $0 \geqslant r \geqslant -1$ wurden die Quotienten T/T_a und T_u/T_a der Übergangsfunktion berechnet und in einem Diagramm dargestellt, Bild 9.3.9. Aus der vorgegebenen Übergangsfunktion muß mit einer *Wendetangentenkonstruktion* die Größe T_u/T_a ermittelt werden. Der Schnittpunkt der Linie T_u/T_a = const mit der n-Kurve niedrigster Ordnung liefert die Werte $-r$ und T/T_a. Damit sind die Werte für n, r und T aus T_u und T_a bestimmt. Dieses Verfahren liefert, wie das nachfolgende Beispiel zeigt, ebenfalls schnell recht gute Ergebnisse.

Beispiel 9.3.4:

Aus einer gemessenen Übergangsfunktion werden folgende Werte entnommen:

$$K = 1 \; ; \quad T_a = 21,2 \text{ s} \; ; \quad T_u = 3,3 \text{ s} \; .$$

Zunächst bildet man das Verhältnis

$$T_u/T_a = 3,3/21,2 = 0,16$$

und bestimmt hiermit aus Bild 9.3.9 in den dort dargestellten Schritten 1 bis 3 die Werte

$$n = 3 \; , \quad r = -0,42 \; , \quad T/T_a = 0,09$$

und daraus

$$T = T_a \cdot 0,09 = 21,2 \cdot 0,09 \approx 2,0 \text{ s} \; .$$

Mit diesen Werten erhält man folgende Übertragungsfunktion

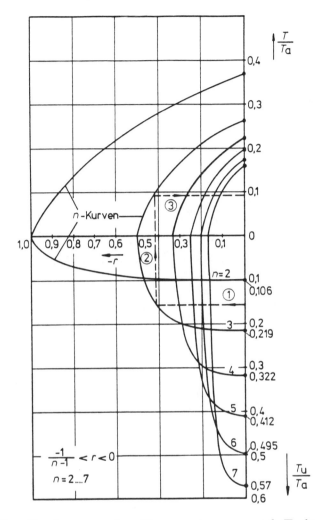

Bild 9.3.9. Zur Bestimmung der Kennwerte n, r und T der Gl. (9.3.28) beim Verfahren nach Hudzovic

$$G(s) = \frac{1}{(1+Ts)(1+\frac{T}{1+r}s)(1+\frac{T}{1+2r}s)}$$

bzw.

$$G(s) = \frac{1}{(1+2s)(1+3,45s)(1+12,5s)}.$$

Bei den bisher behandelten Verfahren handelte es sich im wesentlichen um eine Approximation einer vorgegebenen Übergangsfunktion $h_0(t)$ unter Verwendung empirischer Kennwerte. Ähnliche Verfahren liegen auch zur Approximation der Gewichtsfunktion $g_0(t)$ vor [9.11], auf die hier aber nicht besonders eingegangen werden kann.

9.3.2.2 Weitere Verfahren

Die *Momentenmethode* [9.12] geht gewöhnlich von dem vorgegebenen Verlauf der Gewichtsfunktion $g_0(t)$ aus, wobei für das zu identifizierende System ein Modell mit der Übertragungsfunktion

$$G(s) = \frac{b_0 + b_1 s + \ldots + b_m s^m}{a_0 + a_1 s + \ldots + s^n} \qquad (9.3.29)$$

zugrunde gelegt wird. Der Zusammenhang zwischen $g_0(t)$ und $G(s)$ ist dann durch die Laplace-Transformation

$$G(s) = \mathcal{L}\{g_0(t)\} = \int_0^\infty g_0(t)\, e^{-st}\, dt \qquad (9.3.30)$$

gegeben. Die Taylor-Reihenentwicklung des in Gl. (9.3.30) enthaltenen Terms e^{-st} um den Punkt $st = 0$ liefert dann

$$G(s) = \int_0^\infty [1 - st + \frac{(st)^2}{2!} - \frac{(st)^3}{3!} + - \ldots]\, g_0(t)\, dt \ . \qquad (9.3.31)$$

Daraus folgt

$$G(s) = \int_0^\infty g_0(t)\, dt - s \int_0^\infty t\, g_0(t)\, dt + \frac{s^2}{2!} \int_0^\infty t^2\, g_0(t)\, dt - + \ldots \qquad (9.3.32)$$

Alle in Gl. (9.3.32) auftretenden Integrale können nun als Momente der Gewichtsfunktion aufgefaßt werden, wobei jeweils nur eine numerische Integration über der "zeitbeschwerten" Gewichtsfunktion $g_0(t)$ durchzuführen ist. Definiert man das i-te Moment der vorgegebenen Gewichtsfunktion als

$$M_i = \int_0^\infty t^i\, g_0(t)\, dt \ , \qquad (9.3.33)$$

dann läßt sich Gl. (9.3.32) umschreiben in die Form

$$G(s) = M_0 - sM_1 + \frac{s^2}{2!} M_2 - \frac{s^3}{3!} M_3 + - \ldots . \qquad (9.3.34)$$

Aus Gl. (9.3.29) folgt dann durch Gleichsetzen mit Gl. (9.3.34)

$$(M_0 - sM_1 + \frac{s^2}{2!} M_2 - \frac{s^3}{3!} M_3 + - \ldots) \cdot (a_0 + a_1 s + \ldots + s^n)$$
$$= (b_0 + b_1 s + \ldots + b_m s^m) . \qquad (9.3.35)$$

Durch Koeffizientenvergleich erhält man hieraus $(m+n+1)$ algebraische Gleichungen, aus denen mit den zuvor berechneten Momenten M_i die zu identifizierenden Parameter $a_0, a_1,\ldots,a_{n-1}, b_0, b_1,\ldots,b_m$ leicht bestimmt werden können.

Beispiel 9.3.5:

Wird $m = 1$ und $n = 2$ gewählt, so ergeben sich durch Ausmultiplizieren der der Gl. (9.3.35) entsprechenden Beziehung und anschließenden Koeffizientenvergleich die Beziehung

$$M_0 a_0 = b_0$$
$$(-M_1 a_0 + M_0 a_1) s = b_1 s$$
$$(\frac{M_2}{2!} a_0 - M_1 a_1 + M_0) s^2 = 0$$
$$(-\frac{M_3}{3!} a_0 + \frac{M_2}{2!} a_1 - M_1) s^3 = 0 ,$$

woraus sich das Gleichungssystem zur Berechnung der gesuchten Modellparameter a_0, a_1, b_0 und b_1 in vektorieller Form direkt angeben läßt:

$$\underbrace{\begin{bmatrix} M_0 & 0 & -1 & 0 \\ -M_1 & M_0 & 0 & -1 \\ \frac{M_2}{2!} & -M_1 & 0 & 0 \\ -\frac{M_3}{3!} & \frac{M_2}{2!} & 0 & 0 \end{bmatrix}}_{M} \cdot \underbrace{\begin{bmatrix} a_0 \\ a_1 \\ b_0 \\ b_1 \end{bmatrix}}_{p} = \underbrace{\begin{bmatrix} 0 \\ 0 \\ -M_0 \\ M_1 \end{bmatrix}}_{m} .$$

Nun braucht nur noch der gesuchte Parametervektor

$$p = M^{-1} m$$

berechnet werden. ■

Die hier beschriebene Form der Momentenmethode läßt sich für lineare Systeme mit aperiodischem Verhalten anwenden und ist wegen der dabei durchgeführten Integration unempfindlich gegenüber hochfrequenten Störungen. Beim Auftreten von niederfrequenten Störungen empfiehlt sich jedoch eine erweiterte Version dieser Methode [9.13].

Bei der sogenannten *Flächen-Methode* können die Koeffizienten eines speziellen Ansatzes für $G(s)$ aus einer mehrfachen Integration der vorgegebenen Übergangsfunktion $h_0(t)$ ermittelt werden [9.14]. Bei der *Interpolations-Methode* [9.15] werden die $m+n+1$ unbekannten Parameter der Übertragungsfunktion nach Gl. (9.3.29) so berechnet, daß die approximierende Übergangsfunktion $h(t)$ in $m+n+1$ Punkten mit dem Verlauf der vorgegebenen Übergangsfunktion $h_0(t)$ übereinstimmt.

9.4 Identifikation im Frequenzbereich

Nicht immer sind die im Abschnitt 9.3 behandelten Verfahren anwendbar; auch ist die mit ihnen erreichbare Genauigkeit manchmal nicht ausreichend. Allgemeiner anwendbar sind die Verfahren zur Identifikation im Frequenzbereich. Außerdem erhält man wesentlich genauere Übertragungsfunktionen, wenn beispielsweise der Frequenzgang des zu analysierenden Übertragungssystems in diskreten Werten - z. B. aus direkten Messungen oder Berechnungen gewonnen - vorliegt und nun eine Approximation desselben durchgeführt wird. Neben dem bereits im Abschnitt 4.3.3 behandelten klassischen Bodeschen Frequenzkennlinienverfahren stehen zur Lösung dieser Approximationsaufgabe auch spezielle, sehr leistungsfähige Verfahren zur Verfügung [9.16; 9.17].

9.4.1 Identifikation mit dem Frequenzkennlinien-Verfahren

Bei der Anwendung des Frequenzkennlinien-Verfahrens zur Identifikation eines Regelkreisgliedes wird der vorgegebene, meist direkt gemessene Amplitudenverlauf in elementare Standardübertragungsglieder (vgl.

Tabelle 4.3.3) zerlegt, indem bei den kleinsten ω-Werten begonnen wird. Hier liegt gewöhnlich ein P- oder I-Verlauf vor. Die bei einer solchen Approximation mit Standardübertragungsgliedern entstehenden Knickpunkte und Winkel hängen - wie im Abschnitt 4.3.3 gezeigt wurde - mit den Kennwerten des Übertragungssystems direkt zusammen. Die gesuchte Übertragungsfunktion ergibt sich dann aus der Multiplikation der gefundenen Einzelübertragungsfunktionen.

Beispiel 9.4.1:

Aus dem im Bild 9.4.1 dargestellten Amplitudengang ist das prinzipielle Vorgehen leicht ersichtlich. Dabei ergibt sich unmittelbar die Übertra-

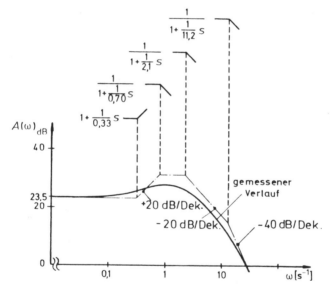

Bild 9.4.1. Zur Identifikation eines gemessenen Frequenzganges mit dem Frequenzkennlinienverfahren

gungsfunktion anhand der Eckfrequenzen des Amplitudenverlaufs zu

$$G(s) = \frac{15\,(1+\frac{1}{0{,}33}s)}{(1+\frac{1}{0{,}70}s)(1+\frac{1}{2{,}1}s)(1+\frac{1}{11{,}2}s)}\,. \qquad (9.4.1)$$

∎

Dieses hier beschriebene Verfahren liefert allein durch die Approximation des Amplitudenganges die gesuchte Übertragungsfunktion. Da jedoch ein eindeutiger Zusammenhang zwischen dem Amplituden- und Phasengang nur bei Systemen mit minimalem Phasenverhalten gegeben ist (vgl. Abschnitt 4.3.5), kann dieses Verfahren nur eingeschränkt angewandt werden, da ja meist nie genau bekannt ist, ob ein Regelkreisglied mit minimalem oder nichtminimalem Phasenverhalten vorliegt. Diese Einschränkung besitzt das nachfolgend dargestellte Verfahren nicht.

9.4.2 Identifikation durch Approximation eines vorgegebenen Frequenzganges

Bei diesem Verfahren [9.16] wird der Verlauf der Ortskurve eines gemessenen oder aus anderen Daten berechneten Frequenzganges

$$G_0(j\omega) = R_0(\omega) + j I_0(\omega) \qquad (9.4.2)$$

vorgegeben. Es soll nun dazu eine gebrochen rationale, das zu identifizierende System kennzeichnende Übertragungsfunktion

$$G(s) = \frac{b_0 + b_1 s + \ldots + b_n s^n}{a_0 + a_1 s + \ldots + a_n s^n} \qquad (9.4.3)$$

mit a_ν, b_ν reell und $a_n \neq 0$

ermittelt werden, die für $s = j\omega$ die Ortskurve $G_0(j\omega)$ "möglichst gut" annähert. Da z. B. über die Hilbert-Transformation, Gl. (4.3.77), ein eindeutiger Zusammenhang zwischen der Realteilfunktion $R(\omega)$ und der Imaginärteilfunktion $I(\omega)$ von $G(j\omega)$ besteht, genügt es auch z. B., nur die gegebene Realteilfunktion $R_0(\omega)$ durch $R(\omega)$ zu approximieren. Damit wird automatisch auch $I(\omega)$ gewonnen. Somit gibt die gewonnene Übertragungsfunktion $G(s)$ für $s = j\omega$ näherungsweise die Ortskurve $G_0(j\omega)$ wieder.

Die praktische Durchführung dieser Approximationsaufgabe erfolgt durch eine konforme Abbildung der s-Ebene auf die w-Ebene mittels der Transformationsgleichung

$$w = \frac{\sigma_0^2 + s^2}{\sigma_0^2 - s^2} \quad \text{bzw. mit } s = j\omega \quad w = \frac{\sigma_0^2 - \omega^2}{\sigma_0^2 + \omega^2}, \qquad (9.4.4)$$

wobei der Frequenzbereich $0 \leq \omega \leq \infty$ in ein endliches Intervall $-1 \leq w \leq 1$ übergeht. Damit kann $R_0(\omega)$ mit gleichbleibenden Werten als $r_0(w)$ in der w-Ebene dargestellt werden, Bild 9.4.2, wobei die konstante Größe σ_0 so gewählt werden sollte, daß der wesentliche Frequenzbereich für $R_0(\omega)$ auch in der w-Ebene möglichst stark berücksichtigt wird.

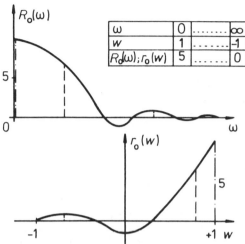

Bild 9.4.2. Zur Transformation von $R_0(\omega)$ in $r_0(w)$

Durch eine zweckmäßige Wahl von $2n+1$ Kurvenpunkte von $r_0(w)$ kann für $r(w)$ der Ansatz

$$r(w) = \frac{c_0 + c_1 w + \ldots + c_n w^n}{1 + d_1 w + \ldots + d_n w^n} \qquad (9.4.5)$$

gemacht werden, woraus durch Auflösung des zugehörigen linearen Gleichungssystems von $2n+1$ Gleichungen die Parameter c_0, c_1, ..., c_n und d_1, ..., d_n ermittelt werden können, da für die gewählten Punkte $r_0(w_\mu) = r(w_\mu)$ gilt.

Die Rücktransformation der nun bekannten Funktion $r(w)$ mittels der Gl. (9.4.4) liefert direkt den Realteil $R(\omega)$ der gesuchten Übertragungsfunktion $G(s)$ für $s = j\omega$. Aus der Beziehung

$$R(\omega) = R\left(\frac{s}{j}\right) \equiv H^*(s) = \frac{1}{2}\left[G(s) + G(-s)\right] \qquad (9.4.6)$$

kann dann schließlich über eine Faktorisierung des Nennerpolynoms von $H^*(s)$ in ein Hurwitz-Polynom $D(s)$ und ein Anti-Hurwitz-Polynom $D(-s)$, also

$$H^*(s) = \frac{C_0 + C_1 s^2 + \ldots + C_n s^{2n}}{D_0 + D_1 s^2 + \ldots + D_n s^{2n}} = \frac{C(s^2)}{D(s) \, D(-s)} \qquad (9.4.7)$$

mit dem Ansatz

$$G(s) = \frac{b_0 + b_1 s + \ldots + b_n s^n}{D(s)} \qquad (9.4.8)$$

und

$$D(s) = a_0 + a_1 s + \ldots + a_n s^n \qquad (9.4.9)$$

direkt die Übertragungsfunktion $G(s)$ ermittelt werden. Dabei ergeben sich die Koeffizienten b_ν ($\nu = 0,1,\ldots,n$) durch Koeffizientenvergleich der Gln. (9.4.6) und (9.4.7), sofern zuvor die Gln. (9.4.8) und (9.4.9) in Gl. (9.4.6) bzw. in Gl. (9.4.7) eingesetzt wurden.

Zweckmäßigerweise verwendet man zur praktischen Durchführung dieses Verfahrens eine Digitalrechenmaschine. Die Struktur der gebrochen rationalen Übertragungsfunktion $G(s)$ wird dabei zunächst durch die im Ansatz nach Gl. (9.4.5) verwendeten ($2n+1$) Kurvenpunkte bestimmt. Werden hierbei sehr viele Punkte gewählt, so nehmen die Koeffizienten höherer Ordnung in $G(s)$ automatisch sehr kleine Werte an und können somit vernachlässigt werden.

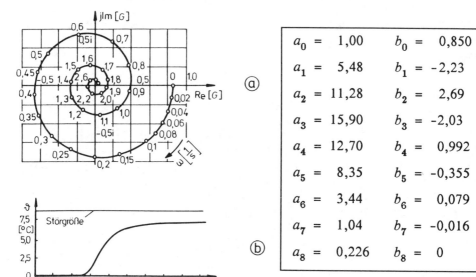

Bild 9.4.3. Approximation (o) einer vorgegebenen Ortskurve (a) und zugehörige Sprungantwort (b) eines Wärmetauschers, wobei die Systemparameter a_ν und b_ν das mathematische Modell gemäß Gl. (9.4.3) beschreiben

Dieses Verfahren liefert also neben den Parametern auch die Struktur von $G(s)$. Die erzielte Genauigkeit der Systembeschreibung ist sehr groß, wobei trotzdem die Ordnung von Zähler- und Nennerpolynom vergleichsweise niedrig bleibt, was gerade für die Weiterverarbeitung eines solchen mathematischen Modells sehr vorteilhaft ist. Die im Bild 9.4.3 dargestellte und approximierte Ortskurve zeigt die Ergebnisse der Anwendung dieses Verfahrens am Beispiel eines Wärmetauschers.

Am nachfolgend dargestellten sehr einfachen Beispiel soll der prinzipielle Ablauf des Verfahrens nochmals anschaulich erklärt werden.

Beispiel 9.4.2:

Es sei $n = 1$ gewählt, dann wird

$$r(w) = \frac{c_0 + c_1 w}{1 + d_1 w}.$$

Sind durch die Lösung der beschriebenen einfachen Approximationsaufgabe die Parameter c_0, c_1 und d_1 ermittelt, so erfolgt mit

$$w = \frac{\sigma_0^2 + s^2}{\sigma_0^2 - s^2}$$

die Rücktransformation gemäß Gl. (9.4.6)

$$R(\omega) = R\left(\frac{s}{j}\right) = H^*(s) = \frac{c_0 + c_1 \dfrac{\sigma_0^2 + s^2}{\sigma_0^2 - s^2}}{1 + d_1 \dfrac{\sigma_0^2 + s^2}{\sigma_0^2 - s^2}}$$

und zusammengefaßt:

$$H^*(s) = \frac{(c_0+c_1)\sigma_0^2 + (-c_0+c_1)s^2}{(1+d_1)\sigma_0^2 + (-1+d_1)s^2}.$$

Abgekürzt folgt entsprechend Gl. (9.4.7)

$$H^*(s) = \frac{C_0 + C_1 s^2}{D_0 + D_1 s^2} = \frac{C(s^2)}{D(s)\,D(-s)} = \frac{1}{2}\,[G(s) + G(-s)]. \quad (9.4.10)$$

Mit dem Ansatz nach Gl. (9.4.8)

$$G(s) = \frac{b_0 + b_1 s}{D(s)}$$

und mit

$$D(s) = a_0 + a_1 s$$

gemäß Gl. (9.4.9) erhält man nun nach Einsetzen dieser beiden Beziehungen in Gl. (9.4.6)

$$H^*(s) = \frac{1}{2}\left[\frac{(b_0+b_1 s)\,D(-s) + (b_0-b_1 s)\,D(s)}{D(s)\,D(-s)}\right]. \qquad (9.4.11)$$

Aus der Auflösung von

$$D_0 + D_1 s^2 = 0$$

ergeben sich die Wurzeln von $D(s)$ zu

$$s_{1,2} = \pm\sqrt{-D_0/D_1} = \pm c_0 \sqrt{\frac{1+d_1}{1-d_1}}.$$

Da aber

$$D(s) = k(s-s_1) = a_0 + a_1 s$$

ist, folgt schließlich nach Einsetzen der Wurzel und anschließendem Koeffizientenvergleich

$$a_1 = \sqrt{1-d_1} \quad \text{und} \quad a_0 = c_0\sqrt{1+d_1}.$$

Zur Berechnung der Parameter b_0 und b_1 wird $D(s)$ in Gl. (9.4.11) eingesetzt. Dies liefert

$$H^*(s) = \frac{1}{2}\left[\frac{(b_0+b_1 s)(a_0-a_1 s) + (b_0-b_1 s)(a_0+a_1 s)}{D(s)\,D(-s)}\right]$$

oder ausmultipliziert

$$H^*(s) = \frac{a_0 b_0 - a_1 b_1 s^2}{D(s)\,D(-s)}. \qquad (9.4.12)$$

Der Koeffizientenvergleich zwischen den Gln. (9.4.10) und (9.4.12) ergibt schließlich zwei Gleichungen für die zwei noch unbekannten Parameter b_0 und b_1:

$$C_0 = a_0 b_0$$

$$C_1 = -a_1 b_1 \; .$$

Aufgelöst erhält man dann

$$b_0 = \frac{C_0}{a_0} = \frac{\sigma_0(c_0 + c_1)}{\sqrt{1+d_1}} \quad \text{und} \quad b_1 = -\frac{C_1}{a_1} = \frac{c_0 - c_1}{\sqrt{1+d_1}} \; . \qquad \blacksquare$$

9.5 Numerische Transformationsmethoden zwischen Zeit- und Frequenzbereich

Da bei der Identifikation von Regelkreisgliedern häufig der Übergang zwischen Zeit- und Frequenzbereich erforderlich ist, sollen nachfolgend - nach der Behandlung der notwendigen theoretischen Grundlagen - zwei Verfahren beschrieben werden, die die numerische Transformation vom Zeit- in den Frequenzbereich, insbesondere zwischen der Übergangsfunktion $h(t)$ und dem zugehörigen Frequenzgang $G(j\omega)$, und umgekehrt gestatten.

9.5.1 Grundlegende theoretische Zusammenhänge

Wird ein Regelkreisglied durch eine Sprungfunktion der Höhe K^* erregt, dann erhält man die Sprungantwort $h^*(t)$ und somit gilt definitionsgemäß für die Übergangsfunktion

$$h(t) = \frac{h^*(t)}{K^*} \; . \tag{9.5.1}$$

Mit der $\mathcal{L}$-Transformierten von $h(t)$, also

$$H(s) = \int_0^\infty h(t) \, e^{-st} \, dt \; , \tag{9.5.2}$$

ergibt sich für die Übertragungsfunktion des betreffenden Regelkreisgliedes

$$G(s) = sH(s) = \frac{s}{K^*} \int_0^\infty h^*(t) \, e^{-st} \, dt \; . \tag{9.5.3}$$

Für $s = j\omega$ erhält man aus $G(s)$ den Frequenzgang

und aus
$$G(j\omega) = R(\omega) + jI(\omega) \tag{9.5.4}$$

$$G(j\omega) = \frac{j\omega}{K^*} \int_0^\infty h^*(t) e^{-j\omega t} dt \tag{9.5.5}$$

folgt dann für dessen Real- und Imaginärteil

$$R(\omega) = \frac{\omega}{K^*} \int_0^\infty h^*(t) \sin\omega t \, dt \,, \tag{9.5.6}$$

$$I(\omega) = \frac{\omega}{K^*} \int_0^\infty h^*(t) \cos\omega t \, dt \,. \tag{9.5.7}$$

Die numerische Auswertung dieser beiden Beziehungen, Gln. (9.5.6) und (9.5.7), ermöglicht die Berechnung des Frequenzganges aus dem vorgegebenen Verlauf einer gemessenen Sprungantwort $h^*(t)$.

Um umgekehrt die Berechnung der Übergangsfunktion $h(t)$ aus einem vorgegebenen, z. B. gemessenen Frequenzgang $G(j\omega)$, durchzuführen, wird die $\mathfrak{L}$-Transformierte von $h(t)$ dargestellt als Summe

$$H(s) = H_r(s) + H_n(s) \,, \tag{9.5.8}$$

wobei die reguläre Teilfunktion $H_r(s)$ alle Pole von $H(s)$ in der linken s-Halbebene und die nichtreguläre Teilfunktion $H_n(s)$ alle Pole von $H(s)$ in der rechten s-Halbebene und auf der imaginären Achse enthält. Somit folgt für die Übergangsfunktion entsprechend Gl. (9.5.8)

$$h(t) = h_r(t) + h_n(t) \,, \tag{9.5.9}$$

wobei stets

$$\lim_{t \to \infty} h_r(t) = 0 \tag{9.5.10}$$

gilt. Das Umkehrintegral, Gl. (4.1.2), liefert für die Übergangsfunktion gemäß Gl. (9.5.9)

$$h(t) = \frac{1}{2\pi j} \int_{c-j\infty}^{c+j\infty} H_r(s) e^{st} ds + \frac{1}{2\pi j} \int_{c-j\infty}^{c+j\infty} H_n(s) e^{st} ds \,, \tag{9.5.11}$$

wobei im ersten Integral der rechten Seite $c = 0$ gesetzt werden darf, da alle Pole von $H_r(s)$ in der linken s-Halbebene liegen. Speziell für

$s = j\omega$ erhält man dann

$$h_r(t) = \frac{1}{2\pi} \int_{-\infty}^{\infty} H_r(j\omega) e^{j\omega t} \, d\omega \; . \tag{9.5.12}$$

Setzt man in Gl. (9.5.12) Real- und Imaginärteil von

$$H_r(j\omega) = R_r(\omega) + j I_r(\omega) \tag{9.5.13}$$

ein, so folgt

$$h_r(t) = \frac{1}{2\pi} \int_{-\infty}^{\infty} [R_r(\omega)\cos\omega t - I_r(\omega)\sin\omega t] \, d\omega +$$
$$+ \frac{j}{2\pi} \int_{-\infty}^{\infty} [R_r(\omega)\sin\omega t + I_r(\omega)\cos\omega t] \, d\omega \; . \tag{9.5.14}$$

Da $h_r(t)$ eine reelle Zeitfunktion ist, muß das zweite Integral zu Null werden. Dies ist tatsächlich der Fall, da stets $R(\omega)$ und somit auch $R_r(\omega)$ eine gerade und $I(\omega)$ bzw. $I_r(\omega)$ eine ungerade Funktion ist. Damit geht Gl. (9.5.14) über in

$$h_r(t) = \frac{1}{2\pi} \int_{-\infty}^{\infty} [R_r(\omega)\cos\omega t - I_r(\omega)\sin\omega t] \, d\omega \; . \tag{9.5.15a}$$

Dieser Ausdruck läßt sich aufspalten in

$$h_r(t) = h_g(t) + h_u(t) \; , \tag{9.5.15b}$$

also in einen Anteil

$$h_g(t) = \frac{1}{2\pi} \int_{-\infty}^{\infty} R_r(\omega)\cos\omega t \, d\omega = \frac{1}{2} [h_r(t) + h_r(-t)] \text{ für alle } t \; , \tag{9.5.16a}$$

der eine gerade Funktion der Zeit ist, und einen Anteil

$$h_u(t) = -\frac{1}{2\pi} \int_{-\infty}^{\infty} I_r(\omega)\sin\omega t \, d\omega = \frac{1}{2} [h_r(t) - h_r(-t)] \text{ für alle } t \; , \tag{9.5.16b}$$

der eine ungerade Funktion der Zeit ist. Setzt man voraus, daß $h_r(t) = 0$ für $t < 0$ bzw. $h_r(-t) = 0$ für $t > 0$ ist, so folgt aus den Gln. (9.5.16a, b)

$$h_g(t) = \frac{1}{2} h_r(t) \quad \text{für} \quad t > 0 \tag{9.5.17a}$$

und

$$h_u(t) = \frac{1}{2} h_r(t) \quad \text{für} \quad t > 0 \tag{9.5.17b}$$

Somit läßt sich $h_r(t)$ gemäß Gl. (9.5.15b) und unter Verwendung der Gln. (9.5.16) und (9.5.17) auf zwei verschiedene Arten berechnen:

$$h_r(t) = 2 h_g(t) = \frac{1}{\pi} \int_{-\infty}^{\infty} R_r(\omega)\cos\omega t \, d\omega = \frac{2}{\pi} \int_0^{\infty} R_r(\omega)\cos\omega t \, d\omega \quad (9.5.18)$$

oder

$$h_r(t) = 2 h_u(t) = -\frac{1}{\pi} \int_{-\infty}^{\infty} I_r(\omega)\sin\omega t \, d\omega = -\frac{2}{\pi} \int_0^{\infty} I_r(\omega)\sin\omega t \, d\omega . \quad (9.5.19)$$

Für die weiteren Betrachtungen wird nun vorausgesetzt, daß $G(s)$ in der ganzen rechten s-Halbebene und auf der imaginären Achse (einschließlich dem Koordinatenursprung) keine Pole besitze. Es erfolgt also eine Beschränkung auf Regelkreisglieder mit P-Verhalten. (Nebenbei sei angemerkt, daß bei Regelkreisgliedern mit I-Verhalten der I-Anteil im Frequenzgang meist eliminiert werden kann, so daß obige Voraussetzung keine wesentliche Einschränkung darstellt). Unter dieser Voraussetzung folgt aus dem Endwertsatz der $\mathscr{L}$-Transformation, Gl. (4.1.21),

$$\lim_{t \to \infty} h(t) = \lim_{s \to 0} sH(s) = \lim_{s \to 0} G(s) = G(0) . \quad (9.5.20)$$

Da für

$$H(s) = \frac{G(s)}{s} \quad (9.5.21)$$

gilt, besitzt aufgrund obiger Annahme über $G(s)$ die Funktion $H(s)$ die nichtreguläre Teilfunktion

$$H_n(s) = \frac{G(0)}{s} . \quad (9.5.22)$$

Durch Einsetzen der Gln. (9.5.21) und (9.5.22) in Gl. (9.5.8) ergibt sich für die reguläre Teilfunktion

$$H_r(s) = \frac{G(s) - G(0)}{s} . \quad (9.5.23)$$

Wird wiederum $s = j\omega$ gesetzt, dann erhält man den Frequenzgang $G(j\omega)$ mit seinem Real- und Imaginärteil, also

$$G(j\omega) = R(\omega) + jI(\omega) .$$

Damit folgt aus Gl. (9.5.23) mit den Real- und Imaginärteilen $R_r(\omega)$ und $I_r(\omega)$ von $G_r(j\omega)$ die Beziehung

$$R_r(\omega) + jI_r(\omega) = \frac{I(\omega)}{\omega} + j\frac{R(0) - R(\omega)}{\omega} . \quad (9.5.24)$$

Durch Koeffizientenvergleich ergibt sich hieraus

$$R_r(\omega) = \frac{I(\omega)}{\omega} \tag{9.5.25}$$

$$I_r(\omega) = \frac{R(0) - R(\omega)}{\omega}. \tag{9.5.26}$$

Werden diese Beziehungen in die Gln. (9.5.18) und (9.5.19) einsetzt, dann erhält man aus Gl. (9.5.18)

$$h_r(t) = \frac{2}{\pi} \int_0^\infty \frac{I(\omega)}{\omega} \cos\omega t \, d\omega \tag{9.5.27}$$

oder bei Beachtung von

$$\frac{2}{\pi} \int_0^\infty \frac{\sin\omega t}{\omega} d\omega = 1$$

aus Gl. (9.5.19)

$$h_r(t) = -R(0) + \frac{2}{\pi} \int_0^\infty \frac{R(\omega)}{\omega} \sin\omega t \, d\omega . \tag{9.5.28}$$

Die inverse $\mathscr{L}$-Transformation von Gl. (9.5.22) liefert als nichtregulären Teil von $h(t)$ direkt die Funktion

$$h_n(t) = G(0)\, \sigma(t) = R(0)\, \sigma(t), \tag{9.5.29}$$

wobei $\sigma(t)$ die Einheitssprungfunktion nach Gl. (3.2.1) darstellt. Schließlich folgt aus Gl. (9.5.9) mit den Gln. (9.5.27) bis (9.5.29) als endgültige Transformationsbeziehung zwischen der Übergangsfunktion $h(t)$ und dem Frequenz $G(j\omega) = R(\omega) + jI(\omega)$ eines Regelsystems

$$h(t) = R(0) + \frac{2}{\pi} \int_0^\infty \frac{I(\omega)}{\omega} \cos\omega t \, d\omega , \quad t > 0 \tag{9.5.30}$$

oder

$$h(t) = \frac{2}{\pi} \int_0^\infty \frac{R(\omega)}{\omega} \sin\omega t \, d\omega , \quad t > 0 . \tag{9.5.31}$$

9.5.2 Berechnung des Frequenzganges aus der Sprungantwort

Zur exakten Auswertung der Gln. (9.5.6) und (9.5.7) müßte die Sprungantwort $h^*(t)$ in analytischer Form vorliegen. Dies ist jedoch bei der experimentellen Identifikation nicht der Fall. Allerdings besteht die

Möglichkeit, den Frequenzgang als Näherung punktweise für verschiedene ω-Werte durch numerische Auswertung der beiden Gln. (9.5.6) und (9.5.7) zu bestimmen. Dieser Weg soll hier jedoch nicht beschritten werden; vielmehr wird ein Verfahren [9.18] beschrieben, das wohl auf dasselbe Ergebnis führt, dessen Herleitung aber nicht die direkte Auswertung der Gln. (9.5.6) und (9.5.7) erfordert.

Zunächst wird der graphisch vorgegebene Verlauf der Sprungantwort $h^*(t)$, die sich für $t\to\infty$ asymptotisch einer Geraden mit beliebig endlicher Steigung nähert, in N äquidistanten Zeitintervallen der Größe Δt durch einen Geradenzug $\tilde{h}(t)$ entsprechend Bild 9.5.1 approximiert. Da-

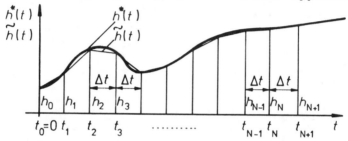

Bild 9.5.1. Annäherung der Sprungantwort $h^*(t)$ durch einen Geradenzug $\tilde{h}(t)$

bei stellt $t_N = N\Delta t$ diejenige Zeit dar, nach der die Sprungantwort $h^*(t)$ nur noch hinreichend kleine Abweichungen von der asymptotischen Geraden für $t\to\infty$ aufweist.

Die beiden bei $t = t_\nu = \nu\Delta t$ aufeinander folgenden Teile des approximierenden Geradenzuges $\tilde{h}(t)$ haben gemäß Bild 9.5.2a die Steigung

$$b^*_\nu = \frac{h_\nu - h_{\nu-1}}{\Delta t} \qquad (9.5.32)$$

und

$$b^*_{\nu+1} = \frac{h_{\nu+1} - h_\nu}{\Delta t} \ . \qquad (9.5.33)$$

Setzt man das Geradenstück von $\tilde{h}(t)$ des Intervalls $t_{\nu-1} \leq t \leq t_\nu$ für $t > t_\nu$ fort, so läßt sich $\tilde{h}(t)$ im nächstfolgenden Intervall $t_\nu \leq t \leq t_{\nu+1}$ durch Superposition dieser fortgesetzten Geraden mit einer "Knickgeraden" $r_\nu(t)$ darstellen. Diese Knickgerade gemäß Bild 9.5.2b erfüllt die Bedingung

$$r_\nu(t) = \begin{cases} 0 & \text{für } t \leq t_\nu \\ \beta_\nu(t-t_\nu) & \text{für } t \geq t_\nu \end{cases} \quad \text{für } \nu = 0,1,\ldots,N \ , \qquad (9.5.34)$$

wobei die Steigung β_ν sich aus der Differenz der Steigungen b_ν^* und $b_{\nu+1}^*$ ergibt:

$$\beta_\nu = \begin{cases} \dfrac{h_{\nu-1} - 2h_\nu + h_{\nu+1}}{\Delta t} & \text{für } \nu = 1, 2, \ldots, N \\ \dfrac{h_1 - h_0}{\Delta t} & \text{für } \nu = 0 \end{cases} \qquad (9.5.35)$$

Für die weiteren Betrachtungen wird in Gl. (9.5.35) die Abkürzung

$$p_\nu = \begin{cases} h_{\nu-1} - 2h_\nu + h_{\nu+1} & \text{für } \nu = 1, 2, \ldots, N \\ h_1 - h_0 & \text{für } \nu = 0 \end{cases} \qquad (9.5.36)$$

eingeführt.

Die im Bild 9.5.2b dargestellte Knickgerade $r_\nu(t)$ kann im Sinne der Regelungstechnik als Antwort eines Übertragungssystems auf das sprungförmige Eingangssignal der Höhe K^* angesehen werden. Dann

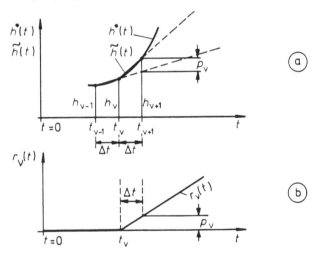

Bild 9.5.2. Zur Bildung der "Knickgeraden" $r_\nu(t)$

stellt $r_\nu(t)$ eine nach der Totzeit $t_\nu = \nu \Delta t$ einsetzende Anstiegsfunktion mit der Zeitkonstanten $K^* \Delta t / p_\nu$ dar. Das dynamische Verhalten eines solchen Übertragungssystems wird bekanntlich durch die Übertragungsfunktion

$$\widetilde{G}_\nu(s) = \frac{1}{K^*} \frac{p_\nu}{\Delta t} \frac{1}{s} e^{-s\nu\Delta t} \qquad (9.5.37)$$

beschrieben.

Die Approximation des gesamten Verlaufs der Sprungantwort $h^*(t)$ kann durch Überlagerung der zuvor definierten Knickfunktionen $r_\nu(t)$ und der Größe h_0 gemäß Bild 9.5.3, also durch

$$h^*(t) \approx h_0 + \sum_{\nu=0}^{N} r_\nu(t) \,, \tag{9.5.38}$$

erfolgen. Entsprechend liefert die Überlagerung der zugehörigen Teilübertragungsfunktionen gemäß Gl. (9.5.37) und dem P-Verhalten für h_0

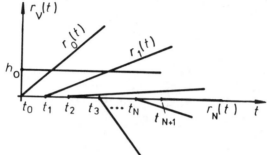

Bild 9.5.3. Approximation der Sprungantwort $h^*(t)$ durch "Knickgeraden" $r_\nu(t)$ mit $\nu = 0,1,2,...,N$

näherungsweise die Übertragungsfunktion des zu $h^*(t)$ gehörigen Gesamtsystems:

$$G(s) \approx \frac{h_0}{K^*} + \sum_{\nu=0}^{N} \tilde{G}_\nu(s) \,. \tag{9.5.39}$$

Mit Gl. (9.5.37) folgt dann

$$G(s) \approx \frac{1}{K^*} \left[h_0 + \frac{1}{s} \sum_{\nu=0}^{N} \frac{p_\nu}{\Delta t} e^{-s\nu\Delta t} \right]. \tag{9.5.40}$$

Für den Übergang auf den Frequenzgang wird $s = j\omega$ gesetzt, und nach elementarer Umformung folgt aus Gl. (9.5.40) schließlich

$$G(j\omega) \approx \frac{1}{K^*} \left\{ h_0 - \frac{1}{\omega\Delta t} \sum_{\nu=0}^{N} p_\nu [\sin(\omega\nu\Delta t) + j\cos(\omega\nu\Delta t)] \right\}. \tag{9.5.41}$$

Die Zerlegung von $G(j\omega)$ in Real- und Imaginärteil ergibt dann:

und
$$R(\omega) \approx \frac{1}{K^*} [h_0 - \frac{1}{\omega \Delta t} \sum_{\nu=0}^{N} p_\nu \sin(\omega \nu \Delta t)] \qquad (9.5.42)$$

$$I(\omega) \approx \frac{1}{K^*} \frac{1}{\omega \Delta t} \sum_{\nu=0}^{N} p_\nu \cos(\omega \nu \Delta t) . \qquad (9.5.43)$$

Mit diesen beiden numerisch leicht auswertbaren Beziehungen stehen somit approximative Lösungen für die Gln. (9.5.6) und (9.5.7) zur Verfügung.

9.5.3 Erweiterung des Verfahrens zur Berechnung des Frequenzganges für nichtsprungförmige Testsignale

Stellt das Testsignal $u(t)$ zur Erregung der Eingangsgröße des zu identifizierenden Regelkreisgliedes kein sprungförmiges Signal dar, dann läßt sich das zuvor beschriebene Verfahren in einer erweiterten Form ebenfalls zur Berechnung des Frequenzganges anwenden. Zu diesem Zweck wird ein "fiktives" Übertragungsglied, dessen Eingangsgröße man sich durch einen Einheitssprung erregt denkt, in Reihe vor das zu identifizierende Regelkreisglied geschaltet (Bild 9.5.4). Die beiden Signale $u(t)$

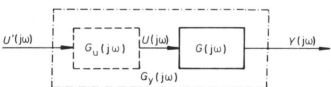

Bild 9.5.4. Erzeugung eines beliebigen Testsignals $u(t)$ durch ein vorgeschaltetes "fiktives" Übertragungsglied mit dem Frequenzgang $G_u(j\omega)$ und sprungförmiger Erregung $u'(t) = \sigma(t)$

und $y(t)$ brauchen dabei nur die Bedingung erfüllen, daß sie für $t > 0$ eine endliche Steigung aufweisen und für $t \to \infty$ asymptotisch in eine Gerade mit beliebiger endlicher Steigung übergehen. Der gesuchte Frequenzgang $G(j\omega)$ ergibt sich mit den im Bild 9.5.4 dargestellten Definitionen zu

$$G(j\omega) = \frac{Y(j\omega)}{U(j\omega)} = \frac{G_y(j\omega)}{G_u(j\omega)} . \qquad (9.5.44)$$

Da sowohl $G_y(j\omega)$ als auch $G_u(j\omega)$ die Frequenzgänge zweier sprungförmig erregter (fiktiver) Übertragungsglieder darstellen, läßt sich $G(j\omega)$ anhand von Gl. (9.5.44) durch zweimaliges Anwenden des zuvor beschriebenen Verfahrens berechnen. Unter Verwendung der Gl. (9.5.40) folgt somit für den gesuchten Frequenzgang gemäß Gl. (9.5.44)

$$G(j\omega) \approx \frac{y_0 - \frac{1}{\omega \Delta t} \sum_{\nu=0}^{N} p_\nu e^{-j(\omega\nu\Delta t - \pi/2)}}{u_0 - \frac{1}{\omega \Delta t'} \sum_{\mu=0}^{M} q_\mu e^{-j(\omega\mu\Delta t' - \pi/2)}} . \quad (9.5.45)$$

Dabei wird gemäß Bild 9.5.5 das Eingangssignal $u(t)$ in M, das Ausgangssignal $y(t)$ in N äquidistante Zeitintervalle der Länge Δt bzw. $\Delta t'$

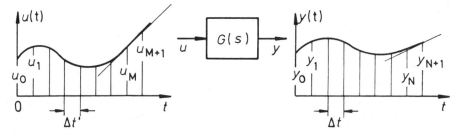

Bild 9.5.5. Zur Berechnung des Frequenzganges aus gemessenem Ein- und Ausgangssignal

unterteilt und die zugehörigen Ordinatenwerte u_μ und y_ν abgelesen. Aus diesen Werten werden die Koeffizienten

$$p_\nu = y_{\nu-1} - 2y_\nu + y_{\nu+1} \quad \text{für} \quad \nu = 1,\ldots,N$$

$$p_0 = y_1 - y_0 \quad \text{für} \quad \nu = 0$$

$$q_\mu = u_{\mu-1} - 2u_\mu + u_{\mu+1} \quad \text{für} \quad \mu = 1,\ldots,M$$

$$q_0 = u_1 - u_0 \quad \text{für} \quad \mu = 0$$

gebildet. Dabei ist noch zu beachten, daß die beiden letzten Ordinatenwerte, also u_M und u_{M+1} bzw. y_N und y_{N+1}, bereits auf der jeweiligen asymptotischen Geraden des Signalverlaufes für $t \to \infty$ liegen sollten.

Für verschiedene häufig verwendete Testsignale sind die aus Gl. (9.5.45) resultierenden Ergebnisse in der Tabelle 9.5.1 zusammengestellt. Dementsprechend brauchen nur die bei den jeweiligen Testsignalen sich ergebenden Werte y_ν des Antwortsignals in die betreffenden Gleichungen

Tabelle 9.5.1. Frequenzgangberechnung mit Testsignalen

Testsignal $u(t)$	Frequenzgang $G(j\omega) = Re(\omega) + jIm(\omega)$, wobei $P_\nu = y_{\nu-1} - 2y_\nu + y_{\nu+1}$ ist
Sprung	$Re(\omega) = [y_0 - \frac{1}{\omega\Delta t}\sum_{\nu=0}^{N} P_\nu \sin(\omega\nu\Delta t)]\frac{1}{K^*}$ $\quad y_\nu \equiv h_\nu$ $Im(\omega) = -\frac{1}{\omega\Delta t}\sum_{\nu=0}^{N} P_\nu \cos(\omega\nu\Delta t)\frac{1}{K^*}$
Rechteckimpuls	$Re(\omega) = \dfrac{y_0 \sin\frac{\omega T_p}{2} - \frac{1}{\omega\Delta t}\sum_{\nu=0}^{N} P_\nu \cos\omega(\nu\Delta t - \frac{T_p}{2})}{2K^*\sin\frac{\omega T_p}{2}}$ $Im(\omega) = \dfrac{-y_0 \cos\frac{\omega T_p}{2} + \frac{1}{\omega\Delta t}\sum_{\nu=0}^{N} P_\nu \sin\omega(\nu\Delta t - \frac{T_p}{2})}{2K^*\sin\frac{\omega T_p}{2}}$
Dreieckimpuls	$Re(\omega) = \dfrac{y_0 \sin\frac{\omega T_p}{2} - \frac{1}{\omega\Delta t}\sum_{\nu=0}^{N} P_\nu \cos\omega(\nu\Delta t - \frac{T_p}{2})}{\frac{8K^*}{\omega T_p}\sin^2\frac{\omega T_p}{4}}$ $Im(\omega) = \dfrac{-y_0 \sin\frac{\omega T_p}{2} + \frac{1}{\omega\Delta t}\sum_{\nu=0}^{N} P_\nu \sin\omega(\nu\Delta t - \frac{T_p}{2})}{\frac{8K^*}{\omega T_p}\sin^2(\frac{\omega T_p}{4})}$
Trapezimpuls	$Re(\omega) = \dfrac{y_0 \sin\frac{\omega T_p}{2} - \frac{1}{\omega\Delta t}\sum_{\nu=0}^{N} P_\nu \cos\omega(\nu\Delta t - \frac{T_p}{2})}{\frac{1}{a}\frac{4K^*}{\omega T_p}\sin(\frac{\omega T_p}{2}a)\sin[\frac{\omega T_p}{2}(1-a)]}$ $Im(\omega) = \dfrac{-y_0 \cos\frac{\omega T_p}{2} + \frac{1}{\omega\Delta t}\sum_{\nu=0}^{N} P_\nu \sin\omega(\nu\Delta t - \frac{T_p}{2})}{\frac{1}{a}\frac{4K^*}{\omega T_p}\sin(\frac{\omega T_p}{2}a)\sin[\frac{\omega T_p}{2}(1-a)]}$
Rampe	$Re(\omega) = \dfrac{\frac{\omega T_p}{2}}{K^*\sin\frac{\omega T_p}{2}}[y_0 \cos\frac{\omega T_p}{2} - \frac{1}{\omega\Delta t}\sum_{\nu=0}^{N} P_\nu \sin\omega(\nu\Delta t - \frac{T_p}{2})]$ $Im(\omega) = \dfrac{\frac{\omega T_p}{2}}{K^*\sin\frac{\omega T_p}{2}}[y_0 \sin\frac{\omega T_p}{2} - \frac{1}{\omega\Delta t}\sum_{\nu=0}^{N} P_\nu \cos\omega(\nu\Delta t - \frac{T_p}{2})]$
Verzögerung 1. Ordnung	$Re(\omega) = \frac{1}{K^*}\left(y_0 - \frac{1}{\omega\Delta t}[\sum_{\nu=0}^{N} P_\nu \sin(\omega\nu\Delta t) - \omega T_p \sum_{\nu=0}^{N} P_\nu \cos(\omega\nu\Delta t)]\right)$ $Im(\omega) = \frac{1}{K^*}\left(y_0 \omega T_p - \frac{1}{\omega\Delta t}[\sum_{\nu=0}^{N} P_\nu \cos(\omega\nu\Delta t) + \omega T_p \sum_{\nu=0}^{N} P_\nu \sin(\nu\omega\Delta t)]\right)$
Cosinusimpuls	$Re(\omega) = \dfrac{1 - (\frac{\omega T_p}{2\pi})^2}{K^*\sin\frac{\omega T_p}{2}}[y_0 \sin\frac{\omega T_p}{2} - \frac{1}{\omega\Delta t}\sum_{\nu=0}^{N} P_\nu \cos\omega(\nu\Delta t - \frac{T_p}{2})]$ $Im(\omega) = \dfrac{1 - (\frac{\omega T_p}{2\pi})^2}{K^*\sin\frac{\omega T_p}{2}}[-y_0 \cos\frac{\omega T_p}{2} + \frac{1}{\omega\Delta t}\sum_{\nu=0}^{N} P_\nu \sin\omega(\nu\Delta t - \frac{T_p}{2})]$
Anstiegsfunktion	$Re(\omega) = \frac{\omega T_p}{K^*}\cdot\frac{1}{\omega\Delta t}\sum_{\nu=0}^{N} P_\nu \cos(\omega\nu\Delta t)$ $Im(\omega) = \frac{\omega T_p}{K^*}[y_0 - \frac{1}{\omega\Delta t}\sum_{\nu=0}^{N} P_\nu \sin(\omega\nu\Delta t)]$

eingesetzt zu werden, um den Real- und Imaginärteil des gesuchten Frequenzganges $G(j\omega)$ zu berechnen.

9.5.4 Berechnung der Übergangsfunktion aus dem Frequenzgang [9.19]

Geht man von der Darstellung des Frequenzganges $G(j\omega)$ durch seinen Realteil $R(\omega)$ und seinen Imaginärteil $I(\omega)$ aus, so wird der Zusammenhang zwischen dem Frequenzgang und der zugehörigen Übergangsfunktion $h(t)$ eines Regelkreisgliedes durch Gl. (9.5.30) oder Gl. (9.5.31) gegeben. Diese beiden Gleichungen sind parallel und unabhängig voneinander gültig.

Für die weiteren Betrachtungen soll von Gl. (9.5.30) ausgegangen werden. Der Verlauf von

$$v(\omega) = \frac{I(\omega)}{\omega} \; ; \; \omega \geq 0 \; ; \; v(0) \neq \infty \qquad (9.5.46)$$

sei als gegeben vorausgesetzt. Durch einen Streckenzug $s_0, s_1,...,s_N$ wird $v(\omega)$ im Bereich $0 \leq \omega \leq \omega_N$ so approximiert, daß für $\omega \geq \omega_N$ der Verlauf von $v(\omega) \approx 0$ wird (vgl. Bild 9.5.6a). Werden - wie im Bild 9.5.6b dargestellt - auf der ω-Achse jeweils bei den Werten ω_ν Geraden aufgetragen, deren Steigung gleich der Steigungsänderung des Streckenzuges in den Knickpunkten $0,1,...,N$ ist, so entstehen die "Knickgeraden"

$$s_\nu(\omega) = \begin{cases} 0 & \text{für } \omega \leq \omega_\nu \\ b_\nu(\omega - \omega_\nu) & \text{für } \omega \geq \omega_\nu \end{cases} \text{für } \nu = 0,1,...,N \qquad (9.5.47)$$

mit der Steigung

$$b_0 = \frac{v_1 - v_0}{\omega_1 - \omega_0} \; ; \; \omega_0 = 0 \; ; \qquad \text{für } \nu = 0 \qquad (9.5.48a)$$

und

$$b_\nu = \frac{v_{\nu+1} - v_\nu}{\omega_{\nu+1} - \omega_\nu} - \frac{v_\nu - v_{\nu-1}}{\omega_\nu - \omega_{\nu-1}} \; ; \qquad \text{für } \nu = 1,...,N . \qquad (9.5.48b)$$

Die Größen v_ν ($\nu = 0,1,...,N$) werden dabei direkt aus dem Verlauf von $v(\omega)$ entnommen, und für Gl. (9.5.48) muß $v_N = v_{N+1} = 0$ gewählt werden.

Die Approximation von $v(\omega)$ kann nun durch Überlagerung dieser Knickgeraden und Addition von v_0 in der Form

$$v(\omega) \approx v_0 + \sum_{\nu=0}^{N} s_\nu(\omega), \quad \omega \geq 0 \tag{9.5.49}$$

erfolgen. Berücksichtigt man, daß - entsprechend der Voraussetzung $v(\omega) \approx 0$ für $\omega \geq \omega_N$ - als obere endliche Integrationsgrenze $\omega = \omega_N$

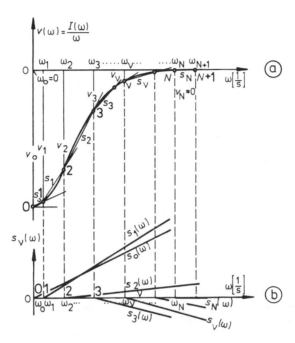

Bild 9.5.6. (a) Annäherung der Kurve $v(\omega) = I(\omega)/\omega$ durch einen Streckenzug $s_0, s_1, \ldots, s_N$. (b) Darstellung der "Knickgeraden" $s_\nu(\omega)$ von Gl. (9.5.47)

gesetzt werden kann, so geht Gl. (9.5.31) in die Form

$$h(t) \approx R(0) + \frac{2}{\pi}\left[\sum_{\nu=0}^{N}\int_{\omega_\nu}^{\omega_N} s_\nu(\omega)\cos\omega t\, d\omega + v_0 \int_0^{\omega_N}\cos\omega t\, d\omega\right] \tag{9.5.50}$$

über. Unter Beachtung von Gl. (9.5.47) erhält man aus Gl. (9.5.50)

$$h(t) \approx R(0) + \frac{2}{\pi}\left[\sum_{\nu=0}^{N}\left(b_\nu \int_{\omega_\nu}^{\omega_N}\omega\cos\omega t\, d\omega - \omega_\nu b_\nu \int_{\omega_\nu}^{\omega_N}\cos\omega t\, d\omega\right)\right.$$

$$\left. + v_0 \int_0^{\omega_N}\cos\omega t\, d\omega\right]. \tag{9.5.51}$$

Nach Auswertung der Integrale und Zusammenfassung einzelner Terme ergibt sich dann für $t > 0$

$$h(t) \approx R(0) + \frac{2}{\pi} \left\{ \frac{\sin\omega_N t}{t} \left[v_0 + \sum_{\nu=0}^{N} b_\nu(\omega_N - \omega_\nu) \right] - \frac{1}{t^2} \sum_{\nu=0}^{N} b_\nu \cos\omega_\nu t + \frac{\cos\omega_N t}{t^2} \sum_{\nu=0}^{N} b_\nu \right\}. \quad (9.5.52)$$

Berücksichtigt man, daß in Gl. (9.5.52)

$$\sum_{\nu=0}^{N} b_\nu = 0$$

und

$$v_0 + \sum_{\nu=0}^{N} b_\nu(\omega_N - \omega_\nu) = v(\omega_N) \approx 0$$

gesetzt werden kann, so folgt schließlich

$$h(t) \approx R(0) + \frac{2}{\pi t^2} \sum_{\nu=0}^{N} b_\nu \cos\omega_\nu t \; ; \quad t > 0 \;. \quad (9.5.53)$$

Die Gl. (9.5.53) erlaubt in einfacher Weise zusammen mit Gl. (9.5.48a, b) näherungsweise die punktweise Berechnung der Übergangsfunktion $h(t)$ aus dem vorgegebenen Frequenzgang $G(j\omega)$. Zur numerischen Durchführung des Verfahrens wird zweckmäßigerweise eine Digitalrechenmaschine verwendet.

LITERATUR

[1.1] Wiener, N.: Cybernetics or control and communication in the animal and the machine. Massachusetts Institute of Technology, Wiley-Verlag, New York 1948. (Aus dem Englischen: Econ-Verlag Düsseldorf 1963).

[1.2] Mayr, O.: Zur Frühgeschichte technischer Regelungen. Oldenbourg-Verlag, München 1969.

[1.3] Rörentrop, K.: Entwicklung der modernen Regelungstechnik. Oldenbourg-Verlag, München 1971.

[1.4] Maxwell, I. C.: On governors. Proc. Roy. Soc. 16 (1868), S. 270-283.

[1.5] Stodola, A.: Über die Regulierung von Turbinen. Schweizer Bauzeitg. 22 (1893), S. 27-30 und 23 (1894), S. 17-18.

[1.6] Tolle, M.: Regelung der Kraftmaschinen. Springer-Verlag, Berlin 1905.

[1.7] Routh, E. J.: A treatise on the stability of a given state of motion. Macmillan-Verlag, London 1877.

[1.8] Hurwitz, A.: Über die Bedingungen, unter welchen eine Gleichung nur Wurzeln mit negativen reellen Teilen besitzt. Math. Annalen 46 (1895), S. 273-284.

[1.9] Küpfmüller, K.: Über die Dynamik der selbsttätigen Verstärkungsregler. Elektr. Nachrichtentechnik 5 (1928), S. 459-467.

[1.10] Nyquist, H.: Regeneration theory. Bell Syst. techn. J. 11 (1932), S. 126-147.

[1.11] Leonhard, A.: Die selbsttätige Regelung in der Elektrotechnik. Springer-Verlag, Berlin 1940.

[1.12] Oppelt, W.: Vergleichende Betrachtung verschiedener Regelaufgaben hinsichtlich der geeigneten Regelgesetzmäßigkeit. Luftfahrtforschung 16 (1939), S. 447-472.

[1.13] Oldenbourg, R. und H. Sartorius: Dynamik selbsttätiger Regelungen. Oldenbourg-Verlag, München 1944.

[1.14] Bode, H.: Network analysis and feedback amplifier design. Van Nostrand-Verlag, New York 1945.

[1.15] Wiener, N.: Extrapolation, interpolation and smoothing of stationary time series. Wiley-Verlag, New York 1949.

[1.16] Truxal, J. G.: Automatic feedback control systems synthesis. McGraw-Hill-Verlag, New York 1955. (Aus dem Englischen: Entwurf automatischer Regelsysteme, Oldenbourg-Verlag, München 1960).

[1.17] Cosgriff, R.: Nonlinear control systems. McGraw-Hill-Verlag, New York 1958.

[1.18] Bleisteiner, G. und W. Mangoldt: Handbuch der Regelungstechnik. Springer-Verlag, Berlin 1961.

[1.19] Ledley, R.: Digital computer and control engineering. McGraw-Hill-Verlag, New York 1960.

[1.20] Pontrjagin, L. S., V. G. Boltjanskij, R. V. Gamkrelidze und E. F. Misčenko: Mathematische Theorie optimaler Prozesse. Oldenbourg-Verlag, München 1964.

[1.21] Bellman, R.: Dynamic programming. Princeton University Press, Princeton New York 1957.

[1.22] Kalman, R. E.: On the general theory of control systems. Beitrag zum 1. IFAC-Kongreß, Moskau 1960. Automatic and remote control, Oldenbourg-Verlag, München 1961, Bd. 1, S. 481-492.

[2.1] Unbehauen, H.: Übersicht über Methoden zur Identifikation (Erkennung) dynamischer Systeme. Regelungstechnik und Prozeß-Datenverarbeitung 21 (1973), S. 2-8.

[2.2] Schöne, A.: Simulation technischer Systeme (3 Bände). Carl Hanser Verlag, München 1974.

[2.3] Thoma, M.: Theorie linearer Regelsysteme. Vieweg-Verlag, Braunschweig 1973.

[2.4] Unbehauen, R.: Systemtheorie. Oldenbourg-Verlag, München 1990.

[2.5] Ackermann, J.: Abtastregelung. Springer-Verlag, Berlin 1972.

[2.6] Föllinger, O.: Lineare Abtastsysteme. Oldenbourg-Verlag, München 1982.

[2.7] Schlitt, H.: Stochastische Vorgänge in linearen und nichtlinearen Regelkreisen. Vieweg-Verlag, Braunschweig 1968.

[2.8] Solodownikow, W. W.: Einführung in die statistische Dynamik linearer Regelsysteme. Oldenbourg-Verlag, München 1963.

[3.1] Close, C. M. und D. K. Frederick: Modelling and analysis of dynamic systems. Verlag Houghton Miffling Company, Boston 1978.

[3.2] Unbehauen, R.: Synthese elektrischer Netzwerke und Filter. Oldenbourg-Verlag, München 1988.

[3.3] Crandall, S. H., D. C. Karnoop, E. F. Kurtz und D. C. Pridmore-Brown: Dynamics of mechanical and electromechanical systems. McGraw-Hill-Verlag, New York 1968.

[3.4] Magnus, K.: Schwingungen. Teubner-Verlag, Stuttgart 1961.

[3.5] Lippmann, H.: Schwingungslehre. Bibliographisches Institut, Mannheim 1968.

[3.6] Kutz, M.: Temperature control. Wiley-Verlag, New York 1968.

[3.7] Profos, P.: Die Regelung von Dampfanlagen. Springer-Verlag, Berlin 1962.

[3.8] Yang, W. und M. Masubuchi: Dynamics for process and system control. Verlag Gordon and Breach, New York 1970.

[3.9] Dolezal, R. und L. Varcop: Process dynamics. Elsevier-Publishing-Company, Amsterdam 1970.

[3.10] Unbehauen, R.: Systemtheorie. Oldenbourg-Verlag, München 1990.

[3.11]   Csaki, F.: Die Zustandsraum-Methode in der Regelungstechnik. VDI-Verlag, Düsseldorf 1973.

[3.12]   Föllinger. O.: Regelungstechnik. Hüthig-Verlag, Heidelberg 1992.

[3.13]   Ogata, K.: State space analysis of control systems. Verlag Prentice-Hall Inc., Englewood Cliffs, N. Y. 1967.

[4.1]   Doetsch, G.: Anleitung zum praktischen Gebrauch der Laplace-Transformation und der Z-Transformation. Oldenbourg-Verlag, München 1967.

[4.2]   Föllinger, O.: Laplace- und Fourier-Transformation. Elitera-Verlag, Berlin 1977.

[4.3]   Gilles, E.-D.: Systeme mit verteilten Parametern. Oldenbourg-Verlag, München 1973.

[5.1]   Tietze, U. und C. Schenk: Halbleiter-Schaltungstechnik. Springer-Verlag, Berlin 1983.

[5.2]   Schink, H.: Fibel der Verfahrenstechnik. Oldenbourg-Verlag, München 1971.

[5.3]   Samal, E.: Grundriß der praktischen Regelungstechnik. Oldenbourg-Verlag, München 1967.

[6.1]   Hurwitz, A.: Über die Bedingungen, unter welchen eine Gleichung nur Wurzeln mit negativen reellen Teilen besitzt. Math. Annalen 46 (1895), S. 273-284.

[6.2]   Routh, E. J.: A treatise on the stability of a given state of motion. Macmillan-Verlag, London 1877.

[6.3]   Cremer, L.: Die algebraischen Kriterien der Stabilität linearer Regelungssysteme. Regelungstechnik 1 (1953), S. 17-20 und S. 38-41.

[6.4]   Leonhard, A.: Neues Verfahren zur Stabilitätsuntersuchung. Archiv Elektrotechnik 38 (1944), S. 17-28.

[6.5]   Michailow, A. W.: Die Methode der harmonischen Analyse in der Regelungstheorie (Russ.). Automatik und Telemechanik 3 (1938), S. 27-81.

[6.6] Nyquist, H.: Regeneration theory. Bell Syst. techn. J. 11 (1932), S. 126-147.

[7.1] Evans, W. R.: Control system synthesis by root-locus method. Trans. AIEE 69 (1950), S. 66-69.

[7.2] Evans, W. R.: Control system dynamics. McGraw-Hill-Verlag, New York 1954.

[7.3] Schwarz, H.: Frequenzgang und Wurzelortskurvenverfahren. Bibliographisches Institut, Mannheim 1968.

[8.1] Newton, G. C., L. A. Gould und J. F. Kaiser: Analytical design of linear feedback control. Wiley-Verlag, New York 1957.

[8.2] Solodownikow, W. W.: Stetige lineare Systeme. VEB Verlag Technik, Berlin 1971, S. 680-692.

[8.3] Unbehauen, H.: Stabilität und Regelgüte linearer und nichtlinearer Regler in einschleifigen Regelkreisen bei verschiedenen Streckentypen mit P- und I-Verhalten. Fortschritt-Berichte Reihe 8, VDI-Verlag, Düsseldorf 1970.

[8.4] Oppelt, W.: Kleines Handbuch technischer Regelvorgänge. Verlag Chemie, Weinheim 1972, S. 462-467.

[8.5] Ziegler, J. G. und N. B. Nichols: Optimum settings for automatic controllers. Trans. ASME 64 (1942), S. 759-768.

[8.6] Hall, A. C.: Analysis and synthesis of linear servomechanisms. Technology Press, Cambrigde, Mass. 1943.

[8.7] James, H. M., N. B. Nichols und R. S. Phillips: Theory of servomechanisms. McGraw-Hill-Verlag, New York 1947.

[8.8] Graham, D. und R. C. Lathrop: The synthesis of optimum transient response: criteria and standard-forms. Trans. AIEE 73 (1953), S. 273-288.

[8.9] Weber, W.: Ein systematisches Verfahren zum Entwurf linearer und adaptiver Regelungssysteme. Elektrotechnische Zeitschrift, Ausgabe A 88 (1967), S. 138-144.

[8.10] Truxal, J. G.: Entwurf automatischer Regelsysteme. Oldenbourg-Verlag, Wien 1960, S. 297-338.

[8.11] Shipley, P.: A unified approach to synthesis of linear systems, IEEE Transactions on Automatic Control, AC-8 (1963), S. 114-120.

[9.1] Ragazzini, J. und G. Franklin: Sampled-data control systems. McGraw-Hill-Verlag, New York 1958.

[9.2] Schlitt, H. und F. Dittrich: Statistische Methoden der Regelungstechnik. Bibliographisches Institut, Mannheim 1969.

[9.3] Unbehauen, H., B. Göhring und B. Bauer: Parameterschätzverfahren zur Systemidentifikation. Oldenbourg-Verlag, München/Wien 1974.

[9.4] Küpfmüller, K.: Über die Dynamik der selbsttätigen Verstärkungsregler. Elektr. Nachrichtentechnik 5 (1928), S. 459-467.

[9.5] Strejc, V.: Approximation aperiodischer Übertragungscharakteristiken. Regelungstechnik 7 (1959), S. 124-128.

[9.6] Schwarze, G.: Bestimmung der regelungstechnischen Kennwerte von P-Gliedern aus der Übergangsfunktion ohne Wendetangentenkonstruktion. Zeitschrift messen, steuern, regeln 5 (1962), S. 447-449.

[9.7] Thal-Larsen, H.: Frequency response from experimental non-oscillatory transient-response data. Trans. ASME, Part II 74 (1956), S. 109-114.

[9.8] Schwarze, G.: Algorithmische Bestimmung der Ordnung und Zeitkonstanten bei P-, I- und D-Gliedern mit zwei unterschiedlichen Zeitkonstanten und Verzögerung bis 6. Ordnung. Zeitschrift messen, steuern, regeln 7 (1964), S. 10-18.

[9.9] Radtke, M.: Zur Approximation linearer aperiodischer Übergangsfunktionen. Zeitschrift messen, steuern, regeln 9 (1966), S. 192-196.

[9.10] Hudzovic, P.: Die Identifizierung von aperiodischen Systemen (tschech.). Automatizace XII (1969), S. 289-293.

[9.11] Gitt, W.: Parameterbestimmung an linearen Regelstrecken mit Hilfe von Kennwertortskurven für Systemantworten deterministischer Testsignale. Dissertation TH Aachen (1970).

[9.12] Ba Hli, F.: A general method for the time domain network synthesis. Trans. IRE on Circuit Theory 1 (1954), S. 21-28.

[9.13] Bolch, G.: Identifikation linearer Systeme durch Anwendung von Momentenmethoden. Dissertation Universität Karlsruhe (1973).

[9.14] Lepers, H.: Integrationsverfahren zur Systemidentifizierung aus gemessenen Systemantworten. Regelungstechnik 10 (1972), S. 417-422.

[9.15] Strobel, H.: Systemanalyse mit determinierten Testsignalen. Verlag Technik, Berlin 1968.

[9.16] Unbehauen, R.: Ermittlung rationaler Frequenzgänge aus Meßwerten. Regelungstechnik 14 (1966), S. 268-273.

[9.17] Strobel, H.: On a new method of determining the transfer function by simultaneous evaluation of the real and imaginary parts of measured frequency response. Proceedings of the III. IFAC-Congress, London 1966.

[9.18] Unbehauen, H.: Kennwertermittlung von Regelsystemen an Hand des gemessenen Verlaufs der Übergangsfunktion. Zeitschrift messen, steuern, regeln 9 (1966), S. 188-191.

[9.19] Unbehauen, H.: Bemerkungen zur der Arbeit von W. Bolte "Ein Näherungsverfahren zur Bestimmung der Übergangsfunktion aus dem Frequenzgang". Regelungstechnik 14 (1966), S. 231-233.

Ergänzende Literatur

Neben den im Text zitierten Literaturstellen sind nachfolgend in alphabetischer Reihenfolge einige weitere im deutschsprachigen Raum während der letzten Jahre erschienene Bücher zusammengestellt, die sich ebenfalls mit den Grundlagen der Regelungstechnik befassen.

[E.1] Böttiger, A.: Regelungstechnik. Oldenbourg-Verlag, München 1988.

[E.2]   Cremer, M.: Regelungstechnik. Eine Einführung. Springer-Verlag, Berlin 1995.

[E.3]   Dickmanns, E.D.: Systemanalyse und Regelkreissynthese. Teubner-Verlag, Stuttgart 1985.

[E.4]   Dörrscheidt, F. und W. Latzel: Grundlagen der Regelungstechnik. Teubner-Verlag, Stuttgart 1989.

[E.5]   Ebel, T.: Regelungstechnik. Teubner-Verlag, Stuttgart, 5. Auflage 1987.

[E.6]   Geering, H.: Meß- und Regelungstechnik. Springer-Verlag, Berlin 1994.

[E.7]   Gißler, J. und M. Schmid: Vom Prozeß zur Regelung. Verlag Siemens AG, München 1990.

[E.8]   Hartmann, I.: Lineare Systeme. Springer-Verlag, Berlin 1976.

[E.9]   Leonhard, W.: Einführung in die Regelungstechnik. Vieweg-Verlag, Braunschweig, 4. Auflage 1987.

[E.10] Ludyk, G.: Theorie dynamischer Systeme. Elitera-Verlag, Berlin 1977.

[E.11] Ludyk, G.: Theoretische Regelungstechnik 1. Springer-Verlag, Berlin 1995.

[E.12] Makarov, A.: Regelungstechnik und Simulation. Vieweg-Verlag, Braunschweig 1994.

[E.13] Merz, L. und H. Jaschek: Grundkurs der Regelungstechnik. Oldenbourg-Verlag, München 1993.

[E.14] Olsson, G. und G. Piani: Steuern, Regeln, Automatisieren. Hanser-Verlag, München 1993.

[E.15] Pestel, E., Kollmann, E.: Grundlagen der Regelungstechnik. Vieweg-Verlag, Braunschweig, 3. Auflage 1979.

[E.16] Polke, M.: Prozeßleittechnik. Oldenbourg-Verlag, München 1994.

[E.17] Reinisch, K.: Kybernetische Grundlagen und Beschreibung kontinuierlicher Systeme. VEB Verlag Technik, Berlin 1974.

[E.18] Reinisch, K.: Analyse und Synthese kontinuierlicher Steuerungssysteme. VEB Verlag Technik, Berlin 1979.

[E.19] Roth, G.: Regelungstechnik. Hüthing-Verlag, Heidelberg 1990.

[E.20] Schlitt, H.: Regelungstechnik. Vogel-Verlag, Würzburg 1988.

[E.21] Schmid, G.: Grundlagen der Regelungstechnik. Springer-Verlag, Berlin, 2. Auflage 1987.

[E.22] Schneider, W.: Regelungstechnik für Maschinenbauer. Vieweg-Verlag, Braunschweig 1991.

[E.23] Schönfeld, R.: Grundlagen der automatischen Steuerung. VEB Verlag Technik, Berlin 1984.

[E.24] Töpfer, H. und P. Besch: Grundlagen der Automatisierungstechnik. Hanser-Verlag, München 1990.

[E.25] Weinmann, A.: Regelungen, Band 1 bis 3. Springer-Verlag, Wien 1987.

SACHVERZEICHNIS

A

Abbildung
- konforme 95, 96, 380
- lineare 98

Abklingzeit-Form 295, 297
Abklingzeitkonstante 122
Absolutes Optimum 227
- des quadratischen Gütekriteriums 238
Abtastperiode 35
Abtastregelung 22
Abtastregler 158
Abtastsignal 35
Abtastsystem 35
Abtasttheorem von Shannon 355
Abtastzeit 355
Addition
- von Frequenzgang-Ortskurven 102
- von Frequenzkennlinien 104
Ähnlichkeitssatz der Laplace-Transformation 64
Algebraische
- Entwurfsverfahren 307 ff
- Gleichung 75
- Stabilitätskriterien 166 ff
Algorithmus für Systemidentifikation 357
Allgemeine Standardübertragungsfunktion 140
Allpaßglied 133, 134, 291
Allpaßregelstrecke 303
Allpaßverhalten 304
Amplitudenabnahme 253
Amplitudenbedingung 201, 203, 205
Amplitudendichtespektrum 354, 356
Amplitudengang
- Berechnung des Phasenganges aus ...

(Gesetz v. Bode) 136 ff
- Definition 98 ff
- eines minimal-/nichtminimalphasigen Systems 132 ff
- logarithmischer 102 ff, 130, 135, 195
Amplituden-Phasendiagramm 130, 281 ff
- Anwendung 282 ff
Amplitudenrand (Amplitudenreserve) 198, 258, 259, 282
Amplitudenüberhöhung 250, 256, 264
Amplitudenverhältnis zweier aufeinanderf. Halbwellen 122
Amplitudenverlauf 378
Analog/Digital-Umsetzer 156
Analogie von mechanischen und elektr. Systemen 42 - 44
Analyse von Regelsystemen 24
Analyseverfahren, statistisches 355
Analytische Entwurfsverfahren 293 ff
Anfangsasymptote 110, 117
Anfangsbedingung 56
- der Zustandsraumdarstellung 56
- einer Differentialgleichung 83, 86, 93
Anfangswert 54, 55
- des Frequenzganges 101
Anfangswertsatz der Laplace-Transformation 68, 100
Anfangszustand 55
Ankerspannung 11
Anlaufbereich 365
Anregelzeit 225
Anstiegsfunktion 360, 391
Anstiegszeit 246, 302, 320, 341, 364, 367
- als Funktion der Dämpfung 262
- Berechnung 252 f
- Definition 224

Anteile
- instabile 333
- sprungfreie 50, 51

Anti-Hurwitz-Polynom 381

Antwortsignal 394

Aperiodisches Grenzverhalten 123

Aperiodisches Verhalten 114, 123, 245, 378

Approximation
- der Gewichtsfunktion 362, 376
- der Sprungantwort 390, 392
- durch einen Modellansatz 365
- durch ein PT_1T_t-Glied 245
- durch ein PT_2- Glied 365
- durch ein PT_2T_t-Glied 368
- durch ein PT_3- Glied 368
- durch ein PT_3T_t-Glied 368
- durch ein PT_n- Glied 371, 373
- durch repräsentative Charakteristiken 359
- einer vorgegebenen Ortskurve 382 f
- einer vorgegebenen Übergangsfunktion 376
- eines vorgegebenen Frequenzganges 380
- mit Standardübertragungsgliedern 379
- nach Hudzovic 374, 375
- nach Küpfmüller 364, 365
- nach Radtke 373
- nach Strejc 364

Arbeitsbereich eines Systems 26

Arbeitspunkt eines Systems 28, 29
- Linearisierung im 28 f

Asymptote
- Abweichung des tatsächlichen Verlaufs 110 ff
- Anfangs- 110, 117
- der Wurzelortskurve 206 ff
- End- 110, 117, 118
- Steigung 110, 118

Asymptoten-Neigungswinkel der Wurzelortskurve 207

Asymptotenschnittpunkt 118

Asymptotische Stabilität 163 ff

Aufschaltung
- von Hilfsregelgrößen 346 ff
- von Störgrößen 344 ff

Ausblendeigenschaft der Delta-Funktion 53

Ausgangsgröße 1
- Berechnung d. Übertragungsfunkt. aus den Ein-/Ausgangsgrößen 66, 83 ff
- Definition 3, 4
- eines Mehrgrößen-Systems 37, 56, 94
- eines nichtlinearen Systems 29
- Systemidentifikation mit Hilfe der Ein-/Ausgangsgrößen 25, 354

Ausgangsmatrix 56

Ausgangssignal
- Berechnung der Übergangsfunktion aus den Ein-/Ausgangssignalen 359 ff
- Berechnung der Übertragungsfunktion aus den Ein-/Ausgangssignalen 66, 83 ff
- Berechnung des Frequenzganges aus den Ein-/Ausgangssignalen 394
- Berechnung mit Hilfe des Faltungsintegrals 51
- beschränktes 37
- Definition 3
- eines deterministischen bzw. stochastischen Systems 36
- Messung 353
- sinusförmiges 99
- Systembeschreibung mittels spezieller 48 ff
- Systemidentifikation mit Hilfe der Ein-/Ausgangssignale 357

Ausgangsvektor 56, 94

Ausregelzeit 294, 320, 336, 341
- als Funktion der Dämpfung 254
- Berechnung 253 ff
- Definition 224
- verschiedener Reglertypen 150 ff, 238 ff

Austrittswinkel (WOK-Verfahren) 210, 215, 217 f

Automatisierung 1

B

Balgwaage 160
Bandbreite
- des geschlossenen Regelkreises 250, 257, 264, 286
- eines Übertragungsgliedes (Definition) 125, 129
- Begrenzung der Stellgröße 222

Beharrungsverhalten 26
Beharrungszustand 352
Beiwertebedingungen 166
Beiwertekriterium 166 ff, 231
Bellman, R. 21
Beobachtbarkeit 37
Beobachtungsmatrix 56
Beobachtungsvektor 56, 94
Beschreibung linearer kontinuierlicher Regelkreise
- im Frequenzbereich 59 ff
- im Zeitbereich 38 ff

Betrag des Frequenzganges 99, 102
Betragskennlinie 102
- Absenkung der 269
- Erhöhung der 266

Betragslineare Regelfläche 227
Bilanzgleichung
- physikalische 353
- Wärme- 46

Bildbereich 61, 75 ff
Bildfunktion 59, 61, 65, 75
Binomialform 295 f
Blockschaltbild
- der experimentellen Systemanalyse 358
- der Frobenius-Standardform 90
- einer Füllstandregelung 18
- einer Heizungsregelung 7
- einer Hintereinanderschaltung zweier Übertragungsglieder 87
- einer Kaskadenregelung 348, 349
- einer Kreisschaltung zweier Übertragungsglieder 88
- einer Parallelschaltung zweier Übertragungsglieder 87
- einer Regler-Realisierung mit Rückkopplung 152
- einer Spannungsregelung 16
- einer Steuerung 7
- einer Störgrößenaufschaltung a. d. Regler 342
- einer Störgrößenaufschaltung a. d. Stellgröße 344
- eines Kompensations-Regelkreises 301
- eines Mehrgrößenregelsystems 19
- eines Mehrgrößensystems 94
- eines offenen Regelkreises 139
- eines PID-Reglers 145
- eines Regelkreises für Führungs- und Störverhalten 321
- eines Regelkreises mit Gesamtstörgröße 138
- eines Regelkreises mit Vorfilter 310, 321
- eines Regelsystems mit Hilfsregelgröße 346
- eines Regelsystems mit Hilfsstellgröße 351
- eines Standardregelkreises 13, 15, 137, 220, 299
- Systembeschreibung mittels 3 ff

Bode, H. 21
- Gesetz von 132, 136

Bodediagramm 102, 129, 130
- des Lag-Gliedes 270
- des Lead-Gliedes 266
- eines PT_2S-Gliedes 119
- eines offenen Regelkreises 258, 259

Butterworthform 295 f

C

Charakteristische Gleichung 86
- Definition 81
- des geschlossenen Regelkreises 140, 172, 201
- einer Kaskadenregelung 349
- eines Systems mit Hilfsregelgröße 347

- eines Systems mit Hilfsstellgröße 351
- eines Systems mit Störgrößenaufsch. auf den Regler 342, 343
- eines Systems mit Störgrößenaufsch. auf die Stellgröße 344
- eines Systems mit Totzeit 189, 190, 191
- Koeffizienten 166, 167, 168, 173
- Lage der Wurzeln der 165
- Nullstellen 86
- Stabilitätsuntersuchung 164 ff

Cholesky-Verfahren 363
Cremer-Leonard-Michailow-Kriterium 176 ff
- Beispiel 179, 180

Cremer-Leonard-Michailow-Ortskurve 176 ff

D

D-Anteil 147, 148, 150, 156
D-Glied 87, 107, 146 ff, 156
- ideales 156
D-Sprung 148
D-Verhalten 147, 148, 156, 343
Dämpfung
- relative 122
Dämpfungsgrad 41, 116, 251 ff, 264, 336
Dämpfungskonstante 41
Dampfstrom 18, 346
Dampftemperatur 18, 345, 346, 347
Dampfüberhitzer 345, 347
Darstellung
- der entfalteten Gewichtsfolge 362
- logarithmische des Frequenzganges 104
Datensatz 354
Dauerschwingung 81, 168
Delta-Funktion 50, 81
- Ausblendeigenschaft 53
Deterministische Systemvariable 36
Differentialgleichung 24
- Anfangsbedingung 83, 86, 93

- eines RC-Tiefpasses 109
- gekoppelte 54
- gewöhnliche 27, 33, 83, 89, 93
- homogene 80
- lineare 4, 27, 30, 38, 54, 89, 92
- Lösung mit der Laplace-Transformation 75 ff
- nichtlineare 28 ff
- Ordnung 355
- partielle 33, 38, 47, 92, 93 f
- Randbedingung 93

Differentialgleichungssystem 32, 55
Differentialquotient 64
Differentialzeit (siehe Vorhaltezeit)
Differentiationsregel der Laplace-Transformation 64 f
Differenzierglied 107
Differenzspannung 156
Differenzverstärker 11
Digital/Analog-Umsetzung 156
Digitaler Regler 156
Dirac-Stoß 49, 81, 147
- Ausblendeigenschaft 53
Diskreter Zeitpunkt 355, 362
Distribution 49, 81
Distributionentheorie 50, 81
Dominierendes Polpaar 251, 258, 286
Doppelintegrales Verhalten 140, 143, 144
Drehzahlmessung 14
Drehzahlregelung 20
- einer Dampfturbine 9, 14
- eines Gleichstrommotors 350
Drehzahlregler 20
Druckregelkreis 158
Druckregelung 159
DT_1-Glied 113, 147, 156, 343, 352
Düse-Prallplatten-System 158 ff
Duhamelsches Faltungsintegral 51, 361
- Herleitung 52, 53
Durchgangsmatrix 56
Durchtrittsfrequenz 196 ff, 258 ff, 282
Dynamik des Regelverhaltens 225
Dynamische Güte 199
Dynamischer Regelfaktor 139

Dynamischer Übergangsfehler 225 ff
Dynamisches System 1, 24, 29, 51
Dynamisches Verhalten 137
- geschlossener Kreis 145, 152, 251, 258, 260
- quantitative Anforderungen (siehe Gütemaße)
- von Systemen 17, 26, 27, 51, 53, 391

E

Ebene, komplexe
- G-Ebene 95 ff, 101, 184, 279, 280
- s-Ebene 59, 74, 80, 86, 95, 96, 97, 98, 132, 133, 134, 165, 178, 182, 202, 251, 286
- s-Halbebene 81, 140, 165, 166, 178, 182, 183, 228, 291, 292, 293, 303, 309, 312, 315, 328, 331, 386, 388
Eckfrequenz 130
- PT_1-Glied 96, 109, 110, 261
- Lag-Glied 269, 272
- Lead-Glied 265, 267
Eigenbewegung 79, 251
Eigendynamik 325, 329
Eigenfrequenz 116, 125, 129, 251 ff, 305, 336
Eigenschaften von Regelsystemen 24 ff
Eigenschwingung 125
Eigenverhalten 80, 86, 251, 312, 317, 336
Eigenwert 81
Eingangs-/Ausgangs-Verhalten 54
Eingangsgröße 1, 27, 54, 55, 134, 393
- Berechnung d. Übertragungsfunk. aus den Ein-/Ausgangsgrößen 66, 83 ff
- Definition 3, 4
- eines Mehrgrößensystems 37, 56, 94
- eines nichtlinearen Systems 29
- Systemidentifikation mit Hilfe der Ein-/Ausgangsgrößen 25, 354
- Testsignale als 141
Eingangsmatrix 56
Eingangssignal 51
- Berechnung der Übergangsfunktion aus den Ein-/Ausgangssignalen 359 ff
- Berechnung der Übertragungsfunktion aus den Ein-/Ausgangssignalen 66, 83 ff
- Berechnung des Frequenzganges aus den Ein-/Ausgangssignalen 394
- beschränktes 37
- Definition 3
- deterministisches 361, 362
- Faltung mit der Gewichtsfunktion 51
- impulsförmiges (Rechteckimpuls) 359, 360
- Messung 353
- rampenförmiges 361
- sinusförmiges 99, 100
- sprungförmiges 391
- Systemidentifikation mit Hilfe der Ein-/Ausgangssignale 357
Eingangsvektor 56, 94
Eingrößensystem 1, 20, 37, 53, 55, 56, 57, 89
- Zustandsraumdarstellung 53 ff, 89
Einheitsimpuls 49
Einheitsmatrix 89
Einheitssprung 393
- Definition 48
- Funktion 389
Einschleifige Regelsysteme 349
Einschwingvorgang des geschlossenen Regelkreises 261
Einspritzkühler 346
Einstellwerte des Reglers 147
Eintor, -elektrisches 42
Eintor, -mechanisches 42
Eintrittswinkel (WOK-Verfahren) 210, 215
Elektrischer Regler 154 ff
Elektrischer Schwingkreis 44
Elektrisches System 38, 42
Empirische Regler-Einstellregeln (Ziegler-Nichols) 245 ff, 350
Endasymptote 110, 117, 118
Endwert
- des Frequenzganges 101

- stationärer (asymptotischer) 69, 112, 141, 150, 364
- 63% des asymptotischen 112

Endwertsatz der Laplace-Transformation 68 f, 100, 388

Energiespeicher 40

Entwurf von Regelkreisen (siehe Syntheseverfahren)

Erregung
- der Eingangsgröße eines Regelkreisgliedes 354, 393
- durch einen Rechteckimpuls 359
- parabelförmige 141 ff
- rampenförmige 141 ff, 360
- sprungförmige 141 ff, 223, 224, 393

F

Fälle eines PT_2-Gliedes
- aperiodischer Grenzfall 123
- aperiodisches Verhalten 123 f
- instabiler Fall 125
- schwingendes Verhalten 120 ff
- ungedämpfter Fall 124 f

Faktorisierung einer gebrochen rationalen Funktion 86

Faltung zweier Funktionen
- der Frequenz 66, 67
- der Zeit 52, 65, 66

Faltungsintegral 51, 53, 66, 361
- Herleitung 52 f

Faltungssatz der Laplace-Transformation
- im Frequenzbereich 66 ff
- im Zeitbereich 65 f, 84

Faltungssumme 362

Federkonstante 41

Feder-Masse-Dämpfungssystem 33, 34

Flächenmethode 378

Festwertregelung 9, 13, 138, 238
- Definition 8
- Drehzahlregelung als Beispiel 9
- Füllstandregelung als Beispiel 17 f
- Kursregelung als Beispiel 16 f
- Spannungsregelung als Beispiel 16
- Störübertragungsfunktion 138

Fliehkraftregler 9, 14, 20

Folgeregelung 9, 13, 139, 238
- Definition 8
- Kursregelung als Beispiel 16 f
- Führungsübertragungsfunktion 139
- Winkelübertragungsfunktion als Beispiel 11, 12

Frequenz
- Durchtritts- 196 ff, 258 ff
- Eck- 96, 109, 110, 130, 261, 265, 267, 269, 272
- Eigen- 116, 125, 129, 251 ff
- Grenz- 199
- Kreisfrequenz, gedämpfte natürliche 122
- kritische 190
- Resonanz- 118, 129, 250, 255

Frequenzbereich 61, 100, 261, 265, 269, 385

Frequenzfunktion 61

Frequenzgang 4, 135, 385, 389, 393, 396
- Addition 102
- Allpaß 133 ff
- Amplitudengang 98 ff, 102, 132, 133, 135 ff, 193
- Anfangswert 101
- Argument 100
- Berechnung aus der Sprungantwort 389
- Berechnung mit Testsignalen 395
- Betrag 99, 102
- Definition 98
- Endwert 101
- geschlossener Regelkreis, stückweise Bestimmung a. $G_0(j\omega)$ 261
- Grenzwertsätze 100
- Imaginärteil 98, 136
- Inversion 104
- Lag-Glied (phasenabsenk. Glied) 269 ff
- Lead-Glied (phasenanhebendes Glied) 265 ff
- logarithmischer Amplitudengang 102 ff, 130, 135, 195, 281
- Multiplikation 102

- offener Regelkreis 257 f
- Ortskurve 96, 101, 102, 130, 135 f, 380
- Phase (siehe Phasengang)
- Phasengang 98, 100, 102, 130 ff, 193, 195
- Realteil 98, 100, 136
- Totzeitglied 135

Frequenzgangdarstellung 98 ff

Frequenzkennlinie
- Addition 104
- Berechnung 102 ff
- Definition 102 ff
- einfacher Glieder 105 ff
- Produkt 102 ff

Frequenzkennlinien-Approximation 132

Frequenzkennliniendarstellung 102 ff
- Bode-Diagramm 102 ff
- Nyquist-Kriterium 180, 192 ff

Frequenzkennlinien-Verfahren zur Identifikation 378

Frequenzkennlinien-Verfahren zur Synthese von Reglern 263 ff, 350
- Anwendungsbeispiele 272 ff

Frequenzverhalten 261, 262

Frequenzverhältnis
- des Lag-Gliedes 269
- des Lead-Gliedes 265, 267

Frobeniusstandardform 90, 92

Frobeniusmatrix 90

Führungsgröße 138, 140, 141, 309
- Definition 8
- Formelzeichen 13
- konstante/nichtkonstante 13
- parabelförmige 141 ff
- rampenförmige 141 ff
- sprungförmige 12, 141 ff, 224, 322, 337, 338, 340

Führungsverhalten 138, 139, 142, 226, 238, 260, 294, 295, 302, 336, 343, 347, 349, 351
- Beschreibung eines Regelkreises durch sein 138, 139
- eines Entwurfes für Führung und Störung 336

Führungssprungantwort (siehe Führungsgröße, sprungförmige)

Führungsübertragungsfunktion 139, 293-295, 298-301, 303, 304, 306, 307, 309, 311, 317, 318, 321, 322, 331, 332, 334, 336

Füllstandregelung 17, 18

Funktion
- gebrochen rationale 70 ff, 86, 92
- Hyperbel- 124
- transzendente 92, 93

Funktional des Modellfehlers 357

G

Gauss-Banachiewicz-Verfahren 363

Gaussfunktion 81

Gauss-Jordan-Verfahren 363

G-Ebene, komplexe 95 ff, 101, 184, 279, 280

Gebrochen rationale Funktion 70 ff, 86, 92

Gegenkopplung 88

Gegenkopplungsnetzwerk 88

Geräteeinheit 14

Gerätewissenschaft 3

Gesamtstörgröße 137

Gewichtsfolge 362

Gewichtsfunktion 49, 51, 66, 84, 164, 361, 363
- zeitbeschwerte 376

Gleichung
- algebraische 75
- Bilanz-, physikalische 353
- charakteristische 81, 86, 140, 164-168, 172, 173, 176, 189-191, 201, 315, 342-344, 347, 349, 351
- nichtlineare 28
- Parsevalsche 228
- Wärmebilanz- 46

Gleichungssystem 341, 363, 381

Gleichstrommotor, geregelter 11

Grapho-analytische Methode 363

Greensche Funktion 94
Grenzfrequenz 199
Grenzstabiles Verhalten 168, 247
Grenzstabilität 163, 165, 179
Grenzverhalten, aperiodisches 123
Grenzwert 68, 81, 100, 140
Grenzwertbildung 68, 81
Grenzwertsätze der Laplace-Transformation 68 f, 100, 141
Grundregelkreis 341, 350
Grundstruktur eines Regelkreises 12 ff, 220
Güte, dynamische 199
Gütekriterium 10
- Abschätzung der Modellordnung mittels eines 355
- absolutes Optimum des quadratischen 238
- quadratisches 227 ff, 320
- Randoptimum des quadratischen 238, 243
- Wahl eines 357
Gütemaße im Zeitbereich 223 ff, 298
- Anregelzeit 225
- Anstiegszeit 224, 246, 252 f, 262, 341, 364, 367
- Ausregelzeit 150, 224, 238, 253, 341
- betragslineare Regelfläche 227
- lineare Regelfläche 227
- quadratische Regelfläche 227 ff, 244
- quadratische Regelfläche und Stellaufwand 227
- t_{max}-Zeit 224
- Überschwingweite 150, 224, 239, 252 f, 307, 317
- verallgemeinerte quadratische Regelfläche 227
- Verzugszeit 224, 246, 364, 367
- zeitbeschwerte betragslineare Regelfläche 227
- zeitbeschwerte quadratische Regelfläche 227

H

Hall-Diagramm 279 f
Handregelung 9
Hauptregler 347, 348
- Übertragungsfunktion 350
Hauptregelkreis 347, 348, 351
- Stabilität 352
Hauptstellgröße 352
Hilbert-Transformation 136, 380
Hilfsregelgröße 346, 347, 348
- Aufschaltung 347
Hilfsregelkreis 346, 348
- unterlagerter 348 ff
Hilfsregler 346 ff
Hilfsstellgröße 351 f
Hintereinanderschaltung
- mehrerer Verzögerungsglieder 295
- von Übertragungsgliedern 86, 87, 102 f, 104, 133
- zweier Verzögerungsglieder 123 f
Historischer Hintergrund 20
Hochpaß 113
Höhenlinien konst. quadr. Regelfläche 234 f, 245
Hüllkurve des Schwingungsverlaufs 253
Hurwitz, A. 21
Hurwitz-Bedingungen 171
Hurwitz-Determinante 171
Hurwitz-Kriterium 170 ff
- Beispiel 172
Hurwitz-Polynom 170, 174, 343, 381

I

I-Anteil 148, 152, 388
I-Glied 91, 105 ff, 129 f, 146
I-Regler 148 ff, 157, 312
I-Verhalten 90 f, 140, 143, 144, 148, 150, 156, 188, 308, 343, 363, 388
I-Verlauf 379
I_2-Verhalten 140, 143, 144
IT_n-System 363

IT_n-Verhalten 363
Identifikation 24, 25, 353 ff
- durch Approximation eines vorgegebenen Frequenzganges 380
- experimentell 25, 353 ff, 357, 389
- im Frequenzbereich 359, 378 ff
- im Zeitbereich 359 ff
- mit deterministischen Signalen 353 ff
- mit dem Frequenzkennlinien-Verfahren 378 ff
- theoretische 24, 353 ff
Imaginärteil 73, 96, 396
Imaginärteilfunktion 380
Impulsantwort (siehe Gewichtsfunktion)
Impulsbreite 359
Impulsfunktion 49, 81
- Laplace-Transformierte 81
Impulshöhe 359
Impulsstärke 50
Induktionsgesetz 38
Induktivität 39, 42
Instabile Regelstrecke 291, 292, 303, 305, 327, 333, 337
Instabiles System 25, 37, 163, 168, 177
Instabilität
- Definition 163, 165
- des geschlossenen Regelkreises 145
- einer Regelung 10, 12
- eines PT_2S-Gliedes 125
- Nachweis der 175
Integrale Regelstrecke 309, 312, 313
Integrales Verhalten (siehe I-Verhalten)
Integralglied (siehe I-Glied)
Integralkriterien 225 ff
Integraltransformation 59, 94
- lineare 64
Integralzeit 146
Integration 65, 67, 81
- partielle 65
Integrationsgrenze 64, 66, 81
Integrationsintervall 64
Integrationsregel der Laplace-Transformation 65
Integrationsvariable, komplexe 67, 228

Integrationsweg 61
Integrator 91
Integrierglied (siehe I-Glied)
Interpolationsmethode 378
Invertierender Verstärker 155, 156
Inverse Laplace-Transformation 61, 69 ff, 389
Inversion des Frequenzganges 104
Istwert 8, 10, 13, 15

J

Jacobi-Matrix 30

K

K-Skala der Wurzelortskurve 203
Kapazität 39, 42
Kaskadenregelung 348 ff
Kausale Systeme 25, 36, 49, 59
Kenndaten des geschlossenen Regelkreises im Frequenzbereich 250 ff
- Amplitudenüberhöhung 250, 256, 264
- Bandbreite 250, 257, 264, 286
- Dämpfungsgrad 251 ff
- Eigenfrequenz 251 ff
- Phasenwinkel 250, 279 f
- Resonanzfrequenz 250, 255
Kenndaten des offenen Regelkreises im Frequenzbereich 257 ff
- Amplitudenrand (Amplitudenreserve) 198, 258, 259, 282
- Durchtrittsfrequenz 196 ff, 258 ff, 282
- Phasenrand (Phasenreserve) 198, 258, 259, 260, 264, 282
Kennlinie
- Linearisierung einer statischen 28
- nichtlineare 28
- statische 4, 26, 28
Kennwertermittlung 353 ff
Kirchhoffsches Gesetz 38, 39
Knickfrequenz (siehe Eckfrequenz)

Knickfunktion 392
Knickgerade 390, 391, 392, 396, 397
Knickpunkt 379, 396
Knoten
- elektrischer 38
- im Signalflußdiagramm 4, 5
- mechanischer 44
Knotengleichung 38, 44
Kodierung der Wurzelortskurve 202, 211
Koeffizientenvergleich 308
Kompensation 327
- der Regelstrecke 300, 301
- dynamische 345
- statische 345
- von Nullstellen 303, 304
- von Polen 291, 303
- von Störungen 341 ff
Kompensationsglieder 264
Kompensationsregler 302, 318
Konforme Abbildung 95
Kontinuierliches System 25, 27, 34, 37, 38, 83, 92, 99, 100, 137 ff
Konvergenz 60, 67 f
- gleichmäßige 68
Konvergenzabszisse 59
Konvergenzbedingung 67
Konvergenzbereich der Laplace-Transformation 59, 67
Konvergenzhalbebene 59, 60, 61
Konzentrierte Parameter 25, 33, 38, 57, 83, 92, 94, 181
Korrekturglied 264, 309, 311, 312, 315, 316, 317, 320
Korrespondenzen der Laplace-Transformation 61 ff
Kreiselkompaß 17
Kreisfrequenz, gedämpfte natürliche 122
Kreisschaltung von Übertragungsgliedern 87 f
Kreisverstärkung 145, 261
Kreuzproduktbildung 174
Kriterium (siehe Stabilitäts-Kriterien)
Kritische Frequenz 190
Kritische Periodendauer 246 f

Kritische Reglerverstärkung 246 f
Kritischer Punkt 184, 185, 190, 191, 192, 193
Küpfmüller, K. 21, 364 f
Küpfmüller-Approximation 364
Kursregelung 16, 17
Kurswinkel 17
Kybernetik 3

L

L'Hospital, Regel von 82
Lag-Glied 269 ff
Laplace-Integral 59 ff
Laplace-Transformation 59 ff, 354, 376
- Ähnlichkeitssatz 64
- Anfangswertsatz 68, 100
- Anwendung auf die Zustandsgleichungen 89 ff
- Beispiele 60 f
- Differentiation 64 f
- Endwertsatz 68 f, 100, 388
- Faltungssatz 65 ff
- Grenzwertsätze 68 f, 100, 141
- Haupteigenschaften 64 ff
- Integration 65
- inverse 61, 69 ff, 86, 92, 93, 389
- Konvergenzbereich 59, 67
- Korrespondenzen 62 f
- Lösung linearer gewöhnlicher Differentialgleichungen 75 ff
- Lösung partieller Differentialgleichungen 92 ff
- Operatorschreibweise 61
- Rücktransformation 61
- Überlagerungssatz 64
- Umkehrintegral 61, 70
- Verschiebesatz 64
Laplace-Transformierte 59, 66 ff, 385, 386
- der Ausgangsgröße 83
- der Eingangsgröße 83, 86
- der Gewichtsfunktion 84, 164
- der Impulsfunktion 81 f

- der Regelabweichung 228 f, 232
- der Zustandsgrößen 91
- des Ausgangs- oder Beobachtungsvektors 94
- des Eingangs- oder Steuervektors 94
- inverse 70, 164
Laufzeit 92, 93
Lead-Glied 265 ff
Leerlaufverstärkung 155, 156
Leittechnik 1, 23
Leonhard, A. 21
Lineare Abbildung 98
Lineare Regelfläche 227
Lineare Reglerstrecke 137
Lineare Regeltypen 146, 153
Lineares System 4, 25, 27, 37, 38, 52, 55, 57, 83, 84, 85, 92, 94, 98, 99, 100, 378
Linearisierung 28
- einer nichtlinearen Differentialgleichung 29 ff
- einer nichtlinearen Vektordifferentialgleichung 30
- einer statischen Kennlinie 28
Linearität 27
- Definition 27
Linke-Hand-Regel (Nyquist-Kriterium)
- für Bode-Diagramm-Darstellung 196
- für Ortskurven-Darstellung 192
Logarithmischer Amplitudengang 102 ff, 130, 135, 195, 281
Lückenkriterium 179 f

M

Maschengleichung 39, 44, 114
Massebehaftete Feder 33
Maßstab
- doppellogarithmischer 105
- einfachlogarithmischer 105
Mathematisches Modell 24, 36, 38, 89, 245, 353 - 355, 357, 359, 382
- eines Systems mit verteilten Parametern 38
- in Frobenius-Standardform 90
Matrizengleichung 94
Maximale Überschwingweite 150, 252, 307
Maxwell, J. 20, 21
Maxwellsche Gleichungen 38
Mechanischer Schwingkreis 44
Mechanisches System 38, 41, 42
Mehrfachkaskade 348
Mehrfachpol, reeller 295
Mehrgrößensystem 1, 2, 20, 22, 37, 56, 57, 94
- Zustandsraumdarstellung 56 ff
Mehrstufensystem 2, 3
Meßbalg 159, 160
Meßglied 12, 13, 14, 137, 341, 352
Meßtechnik, klassische 357
Messung
- der Ein- und Ausgangssignale 25, 353
- zu diskreten Zeitpunkten 355
- zusammengehörige 354
Meßwerte 355
Meßzeit 355
Minimalphasenglied 133, 136
Minimalphasensystem 133, 135, 136
Minimalphasiges Verhalten 132 ff, 299, 302, 311
Mitkopplung 88
Mittelung gleichartiger Messungen 355
Modell, mathematisches (siehe mathematisches Modell)
Modellansatz 355, 357
- linearer 355
Modellbildung, theoretische 353
Modellerstellung 354
Modellfehler 357
- Funktional 357
Modellparameter 24, 357
Modellstruktur 24
Modellverhalten 357
Momentenmethode 376, 378
Multiplikation von Frequenzgang-Ortskurven 102
Multivariables System (siehe Mehrgrö-

ßensystem)

N

Nachlaufregelung 139
- Definition 8
Nachstellzeit 146, 153, 154
Näherungsgerade 105
Negative Rückkopplung 15
Neigungswinkel der Asymptoten (WOK-Verfahren) 207
Nennergrad der Übertragungsfunktion 84, 135, 181, 300, 305, 323 ff, 327 ff, 330 ff, 345
Netz, orthogonales 95
Netzwerk
- elektrisches 44
- mechanisches 44
Newtonsches Gesetz 38, 41
Newtonsches Verfahren 191
Nichols-Diagramm 130, 264, 278, 281 ff
- Anwendung 282 ff
Nichtinvertierender Verstärker 155
Nichtkausales System 25, 36
Nichtlineares System 25, 27, 29, 57
Nichtlinearität 4, 28
Nichtminimalphasensystem 133, 135, 136
Nichtminimalphasiges Verhalten 132 ff, 303, 315, 331, 345
Nichtreguläre Teilfunktion 386, 388
Nichtstationär 34
Nomogramm 367
Nullstellen
- der Führungsübertragungsfunktion 309
- der Reglerübertragungsfunktion 327, 331
- der Übertragungsfunktion 85, 312
- des geschlossenen Regelkreises 309 ff
- des offenen Regelkreises 286, 287
- Einfluß der 317
Numerische Transformationsmethode 385 ff
Nutzsignal 355
Nyquist, A. 21

Nyquistkriterium 180 ff
- allgemeine Fassung 185
- Anwendung auf Systeme mit Totzeit 187 ff
- Anwendungsbeispiele 185 ff
- Frequenzkennliniendarstellung 181, 192 ff
- Herleitung 180 f
- Linke-Hand-Regel 192, 196
- Ortskurvendarstellung 181 ff
- vereinfachte Formen 192 ff
Nyquistortskurve (siehe Frequenzgang, Ortskurve)

O

Off-line-Betrieb 355
Ohmsches Gesetz 38
Ohmscher Widerstand 39, 42
Oldenbourg, R. 21
On-line-Betrieb 355
Operationsverstärker 154 ff
Operationsverstärkertechnik 88
Operator 26
Operatorschreibweise der Laplace-Transformation 61
Oppelt, W. 21
Optimalkurve der Reglerparameter 233 ff
Optimalpunkt der Reglerparameter 230 ff
- Bestimmung 233
Optimale Reglereinstellwerte 230 ff
Optimaler Reglerentwurf 11
Optimum
- absolutes 227
- absolutes, des quadratischen Gütekriteriums 238
- Rand- 227
- Rand-, des quadratischen Gütekriteriums 238, 243
Originalbereich 61, 75
Originalfunktion 59, 61, 65, 75
Ortskurve des Frequenzganges (siehe Frequenzgang, Ortskurve)

- approximierte 382 f
- des Lag-Gliedes 270
- des Lead-Gliedes 266
- des offenen Kreises 183 ff

Ortskurvendarstellung des Nyquist-Kriteriums 181 ff
Ortsvariable 93

P

P-Anteil 147
P-Glied 105, 146, 148, 160, 161, 345, 347
P-Regler 148 ff, 157, 158 ff, 189, 235, 312
- pneumatischer 158

P-Sprung 148
P-Verhalten 140, 142, 144, 145, 148, 152, 156, 313, 343, 363, 388, 392
P-Verlauf 379
Parabelförmige Erregung 141 ff
Parallelschaltung von Übertragungsgliedern 87, 102
Parameter
- konzentrierte 25, 33, 38, 57, 83, 92, 94, 181
- verteilte 25, 33, 38, 47, 92, 93, 181
- zu identifizierende 377

Parameteroptimierung von Standardreglertypen 235 ff
Parametervektor 312, 357, 378
Parsevalsche Gleichung 228
Partialbruchdarstellung 80
Partialbruchzerlegung 70 ff, 86, 122
- Beispiel 73 f
- einfache Pole 71
- konjugiert komplexe Pole 72
- mehrfache Pole 71

Partielle Differentialgleichung 33, 38, 47, 92, 93 f
PD-Glied 112, 129, 345
PD-Regler 148 ff, 153, 156, 157, 235
PDT_1-Regler 148 ff, 267
Periodendauer, kritische 246 f

Phase des Frequenzgangs (siehe Phasengang)
Phasenabsenkendes Übertragungsglied (Lag-Glied) 269 ff
Phasenänderung
- sprungförmige 183 ff
- stetige 183 ff

Phasenanhebendes Übertragungsglied (Lead-Glied) 265 ff
Phasenbedingung (WOK-Verfahren) 201, 205
Phasendiagramm
- Lag-Glied 271
- Lead-Glied 268

Phasendichtespektrum 354
Phasengang
- Berechnung aus dem Amplitudengang (Gesetz v. Bode) 136 ff
- Definition 98 ff
- eines minimal-/nichtminimalphasigen Systems 132 ff
- logarithmische Darstellung 103 ff, 130
- Übergänge (positive, negative im Nyquist-Kriterium) 196 ff

Phasenkennlinie 102, 196
Phasenkorrekturglieder 265 ff
- Lag-Glied (phasenabsenkendes Glied) 269 ff
- Lead-Glied (phasenanhebendes Glied) 265 ff

Phasenrand (Phasenreserve) 198, 258, 259, 260, 264, 282
- Berechnung 262 f

Phasenverhalten
- minimales 132 ff, 299, 302, 311
- nichtminimales 132 ff, 303, 315, 331, 345

Phasenverlauf 132
- minimaler 133

Phasenverschiebung 99, 100
Phasenwinkel 176 ff
- des geschlossenen Regelkreises 250, 279 f
- maximaler, eines Lead-Gliedes 266

PI-Regler 148 ff, 153, 157, 160 f,
  235, 318, 320, 343
- optimaler 318, 320
- pneumatischer 160
PID-Regler 22, 145 ff, 154, 156, 157,
  161 f, 235
- idealer 146
- pneumatischer 161
- realer (PIDT$_1$-) 146
Pneumatische Regler 158 ff
Pneumatische Hilfsenergie 158
Pneumatisches Signal 158
Pol 71
- doppelter 142
- des geschlossenen Regelkreises 181,
  182, 286, 312
- des offenen Regelkreises 182, 286
- einfacher 71, 165
- instabiler 333
- konjugiert komplexer 72
- mehrfacher 71
- der Streckenübertragungsfunktion 327
- der Übertragungsfunktion 85
Pol-Nullstellen-Verteilung 303
- einer gebrochen rationalen Übertragungsfunktion 85, 130, 200
- eines Allpasses 132, 134
- eines geschlossenen Regelkreises 251, 294
- eines offenen Regelkreises mit zugehörigen WOK-Verläufen 212, 213
- minimal- bzw. nichtminimalphasiger Systeme 132 f
Polpaar 81
- dominierendes 251, 258, 286
- imaginäres 124
Polüberschuß 300, 324, 325, 328, 329, 332, 334, 343
Polverteilung 165, 295, 313
- eines PT$_2$-Gliedes 121
Polvorgabe 286
Pontrjagin, L. 21
PPT$_1$-Glied 269
Proportionalglied (siehe P-Glied)

Proportionalverhalten (siehe P-Verhalten)
Prozeßleitsystem 23
Prozeßrechner 23
Pseudofunktion (Distribution) 81
PT$_1$-Glied 108, 112, 125, 129, 161, 237, 261, 347
PT$_1$T$_t$-Glied 245
PT$_2$-Glied 114, 123, 125, 366
PT$_2$S-Glied 114, 120, 125
PT$_2$S-Verhalten 363
PT$_n$-Glied 125, 245
PT$_n$-System 363
PT$_n$-Verhalten 363
PT$_t$-Glied 135

Q

Quadratisches Gütekriterium 227 ff, 320
- absolutes Optimum 238
- Beispiel einer Optimierung 231 ff
- Randoptimum 238, 243
Quadratische Regelfläche 227 ff, 244
- Bestimmung der 232 f
Quadratische Regelfläche und Stellaufwand 227

R

Rampenförmige Erregung 141 ff, 360
Randoptimum 227
- des quadratischen Gütekriteriums 238, 243
RC-Hochpaß 113
RC-Tiefpaß 108
Realisierung von Reglern 152 ff, 300, 301
Realisierbarkeitsbedingung 84, 300, 301, 305, 323, 327 - 329, 335, 337, 345
- einer Übertragungsfunktion 84, 181
- eines Reglers 299, 300, 323, 324, 326, 327, 328, 337
- eines Steuergliedes 345
- eines Übertragungsgliedes 83

- eines Vorfilters 331, 333
Realteil 73, 96, 381, 396
- negativer 164
Realteilfunktion 380
Rechteckimpulsfunktion 49, 359
Rechteckimpuls-Testsignal 360
Regelabweichung 8, 9, 13, 15
- bleibende (stationäre) 141 ff, 225, 239, 261, 308, 322
- dynamische 223 ff
Regeleinrichtung 15, 138, 146
Regelfaktor
- dynamischer 139
- statischer 145
Regelfläche
- betragslineare 227
- lineare 227
- quadratische 227 ff, 244
- quadratische - und Stellaufwand 227
- verallgemeinerte quadratische 227
- zeitbeschwerte betragslineare 227
- zeitbeschwerte quadratische 227
Regelgröße 8, 9, 10, 12, 13, 16, 17, 20, 138, 307, 321, 338, 340, 341, 342, 344, 345, 346, 348, 351
- Schwingung der 12
- Übergangsfunktion der 303, 304, 306, 316, 318, 319, 320
Regelgüte, Maß für die 226
Regelgütediagramm 234, 235, 237, 238
Regelgüteverhalten 237
Regelkreis 12, 137 ff
- Anforderungen 220 ff
- Bandbreite des geschlossenen 250, 257, 264
- Beschreibung durch sein Führungsverhalten 138 f
- Blockschaltbild eines Kompensations- 301
- Blockschaltbild eines offenen 139
- Blockschaltbild eines - für Führungs- und Störverhalten 321
- Blockschaltbild eines - mit Gesamtstörgröße 138

- Blockschaltbild eines - mit Vorfilter 310, 321
- Blockschaltbild eines Standard- 13, 15, 137, 220, 299
- Bodediagramm eines offenen 258, 259
- charakteristische Gleichung des geschlossenen 140, 201
- dynamisches Verhalten 137, 152
- einschleifiger 341
- Entwurf (siehe Syntheseverfahren)
- Frequenzgang des offenen 257 f, 263
- Führungsverhalten 139
- geschlossener 8, 137 ff, 180, 312, 315
- Grund- 341, 350
- Grundbestandteile 137
- Grundstruktur 12 ff, 220
- Haupt- 347, 351
- Hilfs- 346
- Instabilität des geschlossenen 145, 327
- Kenndaten des geschlossenen - im Frequenzbereich 250 f
- Kenndaten des geschlossenen - im Zeitbereich 224 ff
- Kenndaten des offenen 263
- mit Gesamtstörgröße 138
- Nullstellen des geschlossenen 309 ff
- Nullstellen des offenen 286, 287
- Ordnung des 309
- offener 139
- Phasenwinkel des geschlossenen 250, 279 f
- Pole des geschlossenen 181, 182, 286, 307, 308, 312
- Pole des offenen 182, 286
- Pol-Nullstellen-Verteilung eines geschlossenen 251, 294
- Pol-Nullstellen-Verteilung eines offenen mit WOK-Verlauf 212, 213
- Resonanzfrequenz des geschlossenen 250, 255
- Signale im 13
- Stabilität 180, 352
- Standardstruktur (siehe - Grundstruktur)

- stationäres Verhalten 140, 152
- statisches Verhalten 141, 145, 152
- Störsprungantwort 225, 338, 340
- Störverhalten 138
- Struktur 321
- Übergangsfunktion eines geschlossenen 260, 293, 294, 295, 298, 302, 315, 316, 317, 320, 338, 339, 340
- Übertragungsfunktion eines geschlossenen 138, 139, 172, 294, 295, 296, 299, 300, 304, 306, 312, 315, 316, 317, 320
- Übertragungsfunktion eines offenen 139, 140 ff, 172, 181, 200
- Übertragungsverhalten eines geschlossen 138, 293, 298, 307
- Übertragungsverhalten eines offenen 140
- unterlagerter Hilfs- 348 ff
- Verhalten linearer kontinuierlicher 137 ff
- Verstärkung des offenen 142
- Zeitverhalten des geschlossenen 263

Regelstrecke 12, 13, 137 ff
- Allpaß- 303
- höherer Ordnung 341
- instabile 291, 292, 303, 305, 327, 333, 335, 337
- integrale 309, 312, 313
- IT_n 245
- Kenngrößen 291
- lineare 137
- minimalphasige 312
- Nullstelle der 309, 311, 312, 315, 327
- Parameter 307, 312, 327
- Pole der 311, 327
- proportionale 308, 313
- PT_n 235 ff, 317
- Übergangsfunktion 247, 303, 304, 306, 317
- Verstärkungsfaktor 142, 246, 345

Regelstreckenausgang 141
Regelstreckenkombination 238
Regelstreckenordnung 309, 317
Regelstreckenübertragungsfunktion 299, 300, 301, 302, 303, 314, 317, 321, 324, 327, 328, 329, 331, 332, 333, 335, 350
- reziproke 300

Regelstreckenzeitkonstante, verallgemeinerte 237 ff

Regelsysteme 24, 321, 341, 347
- Eigenschaften 24 ff
- einschleifige 349
- lineare 357
- mit Hilfsregelgröße 347
- mit Hilfsstellgröße 351
- vermaschte 341

Regelung 5 ff
- Beispiele 15 ff
- Definition 8
- Funktionsweise 8
- Kaskaden- 348 ff
- selbsttätige 9

Regelungsprinzip 20
Regelungstechnik
- Entwicklung 20 ff
- klassische 22 f
- moderne 22 f

Regelverhalten 10, 302, 303, 341
- Beispiele 15 ff
- günstiges 147

Regler 9, 12 ff, 137 f, 145 ff
- Einstellwerte 147, 230 ff
- elektrischer 154 ff
- I- (siehe I-Regler)
- instabiler 315
- integrierender 312
- Kompensations- 318
- linearer 146 ff, 152 ff
- P- (siehe P-Regler)
- PD- (siehe PD-Regler)
- PDT_1- (siehe PDT_1-Regler)
- PI- (siehe PI-Regler)
- PID- (siehe PID-Regler)
- $PIDT_1$- (siehe $PIDT_1$-Regler)
- pneumatischer 158 ff
- Realisierbarkeit (siehe Realisierbarkeitsbedingungen)
- Realisierung 152 ff
- sprungfähiger 343

- stabiler 312
- Standard- 146, 156, 157, 245
- Verstärkungsfaktor 142, 146
- Zeitkonstanten 146

Reglerausgang 17
Reglerausgangsgröße 145, 147
Reglereinstellregeln, empirische (Ziegler-Nichols) 245 ff, 350
Reglereinstellwerte 147
- optimale 230 ff
- stabile 232, 233
- verallgemeinerte 237 ff, 244

Reglerentwurf (siehe Syntheseverfahren)
- optimaler 11, 230 ff

Reglerfunktion 13
Reglerkoeffizienten 308, 313, 314, 315, 318, 319
Reglernullstellen 309, 310, 312, 315, 316
Reglerordnung 308, 309, 312, 313, 315, 317
Reglerparameter 230, 307, 308, 312
Reglerpole 312
Reglertypen (siehe Regler)
Reglerübertragungsfunktion 146, 152, 153, 154, 263, 299, 302, 304, 306, 307, 312, 315, 316, 319, 320, 323 - 329, 331, 333, 335, 336, 337, 339, 350
Reglerverstärkung 12, 160, 309
- kritische 246 f

Reguläre Teilfunktion 386, 388
Reihenschaltung zur Reglersynthese 264
Reihenschwingkreis 39
Relative Dämpfung 122
Residuen 71, 72, 73
Residuensatz 71, 72
Resonanzfrequenz
- des geschlossenen Regelkreises 250, 255
- eines PT_2S-Gliedes 118

Reziproke Übertragungsfunktion der Regelstrecke 300
Reziproker Verstärkungsfaktor 309, 319
RLC-Netzwerk 39, 53, 54, 114, 116

Routh, J. 21, 173
Routh-Kriterium 173 ff
- Beispiel 175
- Gültigkeit des 175

Routh-Schema 173 ff
Rückführbalg 159, 160
Rückführung
- nachgebende 153
- verzögerte 153
- verzögert nachgebende 154

Rückführungsübertragungsfunktion 155, 161
Rückkopplung 88, 152
- negative 15, 88

Rückkopplungsglied 85, 152, 153
Rückkopplungsnetzwerk 155
Rückkopplungsprinzip 10, 15, 152, 159
Rückkopplungszweig 310, 312
Rücktransformation 61, 71
Rührwerkbehälter 350
Ruhelage 29 - 33

S

S-Ebene, komplexe (siehe Ebene, komplexe)
Sartorius, H. 21
Schaltungsdual 44
Schaltungstreu 44
Schnittpunkte
- der Frequenzgangortskurve (positive, negative) 193 ff

Schrittweite 361, 362
Schwingkreis
- Parallel- 44
- Reihen- 44

Schwinger, mechanischer 41
Schwingungsverhalten 33, 75, 80
Schwingungsverlauf 81, 122, 253
Shannonsches Abtasttheorem 355
Signal 34
- Ausgangs- 37, 48, 51, 66, 357, 359, 361, 394
- diskretes 35

- Eingangs- 37, 51, 66, 357, 359, 391, 394
- Flußdiagramm 4 f
- im Regelkreis 13
- kontinuierliches 35
- pneumatisches 158
- quantisiertes 35
- sprungförmiges 391
- Verknüpfung 4
- zeitdiskretes 35

Signalanalyse 354, 355
- im "off-line"-Betrieb 355
- im "on-line"-Betrieb 355

Signalverlauf 13, 35, 394
- deterministischer 36
- parabolischer 141
- rampenförmiger 141
- sprungförmiger 141
- stochastischer 36

Signalwege 341
Simulation 24, 248, 353
Singuläre Punkte 61
Singularität 81
Soll-Istwert Vergleich 15
Sollwert 6, 8 - 13, 15 - 17, 348
Sollwertänderung 199
Spaltenvektor 30
Spannungsregelung eines Gleichstromgenerators 16
Spannungsverstärker 16
Spannungsverlauf auf einer Leitung 33
Spektraldarstellung eines Signals 354
Sprungantwort (s. auch Übergangsfunktion) 26, 48, 385, 386, 389 f
- Berechnung des Frequenzganges aus der 386, 389 ff

Sprungförmige Erregung 141 ff, 393 f
Sprungfähigkeit 327
Sprungfunktion 48, 50, 359
Sprunghöhe 26, 49
Stabilisierung einer instabilen Strecke 291 ff
Stabilität 37, 163 ff
- asymptotische 163, 165, 167
- Bedingungen 163 ff
- Definition 163
- geschlossener Regelkreis 180
- Grenz- 163, 165, 179
- Hauptregelkreis 352

Stabilitätsanalyse 11, 181
Stabilitätsbereich 233
Stabilitätsdiagramm 232 ff
Stabilitätsgrenze in der Wurzelortskurve 211
Stabilitätsgüte 198
Stabilitätskriterien
- algebraische 166 ff
- Beiwertebedingungen 166 ff, 231
- Lückenkriterium 179 f
- nach Cremer-Leonhard-Michailow 176 ff
- nach Hurwitz 170 ff
- nach Nyquist 180 ff
- nach Routh 173 ff

Stabilitätsrand 231, 237
- der Standardregler 237

Stabilitätsuntersuchung 164, 236
Stabilitätsverhalten 237, 347, 349
Standardformen der Führungsübertragungsfunktion 294 ff
- Binomialform 295 f
- Butterworth-Form 295 f
- minimale zeitbeschwerte betragslineare Regelfläche 295, 297
- $t_{5\%}$-Abklingzeitform 295, 297

Standardregler 146, 156, 157, 245
- Parameteroptimierung 235 ff

Standardübertragungsfunktionen 140
Standardübertragungsglieder 379
Stationärer Endwert
- der Regelabweichung 141, 150
- der Übergangsfunktion 364
- Ermittlung durch die Laplace-Transformation 68, 69

Stationärer Wert 26
Stationärer Zustand 26, 352, 355
Stationäres Verhalten 26, 140, 261
- von Systemen 26

Stationarität, beschränkte 355

Statische Kennlinie 26
- Linearisierung 28
Statische Kompensation 345
Statischer Regelfaktor 145
Statisches Verhalten
- des geschlossenen Regelkreises 141, 145, 152
- von Systemen 26, 27, 28
Stelleingriff 341, 342, 364
Stellglied 9, 12 - 15, 17, 137, 146, 148, 158, 341, 344, 345, 346, 348, 351, 352, 359
- Anschlag 148, 222
Stellgröße 8, 13, 15, 17, 20, 145 f, 338, 340, 343, 344 ff
- Übergangsfunktion der 303, 304, 306
Stellgrößenbeschränkung 223, 320
Stellsignal 301
Stellverhalten 305, 343
Steuerbarkeit 37
Steuergerät 6
Steuerglied 341 - 345
- instabiles 345
Steuerkette 8
Steuermatrix 56
Steuervektor 56, 94
Steuerung 5 ff, 341
- Definition 8
Stochastische Systemvariable 36
Stodola, A. 21
Störgröße 6, 8, 10, 13, 16, 137, 138, 140, 141, 343
- sprungförmige 322, 337
Störgrößenaufschaltung 341 ff
Störgrößenregelung 8, 13, 138
Störsignal 13, 355
Störsignalkomponente 355
Störsprungantwort eines Regelkreises 225, 338, 340
Störung 8, 10, 13, 17, 18, 20, 341, 342, 343, 345, 346, 347, 351, 352
- am Ausgang der Strecke 137, 321, 323, 327, 330, 332, 337, 340
- am Eingang der Strecke 149, 313, 314, 321, 323, 330, 333, 335, 336, 338, 341
- Angriffspunkt 321, 329
- hochfrequente 261, 378
- Kompensation 341, 343, 344
- niederfrequente 378
- sprungförmige 150
Störungsreduktion 347
Störungsunterdrückung, ideale 226
Störverhalten 138, 142, 225, 238, 313, 321, 343, 347, 349, 351
- des Regelkreises 138
Störungsübertragungsfunktion 138, 322, 324-329, 331, 333, 335, 336, 339, 343
Störungsübertragungsverhalten 325
Stofftransport 44
Streckenübertragungsfunktion (siehe Regelstreckenübertragungsfunktion)
Strömungsgeschwindigkeit 45
Stufenapproximation 131, 361
Stufenfunktion 52
Summenpunkt 4
Superposition 390
Superpositionsprinzip 27, 28
Synthese von Regelsystemen 24
Synthesegleichungen 308, 312, 314, 315, 323
- Lösung 312
Synthese-Gleichungssystem 312, 313, 319
Syntheseverfahren
- algebraische 307 ff
- analytische 293 ff
- direkte 293
- empirische 245 ff
- Frequenzbereichs- 250 ff
- Frequenzkennlinien- 263 ff, 293, 350
- für eine instabile Regelstrecke 291, 305, 327, 333, 337
- für Führungs- und Störverhalten 321 ff
- indirekte 293
- vermaschter Regelsysteme 341 ff
- Vorfilter-Entwurf 330, 332, 336, 337
- Wurzelortskurven- 286 ff, 293
- Zeitbereichs- 223 ff
System

- Abtast- 35
- Arbeitsbereich 26
- Arbeitspunkt 28
- asymptotisch stabiles 177
- Ausgangsgröße 1, 25, 26, 29, 36, 42, 84, 94, 99, 355
- deterministisches 25, 36
- diskretes 34
- dynamisches 1, 24, 29, 51
- dynamisches Verhalten 17, 26, 27, 51, 53, 391
- Eingangsgröße 1, 25, 26, 27, 29, 36, 84, 94, 99
- Eingrößen- 1, 20, 37, 53, 55, 56, 57, 89
- elektrisches 38, 42
- instabiles 25, 37, 163, 168, 177
- IT_n- 363
- kausales 25, 36, 49, 59
- kontinuierliches 25, 27, 34, 37, 38, 83, 92, 99, 100, 137 ff
- lineares 4, 25, 27, 37, 38, 52, 55, 57, 83, 84, 85, 92, 94, 98, 99, 100, 378
- mechanisches 38, 41, 42
- Mehrgrößen- 1, 2, 20, 22, 37, 56, 57, 94
- Mehrstufen- 2, 3
- minimalphasiges 132 ff
- mit konzentrierten Parametern 25, 33, 38, 57, 83, 92, 94, 181
- mit Laufzeit 92
- mit verteilten Parametern 25, 33, 38, 47, 92, 93, 181
- mit Totzeit 92, 181
- nichtkausales 25, 36
- nichtlineares 25, 27, 29, 57
- nichtminimalphasiges 132 ff, 303, 315, 331, 345
- ohne Totzeit 85, 132
- physikalisch realisierbares 181
- physikalisches 40
- PT_n- 363
- reales 36, 355
- stabiles 25, 37, 132
- statisches Verhalten 26, 27, 28
- stochastisches 25, 36
- thermisches 44
- thermodynamisches 38
- Übertragungs- 3, 372, 391
- ungestörtes 85
- zeitdiskretes 25
- zeitinvariantes 25, 34, 37, 51, 52, 55, 56, 83, 85, 94
- zeitvariantes 25, 34, 57

Systemanalyse, experimentelle 357, 358
Systemantwort 26, 27
Systembeschreibung
- im Frequenzbereich 59 ff
- im Zeitbereich 38 ff
- mittels Blockschaltbild 3 ff

Systemdynamik 353
Systemeigenschaften 24 ff, 27 ff, 57, 163
Systemgleichung 36
Systemgröße 75
Systemidentifikation 24, 25
Systemmatrix 56
Systemmodell 24, 36, 38
Systemordnung 324
Systemparameter 34, 83, 359
Systemtyp 83
Systemvariable 34
- deterministische 36
- stochastische 36

Systemverhalten (siehe auch System) 24, 25, 28, 37, 57, 163, 357
Systemwissenschaft 3

T

T_{max}-Zeit 224
Taylor-Reihe 28
Taylor-Reihenentwicklung 30, 376
- im Arbeitspunkt 29
Teilerfremd 86, 331, 333
Temperaturregelung 345, 347, 350
Testsignal 141, 354, 355, 356, 358, 360, 393, 394, 395
- deterministisches 355, 356, 358

- nichtsprungförmiges 393
- Rechteckimpuls- 360
- sprungförmiges 223

Tiefpaß 108
Tiefpaßeigenschaft 125
Tolle, M. 21
Totzeit 48, 83, 84, 92, 93, 132, 181, 187, 341, 391
- Anwendung des Nyquistkriteriums auf Systeme mit 187 ff
- Approximation durch 368

Totzeitglied 135, 189, 245
Totzeitregelstrecke 189
Totzeitsystem 92
Totzeitverhalten 245
Trajektorie 57, 58
Transformationsmethoden zwischen Zeit- und Frequenzbereich 385 ff
Transportzeit 48
Transzendente Übertragungsfunktion 84, 92, 93
Treppenkurve 105, 111
Truxal, J. 21, 299

U

Übergangsfehler, dynamischer 223 ff
Übergangsfunktion (siehe Sprungantwort)
- aperiodische 368
- approximierende 378
- Berechnung aus dem Frequenzgang 386 ff, 396 ff
- Berechnung aus der Gewichtsfolge 363
- Berechnung aus der Übertragungsfunktion 101
- Beschreibung linearer kontinuierlicher Systeme durch die 100
- Definition 48 f
- einer Regelstrecke 318
- eines geschlossenen Regelkreises mit PT_2S-Verhalten 260
- eines Lag-Gliedes 269
- eines Lead-Gliedes 267

- eines Regelkreisentwurfs für Führung und Störung 337, 338, 340
- eines P-Reglers 149
- eines PD-Reglers 149
- eines PDT_1-Reglers (realer PD-) 149
- eines PI-Reglers 149
- eines PID-Reglers 146, 147
- eines $PIDT_1$-Reglers (realer PID-) 146, 147
- eines PT_1T_t-Gliedes 246
- eines PT_2-Gliedes 121, 123, 124
- eines PT_2S-Gliedes 120 ff, 124
- eines Vergleichssystems 316
- Kennzeichnung von Blockschaltbildern durch die 4
- Systemidentifikation mit Hilfe der 359
- von Standard-Übertragungsfunktionen 296 f
- vorgegebene 363, 378
- zeitnormierte 295 ff

Überlagerungssatz 64
Überschwingweite, maximale 307, 317, 341
- als Funktion der Dämpfung 253
- Berechnung 252
- Definition 224
- verschiedener Reglertypen 150, 239

Übertragungsbeiwert (Verstärkungsfaktor) 105, 246
Übertragungsfunktion
- Allpaßglied 133
- aus der Zustandsraumdarstellung 89
- bei Systemen mit verteilten Parametern 92
- D-Glied 107
- DT_1-Glied 113, 147
- Definition 66, 83 ff
- einer Kaskadenregelung 348, 349
- eines Systems mit Hilfsregelgröße 346
- eines Systems mit Hilfsstellgröße 351
- eines Systems mit Störgrößenaufschaltung auf den Regler 342
- eines Systems mit Störgrößenaufschaltung auf die Stellgröße 344

- faktorisierte Darstellung 85
- Führungs- (siehe Führungsübertragungsfunktion)
- gebrochen rationale 85, 129, 135, 164, 299, 363, 380, 382
- geschlossener Regelkreis 139, 172, 294
- gewünschte Führungs- 293, 295, 299, 301, 304, 322 ff
- gewünschte Stör- 322 ff
- Hauptregler 350
- Herleitung aus der Zustandsraumdarstellung 89
- I-Glied (-Regler) 106, 148
- Korrekturglied 309, 311, 316, 320
- Lag-Glied (phasenabsenkendes Glied) 269 ff
- Lead-Glied (phasenanhebendes Glied) 265 ff
- nachgebende Rückführung 153
- offener Regelkreis 139, 140 ff, 172, 181, 200
- P-Glied (-Regler) 105, 148
- PD-Glied (-Regler) 112, 148
- PDT_1-Glied (-Regler) 148
- PI-Glied (-Regler) 148
- PID-Glied (-Regler) 146
- $PIDT_1$-Glied (realer PID-Regler) 147
- PT_1-Glied 109
- PT_2-Glied 116, 123, 124
- PT_2S-Glied 116, 124
- PT_n-Regelstrecke 236, 317
- PT_t-Glied 135
- Pole und Nullstellen 85, 86, 312
- realisierbare 84, 335 f
- rechnen mit 86 ff
- Regelstrecke (siehe Regelstreckenübertragungsfunktion)
- Regler (siehe Reglerübertragungsfunktion)
- reziproke, der Regelstrecke 300
- Rückführungs- 155, 161
- Rückkopplungsglied 152
- Standard-, allgemeine 140
- Standardformen der Führungs- 294 ff
- Steuerglied 343, 344
- Stör- 138, 322, 324 ff, 331, 333, 335, 336, 339
- Totzeitglied 84, 135
- transzendente 84, 92, 93
- verzögert nachgebende Rückführung 154
- verzögerte Rückführung 153
- Vorfilter 309, 321, 330, 332 - 335, 339
- Vorgabe der Führungs- 294
- vorgegebene (siehe gewünschte)
Übertragungsglied 3, 4, 5, 363
- D-Glied (siehe D-Glied)
- DT_1-Glied (siehe DT_1-Glied)
- fiktives 393
- Hintereinanderschaltung 86 f, 102 f
- I-Glied (siehe I-Glied)
- Kreisschaltung 87 f
- lineares 4, 5, 99
- nichtlineares 4
- nicht realisierbares 83, 108
- P-Glied (siehe P-Glied)
- PD-Glied (siehe PD-Glied)
- PT_1-Glied (siehe PT_1-Glied)
- PT_2/PT_2S-Glied (siehe PT_2/PT_2S-Glied)
- Parallelschaltung 87, 102
- Realisierbarkeit 83
- statisches 4
- Zusammenschaltung 86 ff
- Zusammenstellung 105 ff, 126 ff
Übertragungsmatrix 94
Übertragungssystem 3, 372, 391
Übertragungsverhalten
- Darstellungsmöglichkeiten 4
- diverser Übertragungsglieder 105 ff
- einer Kreisschaltung 88
- eines Mehrgrößensystems 94
- eines offenen Regelkreises 140
- im Signalflußdiagramm 4
- proportionales (siehe P-Glied)
- von linearen kontinuierlichen Systemen 100
- von Standardreglern 145 ff
Umkehrbar eindeutige Zuordnung 62

Umkehrintegral der Laplace-Transformation 61, 67, 386
Ungedämpftes Verhalten 124
Unterlagerter Hilfsregelkreis 348 ff

V

Variable
- stochastische 36
- unabhängige 28

Variation der Streckenparameter 327
Vektordifferentialgleichung
- lineare 30, 54 f
- nichtlineare 30, 57

Vektorgleichung 57
Verallgemeinerte quadratische Regelfläche 227
Verbiegen der Wurzelortskurve 287
Vereinigungspunkt (Wurzelortskurvenverfahren) 208 f
Verfahren
- Frequenzkennlinien- 263 ff, 350
- Gauss-Banachiewicz 363
- Gauss-Jordan 363
- Newton 191
- Quadratwurzel- nach Cholesky 363
- Truxal-Guillemin 299 ff
- Weber 295 f
- Wendetangenten- 363
- Zeitprozentkennwerte- 363

Vergleich verschiedener Reglertypen 149 ff, 239 ff
Vergleichssystem 316
Verhalten
- Allpaß 304
- aperiodisches 114, 123, 245, 378
- Beharrungs- 26
- des Hauptregelkreises 347
- differentielles (siehe D-Verhalten)
- doppelintegrales (siehe I_2-Verhalten)
- dynamisches 17, 26, 27, 51, 53, 137, 145, 152, 244, 251, 258, 351, 391
- Eigen- 80, 86, 251, 312, 317, 336

- Eingangs-/Ausgangs- 54
- Führungs- 138, 139, 142, 238, 260, 336, 343, 347, 349, 351
- grenzstabiles 168, 247
- instabiles 327
- integrales (I-) 90 f, 140, 143, 144, 148, 150, 156, 188, 308, 363, 388
- IT_n- 245, 363
- linearer, kontinuierlicher Regelkreise 137 ff
- minimalphasiges 132 ff, 299, 302, 311
- Modell- 357
- nichtlineares 357
- nichtminimalphasiges 132 ff, 303, 315, 331, 345
- proportionales (siehe P-Verhalten)
- PT_2S- 114, 120, 363
- PT_n- 363
- Regel- 10, 302, 303, 341
- Regelgüte- 237
- schwingendes (PT_2S-) 114, 120, 363
- Schwingungs- 33, 75, 80
- sprungfähiges 327
- Stabilitäts- 237, 347, 349
- stationäres 26, 140, 261
- statisches 26, 27, 28, 141, 145, 152
- Stell- 305, 343
- Stör- 138, 142, 225, 238, 313, 321, 343, 347, 349, 351
- System- 24, 25, 28, 37, 57, 163, 357
- Totzeit- 245
- Übertragungs- 4, 88, 91, 94, 100, 105 ff, 140, 145 ff
- Verzögerungs- 346
- zeitinvariantes 34
- zeitliches 36
- zeitvariantes 34

Verschiebesatz der Laplace-Transformation 64
Verstärker
- invertierender 155, 156
- nichtinvertierender 155

Verstärkung 11
- des Reglers (siehe Reglerverstärkung)

- des offenen Kreises 140, 142, 201
- Leerlauf- 155, 156

Verstärkungsfaktor
- der Regelstrecke 142, 246, 345
- des offenen Regelkreises 142
- des PID-Reglers 146
- des Reglers 142, 146, 246, 308
- eines Übertragungsgliedes 105, 112, 130
- reziproker 309, 319

Verteilte Parameter 25, 33, 38, 47, 92, 93, 181

Verzögerungsglied
- 1. Ordnung (siehe PT_1-Glied)
- 2. Ordnung (siehe PT_2-Glied)

Verzögerungsverhalten 346
Verzugszeit 246, 364, 367
- Definition 224

Verzweigungspunkt
- einer Wurzelortskurve 203, 208 f
- im Signalflußdiagramm 4

Vietascher Wurzelsatz 168, 207, 308
Vorfaktor (WOK-Verfahren) 201, 211
Vorfilter 309, 321, 331, 332
- Entwurf 330, 332, 336, 337
- instabiles 331
- Übergangsfunktion 338, 340
- Übertragungsfunktion 309, 321, 330, 332 - 335, 339

Vorhalteglied (siehe DT_1-Glied)
Vorhaltezeit 146, 153, 154
Vorhaltüberhöhung 148
Vorregelung 341
Vorwärtszweig 310
Vorzeichenbedingung 166

W

Wärmebilanzgleichung 46
Wärmetauscher 18 ff, 382 f
Wärmetauscherregelung 18
Wärmetransport 44, 92
Watt, J. 20, 21
Wendetangente 245, 366

Wendetangentenkonstruktion 364, 365, 368, 371, 372, 374
Wendetangentenverfahren 363 ff
Wiener, N. 21
Winkelübertragungssystem 11, 14
Winkeltreue 95
Wirkungsrichtung 3
Wurzel, konjugiert komplexe 177
Wurzelfaktoren 176 ff
Wurzelortskurvenast 208
Wurzelortskurvenverfahren 200 ff
- Amplitudenbedingung 201, 203, 205
- Anwendung bei der Reglersynthese 286 ff
- Asymptote 207
- Asymptotenwinkel 207
- Austrittswinkel 210, 215, 217 f
- Beispiele 211 ff, 215 ff
- Definition 200
- Eintrittswinkel 210, 215
- Neigungswinkel der Asymptoten 207
- Regeln zur Konstruktion 204 ff, 214 ff
- Phasenbedingung 201, 205
- Stabilitätsgrenze 211
- Verbiegung 287
- Vereinigungspunkt 208 f
- Verhalten im Unendlichen 207
- Verzweigungspunkt 203, 208 f
- Vorfaktor 201, 211

Wurzelsatz von Vieta 168, 207, 308
Wurzelschwerpunkt 206
Wurzelverteilung 165

Z

Zählergrad der Übertragungsfunktion 84, 135, 181, 300, 305, 323 ff, 326 ff, 330 ff, 345
Zeiger der Ortskurve 102
Zeigerdarstellung 99
Zeitbereich 61, 69, 93, 100, 385
Zeitbereichsdarstellung 38
Zeitbeschwerte betragslineare Regelfläche

227
Zeitbeschwerte Gewichtsfunktion 376
Zeitbeschwerte quadratische Regelfläche 227
Zeitfunktion 61
- gerade 387
- kausale 64, 67, 68
- reelle 387
- ungerade 387
Zeitintervalle, äquidistante 394
Zeitinvarianz 34
Zeitkonstante
- einer PT_n-Regelstrecke 236, 237 ff, 244
- eines I-Gliedes 106
- eines PID-Reglers 146
- eines PT_1-Gliedes 108, 112
- eines PT_2-Gliedes 123, 124, 172
Zeitprozentkennwerte 364, 368, 372
- bezogene 373
Zeitprozentkennwertverfahren 363 ff
Zeitpunkt, diskreter 355, 362
Zeitvarianz 34
Zeitverhalten 26

- des geschlossenen Regelkreises 261
Ziegler-Nichols-Einstellregeln 245 ff, 350
- Methode der Übergangsfunktion 247
- Methode des Stabilitätsrandes 246 f
Zustand 54
- stationärer 26, 352, 355
Zustandsgrößen 54, 55, 56, 91, 348
Zustandskurve 57
Zustandspunkt 57
Zustandsraum 57
Zustandsraumdarstellung 23, 53 ff
- Eingrößensysteme 53 ff, 89, 92
- Mehrgrößensysteme 56 ff
- Übertragungsfunktion 89
- Zustandsregelung 348
Zustandsvektor 55, 56, 57
Zweig
- im Signalflußdiagramm 4, 5
Zweitor
- elektrisches 42
- mechanisches 42